"十三五"普通高等教育本科部委级规划教材

纺织化学（第2版）

刘妙丽　主　编

李秀艳　叶建军　周　萍　副主编

U0279760

中国纺织出版社

内 容 提 要

本书将化学知识与现代纺织技术进行了有机结合,把化学与纺织工程的知识进行了重新组合。全书共分为两篇:第一篇为纺织化学基础理论,内容包括物质结构基础知识、有机化学基础知识、胺、染料、浆料、高分子化合物、合成纤维、天然纤维、表面活性剂、定量化学分析等;第二篇为纺织化学实验,内容包括纺织化学实验的一般知识和十个专业实验项目。

本书可作为纺织、服装等本(专)科专业基础课教材,也可供相关专业师生和工程技术人员参考。

图书在版编目(CIP)数据

纺织化学/刘妙丽主编. --2 版. --北京:中国纺织出版社,
2019.6(2024.11重印)
"十三五"普通高等教育本科部委级规划教材
ISBN 978 - 7 - 5180 - 6182 - 2

Ⅰ.①纺… Ⅱ.①刘… Ⅲ.①化学—应用—纺织工业—
高等学校—教材 Ⅳ.①TS101.3

中国版本图书馆 CIP 数据核字(2019)第 088502 号

责任编辑:范雨昕 特约编辑:黄菊英 王丽娜
责任校对:楼旭红 责任印制:何 建

中国纺织出版社出版发行
地址:北京市朝阳区百子湾东里 A407 号楼 邮政编码:100124
销售电话:010—67004422 传真:010—87155801
http://www.c-textilep.com
中国纺织出版社天猫旗舰店
官方微博 http://weibo.com/2119887771
三河市宏盛印务有限公司印刷 各地新华书店经销
2024 年 11 月第 9 次印刷
开本:787×1092 1/16 印张:19.75
字数:418 千字 定价:68.00 元

　　传统的纺织业在过去的一个世纪里取得了空前的发展,纺织品已经不只用于服装,它的功能也不仅是过去单一的遮身避体、保暖抗寒。随着人民生活水平的提高和科学技术的不断进步,用于服装的纺织品越来越需要美观、舒适以及多种多样功能性的赋予;纺织品在家用及产业用领域也被更广泛地应用,并发挥着不可替代的作用。天然纤维(棉、麻、毛、丝)不只是在量上满足不了需求,而且在质的方面(物理机械性能、各种各样的功能性等)也难以适应现代发展的更高要求。化学纤维(再生纤维与合成纤维)应运而生,且发展极快,化学纤维的产量已经超过了天然纤维,出现了难以计数的品种,一代代改性的新型服用纤维、高性能纤维和功能性纤维相继问世。

　　纤维及其集合体(包括机织物、针织物、非织造布)的生产和应用的快速发展,也给纺织品的发展带来了新的机遇与挑战,对纺织品的品种与质量提出了更高、更新的要求。这其中包含用于各种各样化学纤维生产及纺织、染整加工用助剂,特别是一些特殊用途(如航空、航天)的纤维和纺织品用助剂。它们看似无关大局,却在纤维与纺织品加工中起着"缺其不可"的重要作用。

　　而纺织品的研究与发展最需要的是人才的培养,《纺织化学》这本教材就是为此而编写的,它是一本适合纺织工程类非化学专业的本(专)科学生使用的基础课教材。此前,虽曾有过同类内容书籍,然而却分散于多本书中。本书的特点是以纺织化学为核心,再将与其相关的知识融为一体,便于学生的学习和理解。教材言简意赅地讲授了物质结构、有机化学、分析化学的基本知识,介绍了纺织材料的种类、纺织加工过程等,最终落脚于纺织用化学品,实现了化学与现代纺织技术的紧密结合。

　　本书的另一特点是考虑到纺织化学是一门实验性很强的课程,实践环节必不可少。从而编写了纺织化学实验的内容,通过教学实验环节,以期加强学生对理论知识的理解。

　　本教材是根据纺织行业的发展趋势及纺织工程类专业的特点与需求而编写的。学生通过对本门课程的学习,掌握了基本的化学理论知识和专业基础知识,为后续课程的学习打下良好的基础,还可达到具有对纺织品及通用化学品产品质量分析和评价能力以及综合技术开发能力的要求。

张大省

2007 年 5 月

　　"纺织化学"作为纺织科学与工程的专业基础课,其内容既要涵盖化学知识及其体系,又要为纺织工程专业服务,因此在本书中介绍了关于物质结构、有机化学和分析化学的基本理论和基础知识,同时重点介绍了现代纺织技术中涉及的和纺织工程专业关系密切的碳水化合物、氨基酸、蛋白质以及染料、浆料、表面活性剂、合成纤维等方面的知识,此外因"纺织化学"是一门实践性很强的学科,本书中同时选取了十个实验作为实践性教学环节的内容,以增强对理论知识的理解与学习。

　　《纺织化学(第 2 版)》在前一版的基础上进行了修改,由于此课程是基础课,理论上没有太多变化,主要是修正了之前的印刷错误和一些不规范的表达之处,重要的变化是 PPT 的修改,不再是原来文字的简单铺陈,而是思路上发生了一些变化,有些内容会以动画的形式来呈现,更有利于课堂上老师的讲授和学生的学习,并且不再使用多媒体教学光盘,读者可直接扫描书中的二维码就可以下载相关教学资源,更方便学生的自学与复习。

　　本书由刘妙丽任主编,周萍、李秀艳、叶建军任副主编。本书基础理论共九章,第一、第八章由成都纺织高等专科学校刘妙丽编写,第二章由北京服装学院李秀艳和苏州经贸职业技术学院钱建东共同编写,第三章由河南工程学院刘建编写,第四、第七章由成都纺织高等专科学校叶建军编写,第五章由太原理工大学周萍编写,第六章由北京服装学院李秀艳编写。纺织化学实验由成都纺织高等专科学校蒋学军编写。

　　本教材教学资源的内容在前一版的基础上,由刘妙丽统筹,周萍进行修改,以便更好地与时代接轨,与教学一线接轨。

　　由于编者水平有限,书中疏漏之处在所难免,敬请读者批评指正。

编者
2019 年 2 月

现代纺织工业大量采用了化学加工方法,高新技术越来越多地渗透到纺织工业中。作为纺织工程类的专业基础课程,应该怎样将化学知识与现代纺织技术紧密结合?如何使其既适应纺织工程类专业教学的需要,又避免片面强调化学学科的系统性?基于此,我们编写了这本普通高等教育"十一五"部委级规划教材。本教材有以下几个特点。

(1)结构合理,避免重复。在知识结构上我们进行了重新组合,例如将"碳水化合物、浆料和纤维素纤维""氨基酸、蛋白质和蛋白质纤维""高分子化合物和合成纤维"分别整合在一起,充分体现了化学与纺织工业的关系;同时注意与其他课程(如纺织材料学、纺织工艺学、染整概论等)的分工,避免重复其他课程的内容。

(2)突出专业特色,强调应用。教材编写时,尽量做到理论适度,注重应用。例如,分析化学部分只介绍在纺织工业中应用最多的定量分析,没有过难、过偏的理论及推导过程,力求将化学知识的介绍建立在纺织技术的应用上。

(3)加强实践教学。纺织化学是一门实验性学科,实践环节的教学内容较多,根据现代纺织行业的需要,精心编写了 10 个实验,供不同的专业选用。

(4)适用于本(专)科学生使用。该教材的适用范围是四年制的本科学生和三年制的专科学生,课时数为 45~60 个。在编写中,编者充分考虑了本、专科两个层次的共性与差异,在内容上尽量保证本科够用,专科则可根据需求取舍教学内容。用 * 标记的内容作为选学或自学内容。

全书由刘妙丽(成都纺织高等专科学校副教授)主持编写与统稿,并编写第一、第八章;副主编李秀艳(北京服装学院副教授)编写第六章并负责课件的统筹;副主编叶建军(成都纺织高等专科学校副教授)编写第四、第七章;周萍(太原理工大学轻纺美院副教授)编写第五章;平琳(中原工学院副教授)编写第九章;刘建(河南工程学院讲师)编写第三章;李秀艳与钱建栋(苏州经贸职业技术学院讲师)共同编写第二章;蒋学军(成都纺织高等专科学校高级实验师)编写纺织化学实验。

本教材配有多媒体教学光盘,更加丰富了教材的表现手段,方便老师教学及学生自学、复习。本光盘由各参编老师悉心制作,并由副主编李秀艳副教授、主编刘妙丽副教授进行统筹、修改。北京服装学院的刘文老师在光盘的制作过程中也做了大量辅助性工作,在此一并表示感谢。

限于编者水平,错误及不妥之处,敬请读者予以批评指正。

编者

2007 年 3 月

本课名称 纺织化学

适用专业 纺织工程类

总学时 60

理论教学时数 44　　　　**实验（实践）教学时数** 16

课程性质 本课程为纺织工程类本(专)科专业的专业基础课,是必修课。

课程目的

1. 初步掌握物质结构及有机化学的基本知识。

2. 掌握表面活性剂、浆料、染料、合成纤维、高分子化合物等基本知识。

3. 掌握纺织化学实验的基本操作和基本技能。

　　课程教学基本要求　　教学环节包括课堂教学、实验、作业、课堂练习和考试。通过各教学环节重点培养学生对理论知识理解和运用能力。

　　1. 课堂教学　在讲授基本概念的基础上,采用启发、引导的方式进行教学,举例说明化学理论在纺织、印染生产实际中的应用,并及时补充最新的发展动态。

　　2. 实践教学　本课程为实验教学,通过实验加深对理论教学内容的理解和掌握,做到理论联系实际;培养学生科学、严谨的工作作风以及观察问题、分析问题和解决问题的能力。

　　3. 课后作业　每章给出若干综合练习题,尽量系统反映该章的知识点。

　　4. 考核　采用课堂练习、实验考核和期末考试进行全面考核。期末考试采用闭卷笔试方式,题型一般包括填空题、完成方程式、推断题、鉴别题、命名题等。

教学学时分配

章　数	讲　授　内　容	理论课学时	实验学时
第一章	绪论	1	
第二章	物质结构基础知识	5	
第三章	有机化学基础知识	10	4
第四章	胺、染料	4	
第五章	碳水化合物、浆料和纤维素纤维	4	
第六章	氨基酸、蛋白质和蛋白质纤维	4	4
第七章	高分子化合物和合成纤维	4	
第八章	表面活性剂	4	4
第九章	定量分析简介	8	4

第一篇　纺织化学基础理论

目录

第二篇　纺织化学实验

第一篇

纺织化学基础理论

第一章 绪 论

本章知识点

1.了解纺织工业与化学的关系
2.掌握纺织化学的定义和纺织化学包括的内容
3.掌握纺织化学的学习方法

第一节 纺织工业与化学的关系

现代纺织工业,特别是化纤、印染工业及服装高级后整理,大量采用了化学加工方法,属于化学加工体系。因此可以认为,化学知识是纺织品加工的重要基础。

纺织材料包括天然纤维和化学纤维两大类。纤维一般需要经过成纱—织造—练漂—染色—印花—整理等工序才能加工成产品。在纺织工业的诸多加工工序中,化学起什么作用呢[1]?

纱线在织造成为坯布时,由于存在机械张力和摩擦,纱线会经常断裂,因此,在织造前,纱线需要进行上浆处理,纱线经上浆烘干后,借助浆料的黏着力提高纱线的强度,减少纱线的摩擦系数,增强耐磨性[2]。常用的浆料有淀粉、聚乙烯醇、聚丙烯酸酯。此外,为了提高浆料的质量,还需加入一些助剂。例如,为了防止浆料腐败需加入 α-萘酚作防腐剂;为了提高纱线的柔顺性在浆液中常加入油脂,如牛脂、羊脂、棉籽油等;为了增加纱线的平滑性和抗静电性等,在浆料中加入蜡。可见,浆料及其助剂都是典型的化工原料[1]。

纱线上浆解决了织布的问题,但坯布上残留的浆料又给织物的印染带来困难,影响印染质量,因此,染色之前必须退浆。常用的退浆方法有酶退浆、碱退浆和氧化剂退浆三种。目前较多采用碱退浆和氧化剂退浆。碱退浆是利用烧碱对常用浆料的膨化作用,使浆料膨化后溶解于水而退除;氧化剂退浆是利用双氧水等退浆剂使织物上残留的浆料氧化而除去,与此同时,纤维上的部分天然杂质也被氧化剂除去。氧化退浆工艺中还要加入阴离子型和非离子型表面活性剂,增强退浆液的乳化和渗透性能[1]。

漂白更是典型的化学工艺过程。织物经煮练后还含有天然色素,外观还不洁白,用于染色或印花会影响颜色的鲜艳度。漂白的目的就是去除色素,赋予织物必要的白度。漂白方法有氯漂(用次氯酸钠作氧化剂)和氧漂(用双氧水作氧化剂)。要想达到理想的漂白效果不仅要熟悉纺织材料的特性,还要熟悉所用化学药品的性质并重视化学反应条件。否则,不仅达不到漂白的目的,还会损伤纤维。

通过化学和物理的方法,能与被染物(纺织纤维、纸张、塑料)通过分子间作用力产生吸附和固着,在被染物中以单分子的形式吸收可见光并反射出该可见光的补光,使被染物呈现牢固而均匀的色泽,且符合环保要求的有色物质称为染料[3]。染料可用于棉、麻、丝、毛等天然纤维及其他化学纤维的染色,但不同的纤维材料结构不同,染色时需要的染料不同。纺织纤维的染色主要用水作为染色介质,所用的染料大多能直接或间接溶于水,或能通过分散剂的分散作用制成稳定的悬浮液,然后进行染色。染液中除染料和水外,还含有染色助剂。纤维、染料、助剂、水分子之间的相互作用比较复杂。要想得到理想的色彩和染色牢度,就必须熟悉各种纤维、染料、助剂的结构、性能及相互作用的实质。

印花可以简单地看成纺织品的局部染色,印花质量除对坯布有特殊要求外,还取决于印花色浆的性能,而印花色浆的性能又取决于印花色浆各组分的性能及彼此的协同作用。

印染中的整理工艺也主要采用化学方法。例如利用化学或物理的方法将杀菌剂固着在纤维或织物上,便得到了抗菌防臭纤维或织物;为了消除和减少纤维在加工过程中因摩擦而引起的静电,常在纤维上使用抗静电油剂,以减少纤维的电阻和摩擦力。如果将抗静电剂添加到织物上,便得到抗静电面料。

综上所述,在纤维的加工过程中所涉及的化学原理和化学物质相当多。所以,纺织工业与化学有着极其密切的关系。纺织工业为化学工业提供了用武之地,促进了化学工业的发展。化学工业的发展又给纺织工业带来新的生机,两者相辅相成[1]。

第二节　纺织化学所涉及的内容[1]

随着科学技术的飞速发展,各门学科之间的界限越来越模糊,相互渗透越来越多。例如,在传统的无机化学、分析化学、有机化学和物理化学四大化学的基础上,已经衍生出生物化学、配位化学、金属有机化学、高分子化学等。纺织化学则是化学学科与纺织工程学科相互影响、促进、交界而逐渐形成的一门应用化学学科。英国曼彻斯特大学科学技术学院的纺织化学家皮特(R. H. Peters)指出,纺织化学是将化学的基本原理与技术应用到纺织科学而形成的一门新的学科。纺织化学的主要内容就是介绍与纺织工程相关的化学基本原理,即物质结构基础知识、有机化学基础知识和定量分析的原理及方法等;其次,纺织化学重点介绍了染料、浆料、表面活性剂、高分子材料、纤维素、蛋白质等物质的结构与性能,并对这些材料或药剂在纺织工业中的应用及基本原理也作了概述[1]。

化学是一门以实验为基础的学科。所以化学实验是本课程不可缺少的一个重要环节。通过实验,不仅可以加深和巩固学生对所学知识的理解,还能训练实验基本技能,培养动手、观察、记录、分析、归纳等多方面的能力以及实事求是的工作态度[4]。

第三节 纺织化学的学习方法

纺织化学是纺织工程院校相关专业的必修课。纺织化学是纺织工程学与化学的交叉学科，因此，在学习纺织化学理论与技术的同时，应注意理解化学这门学科的基本理论并注意将所学的化学知识应用到本专业技术上[1]。

由于纺织化学涉及纺织与化学两大学科，所以除学习化学有关知识外，再辅以纺织材料学、纺织工艺学等课程，会收到事半功倍的效果[1]。另外，充分利用大专院校图书馆这一资源，通过查找相关的书籍、文献、杂志等，进一步扩展与本门课程相关的知识和技术，对培养学习兴趣和自学能力大有好处。

此外，记笔记、做作业、做实验、写报告、查文献是提高学习能力的重要环节，应引起同学们的高度重视[1]。

复习指导

一、纺织工业与化学的关系

纺织工业为化学工业提供了用武之地，促进了化学工业的发展，化学工业的发展又给纺织工业带来新的活力，两者相辅相成。

二、纺织化学

纺织化学是将化学的基本原理与技术应用到纺织科学而形成的一门新的学科。

综合练习

1. 为什么说纺织工业与化学有着密切的联系？
2. 纺织化学的定义是什么？它包括哪些内容？
3. 怎样才能学好纺织化学？

参考文献

[1]汪叔度，李群，等.纺织化学[M].青岛：青岛海洋大学出版社，1994.

[2]伍天荣.纺织应用化学与实验[M].北京：中国纺织出版社，2003.

[3]叶建军.有机化合物颜色与分子结构的关系[J].成都纺织高等专科学校学报，2001(3)：8-11.

[4]刘妙丽.基础化学(下册)[M].北京：中国纺织出版社，2005.

第二章 物质结构基础知识

本章知识点

1.掌握描述核外电子运动状态的四个方面

2.掌握核外电子排布的三个基本原理和排布规律

3.掌握电子层、电子亚层、能级和轨道的概念

4.从原子结构与元素周期律的关系,了解元素某些性质的周期性

5.掌握共价键的本质、基本特征

6.掌握价键理论的基本要点、三种杂化类型

7.掌握分子间作用力及氢键的性质和特点

世间万物多种多样,但基本组成元素只有一百余种。这些元素的原子通过各种化学反应,形成了千千万万不同性质的物质,从而造就了丰富多彩的物质世界。而物质的性质由结构决定,只有了解了它们的结构,才能深刻地认识物质的性质和变化规律。本章在中学所学物质结构知识的基础上就相关内容作进一步介绍。

第一节 原子结构和元素周期律

原子由原子核和核外电子组成,而核外电子绕原子核不断运动。研究表明,元素的化学性质主要与核外电子尤其是最外层电子有关。本节内容主要包括核外电子的运动状态及排布,电子层结构和元素周期律等内容。

一、核外电子的运动状态及排布

(一)电子云的概念

电子是微观粒子,其运动形式非常特殊,与我们日常接触到的宏观物体的运动状态完全不同。当人造卫星绕地球旋转时,我们可计算出它在某一时刻的准确位置,并描绘出它的运动轨迹。但对于核外电子,我们却无法准确计算出它在某一时刻的位置,也不能描绘出它的运动轨迹。在描绘核外电子运动时,只能指出它在原子核外空间各处出现机会(或称概率)的大小。其轨迹犹如笼罩在原子核周围的一层带电云雾,形象地称之为电子云。电子出现机会最大的区

域,就是电子云密度最大的地方[1]。电子出现概率密度大的地方用密集的小黑点表示,电子出现概率密度小的地方用稀疏的小黑点表示。所以,"电子云"是电子在核外空间出现概率密度分布的形象化描述。离核越近,电子云越密集,表示电子出现的概率越大;离核越远,电子云越稀疏,电子出现的概率越小。表征概率的电子云是没有边界的,即使离核很远的地方电子仍存在出现机会,但在距核200~300pm以外的区域,电子出现的概率可忽略不计[2]。对于氢原子,其核外只有一个电子,电子在原子核外各个方向出现的概率是相同的,呈球形对称,如图2-1所示。

将电子云所表示的概率相等的各点用线连接起来,称为等密度线,亦称为电子云的界面。如1s电子云界面为球形(图2-2)。这个界面所包括的空间范围称为原子轨道[1]。

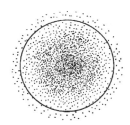

图2-1　氢原子电子云示意图　　　　　　图2-2　1s电子云界面图

(二)核外电子的运动状态

在多电子的原子中,核外电子的运动比较复杂,各个电子的运动状态各不相同,需从以下四个方面来描述。

1. 电子层　在多电子的原子中,电子的能量并不相同。能量低的,通常在离核较近的区域运动;能量高的,通常在离核较远的区域运动。根据电子能量的差异和运动区域离核的远近不同,可以将核外电子分成不同的电子层,电子就在这些不同的电子层上运动。

处于不同层中的电子,离核的远近也不同。层数越大,离核越远,能量越高。通常用$n=1$,2,3,4,…数值来表示电子层离核的远近。$n=1$,表示离核最近的电子层,其中的电子能量最低。$n=2$,表示第二电子层;$n=3$,表示第三电子层……也可用K、L、M、N、O、P、Q等字母依次表示1、2、3、4、5、6、7等电子层。

2. 电子亚层和电子云的形状　即使在同一电子层中的电子,能量也稍有差别,电子云的形状也不相同。所以每一个电子层,又可以分为几个电子亚层,分别用s、p、d、f等符号来表示。第一电子层或K层中只包含一个亚层,即s亚层;第二电子层或L层中包含两个亚层,即s和p亚层;在第三电子层或M电子层中包含有三个电子亚层,即s、p、d亚层;在第四电子层中,包含着四个电子亚层,即s、p、d、f亚层。为了表示不同电子层的亚层,把亚层所属的电子层的层数标在亚层符号之前,如1s、2p、3d、4f等。不同亚层的电子云形状也不相同,s电子云是球形,p电子云是纺锤形(图2-3),d电子云为花瓣形,f电子云形状更复杂。

3. 电子云的伸展方向　电子云不仅形状不同,而且同属一种形状的电子云在空间的伸展方向也不同。s电子云是球形对称的,在空间各个方向上伸展的程度相同。p电子云如图2-4所示,在空间可以有三种互相垂直的伸展方向。d电子云可以有五种伸展方向,f电子云可以有七种伸展方向。

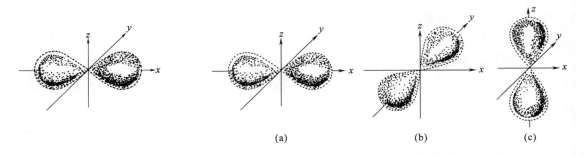

图 2-3 p 电子云形状　　　　　　图 2-4 p 电子云在空间的三种伸展方向

现代量子力学把在一定电子层上,具有一定形状和伸展方向的电子云所占据的空间称为一个轨道。因此,s 亚层有一个轨道,即 s 轨道;p 亚层有三个轨道,即 p_x、p_y、p_z;d 亚层有 5 个轨道,f 亚层有 7 个轨道。同一亚层的轨道能量相等,叫等价(简并)轨道。为表示一个具体轨道,将表示电子层的数字置于表示电子云形状符号之前,用形状符号右下角标表示电子云在空间的伸展方向,如 $3p_x$、$3p_y$、$3p_z$。电子层数与轨道数的关系见表 2-1。

表 2-1　电子层数与轨道数的关系

电子层/n	亚　　层	轨道数	电子层/n	亚　　层	轨道数
$n=1$	s	$1=1^2$	$n=3$	s、p、d	$1+3+5=9=3^2$
$n=2$	s、p	$1+3=4=2^2$	$n=4$	s、p、d、f	$1+3+5+7=16=4^2$

总之,每个电子层可能有的最多轨道数应为 n^2。

4. 电子的自旋　电子不仅在核外空间不停地运动,而且还做自旋运动。电子自旋有顺时针和逆时针两种方向。常用向上箭头"↑"和向下箭头"↓"来表示不同的自旋状态。

综上所述,电子在原子核外的运动状态是相当复杂的,必须通过它所处的电子层、电子亚层、电子云的伸展方向和自旋状态四个方面来描述。前三个方面跟电子在核外空间的位置有关,体现了电子在核外空间的运动状态,确定了电子的轨道。因此,说明一个电子的运动状态时,必须同时指明它处于什么轨道和哪一种自旋状态。

(三)原子核外电子的排布[2]

前面学习了原子核外电子的运动状态,知道核外电子是分层排布的,但这些电子是怎样排布到各电子亚层中的,下面将对原子核外电子的排布规律做进一步地讨论。核外电子排布遵循三个基本原理,即鲍利(Pauli)不相容原理、能量最低原理和洪特(Hund)规则。

1. 鲍利(Pauli)不相容原理　奥地利物理学家鲍利(W. Pauli)提出:每个原子轨道中,最多只能容纳两个自旋方向相反的电子。或者说,在同一个原子中,不可能有两个电子处于完全相同的运动状态。

2. 能量最低原理　能量最低原理是自然界一切事物共同遵循的法则,即核外运动着的电子总是尽可能地处于能量最低状态。电子首先填充能量最低的轨道,然后依次进入能量较高的轨道。轨道的能级高低(即能量的大小),不仅与电子层数有关,还与电子云形状有关。在同一电子层中,各亚层能量按 s,p,d,f 顺序递增,如 $E_{3s}<E_{3p}<E_{3d}$。原子光谱实验还表明 $E_{3d}>E_{4s}$,$E_{5s}<E_{4d}<E_{5p}$ 等,这种现象叫轨道的能级交错。1939 年,美国化学家鲍林根据大量光谱实验,总结出多电子原子中原子轨道的近似能级图(图 2-5)。图中每一个小圆圈代表一个原子轨道,每个圆圈所在位置的相对高低表示原子轨道能量的相对高低。近似能级图按照能量由低到高的顺序排列,并将能量相近的原子轨道划分为一组,称为能级组,用虚线框起来。

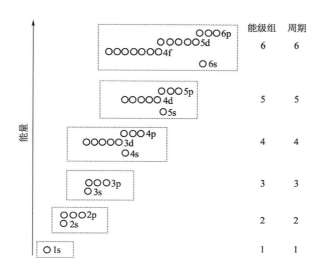

图 2-5　原子轨道近似能级图

3. 洪特(Hund)规则　洪特规则是洪特(F. H. Hund)在 1925 年从大量光谱实验数据中总结出来的规律,即在等价轨道(能量相同的原子轨道)上分布的电子,将尽可能分占不同的轨道,且自旋方向相同。例如,C 原子有 6 个电子,其电子排布为 $1s^2 2s^2 2p^2$,原子轨道的填充情况是:

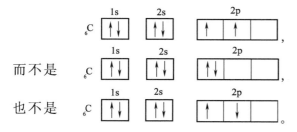

洪特规则是一个经验规则,但后来的量子力学证明,电子按洪特规则排布可以使体系的能量最低。

光谱实验还表明,当等价轨道中,电子处于全充满(p^6,d^{10},f^{14})、半充满(p^3,d^5,f^7)或全空(p^0,d^0,f^0)时,电子的能量最低,体系稳定。如 $_{24}$Cr 的外层电子排布不是 $3d^4 4s^2$,而是 $3d^5 4s^1$,$3d^5$ 为半充满。$_{29}$Cu 的外层电子排布是 $3d^{10} 4s^1$,而不是 $3d^9 4s^2$。这个规则又称为洪特规则的特例。

电子排布式又称为电子组态,通常仅表现电子层结构而不表示填充顺序,故填充电子时先填充 4s 后填充 3d,书写时却仍然先写 3d 后写 4s。为简便起见,内层已填充满至稀有气体元素电子层结构的部分,用稀有气体元素符号加方括号表示,称为原子实。例如,$_{26}$Fe 的电子排布可写成[Ar]$3d^6 4s^2$,原子实[Ar]表示 $1s^2 2s^2 2p^6 3s^2 3p^6$。$_{24}$Cr 的电子排布可写成[Ar]$3d^5 4s^1$。$_{29}$Cu 的电子排布式可简写成:[Ar]$3d^{10} 4s^1$。这种写法表明在化学反应中原子实部分的电子排布不发生变化,突出了价层电子的排布。

表 2-2 中列出了元素基态原子中的电子排布情况[3]。

表 2-2 元素基态原子中的电子排布情况

周期	原子序数	元素符号	电子层																	
			K	L		M			N				O				P			Q
			1s	2s	2p	3s	3p	3d	4s	4p	4d	4f	5s	5p	5d	5f	6s	6p	6d	7s
1	1	H	1																	
	2	He	2																	
2	3	Li	2	1																
	4	Be	2	2																
	5	B	2	2	1															
	6	C	2	2	2															
	7	N	2	2	3															
	8	O	2	2	4															
	9	F	2	2	5															
	10	Ne	2	2	6															
3	11	Na	2	2	6	1														
	12	Mg	2	2	6	2														
	13	Al	2	2	6	2	1													
	14	Si	2	2	6	2	2													
	15	P	2	2	6	2	3													
	16	S	2	2	6	2	4													
	17	Cl	2	2	6	2	5													
	18	Ar	2	2	6	2	6													
4	19	K	2	2	6	2	6		1											
	20	Ca	2	2	6	2	6		2											
	21	Sc	2	2	6	2	6	1	2											
	22	Ti	2	2	6	2	6	2	2											
	23	V	2	2	6	2	6	3	2											
	24	Cr	2	2	6	2	6	5	1											
	25	Mn	2	2	6	2	6	5	2											
	26	Fe	2	2	6	2	6	6	2											
	27	Co	2	2	6	2	6	7	2											
	28	Ni	2	2	6	2	6	8	2											
	29	Cu	2	2	6	2	6	10	1											
	30	Zn	2	2	6	2	6	10	2											
	31	Ga	2	2	6	2	6	10	2	1										
	32	Ge	2	2	6	2	6	10	2	2										
	33	As	2	2	6	2	6	10	2	3										
	34	Se	2	2	6	2	6	10	2	4										
	35	Br	2	2	6	2	6	10	2	5										
	36	Kr	2	2	6	2	6	10	2	6										

续表

周期	原子序数	元素符号	电　子　层																		
			K	L		M			N				O				P			Q
			1s	2s	2p	3s	3p	3d	4s	4p	4d	4f	5s	5p	5d	5f	6s	6p	6d	7s
5	37	Rb	2	2	6	2	6	10	2	6			1							
	38	Sr	2	2	6	2	6	10	2	6			2							
	39	Y	2	2	6	2	6	10	2	6	1		2							
	40	Zr	2	2	6	2	6	10	2	6	2		2							
	41	Nb	2	2	6	2	6	10	2	6	4		1							
	42	Mo	2	2	6	2	6	10	2	6	5		1							
	43	Tc	2	2	6	2	6	10	2	6	5		2							
	44	Ru	2	2	6	2	6	10	2	6	7		1							
	45	Rh	2	2	6	2	6	10	2	6	8		1							
	46	Pd	2	2	6	2	6	10	2	6	10									
	47	Ag	2	2	6	2	6	10	2	6	10		1							
	48	Cd	2	2	6	2	6	10	2	6	10		2							
	49	In	2	2	6	2	6	10	2	6	10		2	1						
	50	Sn	2	2	6	2	6	10	2	6	10		2	2						
	51	Sb	2	2	6	2	6	10	2	6	10		2	3						
	52	Te	2	2	6	2	6	10	2	6	10		2	4						
	53	I	2	2	6	2	6	10	2	6	10		2	5						
	54	Xe	2	2	6	2	6	10	2	6	10		2	6						
6	55	Cs	2	2	6	2	6	10	2	6	10		2	6			1			
	56	Ba	2	2	6	2	6	10	2	6	10		2	6			2			
	57	La	2	2	6	2	6	10	2	6	10		2	6	1		2			
	58	Ce	2	2	6	2	6	10	2	6	10	1	2	6	1		2			
	59	Pr	2	2	6	2	6	10	2	6	10	3	2	6			2			
	60	Nd	2	2	6	2	6	10	2	6	10	4	2	6			2			
	61	Pm	2	2	6	2	6	10	2	6	10	5	2	6			2			
	62	Sm	2	2	6	2	6	10	2	6	10	6	2	6			2			
	63	Eu	2	2	6	2	6	10	2	6	10	7	2	6			2			
	64	Gd	2	2	6	2	6	10	2	6	10	7	2	6	1		2			
	65	Td	2	2	6	2	6	10	2	6	10	9	2	6			2			
	66	Dy	2	2	6	2	6	10	2	6	10	10	2	6			2			
	67	Ho	2	2	6	2	6	10	2	6	10	11	2	6			2			
	68	Er	2	2	6	2	6	10	2	6	10	12	2	6			2			
	69	Tm	2	2	6	2	6	10	2	6	10	13	2	6			2			
	70	Yb	2	2	6	2	6	10	2	6	10	14	2	6			2			
	71	Lu	2	2	6	2	6	10	2	6	10	14	2	6	1		2			
	72	Hf	2	2	6	2	6	10	2	6	10	14	2	6	2		2			
	73	Ta	2	2	6	2	6	10	2	6	10	14	2	6	3		2			
	74	W	2	2	6	2	6	10	2	6	10	14	2	6	4		2			
	75	Re	2	2	6	2	6	10	2	6	10	14	2	6	5		2			
	76	Os	2	2	6	2	6	10	2	6	10	14	2	6	6		2			
	77	Ir	2	2	6	2	6	10	2	6	10	14	2	6	7		2			

周期	原子序数	元素符号	电子层																	
			K	L		M			N				O				P			Q
			1s	2s	2p	3s	3p	3d	4s	4p	4d	4f	5s	5p	5d	5f	6s	6p	6d	7s
6	78	Pt	2	2	6	2	6	9	2	6	10	14	2	6	9		1			
	79	Au	2	2	6	2	6	10	2	6	10	14	2	6	10		1			
	80	Hg	2	2	6	2	6	10	2	6	10	14	2	6	10		2			
	81	Tl	2	2	6	2	6	10	2	6	10	14	2	6	10		2	1		
	82	Pb	2	2	6	2	6	10	2	6	10	14	2	6	10		2	2		
	83	Bi	2	2	6	2	6	10	2	6	10	14	2	6	10		2	3		
	84	Po	2	2	6	2	6	10	2	6	10	14	2	6	10		2	4		
	85	At	2	2	6	2	6	10	2	6	10	14	2	6	10		2	5		
	86	Rn	2	2	6	2	6	10	2	6	10	14	2	6	10		2	6		
7	87	Fr	2	2	6	2	6	10	2	6	10	14	2	6	10		2	6		1
	88	Ra	2	2	6	2	6	10	2	6	10	14	2	6	10		2	6		2
	89	Ac	2	2	6	2	6	10	2	6	10	14	2	6	10		2	6	1	2
	90	Th	2	2	6	2	6	10	2	6	10	14	2	6	10		2	6	2	2
	91	Pa	2	2	6	2	6	10	2	6	10	14	2	6	10	2	2	6	1	2
	92	U	2	2	6	2	6	10	2	6	10	14	2	6	10	3	2	6	1	2
	93	Np	2	2	6	2	6	10	2	6	10	14	2	6	10	4	2	6	1	2
	94	Pu	2	2	6	2	6	10	2	6	10	14	2	6	10	6	2	6		2
	95	Am	2	2	6	2	6	10	2	6	10	14	2	6	10	7	2	6		2
	96	Cm	2	2	6	2	6	10	2	6	10	14	2	6	10	7	2	6	1	2
	97	Bk	2	2	6	2	6	10	2	6	10	14	2	6	10	9	2	6		2
	98	Cf	2	2	6	2	6	10	2	6	10	14	2	6	10	10	2	6		2
	99	Es	2	2	6	2	6	10	2	6	10	14	2	6	10	11	2	6		2
	100	Fm	2	2	6	2	6	10	2	6	10	14	2	6	10	12	2	6		2
	101	Md	2	2	6	2	6	10	2	6	10	14	2	6	10	13	2	6		2
	102	No	2	2	6	2	6	10	2	6	10	14	2	6	10	14	2	6		2
	103	Lr	2	2	6	2	6	10	2	6	10	14	2	6	10	14	2	6	1	2
	104	Rf	2	2	6	2	6	10	2	6	10	14	2	6	10	14	2	6	2	2
	105	Db	2	2	6	2	6	10	2	6	10	14	2	6	10	14	2	6	3	2
	106	Sg	2	2	6	2	6	10	2	6	10	14	2	6	10	14	2	6	4	2
	107	Bh	2	2	6	2	6	10	2	6	10	14	2	6	10	14	2	6	5	2
	108	Hs	2	2	6	2	6	10	2	6	10	14	2	6	10	14	2	6	6	2
	109	Mt	2	2	6	2	6	10	2	6	10	14	2	6	10	14	2	6	7	2

二、电子层结构与元素周期律

早在 1869 年,俄国化学家门捷列夫(Mendeleev)在研究元素性质与相对原子质量之间的关系时,发现了一个重要规律。他指出元素的性质随着相对原子质量的递增而呈现周期性的变化,并根据这个规律将当时已发现的 63 种元素排列成了元素周期表。各种元素形成有周期性规律的体系,称为元素周期系。元素周期系是元素周期律的具体表现形式,是化学元素性质的总结。

(一)元素在周期表中的位置与元素原子电子层结构的关系[2-7]

1. 周期与原子电子层结构　在元素周期表中每一横行称为一个周期,共有七个周期。除第一周期外,其余每一个周期元素原子的最外层电子排布都是由 $ns^1 \rightarrow ns^2 np^6$,呈现明显的周期性。各周期元素总数与其对应的各能级组内原子轨道所能容纳的电子总数相等。周期序数等于该元素原子的电子层数,且与能级组的序号完全对应。周期与能级组的关系见表 2-3。

表 2-3　周期与能级组的关系

周　　期	能级组	能级组内各原子轨道	能级组内轨道所能容纳的电子数	各周期中元素个数
1	1	1s	2	2
2	2	2s 2p	8	8
3	3	3s 3p	8	8
4	4	4s 3d 4p	18	18
5	5	5s 4d 5p	18	18
6	6	6s 4f 5d 6p	32	32
7	7	7s 5f 6d 7p	32	32

注　1.周期数 = 电子层数;

　　2.各周期元素的数目 = 相应能级组中原子轨道所能容纳的电子总数。

2. 族与原子电子层结构　元素的原子参加化学反应时,能参与成键的电子称为价电子,价电子所处的电子层称为价电子层,价电子层的电子排布式称为价电子组态或价电子层结构。周期表中的各元素根据它们的价电子组态和相似的化学性质而被划分为一个个纵列,称为族。元素周期表中共有 16 个族:7 个主族(A 族)和 7 个副族(B 族),还有一个 0 族和一个第Ⅷ族。

(1)主族:除 0 族元素外,凡是最后一个电子填入 ns 或 np 轨道的元素称为主族元素。各主族的族数等于该元素原子的最外层电子数($ns+np$)。

(2)副族:除了第Ⅷ族外,凡是最后一个电子填入次外层 $(n-1)$d 轨道或倒数第三层 $(n-2)$f 轨道的元素称为副族元素。大多数副族元素的族数等于 $[(n-1)d+ns]$。

3. 元素的分区与原子电子层结构　根据原子的电子层结构的特征,可以把周期表中元素所在位置分为五个区。分别是 s 区、p 区、d 区、ds 区和 f 区,如图 2-6 所示。

(1)s 区元素:最外电子层结构是 ns^1 和 ns^2,包括ⅠA、ⅡA 族元素。除氢外均是活泼金属。

(2)p 区元素:最外电子层结构是 $ns^2 np^{1\sim6}$,从第ⅢA 族到第 0 族元素。p 区元素大部分为非金属元素,0 族元素为稀有气体元素。

(3)d 区元素:外层电子结构是 $(n-1)$d$^{1\sim9}$ $ns^{1\sim2}$,从第ⅢB 族到第Ⅷ族元素。d 区元素都是金属元素,也称为过渡元素。

(4)ds 区元素:外层电子结构是 $(n-1)$d$^{10}ns^1$ 和 $(n-1)$d$^{10}ns^2$,$(n-1)$层 d 轨道已充满。

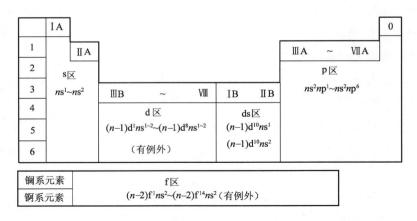

图2-6　原子外层电子构型和周期系分区

包括第ⅠB、ⅡB族。ds区元素都是金属元素,也称为过渡元素。

（5）f区元素:外层电子结构是$(n-2)$f$^{0~14}(n-1)$d$^{0~2}$ ns^2或$(n-2)$f$^{1~14}(n-1)$d$^{0~2}$ ns^2,包括镧系和锕系元素。每个系内各元素的化学性质极为相似,称为内过渡金属元素。

(二)元素性质的周期性变化[2-7]

元素的性质随着核电荷数的递增而呈现周期性变化,这个规律称为元素周期律。元素周期律正是原子内部结构周期性变化的反映,元素性质的周期性源于原子的电子层结构的周期性。下面通过元素主要性质的周期性变化规律来揭示这种内在联系。

1.原子半径　原子的大小以原子半径来表示,原子半径是指分子或晶体中相邻同种原子的核间距离的一半。在讨论原子半径的变化规律时,我们采用的是原子的共价半径,但稀有气体的原子半径只能用范德华半径代替。表2-4列出了各种原子的原子半径,除稀有气体为范德华半径外,其余全是共价半径。

表2-4　各种原子的原子半径(单位:pm)

H																	He
37																	54
Li	Be											B	C	N	O	F	Ne
156	105											91	77	71	60	67	80
Na	Mg											Al	Si	P	S	Cl	Ar
186	160											143	117	111	104	99	96
K	Ca	Sc	Ti	V	Cr	Mn	Fe	Co	Ni	Cu	Zn	Ga	Ge	As	Se	Br	Kr
231	197	161	154	131	125	118	125	125	124	128	133	123	122	116	115	114	99
Rb	Sr	Y	Zr	Nb	Mo	Tc	Ru	Rh	Pd	Ag	Cd	In	Sn	Sb	Te	I	Xe
243	215	180	161	147	136	135	132	132	138	144	149	151	140	145	139	138	109
Gs	Ba	*	Hf	Ta	W	Re	Os	Ir	Pt	Au	Hg	Tl	Pb	Bi	Po	At	
265	210		154	143	137	138	134	136	138	139	144	147	189	175	155	167	145

*镧系元素

La	Ce	Pr	Nd	Pm	Sm	Eu	Gd	Tb	Dy	Ho	Er	Tm	Yb	Lu
187	183	182	181	181	180	199	179	176	175	174	173	173	194	172

从表 2-4 中可以看出,原子半径随原子序数的增加呈现周期性变化。这与原子的电子层数、核电荷数等因素有关。同一周期中,从左到右随着原子序数的增加,核电荷数在增大,原子核对外层电子的吸引力增强,所以原子半径在逐渐缩小。但到稀有气体时,原子半径突然变大,这主要是因为稀有气体的原子半径不是共价半径,而是范德华半径。

主族元素区内,从上往下,尽管核电荷数增多,但由于电子层数增多对半径的影响起主导作用,因此原子半径也显著增大。

副族元素区内,从上到下,原子半径只是稍有增大。其中第 5 与第 6 周期的同族元素之间原子半径非常接近,这主要是镧系收缩所造成的结果。

2. 电离能(I) 气态原子失掉一个电子成为气态一价正离子所需要的能量称为第一电离能(I_1),气态一价正离子再失去一个电子成为气态二价正离子所需的能量称为第二电离能(I_2)。第三、第四电离能依次类推。

元素的第一电离能越小,表示它越容易失去电子,即该元素的金属性越强。因此,元素的第一电离能是该元素金属活泼性的一种衡量尺度。电离能的大小,主要取决于原子核电荷、原子半径和原子的电子层结构。图 2-7 为元素第一电离能的周期性变化。

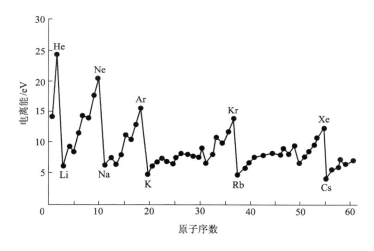

图 2-7　元素第一电离能的周期性变化

(1)在同一周期中,稀有气体元素由于其原子具有稳定的 8 电子结构,所以它的电离能最高。碱金属元素的电离能在同一周期中是最低的,表明它们是最活泼的金属元素。同周期其他元素的电离能则介于这两者之间。在同一周期中由左至右,随着原子序数增加、核电荷增多、原子半径变小,原子核对外层电子的引力变大,元素的电离能变大。元素的金属性慢慢减弱,由活泼的金属元素过渡到非金属元素。

(2)在同一族中,自上而下,元素电子层数不同,但最外层电子数相同,随着原子半径增大,电离能变小,金属性增强。在 IA 族中最下方的铯有最小的第一电离能,它是元素周期表中最活泼的金属元素。而稀有气体氦则有最大的第一电离能。

(3)某些元素其电离能比同周期中相邻元素高,是由于它具有全充满或半充满的电子层结构,稳定性较高。例如,N、P、As(具有半充满的轨道),Zn、Cd、Hg(具有全充满的轨道)。

3. 电子亲和能(Y) 　原子结合电子的能力用电子亲和能表示。与电离能相反,电子亲和能是指处于基态的气态原子得到一个电子成为负一价阴离子时所放出的能量。元素的电子亲和能越大,表明它的原子越容易获得电子,非金属性也就越强。活泼的非金属元素一般都具有较高的电子亲和能。

由于电子亲和能的测定比较困难,目前元素的电子亲和能数据不如电离能数据完整。但仍可测出活泼的非金属具有较高的电子亲和能,而金属元素的电子亲和能都比较小,说明金属在通常情况下难于获得电子形成负价阴离子。

总的来看,在同一周期中,由左向右,元素的电子亲和能随原子半径的减小而增大;在同一族中,自上而下随原子半径的增大,元素的电子亲和能减小。

4. 电负性(χ) 　元素的电离能和电子亲和能都反映了某原子得到或失去电子的能力,为了综合表述原子得失电子的能力,1932年鲍林(L. Pauling)首先提出了电负性的概念,把原子在分子中吸引电子的能力叫作元素的电负性 χ。元素电负性的数据见表2-5。

表2-5　元素的电负性数据

H 2.1																
Li 1.0	Be											B 2.0	C 2.5	N 3.0	O 3.5	F 4.0
Na 0.9	Mg											Al 1.5	Si 1.9	P 2.1	S 2.5	Cl 3.0
K 0.8	Ca 1.0	Sc 1.3	Ti 1.5	V 1.6	Cr 1.6	Mn 1.5	Fe 1.8	Co 1.9	Ni 1.9	Cu 2.0	Zn 1.6	Ga 1.6	Ge 1.8	As 2.0	Se 2.4	Br 2.8
Rb 0.8	Sr 1.0	Y 1.2	Zr 1.4	Nb 1.6	Mo 1.8	Te 1.9	Ru 2.2	Rh 2.2	Pd 2.2	Ag 1.9	Cd 1.7	In 1.7	Sn 1.8	Sb 1.9	Te 2.1	I 2.5
Cs 0.7	Ba 0.9	La 1.1	Hf 1.3	Ta 1.5	W 1.7	Re 1.9	Os 2.2	Ir 2.2	Pt 2.2	Au 2.4	Hg 1.9	Tl 1.8	Pb 1.9	Bi 1.9	Po 2.0	At 2.2

在周期表中,右上方氟是最活泼的非金属元素,电负性值确定为4.0,电负性最大。然后将其他元素的原子与氟相比较,从而得到其他元素的电负性。左下方铯的电负性最小,金属性最强。一般来说,金属元素的电负性<2.0,非金属元素的电负性>2.0。根据元素电负性的大小,可以衡量元素的金属性和非金属性的强弱,但应注意,元素的金属性和非金属性之间并没有严格的界限。

由表2-5还可以看出:元素的电负性呈现明显的周期性变化。在同一周期中,从左到右,随着原子序数增大,电负性递增,元素的非金属性逐渐增强。在同一主族中,从上到下电负性递减,元素的非金属性依次减弱。副族元素的电负性没有明显的变化规律。

第二节 分子结构和分子间作用力

在自然界中,除了稀有气体为单原子分子外,其他元素的原子都相互结合成分子或晶体。分子或晶体之所以能稳定存在,是因为分子或晶体中相邻原子间存在强烈的相互作用。化学上把分子或晶体中直接相邻的原子(或离子)间的强烈相互作用称为化学键。化学键可以分为离子键、共价键和金属键三种。相应形成的晶体分别为离子晶体、原子晶体和分子晶体、金属晶体。

一、离子键

1916 年德国化学家科塞尔(W. Kossel)提出了离子键理论,认为当电负性很小的金属原子与电负性很大的活泼非金属原子相遇时,金属原子会失去电子形成阳离子,活泼的非金属原子会得到电子形成阴离子,这种阴、阳离子间通过静电引力作用形成的化学键叫离子键。由离子键形成的化合物叫离子化合物。

离子键的特征:

(1)离子键的本质是阴、阳离子间的静电引力。

(2)离子键没有饱和性。因离子的电荷是球形对称的,故只要空间条件允许,一个离子可以同时和几个电荷相反的离子相吸引,所以离子键没有饱和性。在离子晶体中,每个正离子都吸引晶体内所有负离子,每个负离子也都吸引所有正离子。但这并不意味着一个离子周围排列的相反电荷离子数目是任意的。实际上,在离子晶体中,每一个离子周围排列电荷相反的数目是固定的。如在 NaCl 晶体中[图 2−8(a)],每个 Na^+ 周围有 6 个

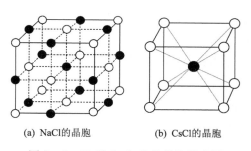

(a) NaCl的晶胞　　(b) CsCl的晶胞

图 2−8　NaCl 和 CsCl 的晶胞示意图

Cl^-,每个 Cl^- 周围也有 6 个 Na^+。在 CsCl 晶体[图 2−8(b)]中,每个 Cs^+ 周围有 8 个 Cl^-,每个 Cl^- 周围也有 8 个 Cs^+。一个离子周围排列相反离子的数目主要决定于正离子和负离子的半径比,比值越大,周围排列离子数目越多。

(3)离子键没有方向性。由于离子的电场分布是球形对称的,异性离子可沿任何方向靠近,在任何位置相吸引,故离子键没有方向性。

二、共价键

离子键理论很好地说明了离子型化合物的形成和特点,但对于由同种非金属元素的原子组成的单质分子(H_2、Cl_2 等),或由电负性相差不多的非金属元素的原子形成分子(HCl、H_2O、NH_3 等)中的化学键,就不能进行很好的解释。因为在这些分子之间没有发生电子的转移,不

存在正、负离子。

美国化学家路易斯(Lewis)于 1916 年提出了早期的共价键理论。他认为共价键是由成键原子双方各自提供最外层单电子组成共用电子对所形成的,共价键形成后,成键原子达到稀有气体原子的最外层电子结构,因此比较稳定。例如:

$$H \cdot + H \cdot \longrightarrow H : H \text{ 或 } H—H$$

$$: \overset{..}{F} \cdot + \cdot \overset{..}{F} : \longrightarrow : \overset{..}{F} : \overset{..}{F} : \text{ 或 } F—F$$

Lewis 的共价键理论虽然很好地说明了共价键的形成,初步揭示了共价键和离子键的区别,但还不能说明共价键的本质,即为什么共用电子对能使体系能量降低,为什么中心原子的最外层电子数虽然少于 8(BCl_3)或多于 8(PCl_5)仍能稳定存在等一些问题。

$$\begin{array}{cc}
\text{Cl} & \text{Cl} \\
\overset{..}{} & \overset{..}{} \\
\text{Cl} : \text{B} & \text{Cl} : \text{P} : \text{Cl} \\
\text{Cl} & \text{ClCl} \\
(BCl_3) & (PCl_5)
\end{array}$$

共价键形成的本质在 1927 年由德国化学家海特勒(Heitler)和伦敦(London)应用量子力学方法处理最简单 H_2 分子的形成而得到进一步的阐明,为共价键的形成提供了现代理论基础,并在此基础上逐步形成了两种共价键理论:价键理论与分子轨道理论。在此仅对价键理论作简单介绍。

(一)价键理论的要点

1. 电子配对原理　两个原子接近时,只有自旋相反的两个成单电子可以互相配对,从而使核间电子云密度增大,系统的能量降低,形成稳定的共价键。

2. 最大重叠原理　成键电子的原子轨道发生重叠时,总是按照重叠最多的方向进行,重叠越多,两核间电子云的密度越大,形成的共价键越牢固。

(二)共价键的特性

1. 饱和性　两原子自旋相反的成单电子配对后,不能再和第三个原子的成单电子配对成键,因此一个原子所能形成的共价键数目受到成单电子数目的限制,这就是共价键的饱和性。如 Cl 原子的核外电子排布为[Ne]$3s^2 3p^5$,外层 3p 轨道上的电子排布为 ↑↓ ↑↓ ↑ ,轨道中只有一个未成对电子。因此,只能和一个 H 原子或另一个 Cl 原子中自旋相反的未成对电子配对,形成一个共价键,如 HCl 或 Cl_2 分子。但是,一个 Cl 原子绝不可能同时和两个 H 原子或两个 Cl 原子配对。

2. 方向性　在所有轨道中,除 s 轨道呈球形对称,无方向性外,p 轨道、d 轨道、f 轨道及杂化轨道在空间都有一定的伸展方向,因而在形成共价键时,除了 s—s 轨道在空间任何方向都能达到最大重叠外,其他原子轨道的重叠必须沿一定方向才能达到最大程度重叠并成键。

如 HCl 分子中共价键的形成,是由 H 原子的 1s 轨道和 Cl 原子的 3p(如 $3p_x$ 轨道)轨道重叠而成,只有 s 轨道沿 p_x 轨道的对称轴(x 轴)方向[图 2-9(a)]进行才能发生最大程度的重叠。

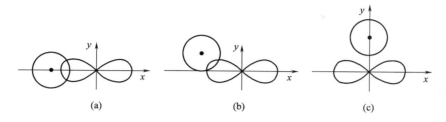

图 2-9 s 轨道与 p 轨道重叠方向

(三)共价键的类型[2,4-6]

根据形成共价键时原子轨道重叠方式的不同,可以形成两种类型的共价键:σ 键和 π 键(图 2-10)。

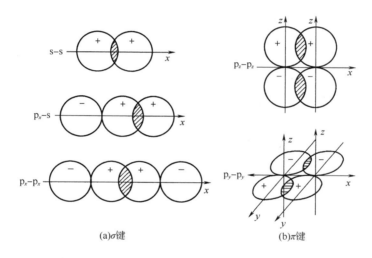

图 2-10 σ 键和 π 键示意图

1. σ 键 两个原子轨道沿键轴方向以"头碰头"方式重叠而形成的共价键,叫作 σ 键。"头碰头"方式重叠是最有效的重叠,故形成的化学键最稳定。s 轨道无方向性,故有 s 轨道参与形成的化学键一定是 σ 键。

σ 键的特点:轨道重叠部分沿键轴呈圆柱形对称[图 2-10(a)]。

2. π 键 两个原子的原子轨道沿键轴方向以"肩并肩"方式重叠形成 π 键。肩并肩重叠不如头碰头重叠有效,故 π 键稳定性一般不如 σ 键。π 键是两原子间形成的第二、第三键。由于 π 键不像 σ 键那样集中在两核的连线上,原子核对 π 电子的束缚力较小,故电子流动性大,所以 π 键容易断裂而发生化学反应,如烯烃、炔烃的加成反应,都是 π 键断裂引起的。

π 键的特点:轨道重叠部分以通过键轴的平面为对称面,呈镜面反对称[图 2-10(b)]。

σ 键可单独存在,组成分子骨架。π 键不能单独存在,只能与 σ 键同时存在于共价双键和共价叁键中,且除一个 σ 键外,其余均是 π 键。

σ 键和 π 键的特征见表 2-6。

表 2－6　σ 键和 π 键的特征

键的类型	σ 键	π 键
存在方式	可以单独存在	必须与 σ 键共存
原子轨道重叠方式	沿键轴方向在直线方向相互重叠	沿键轴方向平行，从侧面重叠
原子轨道重叠部分	两原子核之间，在键轴处	在键轴的上方和下方，键轴处无重叠
原子轨道重叠程度	大	小
键的强度	较牢固	较差

(四)键参数

表征化学键性质的物理量如键能、键长、键角等数据统称为键参数。利用键参数可以判断分子的几何构型、分子的极性、分子的热稳定性和成键类型等。

1. 键能　在 101.325kPa 和 298.15K 下，将 1mol 气态的 AB 分子变成气态的 A、B 原子时所需要的热量，称 AB 的键能，即离解能，单位是 kJ/mol。键能是表示化学键强度的物理量。

一般来说，键能越大，键越稳定。键能大小顺序为：叁键＞双键＞单键。对双原子分子，键能即为离解能；对多原子分子，键能有别于离解能。多原子分子的键能等于全部离解能的平均值。例如 NH_3 分子有三个等价的 N—H 键，其离解能各不相同。

$$NH_3(g) \longrightarrow NH_2(g) + H(g) \qquad D_1 = 435.1 \text{kJ/mol}$$

$$NH_2(g) \longrightarrow NH(g) + H(g) \qquad D_2 = 397.5 \text{kJ/mol}$$

$$NH(g) \longrightarrow N(g) + H(g) \qquad D_3 = 338.9 \text{kJ/mol}$$

在 NH_3 分子中，N—H 键的键能等于三个等价 N—H 键离解能的平均值，即：

$$E = (D_1 + D_2 + D_3)/3 = 390.5 \text{kJ/mol}$$

表 2－7 中列举了一些共价键的平均键能和键长。

表 2－7　一些共价键的平均键能和键长

键	键长/pm	键能/$kJ \cdot mol^{-1}$	键	键长/pm	键能/$kJ \cdot mol^{-1}$
H—H	74	436	C—H	109	416
O—O	148	146	N—H	101	391
S—S	205	226	O—H	96	467
F—F	128	158	F—H	92	566
Cl—Cl	199	242	B—H	123	293
Br—Br	228	193	Si—H	152	323
I—I	267	151	S—H	136	347
C—F	127	485	P—H	143	322
B—F	126	548	Ci—H	127	431
I—F	191	191	Br—H	141	366
C—N	147	305	I—H	161	299
C—C	154	356	N—N	146	160
C＝C	134	598	N＝N	125	418
C≡C	120	813	N≡N	110	946

2. 键长(l)　分子中成键两原子核间的平均距离,称为键长,单位是 pm。用 X 射线衍射法可精确测量各种化学键的键长。

在两个相同原子之间形成的键,键长越短,表示键越强,相同原子间所形成的化学键键长顺序:单键>双键>叁键,见表 2 - 7。

3. 键角(α)　同一分子中键与键的夹角称为键角。键角可通过光谱和实验数据得到。键角是反映分子的空间结构的重要因素之一,如水分子中两个 O—H 键的键角为 $104°45'$,所以水分子是 V 形结构。在 CO_2 分子中 O═C═O 键角为 $180°$,所以 CO_2 分子是直线形结构。过小的键角($<90°$)意味着分子张力大,稳定性下降。如环丙烷分子键角为 $60°$,张力较大,容易开环。

常见分子的键角和几何构型的关系见表 2 - 8。

表 2 - 8　常见分子的键角和几何构型的关系

分 子 式	键角/(°)	键长/pm	分子几何构型	分 子 式	键角/(°)	键长/pm	分子几何构型
H_2O	104.5	98	V 形	NH_3	107.3	107	三角锥形
CO_2	180	121	直线形	CH_4	109.5	109	正四面体形

三、轨道杂化理论[2-7]

价键理论比较简明地说明了共价键形成的过程和本质,并成功地解释了共价键的方向性和饱和性等特点。但是,随着近代实验技术的发展,许多分子的空间构型已经确定,却不能用价键理论进行满意的解释。

如:对水分子而言,O 原子的电子层结构为 $2s^2 2p_x^2 2p_y^1 2p_z^1$,即只有 2 个未成对电子。根据价键理论应形成两个共价键,而且两个成键轨道是互相垂直的,键角应是 $90°$。事实上水分子的O—H 键的键角为 $104°45'$。又如:甲烷分子(CH_4)按价键理论,$C(2s^2 2p_x^1 2p_y^1)$ 有两个单电子,故只能形成两个共价单键,与氢的最简单化合物应为 CH_2,但实际上 CH_4 分子是四面体形结构,碳原子位于四面体中心,每个氢原子占据四面体的四个顶点,四个相等的共价键的夹角为$109°28'$。为了解释这些多原子分子中的原子的成键情况,鲍林(Pauling)于 1931 年在价键理论的基础上,提出了轨道杂化理论。

(一)轨道杂化理论的要点

(1)在形成化学键的过程中,因原子之间相互影响,中心原子内能量相近的不同类型的 n 个价电子轨道混合起来,重新分配能量和确定空间方向,产生 n 个新的原子轨道。这一过程称为杂化(Hybridization),杂化形成的新原子轨道称为杂化轨道(Hybrid Orbital)。杂化轨道沿键轴与其他原子发生轨道重叠,形成 σ 共价键。这里所说的能量相近的轨道是指 ns 与 np,ns、np与 nd 或 $(n-1)d$ 轨道。

(2)杂化轨道形状不同于原纯原子轨道形状,杂化轨道的电子云分布更集中于一个方向,在成键中更有利于达到最大重叠,故其成键能力强于未杂化的轨道。原子轨道杂化过程中所需要的能量可由杂化轨道形成共价键所释放的能量来抵消,而且有余,使形成的分子更加稳定。

(二)杂化轨道的类型

根据杂化时所用原子轨道种类不同,杂化轨道可分为多种类型。

1. sp 杂化(以 BeCl$_2$ 分子为例)　sp 杂化轨道是由一个 ns 和一个 np 轨道杂化形成两个性质相同的 sp 杂化轨道。其特点是每个 sp 杂化轨道都含有 $\frac{1}{2}$ 的 s 和 $\frac{1}{2}$ 的 p 成分。sp 杂化轨道的形状是一头大,一头小,成键时大的一头与其他原子的轨道重叠,使其重叠程度比未经杂化的原子轨道大得多。sp 杂化轨道间夹角为 $180°$,呈直线形。

在 BeCl$_2$ 分子中,Be 原子的电子排布式是 $1s^2 2s^2$,并无单电子,似乎不能成键。而根据杂化轨道理论,Be 的一个 2s 电子获得能量后激发到能量相近的空的 2p 轨道上,形成两个单电子,即 $2s^1 2p^1$。同时各含一个单电子的 2s 轨道和 2p 轨道发生杂化,形成两个能量相等,轨道夹角为 $180°$ 的 sp 杂化轨道。每个杂化轨道中各有一个单电子并以(大头)与 Cl 原子中含有单电子的 3p 轨道重叠,形成两个 σ 键,因此 BeCl$_2$ 分子呈直线形(图 2－11)。以上杂化过程可表示为:

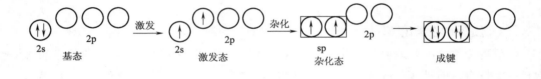

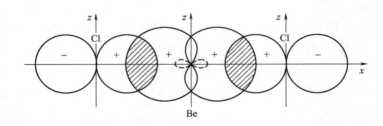

图 2－11　BeCl$_2$ 分子杂化轨道角度分布图

此外,HgCl$_2$ 也有相同的构型。

2. sp^2 杂化(以 BCl$_3$ 为例)　sp^2 杂化是指一个 ns 和两个 np 轨道杂化形成三个能量相等的 sp^2 杂化轨道。在每个杂化轨道中含 $\frac{1}{3}$ s 轨道和 $\frac{2}{3}$ p 轨道成分。三个杂化轨道夹角为 $120°$ 呈平面三角形。杂化轨道形状仍是一头大,一头小。

在 BCl$_3$ 分子中,B 原子外层电子构成为 $2s^2 2p^1$,2s 电子激发后成为 $2s^1 2p_x^1 2p_y^1$,随后一个 s 轨道和两个 p 轨道进行杂化,形成三个能量相等的 sp^2 杂化轨道。这三条 sp^2 杂化轨道互成 $120°$ 角。由于各有一个单电子,分别与三个 Cl 原子的 2p 单电子轨道重叠,形成三个 sp^2－pσ 键,故 BCl$_3$ 分子是平面三角形分子(图 2－12)。其杂化过程可表示为:

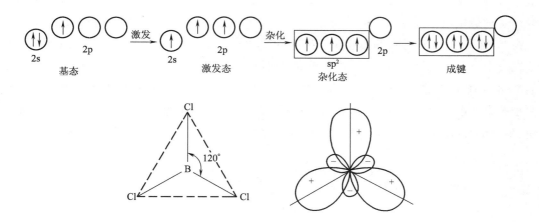

图 2－12　BCl_3 分子构型

此外，BF_3 也有相同的构型。

3. sp^3 杂化（以 CH_4 为例）　sp^3 杂化是指 1 个 ns 和 3 个 np 轨道杂化形成 4 个能量相等的 sp^3 杂化轨道。在每个杂化轨道中含 $\frac{1}{4}$ s 轨道和 $\frac{3}{4}$ p 轨道成分。4 个杂化轨道夹角为 $109°28'$，呈正四面体形。杂化轨道形状仍是一头大，一头小。

在 CH_4 分子中，基态 C 的最外层电子是 $2s^2 2p^2$，2s 电子激发后成为 $2s^1 2p_x^1 2p_y^1 2p_z^1$。C 原子中的 1 个 s 轨道和 3 个 p 轨道进行杂化，形成 4 个能量相等的 sp^3 杂化轨道。杂化轨道在空间伸展成 $109°28'$ 夹角。因此 CH_4 分子是正四面体（图 2－13）。CH_4 分子的杂化过程可表示为：

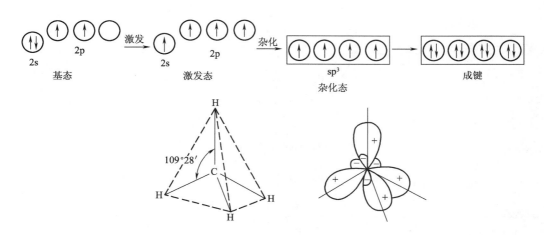

图 2－13　CH_4 分子构型

此外，$SiCl_4$、CCl_4、SiH_4 也有相同的构型。

4. sp^3 不等性杂化（以 NH_3 和 H_2O 为例）　杂化轨道有等性杂化轨道和不等性杂化轨道之分。由不同类型的原子轨道"混合"起来，形成一组完全等同（能量相同、成分相同）的杂化轨道叫等性杂化轨道，如 $BeCl_2$、BF_3、CCl_4 等。若在杂化轨道中有不参加成键的孤对电子存在，杂化轨道中所含 s 成分不同,由此生成各杂化轨道不完全等同(即原子轨道能量、成分、夹角不完全相等),这种杂化叫不等性杂化。下面分别讨论 NH_3 分子和 H_2O 分子的不等性杂化。

在 NH_3 分子中,N 原子最外层电子排布为 $2s^2 2p^3$,1 个 2s 与 3 个 2p 轨道杂化后形成的 sp^3 杂化轨道中,有一轨道已被一对孤对电子所占据,故不再成键。其他 3 个杂化轨道与 3 个 H 原子的 1s 电子配对成键。在这 4 个杂化轨道中,由于 N 原子的孤对电子未成键,其电子云密集于 N 原子核附近占据较大空间,对其他成键电子云产生排斥作用,因而使得键角小于正四面体的键角,为 $107°18'$,故 NH_3 分子构型呈三角锥形[图 2 − 14(a)]。其杂化过程可表示为:

在 H_2O 分子中,O 原子最外层电子排布是 $2s^2 2p^4$,2s 与 2p 轨道杂化后,有两对孤对电子分别占据两个 sp^3 杂化轨道,不参与成键,由于 O 原子有两对孤对电子,因此 O—H 键受到更强烈排斥,成键轨道的夹角更小,所以 H_2O 分子构型为 V 字形,键角为 $104°45'$[图 2 − 14(b)]。此外,H_2S 等分子也是 V 字形的空间构型。H_2O 分子的杂化过程可表示为:

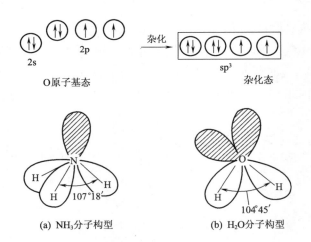

(a) NH_3 分子构型　　　　(b) H_2O 分子构型

图 2 − 14　NH_3 分子和 H_2O 分子构型示意图

在表 2 − 9 中列出了常见的 s − p 杂化轨道。

表 2 − 9　常见的 s − p 杂化轨道

类　型		轨道数目	轨道键角	轨道形状	分子几何形状	实　例
sp		2	180°	直线形	直线形	$BeCl_2$、CO_2、$HgCl_2$
sp^2		3	120°	平面三角形	平面三角形	BF_3、C_2H_4
sp^3	等性杂化	4	109°28′	正四面体	正四面体	CH_4、NH_4^+
	不等性杂化		<109°28′	四面体	三角锥	NH_3、PCl_3、H_3O^+
			<109°28′	四面体	折线形	H_2O

四、分子的极性和分子间力[3,4]

化学键是分子中原子与原子之间较强的相互作用,它是决定物质化学性质的主要因素,但对于处于一定聚集态的物质而言,单凭化学键还不能说明它整体的性质。在分子与分子之间,除化学键之外还存在着比化学键弱得多的相互作用,称为分子间力。它是决定物质的物理性质,如熔点、沸点、汽化热、黏度、溶解度、表面张力的主要作用力。分子间力由范德瓦尔斯(Van Der Waals)提出,又称范德瓦尔斯力。为了更好地解释分子间力,首先介绍分子的极性。

(一)分子的极性

在分子中,由于原子核所带正电荷的电量与电子所带负电荷的电量是相等的,所以整个分子是电中性的。但从分子内部这两种电荷的分布情况来看,根据分子的正、负电荷中心是否重合,可以把分子分成非极性分子和极性分子两类。

1. 非极性分子(Non-polar Molecule) 正、负电荷中心重合的分子称为非极性分子。在双原子分子中,如果是两个相同的原子,由于电负性相同,两个原子之间的化学键是非极性键,即分子中正电荷中心与负电荷中心互相重合,这些分子都是非极性分子(如 H_2、O_2、Cl_2 等单质)。

在不同原子组成的多原子分子中,分子的极性不仅与键的极性(电负性)有关,也与分子构型有关,如果分子的空间构型对称,虽然分子由极性键组成,键的极性相互抵消,整个分子的正、负电荷中心重合,这样的分子也是非极性分子。例如 CO_2 分子,虽然有极性键(C═O 键),但因为 CO_2 分子具有直线形结构 O═C═O,键的极性相互抵消,正负电荷中心重合,故 CO_2 是非极性分子;同样,CH_4 的构型为正四面体,C—H 键的极性可互相抵消,正负电荷中心重合,也为非极性分子。

2. 极性分子(Polar Molecule) 正、负电荷中心不重合的分子称为极性分子。在双原子分子中,如果是两个不相同的原子,由于电负性的不同,共用电子对偏向电负性较大的原子一方,两原子之间的化学键是极性键,这种分子就是极性分子,如 HCl、HF、HBr、CO 等。键的极性越大,分子的极性也越大。如 HCl 分子,由于键的极性不同,使分子中 H 端带部分正电荷,而 Cl 端带部分负电荷。

对于不同原子组成的多原子分子,化学键是极性键,当分子的空间构型不对称时,键的极性不能抵消,分子正、负电荷中心不重合,这样的分子是极性分子。如 SO_2 是 V 字形分子,键的极性不能抵消,分子的正电荷靠近 S 原子,负电荷中心则靠近两个 O 原子核连线的中点,整个分子正负电荷中心不重合,因而 SO_2 是一个极性分子。此外,NH_3、H_2O、CH_3Cl 等分子都是极性分子。

3. 偶极矩(Electric Dipole Moment) 极性分子的极性强弱用偶极矩 μ 来表示。若分子中正、负电荷中心所带的电量为 q,正、负电荷中心距离(称偶极长)为 l,分子的偶极矩用两者的乘积表示,即:

$$\mu = q \cdot l$$

偶极矩是一个矢量,既有数量又有方向性,在化学上规定其方向从正电荷中心指向负电荷中心(与物理学上恰好相反),单位为库仑・米(C・m)。$\mu \neq 0$ 的分子为极性分子,μ 越大,分子极性越大。$\mu=0$ 的分子为非极性分子。偶极矩常用来判断分子的空间构型。如由三个原子组成的 CO_2，由于 $\mu=0$，所以可以断定 CO_2 分子为直线形分子。H_2O 分子偶极矩不为 0，是极性分子，故构型不对称，分子为 V 字形。而 BCl_3 和 NH_3 的偶极矩分别为 0 和 4.29，所以 BCl_3 为非极性分子，一定是平面三角形构型，而 NH_3 是极性分子，是三角锥形构型。

一些分子的偶极矩见表 2－10。

表 2－10　一些分子的偶极矩

分子式	$\mu/10^{-30}C \cdot m$	分子式	$\mu/10^{-30}C \cdot m$	分子式	$\mu/10^{-30}C \cdot m$
H_2	0	CS_2	0	AsH_3	0.67
O_2	0	CO	0.4	CH_4	0
N_2	0	H_2O	6.17	CH_3Cl	6.23
HF	6.37	H_2S	3.67	CH_2Cl_2	5.13
HCl	3.57	SO_2	5.33	$CHCl_3$	3.40
HBr	2.67	HCN	7.00	H_2O_2	7.33
HI	1.40	NH_3	4.90	—	—
CO_2	0	PH_3	1.93	—	—

4. 分子的极化　不论分子是否具有极性，在外电场作用下，其正、负电荷中心将发生变化。对于非极性分子，在外电场作用下，电子云与原子核发生相对位移，分子发生变形，正、负电荷中心位移，从而产生偶极，非极性分子变为极性分子，这样所形成的偶极称为诱导偶极。外电场消失时，诱导偶极也随之消失，分子恢复为原来的非极性分子。极性分子本身具有固有偶极，若在外电场作用下，正、负电荷中心距离增大，分子偶极矩增大，极性增加，产生诱导偶极。外电场消失时，诱导偶极消失，但永久偶极不变。这种由于外电场的作用使分子的正、负电荷中心发生相对位移，从而产生偶极或增大偶极的过程称为分子的极化。

分子的极化不仅在外电场作用下产生，在相邻的分子与分子之间也会发生。极性分子与极性分子之间、极性分子与非极性分子之间也会发生极化作用，这种极化作用对分子间力的产生有重要影响。

(二) 分子间力

液态分子能汽化或固化，说明分子之间还有一种相互作用力，这种力称为分子间力或范德瓦尔斯力。分子间力与化学键相比，是比较弱的力。物质的熔点、沸点不同，说明分子间力不同。分子间力越大，表明物质越容易汽化或固化，其沸点、熔点就越高。一般来讲，分子间力包括三部分：色散力、诱导力和取向力。

1. 色散力 (Dispersion Forces)　当非极性分子相互靠近时，虽然从一段时间测得的偶极矩为 0，但由于原子核的振动和电子的运动，在电子云和原子核之间会产生瞬时偶极。分子之间通过瞬时偶极产生的相互吸引力叫作色散力 (图 2－15)。任何分子间均有色散力。色散力的影响因素如下。

（1）分子的变形性越大,色散力越大。分子的半径越大,电子离核越远,受核的吸引力越弱,变形性越大。

（2）分子的相对分子质量越大,色散力越大。

（3）色散力随着分子间距离的增加而减弱。

2. 诱导力（Induction Forces）　当极性分子与非极性分子相互靠近时,除了色散力的作用外,还存在着诱导力。非极性分子受到极性分子的影响,电子云和原子核之间发生相对位移,产生诱导偶极;同时诱导偶极又作用于极性分子,产生附加偶极。诱导偶极与极性分子的固有偶极之间产生的吸引力叫诱导力（图2-16）。

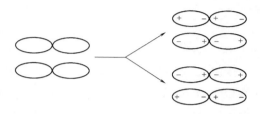

诱导力的大小随极性分子的极性增大而增加;被诱导分子越易变形,诱导力越大;随分子间距离的增加,诱导力下降。

图2-15　非极性分子之间相互作用示意图

3. 取向力（Orientation Forces）　当极性分子彼此靠近时,除了存在色散力和诱导力外,由于极性分子中固有偶极的存在,同极相斥异极相吸,使分子发生相互转动,定向排列。这种由极性分子固有偶极的取向而产生的作用力,叫作取向力（图2-17）。取向力的大小决定于分子极性的大小。分子偶极矩越大,取向力越大。分子间距离增加,取向力减弱。取向力与绝对温度成反比,温度越高,分子热运动越剧烈,取向力越弱。

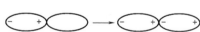

图2-16　极性分子与非极性分子相互作用示意图　　　图2-17　极性分子相互作用示意图

综上所述,在非极性分子间只存在色散力;在极性分子和非极性分子间,存在色散力和诱导力;在极性分子之间,存在色散力、诱导力和取向力。大多数分子的范德瓦尔斯力中,色散力是最主要的,诱导力一般较小,取向力只有当分子的极性很强时才占优势（如H_2O之间）。

分子间力有以下特点。

（1）分子间力较弱,一般小于40 kJ/mol,比化学键小10～100倍。但分子间力永远存在于分子之间。对大多数分子而言,色散力是主要的,故一般用色散力的大小便可判断其分子间力的大小。

（2）分子间力的作用距离约为数百皮米（pm）,比化学键作用距离长,且无饱和性、无方向性。

（3）分子间力对物质的熔点、沸点、溶解度,表面吸附等起作用。一般说来,分子间力越大,物质的熔点、沸点越高。例如一些氢化物的物理性质见表2-11。

表 2 - 11 一些氢化物的物理性质

物质分子式	CH₄	SiH₄	GeH₄	SnH₄
摩尔质量	小 ——————————————→ 大			
分子间力	小 ——————————————→ 大			
色散力	小 ——————————————→ 大			
沸点/℃	−162	−112	−88	−52

五、氢键[4]

按照表 2 - 11 的变化规律,VA、VIA、VIIA 族元素的氢化物中,NH_3、H_2O、HF 的摩尔质量比同族氢化物小,熔点、沸点应相应降低,但事实上却异常高,说明这些分子之间还存在着另外一种作用力,就是氢键,几种氢化物的沸点如图 2 - 18 所示。

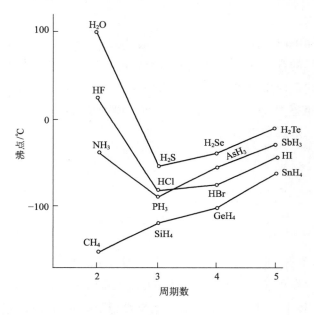

图 2 - 18 几种氢化物的沸点

当 H 原子和电负性大、原子半径小的 X 原子(如 F、O、N 原子)以极性共价键结合形成 H—X 共价键时,共用电子对强烈地偏向 X 原子,使氢原子几乎成为"裸露"的质子。这种氢核由于体积很小,又不带内层电子,不易被其他原子的电子云所排斥,所以它还能吸引另一个电负性较大的 Y 原子(如 F、O、N 原子)中的孤对电子而形成氢键,表示为:

X—H…Y

(一)氢键形成的条件

(1)必须是含氢原子的分子。

(2)氢必须与电负性很大的元素成键,通常是 O、F、N 三种元素的原子。

(3)与氢成键的原子必须具有孤对电子而且半径很小。只有第二周期元素才可。

(二)氢键的强弱

(1)氢键的强弱与 X、Y 原子电负性大小有关,X、Y 原子电负性越大,形成的氢键越强。

(2)原子半径越小,氢键越强;键极性越大,氢键越强;负电荷密度越高,氢键越强。

氢键的强弱顺序为:

$$F—H\cdots F>O—H\cdots O>O—H\cdots N>N—H\cdots N$$

(三)氢键的特征

1. 方向性　氢键的方向性是指形成分子间氢键时,尽可能使氢键 X—H⋯Y 中的 X、H 和 Y 原子在同一直线上。这样才能使电负性大的 X、Y 原子之间距离最远,两原子的电子云斥力最小,形成稳定的氢键。但分子内氢键就不具备方向性。

2. 饱和性　氢键的饱和性是指一个 X—H 分子只能与一个 Y 原子形成氢键,因为当第三个电负性大的 X 或 Y 原子接近 X—H⋯Y 氢键时,它要受到两个电负性大的 X 或 Y 原子电子云的排斥力远大于 H 原子对它的吸引力。所以 X—H⋯Y 上的氢原子不可能再形成第二个氢键。

3. 键能比化学键弱　氢键是一种特殊的分子间力,键能为 20~50kJ/mol,与分子间力强度相当,但比化学键弱得多。

(四)氢键的种类

氢键包括分子间氢键和分子内氢键(图 2-19)。分子间氢键使分子间范德瓦尔斯力增加,故熔、沸点升高;同时,它使分子极性下降。如 H_2O、NH_3、HF 的熔、沸点分别比同族其他氢化物高,就是由于分子间生成了较强氢键的原因。

分子内氢键使分子极性下降,故熔、沸点下降。如邻硝基苯酚能形成分子内氢键,熔点为 45℃,而形成分子间氢键的对硝基苯酚,熔点为 114℃。

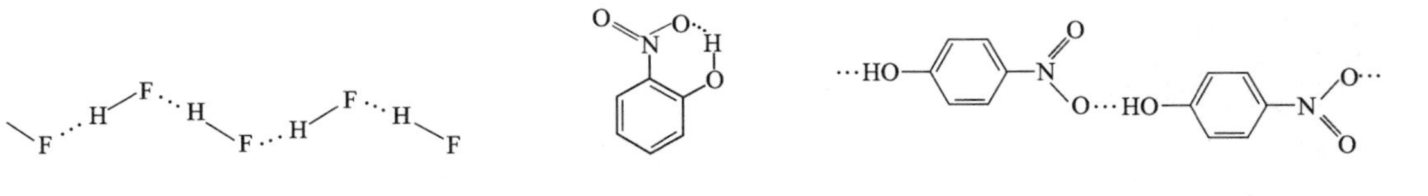

(a) HF 分子间的氢键　　(b) 邻硝基苯酚的分子内氢键　　(c) 对硝基苯酚的分子间氢键

图 2-19　分子间氢键和分子内氢键

溶质能与 H_2O 形成氢键的,例如 ROH、RCOOH、RNH_2、$RCONH_2$ 等,在水中的溶解度较大。而碳氢化合物不能和 H_2O 生成氢键,在水中的溶解度就很小。若溶质形成分子内氢键如邻硝基苯酚,与水就难形成分子间氢键;而对硝基苯酚则相反,易于与水分子间形成氢键(图 2-20)。

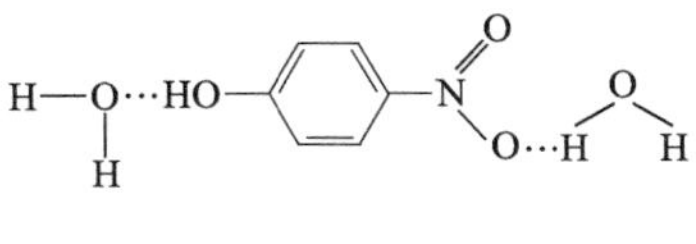

图 2-20　对硝基苯酚与水分子间以氢键缔合

　　氢键存在于许多有机化合物中,如醇、酚、羧酸、胺、蛋白质等。蛋白质是由许多氨基酸分子通过肽键缩合而成,蛋白质长链由于存在许多氢键,使蛋白质分子呈现螺旋形构象。虽然氢键键能不大,但数量多,对维持蛋白质的构象发挥重要作用。如图 2－21 所示为蛋白质的 α－螺旋结构示意图。

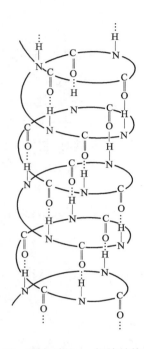

图 2－21　蛋白质的 α－螺旋结构示意图

复习指导

一、描述核外电子运动状态的四个方面

电子层、电子亚层和电子云形状、电子云的伸展方向以及电子的自旋。

二、核外电子排布和元素周期律

(1)核外电子排布的原理(能量最低原理,鲍利不相容原理,洪特规则)和电子排布式。

(2)原子结构与元素周期律的关系(元素性质的周期性:原子半径,电离能,电子亲和能,电负性)。

(3)电子层结构和周期、族的划分以及元素的分区。

三、共价键和价键理论

价键理论要点:电子配对原理和最大重叠原理。

共价键特征:饱和性和方向性。

共价键类型:σ 键和 π 键。

共价键的属性:键长、键角和键能。

四、杂化轨道理论

杂化轨道理论的基本要点:原子成键时,能量相近的原子轨道进行杂化;杂化轨道的数目等于参与杂化的原子轨道的数目;杂化轨道成键时有利于最大重叠,成键能力强。

杂化轨道的类型:sp、sp^2、sp^3 等。

五、分子的极性、分子间力和氢键

分子可分为:极性分子和非极性分子。

分子间作用力包括:色散力、取向力、诱导力。

氢键产生的条件:氢与电负性大、原子半径小的 O、N、F 原子可形成氢键。

氢键的特征:氢键有方向性和饱和性,比化学键弱。

氢键对物质熔点、沸点、溶解性等有影响。

☞ 综合练习

1. 核外电子运动状态应从哪四个方面加以描述?

2. 在氢原子 1s 电子云中,无数小黑点是代表了一个电子还是无数个电子? 为什么?

3. p 轨道具有怎样的形状? 在一个电子层中可以有几个 p 轨道? 它们的伸展方向是怎样的?

4. 说出核外电子排布的三个原理和洪特规则的特例。

5. 写出原子序数为 29 的元素的名称、符号及其基态原子的电子排布式。

6. 价键理论的要点是什么? 共价键的特征是什么?

7. 说明 σ 键、π 键的区别。

8. 什么叫原子轨道杂化? 原子轨道为什么要进行杂化?

9. 试用轨道杂化理论说明 SiH_4、CO_2、BF_3、NF_3 的几何构型。

10. 判断下列分子的极性,并加以说明。

CS_2(直线形)　　　PCl_3(三角锥形)　　　CO　　　H_2S　　　$CHCl_3$

11. 为什么常温下 F_2、Cl_2 为气态,Br_2 为液态,I_2 为固态?

12. 举例说明什么叫分子内氢键? 什么叫分子间氢键? 以及二者对于分子沸点、极性、溶解性的影响。

参考文献

[1]潘亚芬,张永士.基础化学[M].北京:清华大学出版社,北京交通大学出版社,2005.

[2]祈嘉义.基础化学[M].北京:高等教育出版社,2003.

[3]董元彦,等.无机及分析化学[M].北京:科学出版社,2000.

[4]西北农业大学、河北农业大学编.普通化学[M].北京:中国农业科技出版社,1993.

[5]曹素忱.无机化学[M].北京:高等教育出版社,1993.

[6]赵玉娥.基础化学[M].北京:化学工业出版社,2004.

[7]《无机及分析化学》编写组.无机及分析化学[M].北京:高等教育出版社,2006.

第三章　有机化学基础知识

第三章　PPT(上)　第三章　PPT(下)

本章知识点

1. 掌握链烃碳原子的杂化方式、结构特点及烷烃构象产生的原因

2. 掌握链烃、脂环烃、芳香烃的普通命名法、系统命名法及烯烃的顺反异构、次序规则

3. 掌握烷烃、烯烃、炔烃的化学性质,了解自由基反应机理、亲电加成反应机理

4. 了解二烯烃的分类和命名,掌握共轭二烯烃的结构特点、主要化学性质及应用

5. 理解诱导效应、共轭效应概念,了解概念的应用

6. 了解环己烷及取代环己烷的构象

7. 掌握苯的结构、命名、化学性质及应用,了解苯环亲电取代反应历程,掌握苯环取代定位规则及其应用

8. 掌握卤代烃、醇、酚、醚的分类和命名及化学性质和应用

9. 了解亲核取代反应历程及 S_N1、S_N2 反应的特点

10. 了解醛、酮的结构,掌握醛、酮的系统命名法、主要化学性质及应用,了解羰基的亲核加成反应及反应机理

11. 了解萘、醌的结构、命名及化学性质

12. 掌握羧酸的分类、结构和命名,掌握羧酸及羧酸衍生物的主要化学性质及应用,了解羧酸及羧酸衍生物的相互转化关系及应用

第一节　烃

在自然界众多的有机物中,将只含碳和氢两种元素的有机化合物叫碳氢化合物,简称烃。烃是最简单的有机化合物,其他的有机化合物可以看作是烃的衍生物,也就是烃分子中的氢原子被其他原子或原子团取代后的产物。根据分子中碳原子连接的方式,烃可以分为三类:脂肪烃、脂环烃和芳香烃。

一、脂肪烃(链烃)

分子中碳原子与碳原子相连成链状的烃,叫链烃,又叫脂肪烃。链烃可以分为饱和烃(烷烃)和不饱和烃(烯烃、炔烃)。

(一)脂肪烃的结构

1. 烷烃的同系列及同分异构现象　分子中的碳除以碳碳单键相连外,碳的其他价键都被氢原子所饱和的烃叫作烷烃,也叫作饱和烃。烷烃分子中的碳原子按照它们所连接的碳原子的数目不同,可分为四类:伯、仲、叔、季碳原子,分别用 $1°$、$2°$、$3°$、$4°$ 表示。

$$
\begin{array}{c}
\quad\ \ \text{H}\quad\ \text{H}\quad\ \ \text{CH}_3\ \text{CH}_3 \\
\quad\ \ |\quad\ \ |\quad\ \ |\quad\ \ | \\
\text{H}-\overset{1°}{\text{C}}-\overset{2°}{\text{C}}-\overset{3°}{\text{C}}-\overset{4°}{\text{C}}-\text{CH}_3 \\
\quad\ \ |\quad\ \ |\quad\ \ |\quad\ \ | \\
\quad\ \ \text{H}\quad\ \text{H}\quad\ \ \text{H}\quad\ \ \text{CH}_3
\end{array}
$$

(1)烷烃的同系物。最简单的烷烃是甲烷,依次为乙烷、丙烷、丁烷等,它们的分子式、构造式、构造简式分别为:

	分 子 式	构 造 式	构造简式
甲烷	CH_4	$H-\overset{\overset{\textstyle H}{\|}}{\underset{\underset{\textstyle H}{\|}}{C}}-H$	CH_4
乙烷	C_2H_6	$H-\overset{H}{\underset{H}{C}}-\overset{H}{\underset{H}{C}}-H$	CH_3CH_3
丙烷	C_3H_8	$H-\overset{H}{\underset{H}{C}}-\overset{H}{\underset{H}{C}}-\overset{H}{\underset{H}{C}}-H$	$CH_3CH_2CH_3$
丁烷	C_4H_{10}	$H-\overset{H}{\underset{H}{C}}-\overset{H}{\underset{H}{C}}-\overset{H}{\underset{H}{C}}-\overset{H}{\underset{H}{C}}-H$	$CH_3CH_2CH_2CH_3$

由于碳链的两端各连一个氢原子,所以烷烃的通式为 C_nH_{2n+2}。

具有同一通式,结构和化学性质相似,组成上相差一个或多个 CH_2 原子团的一系列化合物称为同系列。同系列中的各化合物互称为同系物。由于在烷烃中,碳原子的四个 sp^3 杂化轨道呈四面体形式分布,所以烷烃分子中的键角约为 $109°28'$。含三个或三个以上碳原子的烷烃分子中,碳原子的排列不是直线形,所谓直链烃,是指不分支的链烃。X 射线研究证明,结晶状态的烷烃其碳链排列成锯齿状,例如:

正己烷碳骨架　　　　　　　正庚烷碳骨架

(2)烷烃的构造异构。化合物分子中各原子相互连接的次序和结合的方式叫构造(Constituition),表示化合物分子构造的结构式叫构造式。根据国际纯粹与应用化学联合会(IUPAC)规定,结构是一个总的概念,包括构造、构型和构象。分子式相同而构造不同的化合物互为构造异构体。甲烷、乙烷、丙烷只有一种结合方式,无异构现象,从丁烷开始有同分异构现象。

$$CH_3-CH_2-CH_2-CH_3 \qquad\qquad CH_3-CH-CH_3$$
$$\underset{CH_3}{|}$$

正丁烷(沸点-0.5℃)   异丁烷(沸点-10.2℃)

构造异构是有机化合物中普遍存在的异构现象中的一种,这种异构是由于碳链的构造不同而形成的,故又称为碳链异构。构造异构体是不同的物质。正丁烷的沸点是-0.5℃,而异丁烷的沸点是-10.2℃。

随着碳原子数目的增多,异构体的数目也增多,但没有计算烷烃异构体数目的通式。含1~9个碳原子的烷烃理论推算出的异构体数目与实际得到的完全符合。含10个碳原子以上的烷烃的异构体只有少数是已知的。碳原子数不同的烷烃构造异构体的数目见表3-1。

表3-1 碳原子数不同的烷烃构造异构体的数目[1]

碳原子数	异构体数	碳原子数	异构体数	碳原子数	异构体数	碳原子数	异构体数
1	1	4	2	7	9	10	75
2	1	5	3	8	18	15	4,347
3	1	6	5	9	35	20	366,319

2. 不饱和烃(烯烃、炔烃)的结构 有机物中,含有碳碳双键或碳碳叁键的链烃叫不饱和烃。其中含碳碳双键的不饱和烃叫作烯烃,它的通式为:C_nH_{2n}。分子中含有碳碳叁键的不饱和烃叫作炔烃,通式为:C_nH_{2n-2}。碳碳双键、碳碳叁键分别是烯烃、炔烃的官能团。

(1)烯烃的结构。在烯烃分子中的双键碳原子各以 sp^2 方式杂化,三个杂化轨道呈平面三角形分布。两个碳原子各以一个 sp^2 杂化轨道"头碰头"相互重叠形成 σ 键,其余两个 sp^2 杂化轨道分别与其他碳原子或氢原子形成 σ 键。每个碳原子上剩余的一个 $2p$ 轨道分别垂直于由五个 σ 键形成的平面,并以"肩并肩"相互重叠,形成 π 键。乙烯的结构如图3-1所示。

乙烯分子中的碳碳双键的键能为 610kJ/mol,键长为 0.134nm,而乙烷分子中碳碳单键的键能为 345kJ/mol,键长为 0.154nm。比较可知,双键的键能并不是两个单键的加和。这是由 π 键重叠程度小,容易断裂的特点决定的。

(2)炔烃的结构。在炔烃分子中的叁键碳原子各以 sp 方式杂化,两个 sp 杂化轨道呈直线形分布。两个碳原子各以一个 sp 杂化轨道"头碰头"相互重叠形成 σ 键,另一个 sp 杂化轨道分别与其他碳原子或氢原子形成 σ 键。每个碳原子剩余的两个互相垂直的 2p 轨道分别两两平行以"肩并肩"相互重叠,形成两个互相垂直的 π 键。这两个 π 键均垂

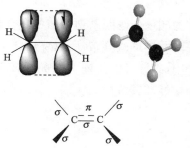

图3-1 乙烯的结构

直于碳碳 σ 键轴。叁键的键能也小于三个单键的加和,所以炔烃有活泼的化学性质。炔烃的结构如图 3-2 所示。

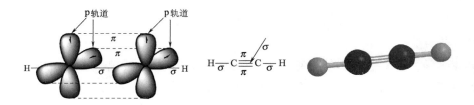

图 3-2　炔烃的结构

(3)共轭二烯烃的结构。分子中含有两个碳碳双键的不饱和烃称为二烯烃。二烯烃的通式为 C_nH_{2n-2},与直链炔烃互为同分异构体。由于两个双键的位置不同,二烯烃又可以分成不同的类型,其中最重要的是共轭二烯烃。两个双键被一个单键隔开,分子骨架为 C═C—C═C 的二烯烃为共轭二烯烃。下面以 1,3-丁二烯为例,讨论共轭二烯烃的结构。1,3-丁二烯分子结构[2]如图 3-3 所示。

1,3-丁二烯分子中,每个碳原子都是以 sp^2 杂化轨道相互重叠或与氢原子的 1s 轨道重叠形成 9 个 σ 键。分子中所有 σ 键和全部碳原子、氢原子都在一个平面上。此外,每个碳原子还剩下一个未参加杂化的与分子平面垂直的 p 轨道,这些 p 轨道可以侧面重叠形成两个 π 键,即 C1 与 C2 和 C3 与 C4 之间各形成一个 π 键。而此时 C2 与 C3 两个碳原子 p 轨道的对称轴也相互平行,所以也可以侧面重叠,把两个 π 键连接起来,形成一个包含 4 个碳原子的大 π 键。但 C2—C3 键所具有的 π 键性质要比 C1—C2 和 C3—C4 键所具有的 π 键性质小一些。像这种 π 电子不是局限于 2 个碳原子之间,而是分布于 4 个(2 个以上)碳原子的分子轨道,称为离域轨道,这样形成的键叫离域键,也称大 π 键。具有离域键的体系称为共轭体系。含共轭 π 键的分子称共轭分子。在共轭体系中,由于原子间的相互影响,使整个分子的电子云分布趋于平均化的倾向称为共轭效应。由 π 电子离域而体现的共轭效应称为 $\pi-\pi$ 共轭效应。1,3-丁二烯分子中的共轭 π 键,如图 3-4 所示。

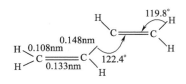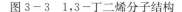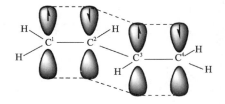

图 3-3　1,3-丁二烯分子结构　　　　图 3-4　1,3-丁二烯分子中的共轭 π 键

共轭效应使 1,3-丁二烯分子中的碳碳双键键长增加,碳碳单键键长缩短,单双键趋于平均化。另外,由于电子离域,化合物的能量降低,稳定性增加,在参加化学反应时,也体现出与一般烯烃不同的性质。

(二)脂肪烃的立体异构

不饱和链烃,除了存在着由于分子的碳链不同、支链的位置不同以及碳碳双键或碳碳叁键在碳链中的位置不同而产生的构造异构体外,还存在因不饱和烃中的取代基(原子或基团)在空间的分布方式不同而产生的异构。它们有不同的性质,是不同的物质。这种现象叫作立体异构。立体异构分为构型异构和构象异构。

1. 构型异构　构型是指化合物在空间的排列方式。构型异构包括顺反异构和对映异构。

烯烃分子中顺反异构是由于碳碳双键不能旋转而导致的分子中原子或原子团在空间的排列形式不同而引起的异构现象。当两个双键碳各自连有两个不同的原子或原子团时,则存在两种不同的空间排列方式,即顺反异构,形成两种不同的化合物。

通式：

顺式　　　　　　　　　反式

当双键碳上其中有一个碳原子上连有两个相同的原子或原子团时,则不存在顺反异构。

2. 构象异构[3]　在乙烷分子中两个甲基以单键相连。如使一个甲基不动,另一个甲基围绕碳碳 σ 单键旋转,则分子中原子在空间的排列形式将不断改变。这种由于围绕 σ 单键旋转而产生的分子在空间的不同排列形式叫作构象。构象和构型一样,都是表示分子中原子或原子团在空间排列情况的。不同的构象可以通过单键旋转而相互转变。构象可以用纽曼(Newman)投影式或透视式表示。

在画乙烷分子的纽曼投影式时,假定眼睛是在碳碳单键的延长线上,圆圈表示碳原子,圆圈上面的三个氢原子表示离眼睛较近的甲基,圆圈下面的三个氢原子表示离眼睛较远的甲基。如图 3-5(a)所示。

在乙烷众多的构象中,最典型的有两种,一种是交叉式构象,另一种是重叠式构象。交叉式构象由于不同碳原子上的氢原子彼此相距最远,两个 C—H 键之间的斥力最小,所以能量最低;而重叠式构象中两个甲基上的 C—H 键相互重叠,斥力最大,则有最高的能量。两种典型的构象能量差为 12.6kJ/mol。其他构象的能量介于两者之间。在常温下,乙烷分子以各种构象平衡混合存在,低温下交叉式构象比例大增。

构象也可以用透视式(锯架式)表示,如图 3-5(b)所示。

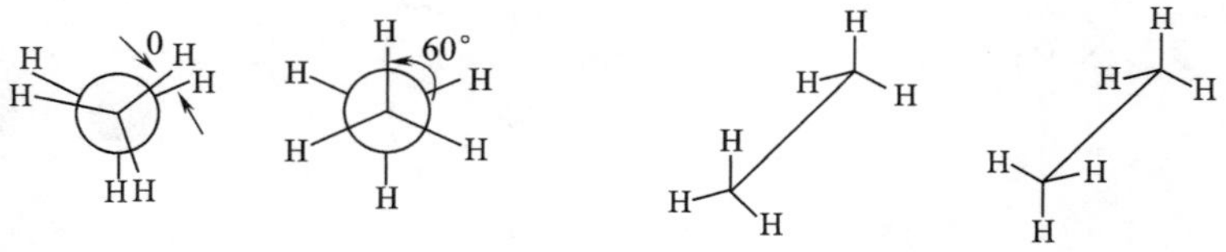

重叠式　　　　交叉式　　　　　　　重叠式　　　　　　交叉式

(a) 纽曼投影式　　　　　　　　　(b) 透视式（锯架式）

图 3-5　乙烷分子的立体构象示意图

(三)脂肪烃的命名

1.烷烃的命名

(1)普通(习惯)命名法。

①含有 10 个或 10 个以下碳原子的直链烷烃,用天干顺序甲、乙、丙、丁、戊、己、庚、辛、壬、癸 10 个字分别表示碳原子的数目,后面加烷字,凡直链烷烃前面加"正"字;凡开头有 $(CH_3)_2CH—$,而其余为直链的烷烃,则在前面加"异"字;凡开头有 $(CH_3)_3C—$,而其余为直链的烷烃,则在前面加"新"字。例如:

$$CH_3CH_2CH_2CH_3 \qquad (CH_3)_2CHCH_3 \qquad (CH_3)_3CCH_3$$

正丁烷　　　　　　异丁烷　　　　　　新戊烷

②含有 10 个以上碳原子的直链烷烃,用碳原子的数目命名。

例如:$CH_3(CH_2)_{10}CH_3$ 命名为正十二烷。

(2)系统命名法。系统命名法是我国根据 1892 年日内瓦国际化学会议首次拟定的系统命名原则,国际纯粹与应用化学联合会(简称 IUPAC)几次修改补充后的命名原则,结合我国文字特点而制定的命名方法,又称日内瓦命名法或国际命名法。

烷基:烷烃分子中去掉一个氢原子后余下的部分。其通式为$—C_nH_{2n+1}$,用$—R$ 表示。

常见的烷基有:

甲　基	$CH_3—$	(Me)
乙　基	$CH_3CH_2—$	(Et)
正丙基	$CH_3CH_2CH_2—$	$(n-Pr)$
异丙基	$(CH_3)_2CH—$	$(iso-Pr)$
正丁基	$CH_3CH_2CH_2CH_2—$	$(n-Bu)$
异丁基	$(CH_3)_2CHCH_2—$	$(iso-Bu)$
仲丁基	$CH_3CH_2(CH_3)CH—$	$(sec-Bu)$
叔丁基	$(CH_3)_3C—$	$(ter-Bu)$

烷烃的系统命名法规则如下。

①在系统命名法中,对于直链烷烃,与普通(习惯)命名法相同,省去正字。

②带有支链的烷烃,先选择分子中最长的碳链作为主链,若有几条等长碳链时,选择支链较多的一条为主链。根据主链所含碳原子的数目定为某烷,再将支链作为取代基。此处的取代基都是烷基。

③从距支链较近的一端开始给主链上的碳原子编号。若主链上有两个或两个以上取代基时,则主链的编号顺序应使支链位次尽可能低。

④将支链的位次及名称加在主链名称之前。若主链上连有多个相同的支链时,用中文二、三、四……数字表示支链的个数,再在前面用阿拉伯数字注明各个支链的位次,每个位次之间用逗号隔开。若主链上连有不同的几个支链时,则按由简到繁的顺序将每个支链的位次和名称加在主链名称之前。

⑤如果支链上还有取代基时,则必须从与主链相连接的碳原子开始,给支链上的碳原子编

号。然后补充支链上烷基的位次、名称及数目。

例如：

$$\overset{\displaystyle CH_2CH_3}{\underset{\underset{\displaystyle CH_3}{|}}{\underset{1}{CH_3}}-\underset{\underset{\displaystyle CH_3}{|}}{\underset{2}{CH}}-\underset{\underset{\displaystyle CH_2CH_3}{|}}{\underset{3}{CH}}-\underset{\overset{\displaystyle |}{4}}{CH}-\underset{\underset{\displaystyle CH_3}{|}}{\underset{5}{CH}}-\underset{6}{CH_3}}$$

2,5-二甲基-3,4-二乙基己烷

2. 不饱和链烃的命名

(1)烯烃的命名。

①烯烃的衍生物命名法。这种方法用于简单的烯烃命名。以乙烯为母体,其余部分为取代基。例如：

$$CH_3CH_2CH=CH_2 \qquad CH_3CH=CHCH_3 \qquad \overset{\displaystyle H_3C}{\underset{\displaystyle H_3C}{>}}C=CH_2$$

乙基乙烯　　　　　　　　　对称二甲基乙烯　　　　　　不对称二甲基乙烯

②烯烃的系统命名法。

a. 选择含有双键的最长碳链为主链,命名为某烯。从靠近双键的一端开始,给主链上的碳原子编号。

b. 以双键碳原子中编号较小的数字表示双键的位号,写在烯整个名称的前面,再在前面写出取代基的名称和所连主链碳原子的位次。例如：

$$\underset{1}{CH_2}=\underset{2}{CH}-\underset{3}{CH_2}-\underset{4}{CH_3}$$

1-丁烯

$$\underset{1}{CH_2}=\underset{\underset{\displaystyle CH_2CH_3}{|}}{\underset{2}{C}}-\underset{3}{CH_2}-\underset{4}{CH_2}-\underset{5}{CH_3}$$

2-乙基-1-戊烯

$$\underset{1}{CH_3}-\underset{2}{CH}=\underset{3}{C}-\underset{\overset{\displaystyle CH_3}{\overset{|}{4}}}{C}-\underset{\overset{\displaystyle CH_3}{\overset{|}{5}}}{C}-CH_3$$

3,4,5,5-四甲基-2-庚烯

c. 烯烃主链上的碳原子在 10 个以上时,烯字的前面应加一个碳字。例如：$CH_2=$ $CH(CH_2)_{13}CH_3$ 十六碳烯,表示双键在第一个碳原子上的具有十一个碳原子的直链烯烃。

d. 烯烃顺反异构体的命名：根据 IUPAC 命名法,顺反异构体的构型是用 Z(德文 Zusammen,同)表示顺式结构,E(德文 Entgegen,对)表示反式结构。在标记时,首先按照次序规则分别确定双键两端碳原子上所连接的原子或原子团的次序大小。如果双键上的两个碳原子连接的次序大的原子或原子团在双键的同一侧,则为 Z 式构型,如果双键上的两个碳原子连接的次序大的原子或原子团在双键的异侧时,则为 E 式构型。

次序规则的要点。

• 先比较直接与双键相连的原子,原子序数大的排在前面。

• 如果与双键碳原子直接相连的原子相同时,则比较与该原子相连的原子序数。不是计算原子序数之和,而是原子序数大的原子所在的基团在前。

• 如果与双键碳原子直接相连的原子相同,而该原子又以重键与别的原子相连时,则按重键级别分别以两个或三个相同原子计算。

取代基游离价所在的原子[1]，原子序数大的在前，小的在后：I—，Br—，Cl—，S—，P—，O—，N—，C—，H—（同位素按相对原子质量大小次序排列 D—，H—）。几种烃基的先后次序为：$(CH_3)_3C—，(CH_3)_2CH—，CH_3CH_2—，CH_3—$

例如：

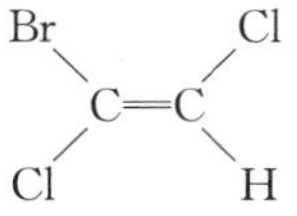

(Z)-1,2-二氯溴乙烯 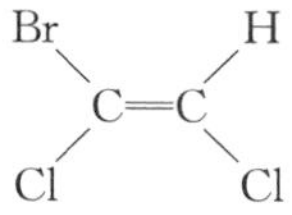　　　　　　　　(E)-1,2-二氯溴乙烯

（2）二烯烃和炔烃的命名。

①二烯烃的命名与烯烃命名相似，不同的是要在"烯"字前加上双键的数目"二"字。例如：

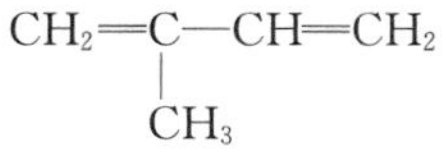

2-甲基-1,3-丁二烯 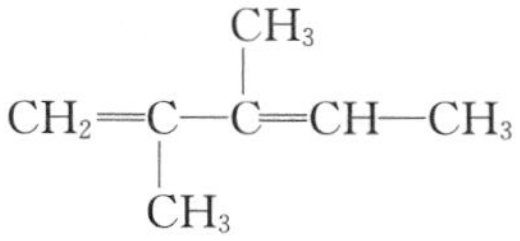　　　　　2,3-二甲基-1,3-戊二烯

②炔烃的命名原则与烯烃相似，即选择包含叁键的最长碳链作主链，碳原子的编号从距叁键最近的一端开始。

若分子中既含有双键又含有叁键时，则应选择含有双键和叁键的最长碳链为主链，并将其命名为烯炔（烯在前、炔在后）。编号时应使烯、炔所在位次的和为最小。例如：

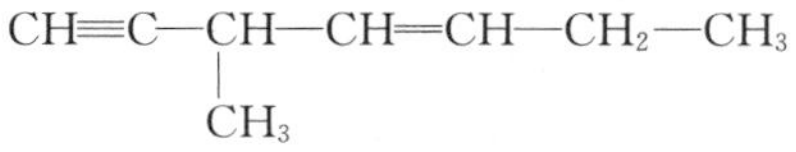

3-甲基-4-庚烯-1-炔

但是，当双键和叁键处在相同的位次时，即烯、炔两碳原子编号之和相等时，则从靠近双键一端开始编号。例如：

1-丁烯-3-炔

（四）脂肪烃的物理性质

1. 烷烃的物理性质

（1）状态。在常温常压下，$C_1 \sim C_4$ 的直链烷烃是气体，$C_5 \sim C_{16}$ 的直链烷烃是液体，C_{17} 以上的直链烷烃是固体。

（2）沸点。直链烷烃的沸点随相对分子质量的增加而有规律地升高。低级烷烃的沸点相差较大，随着碳原子数目的增加，沸点升高的幅度逐渐变小。沸点的高低取决于分子间作用力的大小。烷烃是非极性分子，分子间的作用力（即范德瓦尔斯力）主要是色散力，这种力是很微弱的。色散力与相对分子质量和分子的大小成正比。多一个亚甲基时，原子数目、相对分子质量和分子体积都增大，色散力也增大，沸点即随之升高。但色散力是一种近程力，它只在近距离内才能有效地发挥作用，随着分子间距离的增大而迅速减弱。带支链的烷烃分子，由于支链的阻碍，分子间不能像直链烷烃那样紧密地靠在一起，分子间距离增大，分子间的色散力减弱，所以支链烷烃的沸点比直链烷烃要低。支链越多，沸点越低。

（3）熔点。直链烷烃的熔点，基本上也是随相对分子质量的增加而逐渐升高。但偶数碳原子的烷烃熔点增高的幅度比奇数碳原子的要大一些。一些直链烷烃的物理常数见表3－2。

表3－2　一些直链烷烃的物理常数

名　称	分子式	沸点/℃	熔点/℃	密度/g·mL^{-1},20℃
甲　烷	CH_4	－ 161.40	－ 182.50	0.4240(沸点时)
乙　烷	C_2H_6	－ 88.60	－ 182.70	0.5462(沸点时)
丙　烷	C_3H_8	－ 42.20	－ 187.10	0.5824(沸点时)
正丁烷	C_4H_{10}	－ 0.50	－ 138.30	0.5788(加压下)
正戊烷	C_5H_{12}	36.10	－ 129.70	0.6263
正己烷	C_6H_{14}	68.70	－ 95.30	0.6594
正庚烷	C_7H_{16}	98.40	－ 90.60	0.6837
正十六烷	$C_{16}H_{34}$	286.50	18.10	0.7733
正十七烷	$C_{17}H_{36}$	303.00	22.00	0.7767(熔点时)
正十八烷	$C_{18}H_{38}$	317.00	28.00	0.7768(熔点时)

　　烷烃的熔点也主要是由分子间的色散力决定的。固体分子的排列很有秩序，分子排列紧密，色散力强。固体分子间的色散力，不仅取决于分子中原子的数目和大小，而且取决于它们在晶体中的排列状况。X光结构分析表明：固体直链烷烃的晶体中，碳链为锯齿形，由奇数碳原子组成的锯齿状链中，两端的甲基处在一边，由偶数碳原子组成的锯齿状链中，两端的甲基处在相反的位置。即偶数碳原子的烷烃有较大的对称性，因而使偶数碳原子链比奇数碳原子链更为紧密，链间的作用力增大，所以偶数碳原子的直链烷烃的熔点要高一些。

　　（4）溶解度。烷烃是非极性分子，又不具备形成氢键的结构条件，所以不溶于水，而易溶于非极性或弱极性的有机溶剂。

　　（5）密度。烷烃是所有有机化合物中密度最小的一类化合物。无论是液体还是固体，烷烃的密度均小于1。随着相对分子质量的增大，烷烃的密度也逐渐增大。

2. 不饱和烃的物理性质

（1）烯烃的物理性质。

①在常温常压下，C_2～C_4的烯烃为气体，C_5～C_{19}的 α -烯烃为液体，高级烯烃为固体。

②熔点、沸点和相对密度都随相对分子质量的增加而升高。烯烃的密度小于1，不溶于水，能溶于四氯化碳等有机溶剂。

（2）炔烃的物理性质。炔烃的物理性质与烯烃相似，乙炔、丙炔和丁炔为气体，戊炔以上的低级炔烃为液体，高级炔烃为固体。简单炔烃的沸点、熔点和相对密度比相应的烯烃、烷烃要高。炔烃不溶于水而易溶于石油醚、苯、乙醚和乙醇等有机溶剂。一些烯烃和炔烃的物理常数见表3－3。

表 3-3　一些烯烃和炔烃的物理常数[2]

名　称	构　造　式	熔点/℃	沸点/℃	密度/g·mL^{-1},20℃
乙　烯	$CH_2=CH_2$	-169.0	-102.0	—
丙　烯	$CH_2=CHCH_3$	-185.0	-48.0	—
1-丁烯	$CH_2=CHCH_2CH_3$	-130.0	-6.5	—
1-戊烯	$CH_2=CH(CH_2)_2CH_3$	-166.0	3.0	0.643
1-己烯	$CH_2=CH(CH_2)_3CH_3$	-138.0	63.5	0.675
1-庚烯	$CH_2=CH(CH_2)_4CH_3$	-119.0	93.0	0.698
1-辛烯	$CH_2=CH(CH_2)_5CH_3$	-104.0	122.5	0.716
乙　炔	$CH\equiv CH$	-83.4	-82.0	0.6181(-32.0℃)
丙　炔	$CH\equiv CCH_3$	-23.4	-101.5	0.7062(-50.0℃)
1-丁炔	$CH\equiv CCH_2CH_3$	8.5	-122.5	0.6784(0℃)
2-丁炔	$CH_3C\equiv CCH_3$	27.2	-32.3	0.6901

(五)脂肪烃的化学性质

1. 烷烃的化学性质　烷烃是非极性分子,分子中的碳碳键或碳氢键是非极性或弱极性的 σ 键,因此在常温下烷烃是不活泼的,它们与强酸、强碱、强氧化剂、强还原剂及活泼金属都不发生反应。在高温或光照下能发生某些化学反应。

(1)氧化反应。烷烃很容易燃烧,燃烧时生成 CO_2 和 H_2O,发出光并放出大量的热。例如:

$$CH_4+O_2\xrightarrow{\text{燃烧}}CO_2+H_2O+890kJ/mol$$

在催化剂存在下,控制温度,烷烃与氧反应生成醇、醛、酮、酸等含氧化合物,称部分氧化。工业上利用高级烷烃部分氧化制取高级脂肪酸。高级脂肪酸是肥皂、表面活性剂等的原料。

(2)取代反应。有机物分子中的氢原子被其他的原子或原子团取代的反应,叫取代反应。

①卤代反应。烷烃分子中的氢原子被卤素原子取代的反应称为卤代反应。烷烃与卤素在室温及黑暗中并不反应,但在强光照射或高温下则发生剧烈反应,甚至引起爆炸。例如:甲烷的氯代反应,在强光或紫外光照射下剧烈反应生成氯化氢和碳;在漫射光照、加热条件下,可以进行连续的取代反应:

$$CH_4+Cl_2\longrightarrow CH_3Cl+HCl$$
$$CH_3Cl+Cl_2\longrightarrow CH_2Cl_2+HCl$$
$$CH_2Cl_2+Cl_2\longrightarrow CHCl_3+HCl$$
$$CHCl_3+Cl_2\longrightarrow CCl_4+HCl$$

卤素反应的活泼性次序为:$F_2>Cl_2>Br_2>I_2$。

对于同一烷烃,不同级别的氢原子被取代的难易程度也是不同的。大量的实验表明烷烃中氢原子的反应活泼次序是:叔氢 ＞ 仲氢 ＞ 伯氢。

＊②卤代反应机理。由反应物转变成产物所经历的过程叫反应历程或反应机理。实验表明,甲烷卤代的反应机理为自由基链式反应或称连锁反应。这种反应的特点是反应过程中形成

一个活泼的原子或游离基。其反应过程有如下三个阶段。

a. 链引发阶段。在光照或加热至 $250\sim400℃$ 时,氯分子吸收光能而发生共价键的均裂,产生两个氯原子自由基或游离基,引发反应。

$$Cl_2 \longrightarrow 2Cl\cdot$$

b. 链增长阶段。氯原子游离基能量高,反应性能活泼。当它与体系中浓度很高的甲烷分子碰撞时,从甲烷分子中夺取一个氢原子,结果生成了氯化氢分子和一个新的游离基——甲基游离基。

$$Cl\cdot+CH_4 \longrightarrow HCl+CH_3\cdot$$

甲基游离基与体系中的氯分子碰撞,生成一氯甲烷和氯原子游离基。

$$CH_3\cdot+Cl_2 \longrightarrow CH_3Cl+Cl\cdot$$

反应一步又一步地传递下去,所以称为链反应。

$$CH_3Cl+Cl\cdot \longrightarrow CH_2Cl\cdot+HCl$$
$$CH_2Cl\cdot+Cl_2 \longrightarrow CH_2Cl_2+Cl\cdot$$

c. 链终止阶段。随着反应的进行,甲烷迅速消耗,游离基的浓度不断增加,游离基与游离基之间发生碰撞结合生成分子的机会就会增加,最终使反应终止。

$$Cl\cdot+Cl\cdot \longrightarrow Cl_2$$
$$CH_3\cdot+CH_3\cdot \longrightarrow CH_3CH_3$$
$$CH_3\cdot+Cl\cdot \longrightarrow CH_3Cl$$

(3)热裂解反应。烷烃在隔绝空气的条件下加强热,分子中的碳碳键或碳氢键都会发生断裂,生成较小的分子,这种反应叫作热裂解反应。例如:

$$CH_3CH_2CH_2CH_3 \xrightarrow{\text{高温}} CH_4+CH_2=CHCH_3$$
$$CH_3CH_2CH_2CH_3 \xrightarrow{\text{高温}} CH_3CH_3+CH_2=CH_2$$
$$CH_3CH_2CH_2CH_3 \xrightarrow{\text{高温}} CH_2=CHCH_2CH_3+H_2$$

产物是混合物,烷烃分子中所含碳原子越多,产物越复杂。

由于碳氢 σ 键的键能(415 kJ/mol)大于碳碳 σ 键的键能(345kJ/mol),所以甲烷热裂解的温度更高。

$$CH_4 \xrightarrow{\text{高温}} C+2H_2$$

目前,合成高分子材料的原料"三烯"(乙烯、丙烯、丁二烯),就是通过石油或石油中高沸点馏分的热裂解得到的。

2. 不饱和烃的化学性质

(1)烯烃的化学性质。

①烯烃的 $\alpha-H$ 的反应。碳碳双键是烯烃的官能团,与官能团直接相连的碳原子称为 $\alpha-C$ 原子,与 $\alpha-C$ 原子相连的氢原子叫 $\alpha-H$ 原子。受碳碳双键的影响,$\alpha-H$ 原子比较活泼,容易发生取代反应和氧化反应。

a. 卤代反应。丙烯与氯气混合,在常温下发生亲电加成反应,生成 1,2-二氯丙烷。而在

$500℃$的高温下，主要是$\alpha-H$被取代，生成$3-$氯$-1-$丙烯。

$$H_2C=CH-CH_3+Cl_2 \begin{cases} \xrightarrow[CCl_4]{\text{低 温}} H_2C-CH-CH_3+HCl \quad \text{(离子型亲电加成反应)} \\ \qquad\qquad\quad \overset{|}{Cl}\ \overset{|}{Cl} \\ \xrightarrow[500\sim600℃]{\text{高温气相}} H_2C=CH-CH_2+HCl \quad \text{(自由基型取代反应)} \\ \qquad\qquad\qquad\qquad\quad \overset{|}{Cl} \end{cases}$$

自由基型取代反应生成的$3-$氯$-1-$丙烯是制造甘油和环氧树脂的重要原料。

b. 氧化反应。烯烃中的$\alpha-H$原子在氧化亚铜为催化剂，$350℃$和$2.53×10^5Pa(2.5atm)$条件下，丙烯可以用空气直接氧化为丙烯醛。这是目前工业上生产丙烯醛的主要方法。

$$H_2C=CH-CH_3+O_2 \xrightarrow[350℃,2.53×10^5Pa]{Cu_2O} H_2C=CH-CHO+H_2O$$
丙烯醛

如果用含铈的磷钼酸铋为催化剂，丙烯在氨存在下进行氧化反应，可得到丙烯腈。

$$H_2C=CH-CH_3+NH_3+\frac{3}{2}O_2 \xrightarrow[470℃]{\text{催化剂}} H_2C=CH-CN+3H_2O$$
丙烯腈

上述反应通常称为氨氧化反应。丙烯腈分子可以发生聚合生成聚丙烯腈，也能与氯乙烯、苯乙烯、丁二烯等共聚，常用于制取塑料、纤维和橡胶等不同用途的高聚物。

②烯烃的催化氧化。乙烯在催化剂银的存在下，能被空气中的氧气氧化，生成环氧乙烷，该反应叫环氧化反应。

$$H_2C=CH_2+\frac{1}{2}O_2 \xrightarrow[250℃]{Ag} H_2C\overset{\diagup\diagdown}{\underset{O}{\quad}}CH_2$$
环氧乙烷

另外，乙烯和丙烯在氯化钯和氯化铜催化下，能被空气中的氧气氧化，分别生成乙醛和丙酮，它们是重要的有机化工原料。

$$H_2C=CH_2+\frac{1}{2}O_2 \xrightarrow[100\sim125℃]{\text{催化剂}} H_3C-\overset{O}{\overset{\|}{C}}-H$$
乙醛

$$H_2C=CHCH_3+\frac{1}{2}O_2 \xrightarrow[120℃]{\text{催化剂}} H_3C-\overset{O}{\overset{\|}{C}}-CH_3$$
丙酮

③烯烃的高锰酸钾氧化反应。烯烃分子中的不饱和键易被高锰酸钾等强氧化剂氧化，使高锰酸钾褪色。这一现象可用来检验分子中是否含有不饱和键（双键或叁键）。并且不同构造的烯烃被高锰酸钾氧化后的产物不同，根据氧化产物，可判断烯烃的结构。

$$\begin{matrix} RCH=CH_2 \\ RCH=CHR \\ RCH=CR' \\ \qquad\ \overset{|}{R} \end{matrix} \xrightarrow{[O]} \begin{matrix} RCOOH+CO_2 \\ RCOOH+RCOOH \\ RCOOH+R-\overset{|}{\underset{\|}{C}}-R' \\ \qquad\qquad\quad O \end{matrix}$$

其中R和R'相同时，生成对称酮，如丙酮。

④烯烃的加成反应。烯烃碳碳双键中的 π 键断裂,两个一价原子或原子团分别加到 π 键两端的碳原子上,形成两个新的 σ 键,生成饱和化合物的反应叫加成反应。

a. 烯烃的催化加氢。在催化剂(铂、钯、镍)作用下,烯烃与氢发生加成反应生成相应的烷烃的反应,叫烯烃的催化加氢反应。

$$H_2C=CH_2 + H_2 \xrightarrow{\text{Ni}} CH_3CH_3$$

这个反应在工业上和研究工作中都有重要意义。如根据氢气被吸收的量可以测定烯烃分子中双键的数目,也可以使油脂中的不饱和物转变成相应的饱和化合物。将粗汽油进行加氢处理,使其中的烯烃氢化为烷烃,提高汽油的质量。

b. 烯烃与卤素的加成。烯烃与卤素的加成主要指与氯、溴进行加成。氟与烯烃的反应因太强烈而无使用价值,而碘一般不与烯烃反应。将乙烯通入溴的四氯化碳溶液中,溴的颜色很快褪去,常用这个反应来检验烯烃。

$$H_2C=CH_2 + Br_2 \xrightarrow{\text{CCl}_4} \underset{\underset{Br}{|}\ \underset{Br}{|}}{H_2C-CH_2}$$

在没有光照和自由基引发剂存在下,烯烃与卤素的加成反应是一种分步进行的亲电加成反应。例如乙烯和溴的加成反应历程如下:

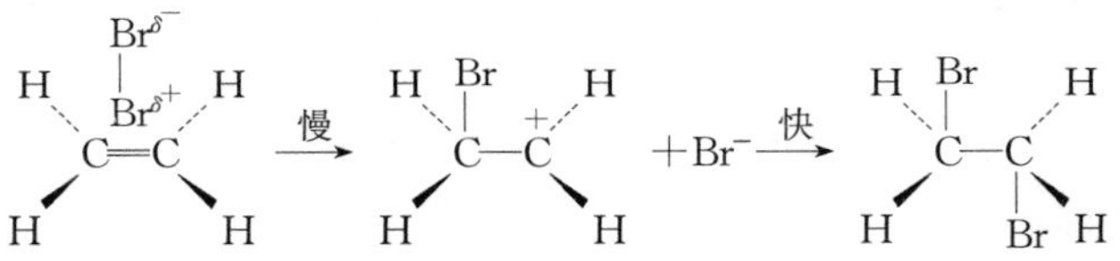

在反应过程中,由于受烯烃 π 键的影响,溴分子极化成一端带部分正电荷,另一端带部分负电荷的极性分子($Br^{\delta+}—Br^{\delta-}$),带部分正电荷的溴原子继续接近乙烯分子中的 π 键,产生碳正离子,带部分负电荷的溴原子变成溴负离子,这是决定整个反应的步骤。最后碳正离子与溴负离子结合成二溴乙烷。在加溴反应决定反应速度的第一步,进攻试剂实际上是一个缺少电子的溴正离子,它从烯烃的 π 键接受电子,这种试剂叫亲电试剂。所以,烯烃与溴的加成反应是亲电加成反应。

c. 烯烃与卤化氢的加成。

• 对称烯烃与卤化氢的加成。对称烯烃与卤化氢的加成只有一种产物,即一卤代烷。

$$RHC=CHR + HX \longrightarrow RH_2C-CHXR$$

卤化氢与同一烯烃加成时的难易次序为:HI>HBr>HCl。

• 不对称烯烃与卤化氢的加成。不对称烯烃与卤化氢的加成可以生成两种产物。

$$RHC=CH_2 + HX \longrightarrow RH_2C-CH_2X + RXHC-CH_3$$

但实际上主要产物是卤原子加在含氢较少的双键碳原子上的生成物,这一经验规律叫马尔可夫尼可夫(Markovnikov)规则,简称马氏规则。其反应历程与卤素加成相似。卤化氢分子中的质子与双键上的 π 电子结合生成碳正离子,碳正离子再与卤负离子结合生成卤代烃。

碳正离子

马氏规则可以用电子诱导效应解释。实验表明,烷烃分子一般是非极性的,当烷烃分子中的氢原子被其他原子或原子团取代时,整个分子的极性将发生变化。烷烃分子中各原子或原子团因电负性不同,产生吸引或排斥的静电作用力,叫电子的诱导效应。一般以氢原子为标准,电负性大于氢的原子或原子团是吸电子基(如卤原子、—NO_2 等),由这类原子或原子团引起的诱导效应叫吸电子诱导效应,用－I 表示。电负性小于氢的原子或原子团是供(或给)电子基。由这类原子或原子团引起的诱导效应叫供电子诱导效应,用＋I 表示。电子诱导效应与共轭效应不同,诱导效应是由键的极性所引起的,可沿 σ 键传递下去,但这种作用是短程的,一般只在直接相连的碳原子中表现得最大,相隔一个原子,所受的作用力就很小了,可以忽略不计。而共轭效应是由于 p 电子在整个分子轨道中的离域作用所引起的,其作用可沿共轭体系传递下去。

根据物理学上的规律,一个带电体系的稳定性决定于其所带电荷的分布情况,电荷越分散,体系越稳定。甲基是供电子基(用 $CH_3 \rightarrow$ 表示),当甲基与带正电荷的中心碳原子相连接时,价电子对向中心碳原子的方向偏移,结果使中心碳原子上的正电荷分散,稳定性增强。中心碳原子上连接的甲基越多,碳正离子的电荷越分散,其稳定性越强,就越有利于加成反应的进行。反之,当带正电荷的中心碳原子与吸电子基相连接时,则降低加成反应的速度。

各种烷基供电子能力的次序:

$$(CH_3)_3C— > (CH_3)_2CH— > CH_3CH_2— > CH_3—$$

d. 烯烃与硫酸加成。烯烃能与浓硫酸发生加成反应,生成硫酸氢烷酯。浓硫酸与不对称烯烃的加成符合马氏规则。硫酸氢烷酯易溶于硫酸,用水稀释后水解生成醇。工业上用这种方法合成醇,称为烯烃的间接水化法。但易腐蚀设备。

$$H_3CHC{=}CH_2 + H_2SO_4 \longrightarrow \underset{\underset{OSO_2OH}{|}}{CH_3{-}CH{-}CH_3}$$

硫酸异丙酯

$$\underset{\underset{OSO_2OH}{|}}{CH_3CHCH_3} + H_2O \longrightarrow \underset{\underset{OH}{|}}{CH_3CHCH_3} + H_2SO_4$$

异丙醇

e. 烯烃与水加成。在一定温度、一定压力下,用硫酸或磷酸作催化剂,烯烃与水直接发生亲电加成,生成醇。水与不对称烯烃的加成所得的产物符合马氏规则。

$$H_2C{=}CH_2 + H_2O \xrightarrow[\substack{(70.7\sim80.8)\times10^5Pa \\ 280\sim300℃}]{H_3PO_4} CH_3CH_2OH$$

$$CH_3CH{=}CH_2 + H_2O \xrightarrow[\substack{(70.7\sim80.8)\times10^5Pa \\ 280\sim300℃}]{H_3PO_4} \underset{\underset{OH}{|}}{CH_3CHCH_3}$$

这种制备醇的方法叫烯烃直接水化法[2]，是工业上生产乙醇和异丙醇最重要的方法。但要求高浓度的烯烃，且能量消耗大。

f. 烯烃与次卤酸加成。烯烃与次卤酸加成，生成 β-卤代醇。由于次卤酸不稳定，实际反应中常用烯烃与卤素的水溶液反应。如将乙烯和氯气同时通入水中进行反应，生成氯乙醇。

$$Cl_2 + H_2O \longrightarrow HO-Cl + HCl$$

$$H_2C{=}CH_2 + HO-Cl \longrightarrow \underset{\underset{OH}{|}\ \underset{Cl}{|}}{H_2C-CH_2}$$

氯乙醇

不对称的烯烃与次卤酸加成时也遵循马氏规则，带部分负电荷的羟基加在含氢较少的双键碳原子上，带部分正电荷的氯原子加在含氢较多的双键碳原子上。

$$H_3C-HC{=}CH_2 + \overset{\delta^-}{HO}-\overset{\delta^+}{Cl} \longrightarrow \underset{\underset{OH}{|}}{CH_3CHCH_2Cl}$$

1-氯-2-丙醇

⑤烯烃的聚合反应。由低分子量化合物形成相对分子质量较高的化合物的反应叫聚合反应。烯烃的聚合反应是通过分子之间相互加成而结合起来的，所以又称为加成聚合反应或加聚反应。能够发生聚合的低分子化合物称为单体，聚合后的产物称为聚合物。由多个单体聚合而成的产物称为高聚物。聚合物中重复结构单元的数目 n 称为聚合度。

乙烯在不同的条件下聚合，得到的聚乙烯组成和结构不同，因此它们的性能和用途也不同。乙烯在三乙基铝和四氯化钛作催化剂（Ziegler-Natta 催化剂❶）、低压、烷烃类作溶剂时发生聚合，生成低压聚乙烯。低压聚乙烯和高压聚乙烯都用作塑料。

$$n\,CH_2{=}CH_2 \xrightarrow[\text{约}\,1.01\times10^6\text{Pa},50\sim80\text{℃}]{Al(C_2H_5)_3-TiCl_4} {\text{┤}CH_2-CH_2\text{├}}_n$$

聚乙烯

丙烯用 Ziegler-Natta 催化剂聚合，生成低密度（0.85～0.92g/mL）的聚丙烯。

$$n\,\underset{\underset{CH_3}{|}}{CH_2{=}CH} \xrightarrow{Al(C_2H_5)_3-TiCl_4} \underset{\underset{CH_3}{|}}{\text{┤}CH_2-CH\text{├}}_n$$

聚丙烯

聚丙烯是一种耐热、耐腐蚀、机械性能良好的高聚物，可以用于制成塑料或合成纤维。

乙烯和丙烯用 Ziegler-Natta 催化剂（VCl_3/R_2AlCl）催化，在己烷中共聚得到乙丙橡胶。

$$n H_2C{=}CH_2 + n H_2C{=}\underset{\underset{CH_3}{|}}{CH} \xrightarrow{\text{催化剂}} \underset{\underset{CH_3}{|}}{\text{┤}CH_2-CH_2-CH_2-CH\text{├}}_n$$

乙丙橡胶

这种由两种或两种以上不同单体进行聚合的反应叫共聚反应。乙丙橡胶有良好的弹性，而且它的机械性能良好，耐热、耐老化性均优于天然橡胶，所以用途广泛。

---

❶　Ziegler-Natta 催化剂至少由两部分组成：过渡金属组分和主组烷基金属组分。过渡金属通常是钛（Ti）或钒（V）。主组烷基金属通常是烷基铝。

（2）炔烃的化学性质。

①炔烃加成反应。

a. 炔烃的催化加氢。在催化剂（铂、钯、镍）作用下，炔烃与氢发生加成反应生成相应的烷烃。但用林德拉（Lindlar）催化剂（把钯附着于碳酸钙及小量氧化铅上）时，只加一分子氢得顺式加成产物——烯烃。这种加氢方式在合成上有广泛的用途。例如，天然的含叁键的硬脂炔酸在林德拉催化剂存在下，生成与天然的顺式油酸完全相同的产物。

$$CH_3(CH_2)_7-C \overset{H_2,Pd,PbO}{\underset{CaCO_3}{\xrightarrow{\hspace{1.5cm}}}} CH(CH_2)_7CH_3$$
$$HOOC(CH_2)_7-C \qquad\qquad CH(CH_2)_7COOH$$

硬脂炔酸　　　　　　　　　　　顺式油酸

b. 炔烃与卤化氢加成。炔烃与卤化氢加成一般在催化剂存在下进行。例如乙炔和氯化氢在用浸过氯化汞的活性炭作催化剂时，发生加成反应生成氯乙烯。

$$HC\equiv CH + HCl \xrightarrow{催化剂} H_2C=CHCl$$

这是工业上生产氯乙烯的主要方法。氯乙烯是合成聚氯乙烯的原料。

其他不对称的炔烃和卤化氢的加成遵循马氏规则。

$$RC\equiv CH \xrightarrow{HX} RC=CH_2 \xrightarrow{HX} R-\underset{X}{\overset{X}{C}}-CH_3$$

c. 炔烃与卤素的加成。炔烃与卤素的亲电加成不如烯烃快，可以加一分子卤素，如卤素过量，也可以加两分子卤素。

$$HC\equiv CH \xrightarrow{Cl_2} ClHC=CHCl \xrightarrow{Cl_2} CHCl_2CHCl_2$$

当分子中同时有双键和叁键时，亲电试剂首先加到双键上，而保留叁键。例如：

$$H_2C=CHCH_2C\equiv CH + Br_2 \xrightarrow{低温} \underset{Br\ \ Br}{CH_2CHCH_2C\equiv CH}$$

说明虽然叁键的不饱和程度比双键大，但 sp 杂化的碳原子比 sp^2 杂化的碳原子对 π 电子的束缚力强，所以不易受亲电试剂的进攻。

d. 炔烃与水加成。乙炔与水在稀酸中用硫酸汞作催化剂，先生成很不稳定的乙烯醇（称烯醇式），立即发生分子内的重排，生成乙醛。这是工业上生产乙醛的一种方法。

$$HC\equiv CH + H_2O \xrightarrow[\triangle,1.52\times10^5Pa]{HgSO_4-H_2SO_4(稀)} \left[\ \right] \xrightarrow{重排} CH_3CHO$$

乙烯醇　　　　　　　　　乙醛

不对称的炔烃水化时遵循马氏规则，产物为酮。

e. 炔烃与氢氰酸和羧酸的加成。炔烃与氢氰酸或羧酸的加成是亲核加成反应。即由带负电荷的离子(如 COO^-、CN^-)作为亲核试剂先进攻一个叁键碳原子形成 σ 键,另一个叁键碳原子成为一个碳负离子,H^+ 与该碳负离子加成生成产物。这种加成反应叫亲核加成反应。

乙炔在氯化亚铜及氯化铵的催化下与氢氰酸加成生成丙烯腈。

$$HC\equiv CH + HC\equiv N \xrightarrow{Cu_2Cl_2 - NH_4Cl} CH_2\!=\!CH\!-\!C\equiv N$$
$$\text{丙烯腈}$$

乙炔在醋酸锌催化下,与醋酸加成生成醋酸乙烯酯。

$$HC\equiv CH + HO\!-\!\underset{\underset{O}{\|}}{C}\!-\!CH_3 \xrightarrow[170\sim230℃]{\text{醋酸锌}} CH_2\!=\!CH\!-\!O\!-\!\underset{\underset{O}{\|}}{C}CH_3$$

这是目前工业生产醋酸乙烯酯的方法之一。醋酸乙烯酯是制备浆料聚乙烯醇和维纶的重要原料。

②炔烃的高锰酸钾氧化。炔烃也能被高锰酸钾等强氧化剂氧化,结果叁键断裂,使高锰酸钾褪色。这一现象可用来检验分子中是否存在不饱和键,并且不同构造的炔烃被高锰酸钾氧化后的产物不同。根据氧化产物,可判断炔烃的结构。

$$RC\equiv CH \xrightarrow[H^+]{[O]} RCOOH + CO_2 + H_2O$$

$$RC\equiv CR' \xrightarrow[H^+]{[O]} RCOOH + R'COOH$$

③炔烃的聚合反应。在不同的催化剂作用下,乙炔可以分别聚合成链状或环状化合物。与烯烃的聚合不同的是,炔烃一般不聚合成高分子化合物。例如,将乙炔通入氯化亚铜和氯化铵的强酸溶液时,可发生二聚或三聚反应,生成乙烯基乙炔。

$$2HC\equiv CH \xrightarrow{Cu_2Cl_2 - NH_4Cl} H_2C\!=\!CH\!-\!C\equiv CH$$
$$\text{乙烯基乙炔}$$

乙烯基乙炔是生产氯丁橡胶的重要原料。

④炔氢的反应。与叁键碳原子直接相连的氢原子叫炔氢,其活泼性较大。因 sp 杂化的碳原子表现出较大的电负性,使与叁键碳原子直接相连的氢原子显示出弱酸性,可与强碱、碱金属或某些重金属离子反应生成金属炔化物。如炔烃与氨基钠反应,生成炔化钠。

$$RC\equiv CH + Na \xrightarrow{\text{液氨}} RC\equiv CNa$$

炔化钠与卤代烃(一般为伯卤代烷)作用,可在炔烃分子中引入烷基,制得一系列炔烃同系物。

$$RC\equiv CNa + R'X \longrightarrow RC\equiv CR' + NaX$$

这类反应称为炔烃的烷基化反应,是制备炔烃的方法之一,也是增长碳链的一种方法。

炔氢与某些重金属离子反应,生成重金属炔化物。例如,将乙炔通入硝酸银的氨溶液或氯化亚铜的氨溶液时,分别生成白色的乙炔银沉淀和棕红色的乙炔亚铜沉淀。

$$HC\equiv CH + 2Ag(NH_3)_2NO_3 \longrightarrow AgC\equiv CAg\downarrow + 2NH_3 + 2NH_4NO_3$$

$$HC\equiv CH + 2Cu(NH_3)_2Cl \longrightarrow CuC\equiv CCu\downarrow + 2NH_3 + 2NH_4Cl$$

上述反应很灵敏,现象也很明显,常用来鉴别乙炔和端位炔烃。

$$RC \equiv CH + Ag(NH_3)_2NO_3 \longrightarrow RC \equiv CAg \downarrow + HNO_3 + 2NH_3$$

(3)共轭二烯烃的化学性质。

①1,4 -加成反应。与烯烃相似,1,3 -丁二烯能与卤素、卤化氢和氢气等发生亲电加成反应。但由于其结构的特殊性,加成产物通常有两种。例如 1,3 -丁二烯与溴的加成反应。

3,4 -二溴- 1 -丁烯

1,4 -二溴- 2 -丁烯

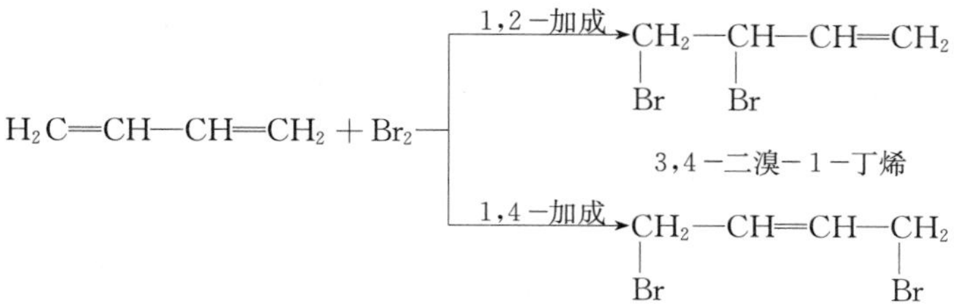

说明共轭二烯烃与亲电试剂加成时,有两种不同的加成方式。一种是发生在一个双键上的加成,称为 1,2 -加成;另一种是试剂的两部分分别加到共轭体系的两端,即加到 C1 和 C4 两个碳原子上,分子中原来的两个双键消失,而在 C2 与 C3 之间,形成一个新的双键,称为 1,4 -加成。

一般情况下,低温有利于 1,2 -加成;较高温度或使用催化剂时有利于 1,4 -加成。

②聚合反应。共轭二烯烃在聚合时,可发生 1,2 -加成聚合,也可发生 1,4 -加成聚合;并且在 Ziegler-Natta 催化剂存在下,1,3 -丁二烯或异戊二烯基本按 1,4 -加成方式进行顺式聚合。聚合物性能优良,与天然橡胶相似,所以又叫天然合成橡胶。

顺- 1,4 -聚丁二烯(顺丁橡胶)

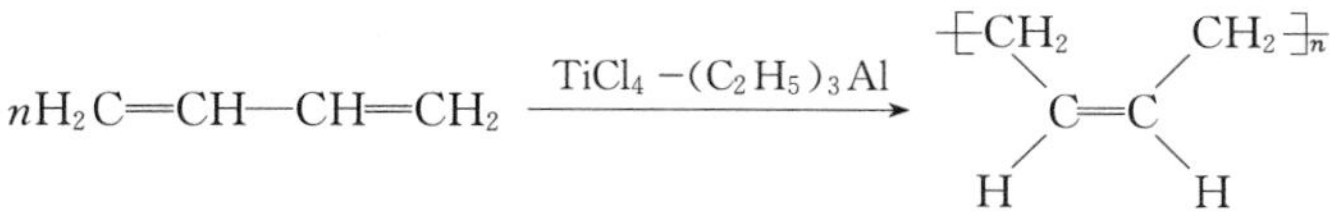

③双烯合成(Diels - Alder 反应)。共轭二烯烃与某些具有碳碳双键的不饱和化合物发生 1,4 -加成生成环状化合物的反应称为双烯合成,也叫狄尔斯—阿尔德(Diels - Alder)反应。这是共轭二烯烃特有的反应,它将链状化合物转变成环状化合物,因此又叫环合反应,是合成六碳原子环状化合物的一种重要方法。

1,3-丁二烯　　环己烯

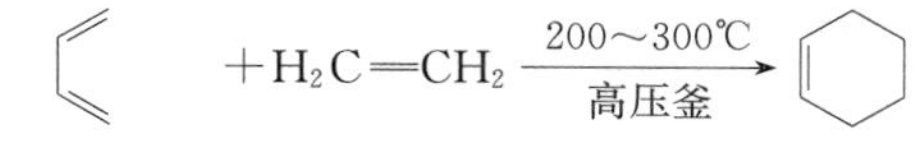

一般把进行双烯合成的共轭二烯烃称作双烯体,另一个不饱和的化合物称为亲双烯体。实践证明,当亲双烯体的双键碳原子上连有一个吸电子基团(—CHO,—COR,—CN,—NO_2)时,则反应易于进行。例如:

1,3-丁二烯　　4-醛基环己烯

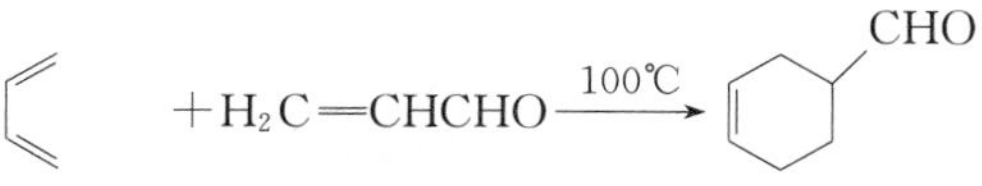

二、脂环烃

开链烃两端连接成环而性质与链烃相似的一类碳氢环状化合物,称为脂环烃。

(一)脂环烃的分类和命名

1. 脂环烃的分类 脂环烃可分为饱和脂环烃(环烷烃)和不饱和脂环烃(环烯和环炔)两大类。按成环碳原子个数,可分为三元环、四元环、五元环等。按分子中的碳环数目,可分为单环、二环和多环。在多环烃中,根据环的连接方式不同,又可分为螺环烃和桥环烃。环烷烃的通式与单烯相同,为 C_nH_{2n}。环烯烃的通式与炔烃相同,为 C_nH_{2n-2}。

2. 脂环烃的命名

(1)环烷烃的命名。环烷烃的命名与烷烃相似,根据成环碳原子数称为"某"烷,并在某烷前面冠以"环"字,叫环某烷。例如:

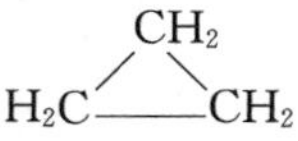

环丙烷 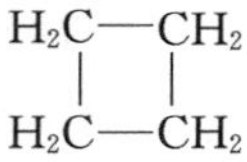   环丁烷 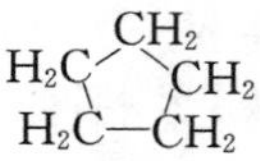   环戊烷

为书写方便,以上各物质的构造式可以简化为:

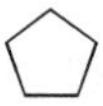

环上带有支链时,一般以环为母体,支链为取代基进行命名。例如:

1,1-二甲基环丙烷 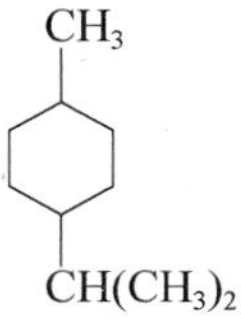   1-甲基-4-异丙基环己烷

(2)环烯和环炔的命名。环烯和环炔的命名与不饱和脂肪烃相似,只在不饱和脂肪烃的名称前冠以"环"字。编号从不饱和碳原子开始,并通过不饱和键编号。例如:

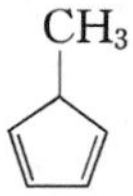

5-甲基-1,3-环戊二烯 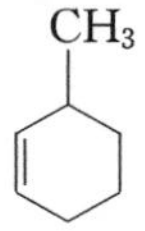   3-甲基环己烯

环上取代基比较复杂时,环烃部分也可以作为取代基来命名。例如:

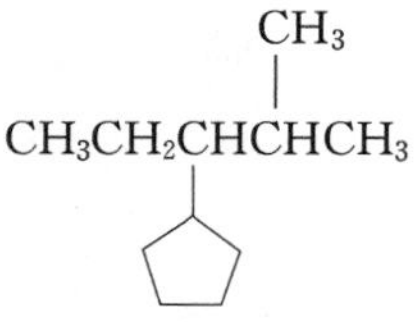

2-甲基-3-环戊基戊烷

(二)环烷烃的性质

1. 环烷烃的物理性质　环烷烃无色,具有一定的气味,沸点、熔点和相对密度均比相同碳原子数的链烃高,但相对密度都小于1。

2. 环烷烃的化学性质　环烷烃的化学性质与烷烃相似,但由于碳环的存在,因此还有其特殊性。

(1)卤代反应。在高温或紫外线作用下,脂环烃上的氢原子可以被卤素取代而生成卤代脂环烃。例如:

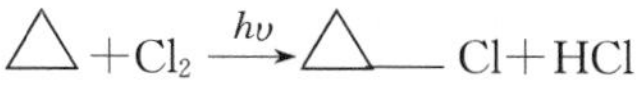

+Cl2
hυ
Cl+HCl

(2)氧化反应。无论是小环还是大环环烷烃的氧化反应都与烷烃相似,在通常条件下不易发生氧化反应,在常温下不与高锰酸钾溶液反应,因此可作为环烷烃与烯烃、炔烃的鉴别反应。但在加热情况下,用空气中的氧气或用硝酸等强氧化剂氧化环己烷,可得到不同的产物。

+O2
催化剂
150～160℃,(1.01～2.53)×10⁵Pa
O
OH
+
环己酮
环己醇
醋酸钴
90℃,1MPa
H2C—CH2COOH
H2C—CH2COOH
己二酸

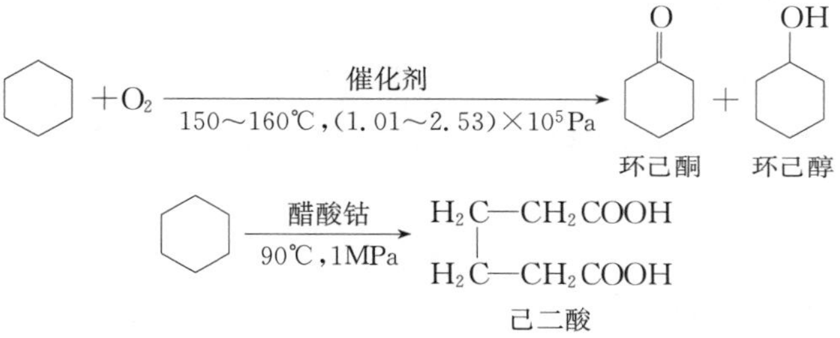

(3)加成反应。

①催化加氢。在催化剂作用下,环烷烃加一分子氢生成烷烃。

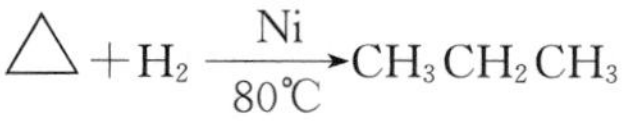

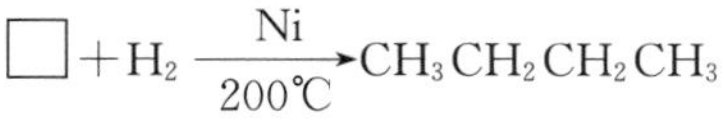

+H2
Ni
80℃
CH3CH2CH3

+H2
Ni
200℃
CH3CH2CH2CH3

环烷烃加氢反应的活性不同,其活性为:环丙烷 > 环丁烷 > 环戊烷。

②加卤素。环丙烷在常温下容易与卤素发生开环加成反应。环丁烷在加热的情况下才能发生加成反应。利用此反应可鉴别烷烃和环丙烷。

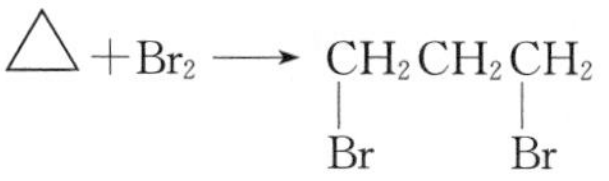

+Br2
CH2CH2CH2
Br
Br

③加卤化氢。环丙烷及其衍生物很容易与卤化氢发生加成反应而开环。

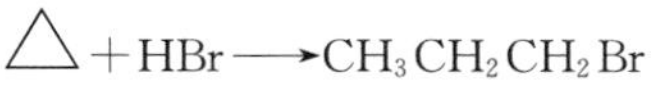

+HBr
CH3CH2CH2Br

1-溴丙烷

烃基取代的环丙烷与卤化氢反应时,碳碳键破裂发生在取代基最多与取代基最少的两个环碳原子之间,并且遵循马氏规则。

H3C
H3C
+HBr
H3C
Br
C—CH2CH3
H3C

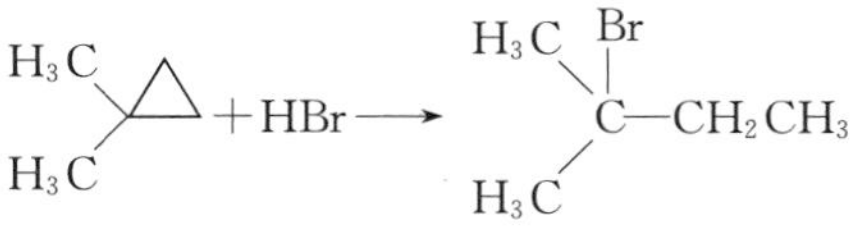

***3. 环己烷的构象**　　环烷烃分子中的碳都是 sp^3 杂化,但碳碳之间形成的键角并非都是 109°28′,小分子环烃中因碳键弯曲而存在张力,因此不稳定。小分子烃的结构如图 3-6 所示。环戊烷和环己烷其键角接近 109°28′,所以二者较稳定。

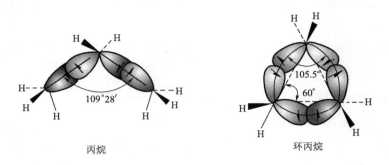

丙烷　　　　　　　　　环丙烷

图 3-6　小分子烃的结构图

环己烷有椅式和船式构象两种存在形式。在环己烷的构象中,最稳定的构象是椅式构象。在椅式构象中,所有键角都接近正四面体键角,而且所有相邻两个碳原子上所连接的氢原子都处于交叉式构象。

环己烷的船式构象比椅式构象能量高。因为在船式构象中存在着全重叠式构象,氢原子之间斥力比较大。另外,船式构象中船头两个氢原子相距较近,约 0.183nm,所以非键斥力较大,造成船式能量高。环己烷的立体构象如图 3-7 所示。

在环己烷的椅式构象中,12 个碳氢键分为两种情况,一种是 6 个碳氢键与环己烷分子的对称轴平行,称为直键,简称 a 键。另一种是 6 个碳氢键与对称轴成 109°的夹角,称为平键,简称 e 键。环己烷的 6 个 a 键中,3 个向上,3 个向下交替排列,6 个 e 键中,3 个向上斜伸,3 个向下斜伸交替排列,如图 3-8 所示。

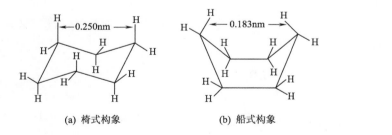

(a) 椅式构象　　　　　　　　(b) 船式构象

图 3-7　环己烷的立体构象　　　　　　　　　图 3-8　环己烷的椅式构象

在环己烷分子中,每个碳原子上都有一个 a 键和一个 e 键。两个环己烷椅式构象相互转变时,a 键和 e 键也同时转变,即 a 键变为 e 键,e 键变为 a 键,如图 3-9 所示。

环己烷的一元取代物有两种可能的构象,取代 a 键或是取代 e 键。由于取代 a 键所引起的非键斥力较大,分子内能较高,所以取代 e 键比较稳定。甲基环己烷的优势构象如图 3-10 所示。

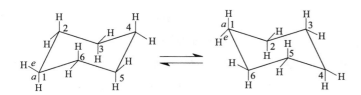

图 3-9　环己烷椅式构象的转变　　　　　　图 3-10　甲基环己烷的优势构象

当环己烷分子中有两个或两个以上氢原子被取代,在进行构象分析时,还要考虑顺反构型问题。

三、芳香烃

(一)芳香烃的分类及苯分子的结构

1. 芳香烃的分类　芳香烃指分子中含有苯环结构的环烃,简称芳烃。芳烃可分为苯系芳烃和非苯系芳烃两大类。苯系芳烃根据苯环的多少和连接方式不同可分为以下三类。

(1)单环芳烃。分子中只含有一个苯环的芳烃。

(2)多环芳烃。分子中含有两个或两个以上独立苯环的芳烃。例如:

联苯　　　　　　　　　　　二苯甲烷

(3)稠环芳烃。分子中含有两个或两个以上的苯环,彼此之间通过共用两个相邻碳原子稠合而成的芳烃。例如:

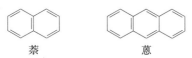

萘　　　　　　　蒽

2. 苯分子的结构　根据元素分析得知,苯的分子式为 C_6H_6。仅从苯的分子式判断,苯应具有很高的不饱和度,并发生不饱和烃的典型反应——加成、氧化、聚合。但实验结果表明,苯是十分稳定的化合物。通常情况下,苯很难发生加成反应,也难被氧化,在一定条件下,能发生取代反应的性质称为"芳香性"。

1865 年,德国化学家凯库勒(Kekule)提出了关于苯结构的构想。苯分子中的 6 个碳原子以单双键交替形式相互连接,构成正六边形平面结构,键角为 120°。每个碳原子连接一个氢原子。碳氢键的键长都是 0.108nm,如图 3-11(a)所示。

大量的实验证明,凯库勒的基本观点是正确的,但是凯库勒式不能说明苯和烯烃性质的差别,因而不能圆满地反映出苯的结构。

杂化理论认为,组成苯分子的 6 个碳原子均以 sp^2 杂化,6 个碳原子各以一个 sp^2 杂化轨道相互重

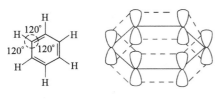

(a) 苯分子的结构　　(b) 苯分子中的共轭大 π 键

图 3-11　苯分子的结构图

叠形成 6 个碳碳 σ 键,并与氢的 1s 轨道形成 6 个碳氢 σ 键,由 sp^2 杂化轨道特点决定,6 个碳原子同处一个平面。而每个碳原子上剩下的一个未参加杂化的 p 轨道则平行垂直于该平面,并且相互以侧面重叠,形成一个含 6 个原子、6 个电子的共轭大 π 键,如图 3－11(b)所示。π 电子云分布在苯环的上下,形成了一个闭合的共轭体系,共轭体系能量降低使苯具有稳定性,同时电子云发生了离域,键长发生了平均化,在苯分子中没有单双键之分,所以邻位二元取代物没有异构体。目前尚未有确切体现苯分子结构特征的结构式,所以苯的凯库勒式仍然被普遍使用。

(二)单环芳烃及命名

1. 苯的同系物　苯环上的氢原子被烃基取代后的产物,称为苯的同系物。苯及其同系物的通式为 C_nH_{2n-6}。

2. 命名　烷基苯的命名以苯为母体,烷基为取代基,根据烷基的名称叫"某烷基苯",命名时常把"基"字省略。例如:

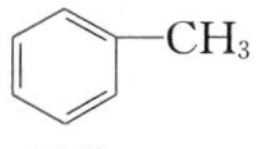

甲苯	乙苯	异丙苯

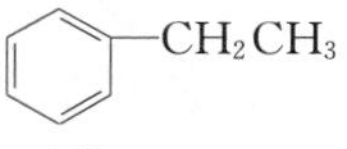

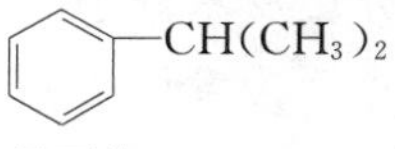

当苯环上连有不同的烷基时,烷基名称的排列应从简单到复杂,其位置的编号应将与最简单烷基相连的苯环上的碳定为 1 号位,然后将其他烷基位置按尽可能小的方向沿苯环编号。例如:

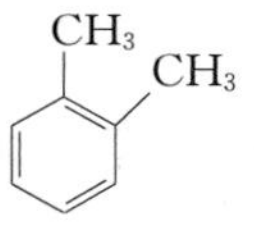

1,2－二甲苯　　1,3－二甲苯　　1,4－二甲苯　　1－甲基－4－乙基苯

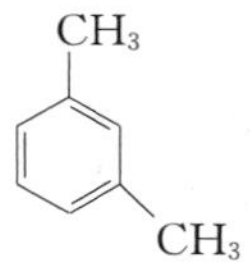

(邻二甲苯)　　(间二甲苯)　　(对二甲苯)　　(对甲乙苯)

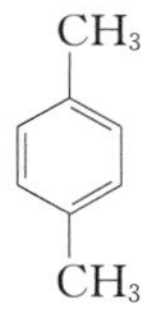

(o－二甲苯)　(m－二甲苯)　(p－二甲苯)　(p－甲乙苯)

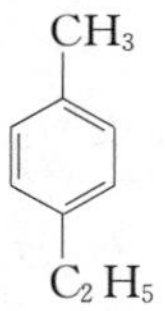

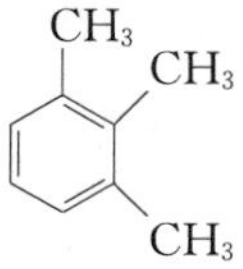

1,2,3－三甲苯　　　1,2,4－三甲苯　　　1,3,5－三甲苯

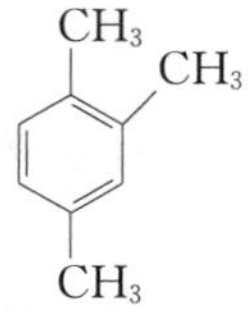

(连三甲苯)　　　　(偏三甲苯)　　　　(均三甲苯)

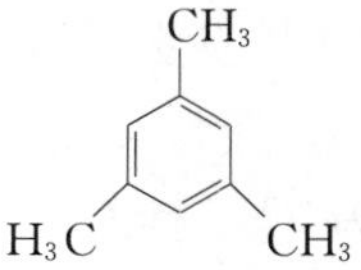

对于结构复杂或支链上有官能团的化合物,也可以以苯为取代基,选择它所连接的烃基为母体进行命名。例如:

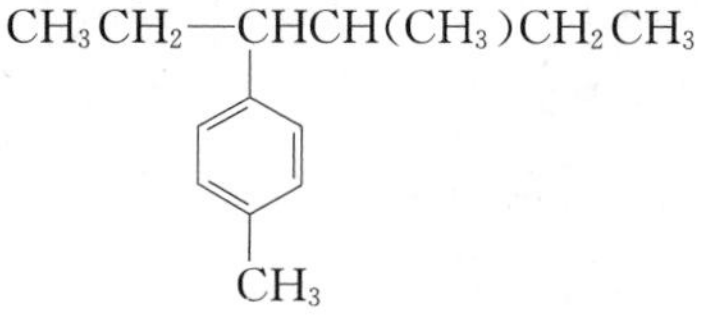

3－甲基－4－对甲苯基己烷 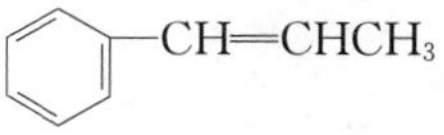　　　　　　　1－苯丙烯

芳烃分子中去掉一个氢原子后剩下的基团叫芳基,常用"Ar"表示。苯分子上去掉一个氢原子后剩下的基团叫苯基,常用"Ph"表示。甲苯的甲基上去掉一个氢原子后剩下的基团叫苯甲基($C_6H_5CH_2$—)或苄基。

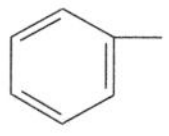

苯基 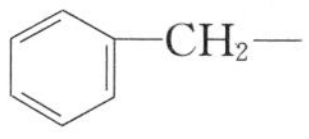   苯甲基(苄基) 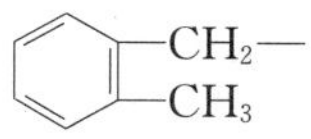   邻甲苄基

(三)单环芳烃的物理性质

单环芳烃一般为无色透明的液体,具有特殊气味和一定的毒性,相对密度小于1,不溶于水,易溶于石油醚、醇、四氯化碳等有机溶剂。单环芳烃的沸点随着相对分子质量的增大而升高。对位异构体因具有对称性其熔点高于邻位和间位异构体。

(四)单环芳烃的化学性质

1. 取代反应　在一定条件下,芳烃苯环上的氢原子易被其他原子或原子团(卤素、硝基、烷基等)取代。

(1)卤代反应。苯的卤代反应是在 Fe 或 $FeCl_3$、$AlCl_3$、$FeBr_3$ 等催化下进行的。例如:

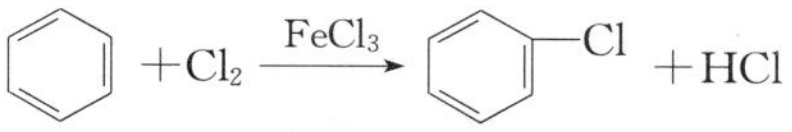

氯苯是染料、药物和其他有机合成工业的重要中间体,也可用作溶剂。卤素与芳烃发生芳环上取代反应的活泼顺序是:氟 > 氯 > 溴 > 碘。

在较高的温度下,一卤代苯还可以进一步与过量的卤素反应,生成二卤代苯。其主要产物是邻位和对位的取代物。

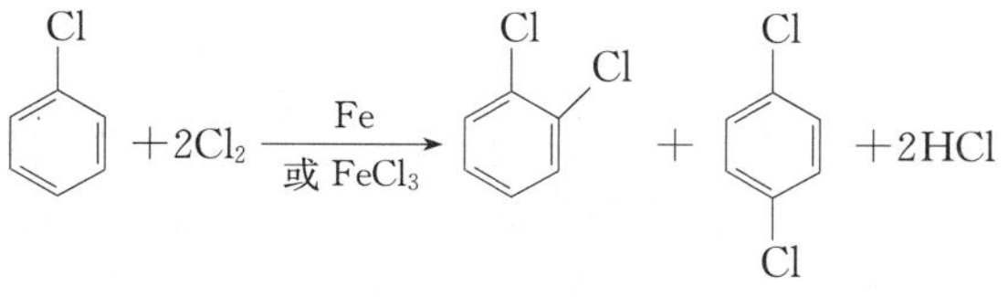

邻二氯苯 对二氯苯

对二氯苯易升华,可代替樟脑用作毛织物的防蛀剂,也可用来合成聚苯硫醚。

甲苯卤代的主要产物也是邻氯(溴)甲苯和对氯(溴)甲苯。

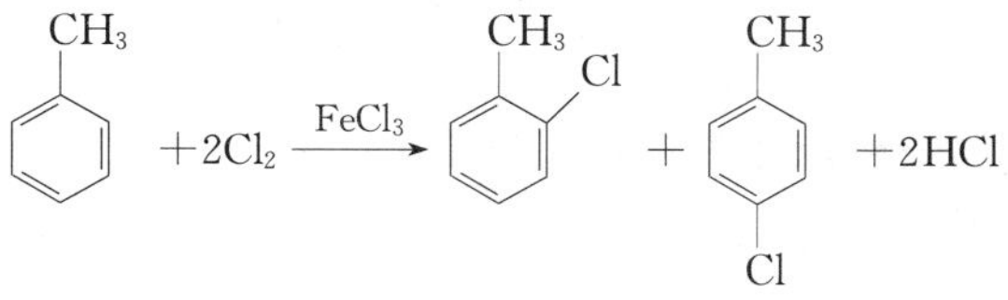

邻氯甲苯 对氯甲苯

烷基苯在高温或光照下与卤素反应,主要是侧链上的 $\alpha-H$ 被取代,且为自由基取代反应。

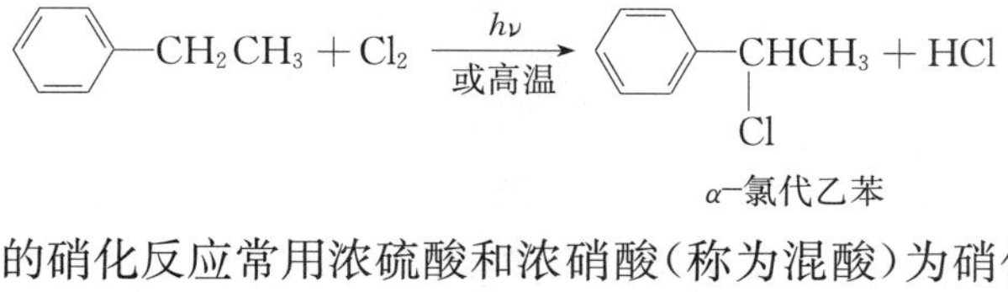

α-氯代乙苯

(2)硝化反应。苯的硝化反应常用浓硫酸和浓硝酸(称为混酸)为硝化试剂,在一定温度下进行,产物为不溶于水的油状物硝基苯。

$$\text{〇} + HNO_3 \xrightarrow[50\sim60℃]{浓\ H_2SO_4} \text{〇}-NO_2 + H_2O$$

硝基苯

甲苯硝化比苯容易,主要生成邻位和对位取代物。

$$\text{〇}CH_3 + 2HNO_3 \xrightarrow[30℃]{浓\ H_2SO_4} \text{〇}\begin{smallmatrix}CH_3\\NO_2\end{smallmatrix} + \text{〇}\begin{smallmatrix}CH_3\\\\NO_2\end{smallmatrix} + 2H_2O$$

邻硝基甲苯　　　对硝基甲苯

芳香族硝基化合物主要用于合成其他含氮芳香族化合物。芳香烃多硝基化合物,都有极强的爆炸性,常用作炸药。有的还具有香味,可用作香料。

(3)磺化反应。苯与浓硫酸或发烟硫酸作用,苯环上的氢原子被磺酸基(—SO₃H)取代的反应,叫磺化反应。磺化反应为可逆反应。

$$\text{〇} + HOSO_3H \xrightleftharpoons{70\sim80℃} \text{〇}-SO_3H + H_2O$$

苯磺酸

甲苯磺化反应也比苯容易,主要产物是邻位和对位取代物。

$$2\,\text{〇}CH_3 \xrightarrow{浓\ H_2SO_4} \text{〇}\begin{smallmatrix}CH_3\\SO_3H\end{smallmatrix} + \text{〇}\begin{smallmatrix}CH_3\\\\SO_3H\end{smallmatrix}$$

邻甲苯磺酸　　　对甲苯磺酸

磺酸是一类接近硫酸的强酸,极易溶于水。一般将其转化为磺酸钠从溶液中析出。在生产染料、药物及合成洗涤剂等工业中,常利用磺化反应增强难溶于水的芳香族化合物的酸性和水溶性。

(4)傅列德尔—克拉夫茨(Fridel-Crafts)反应,简称傅—克反应。

①傅—克烷基化反应。在无水三氯化铝催化下,苯与卤代烷反应,可以在苯环上引入一个烷基,这类反应称为傅—克烷基化反应。

$$\text{〇} + RX \xrightarrow{AlCl_3} \text{〇}-R + HX$$

除卤代烷外,烯烃或醇也可以作为烷基化试剂。工业上用乙烯、丙烯与苯作用合成乙苯和异丙苯。

$$\text{〇} + CH_2=CH_2 \xrightarrow{AlCl_3} \text{〇}-CH_2CH_3$$

$$\text{〇} + CH_3CH=CH_2 \xrightarrow{AlCl_3} \text{〇}-CH(CH_3)_2$$

②傅—克酰基化反应。在无水三氯化铝催化下,苯与酰卤或酸酐反应,在苯环上引入一个酰基而生成芳香酮,这类反应叫傅—克酰基化反应。

$$\text{〇} + RCOCl \xrightarrow{AlCl_3} \text{〇}-\underset{O}{\overset{}{C}}-R + HCl$$

以上芳烃发生的卤代、硝化、磺化、酰化等取代反应都是亲电取代反应。其反应历程用苯的氯代为例表示如下：

$$Cl_2 + FeCl_3 \longrightarrow \overset{+}{Cl} + Fe\overset{-}{Cl_4}$$

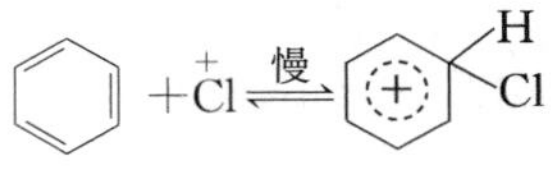

$$\underset{}{\bigcirc} + \overset{+}{Cl} \underset{}{\overset{\text{慢}}{\rightleftharpoons}} \underset{\sigma-\text{络合物}}{\bigodot}\overset{H}{\underset{Cl}{}}$$

（5）亲电取代反应的定位规律及其应用。

①定位规律。苯的一元取代物只有一种。一元取代苯进行亲电取代反应时，第二个取代基所占的位置主要取决于原有取代基的性质。苯环上的原有取代基称为定位基。定位基可分为两类：第一类定位基（邻、对位定位基）和第二类定位基（间位定位基）。

• 第一类定位基：它能将苯环活化，使苯环的亲电取代反应变得比苯容易，新导入的第二个取代基进入它的邻位和对位。常见的有：—NR$_2$、—NHR、—NH$_2$、—OH、—OR、—NHCOR、—R、—X、—OCOR 等。

• 第二类定位基：它能将苯环钝化，使苯环的亲电取代反应变得比苯困难，新导入的第二个取代基进入它的间位，常见的有：—$\overset{+}{N}R_3$、—NO$_2$、—CN、—SO$_3$H、—CHO、—COOH、—COOR、—CF$_3$、—CONR$_2$ 等。

第一类定位基与苯环直接相连的原子一般只有单键，或有未共用电子对，或带负电荷；第二类定位基与苯环直接相连的原子一般有重键或带正电荷。

②定位规律的应用。

a. 推测取代反应主要产物。当苯环上有两个取代基，再导入第三个取代基时，新的取代基导入位置的确定，分以下几种情况：

• 两个取代基定位效应一致时，它们的作用具有加和性。如：

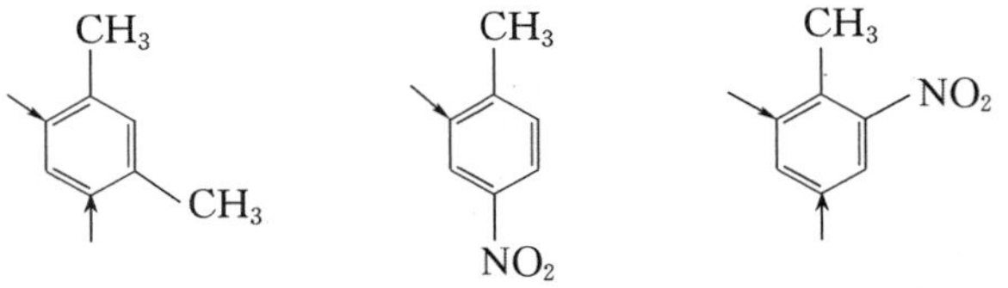

• 两个取代基定位方向不一致，且定位效应又发生矛盾时，分为两种情况：一是两个都是同一类定位基，但是强弱不同，定位效应是强的取代基起主导作用（a）。二是两个定位基属于不同类时，定位效应是邻、对位定位基起主导作用（b）。

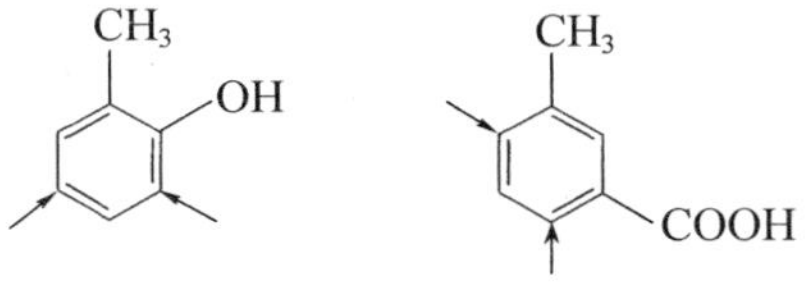

b. 选择适当的合成路线。定位规律还可应用于有机合成，以选择适当的合成路线。

如：以甲苯为原料制备 4-硝基-2-氯苯甲酸。应先硝化再氯代，最后氧化。

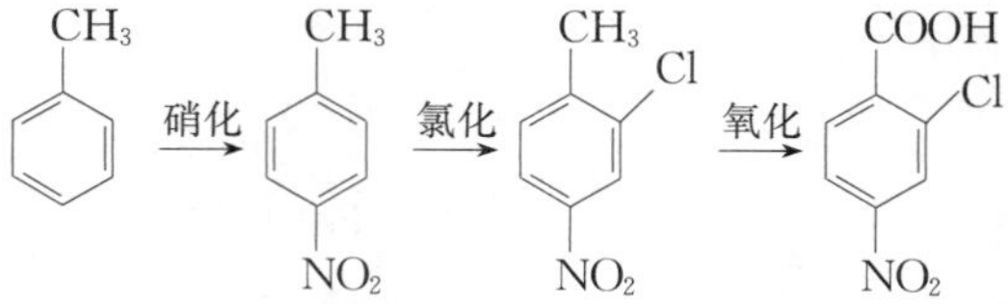

*③定位规律的解释。第一类邻、对位定位基的影响，以甲苯、苯酚为例进行讨论。

由于甲基与苯环相连的碳原子杂化方式不同，甲基表现出供电子诱导效应（＋I）。另外，甲基的碳氢 σ 键与苯环的大 π 键形成了超共轭（σ－π）体系，也显示出供电性。这两种效应使苯环上的电子云密度增加，特别是甲基的邻、对位增加得最多，所以甲苯的亲电取代反应比苯容易，且主要发生在甲基的邻对位上。同样，其他烷基与甲基一样也是邻对位定位基，如图 3－12 所示。

苯酚分子中羟基氧原子的电负性比碳原子大，羟基具有吸电子诱导效应（－I）。但是羟基氧原子上的未共用电子对与苯环形成了 p－π 共轭体系，且苯酚分子中的共轭效应大于诱导效应，总的结果使苯环上的电子云密度增加，特别是羟基的邻、对位增加得更多，所以苯酚的亲电取代反应比苯容易，且主要发生在羟基的邻、对位上。类似的一类定位基还有—NH₂、—NHR、—OR 等，如图 3－13 所示。

第二类间位定位基的影响，以硝基苯为例进行讨论。

与苯环相连的硝基是强吸电子基，吸电子诱导效应（－I）使苯环上的电子云密度下降。而且，硝基上的 π 键与苯环形成了 π－π 共轭体系，这样吸电子共轭效应使苯环电子云也向硝基上转移，所以硝基上的诱导效应和共轭效应方向一致，都使苯环上的电子云密度降低，特别是硝基的邻、对位降低得最多，所以硝基苯的亲电取代反应比苯难，且主要发生在硝基的间位上。与苯环直接相连的具有重键的原子团都是这类间位定位基，如图 3－14 所示。

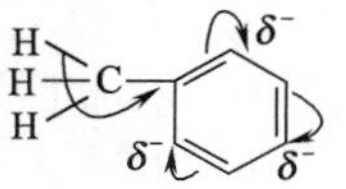

图 3－12　甲苯 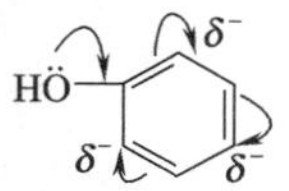　　　　　　　图 3－13　苯酚 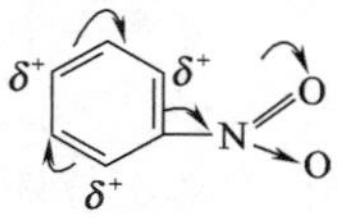　　　　　　　图 3－14　硝基苯

2. 加成反应

（1）催化加氢。在镍、铂、钯等催化下，苯与氢进行加成反应生成环己烷。这是工业上制备环己烷的主要方法，制备出的环己烷纯度较高。环己烷是合成聚酰胺的主要原料，也是最常用的有机溶剂之一。

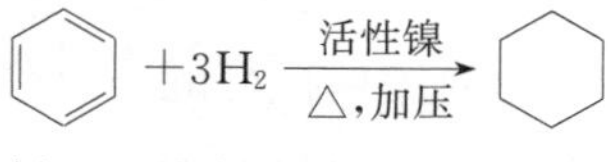

（2）与卤素加成。在紫外光照射下，苯与氯加成生成六氯环己烷（六氯化苯），俗称"六六六"，是一种已被禁用的杀虫剂。

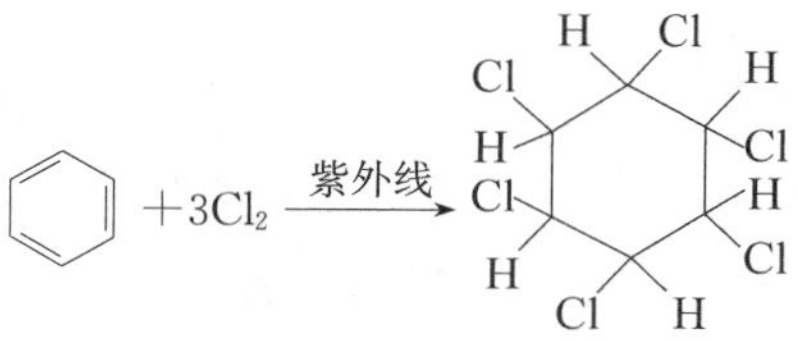

六氯化苯

3. 氧化反应

(1)苯环的侧链氧化。在强氧化剂(如高锰酸钾和重铬酸钾)作用下,苯环上含 $\alpha-H$ 的侧链能被氧化,不论侧链有多长,氧化产物均为苯甲酸。

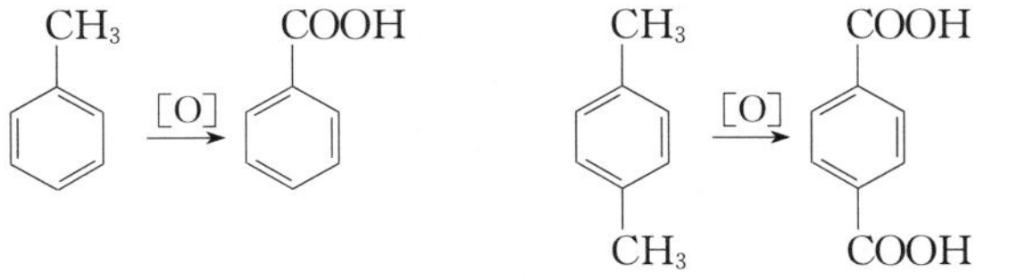

苯甲酸　　　　　　　　　对苯二甲酸

若侧链上不含 $\alpha-H$,则不能发生氧化反应。

当用酸性高锰酸钾做氧化剂时,随着苯环的侧链氧化反应的发生,高锰酸钾的颜色逐渐褪去,这可作为苯环上有无 $\alpha-H$ 侧链的鉴别反应。

(2)苯环的氧化。苯环稳定不易氧化,但在高温和催化剂作用下,苯环可被氧化破裂。

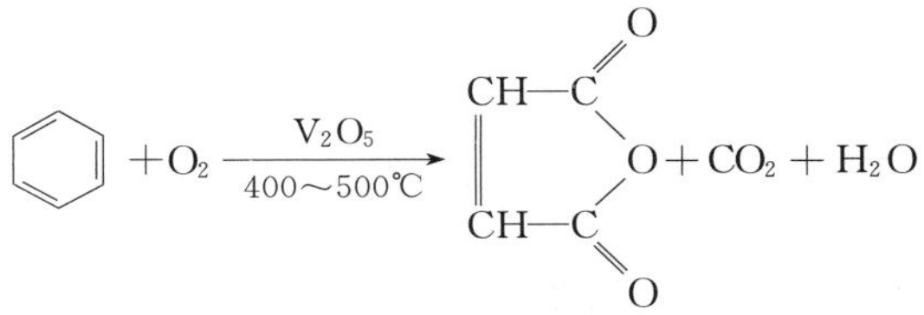

顺丁烯二酸酐

顺丁烯二酸酐又名马来酐,它是有机化学工业的重要原料,广泛用于合成醇酸树脂、增塑剂、染料以及药物等。

＊(五)稠环芳烃

1. 萘

(1)萘的物理性质。萘是最简单的稠环芳烃。它是两个苯环通过共用相邻的两个碳原子稠合而成的。萘为白色的片状晶体,不溶于水,易溶于有机溶剂,有特殊难闻的气味,具有防虫作用,卫生球就是用萘压制成的。

(2)萘及其衍生物的命名。按下述顺序将萘环上碳原子编号,稠合边共用碳原子不编号。

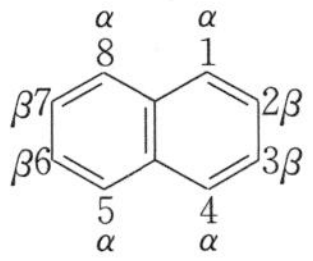

在萘分子中,1、4、5、8 位是相同的,称为 α 位;2、3、6、7 位是相同的,称为 β 位。命名时可以用阿拉伯数字,也可用希腊字母标明取代基的位次。

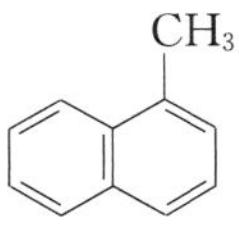

1-甲萘($\alpha-$甲萘) 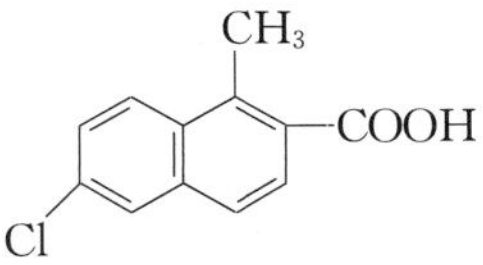　　　　1-甲基-6-氯-$\beta-$萘甲酸

萘分子中键长平均化程度没有苯高,因此稳定性也比苯差,所以反应活性比苯高,无论取代

反应还是加成、氧化反应均比苯容易。

（3）萘的化学性质。

①取代反应。萘的化学性质与苯相似，也能发生卤代、硝化和磺化等亲电取代反应。由于萘环上 α 位电子云密度比 β 位高，所以取代反应主要发生在 α 位。

在三氯化铁的催化下，萘能顺利地与氯发生反应。

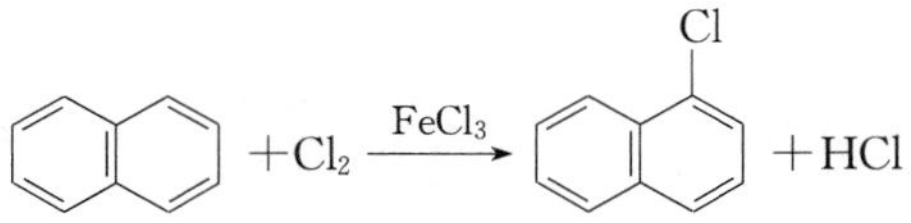

萘的硝化比苯容易，α 位比苯快 750 倍，β 位也比苯快 50 倍[1]，因此萘的硝化在室温下也能顺利进行。

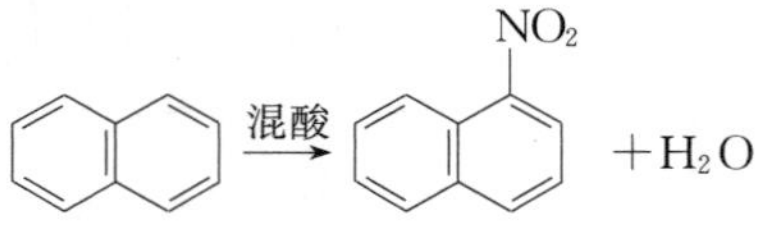

萘的磺化反应随反应温度不同，产物也不一样，低温产物主要为 α-萘磺酸，高温产物为 β-萘磺酸，而且，当 α-萘磺酸与硫酸共热到 165℃ 时，也可以转化成 β-萘磺酸。二者都是合成染料的中间体。

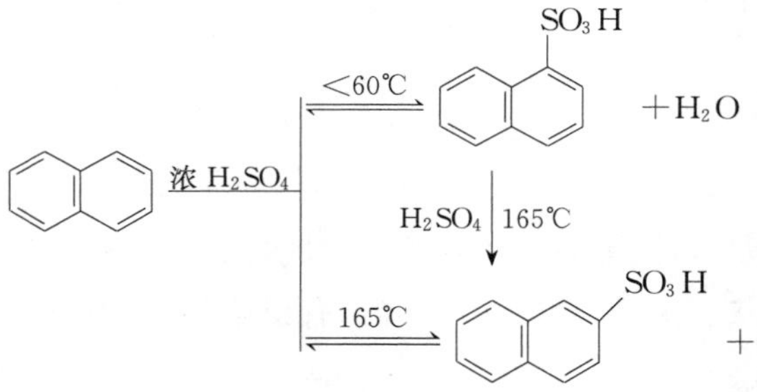

②氧化反应。萘比苯易氧化，氧化反应发生在 α 位。在缓和条件下，萘氧化生成醌；在强烈条件下，萘氧化生成邻苯二甲酸酐。

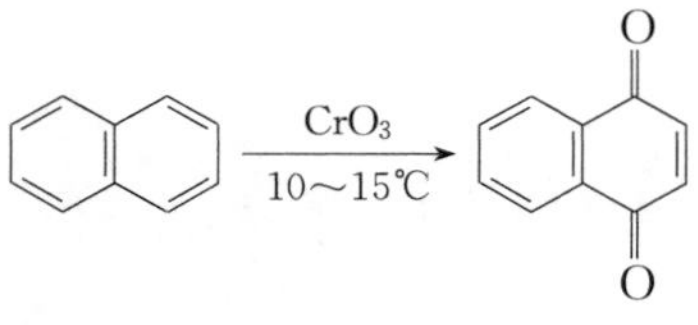

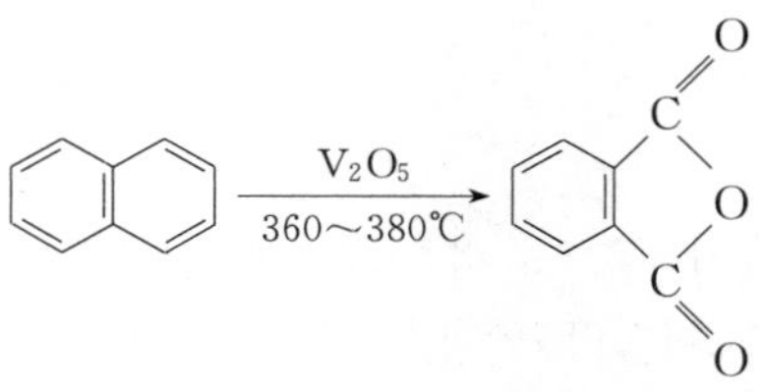

2. 蒽

（1）蒽的物理性质及结构。蒽的分子式为 $C_{14}H_{10}$。它是由三个苯环稠合而成，且三个环在一个平面上。蒽是白色片状带有蓝色荧光的晶体，不溶于水，也不溶于乙醇和乙醚，但在苯中溶解度较大。蒽环的编号从两边开始，最后编中间环，其中 1、4、5、8 四个位置相同，称为 α 位；2、3、

6、7 四个位相同,称为 β 位;9、10 两个位相同,称为 γ 位。

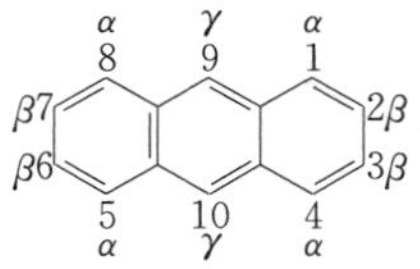

(2)蒽的化学性质。蒽在空气或氧化剂作用下,γ 位被氧化,生成蒽醌。

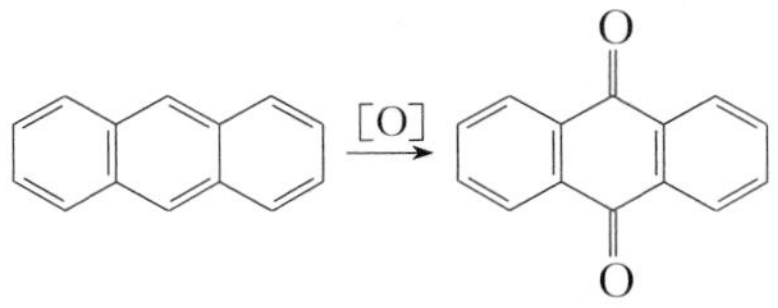

9,10-蒽醌

蒽醌是蒽醌类染料的母体。

第二节 烃的衍生物

烃分子中一个或多个氢原子被其他原子或原子团取代后生成的有机物叫烃的衍生物。取代氢原子的原子或原子团是这些化合物的官能团。主要有卤代烃、醇、酚、醚、醛、酮、醌、羧酸及羧酸衍生物等化合物。

一、卤代烃

烃分子中一个或多个氢原子被卤素取代后的生成物称为卤代烃。一般用 RX 表示,—X 是它的官能团。常见的卤代烃是指氯代烃、溴代烃和碘代烃。

(一)卤代烃的分类和命名

1. 卤代烃的分类 根据烃基的不同,将卤代烃分为脂肪族卤代烃和芳香族卤代烃。其结构式:

R—CH$_2$—X   RCH=CHX

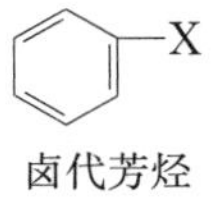

卤代烷   卤代烯烃   卤代芳烃

其中 X=Cl、Br、I。

根据卤代烃分子中与卤原子直接相连的碳原子类型的不同,可将卤代烃分为伯、仲、叔三类卤代烃。

伯卤代烃:卤素原子所连的碳原子是伯碳原子。如 CH_3CH_2Cl。

仲卤代烃:卤素原子所连的碳原子是仲碳原子。如$(CH_3)_2CHCl$。

叔卤代烃:卤素原子所连的碳原子是叔碳原子。如$(CH_3)_3CCl$。

根据卤代烃分子中卤原子的数目不同,卤代烃又可分为一卤代烃和多卤代烃。

2. 卤代烃的命名

(1)简单卤代烃,可根据卤素所连烃基名称来命名,称卤某烃(烷)。有时也可以在烃基之后加上卤原子的名称来命名,称某烃基卤。如:

$$CH_3Cl \qquad\qquad CH_2=CHCl \qquad\qquad CH_3CHClCH_3$$

　　氯甲烷　　　　　　　　氯乙烯　　　　　　　　氯异丙烷

　（甲基氯）　　　　　　（乙烯基氯）　　　　　　（异丙基氯）

(2)比较复杂的卤代烃采用系统命名法:选择含有卤素的最长的碳链作主链,根据主链碳原子数称"某烷",卤原子和其他侧链为取代基,主链编号使卤原子或取代基的位次最小。例如:

$$CH_3CHClCH(CH_3)CH_2CH_3 \qquad 3\text{-甲基-}2\text{-氯戊烷}$$

$$CH_3CHBrCH_2CH_2CHBrCH(CH_2CH_3)_2 \qquad 6\text{-乙基-}2,5\text{-二溴辛烷}$$

$$CH_3CHClCH(CH_3)_2 \qquad 2\text{-甲基-}3\text{-氯丁烷(不叫 }3\text{-甲基-}2\text{-氯丁烷)}$$

(3)不饱和卤代烃,选择含有不饱和键和卤原子的最长碳链为主链,主链编号要使双键或叁键位次最小,把取代基、卤原子的位置、名称写在不饱和烃名称前。例如:

$$CH_2=CHCH_2CH_2Cl \qquad 4\text{-氯-}1\text{-丁烯}$$

$$CH_3CBr=CHCH=CH_2 \qquad 4\text{-溴-}1,3\text{-戊二烯}$$

(4)卤代芳烃一般以芳烃为母体来命名,如:

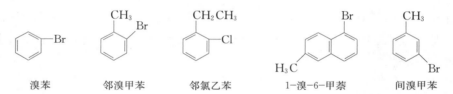

　　溴苯　　　　　　邻溴甲苯　　　　　　邻氯乙苯　　　　　1-溴-6-甲萘　　　　　间溴甲苯

(5)当卤原子连在芳烃侧链上时,则以脂肪烃为母体,把芳基和卤原子作为取代基。例如:

苯氯甲烷　　　　　　　　β-溴苯乙烯　　　　　　　　α-氯苯乙烯

（苄基氯）　　　　　　　　　　　　　　　　　　（1-苯基-1-氯乙烯）

(二)卤代烃的物理性质

纯粹的一卤代烷没有颜色,碘代烷因受光照部分分解而显红棕色。室温下,含 1~3 个碳原子的一氟代烷、含 1~2 个碳原子的氯代烷和溴甲烷为气体,其他的一卤代烷为液体。含 15 个碳原子以上的高级卤代烷为固体。一卤代烷的沸点比相应的烷烃高,但随着碳原子数的增加,沸点逐渐与烷烃相近。相同烷基的一卤代烷中,沸点高低次序是:RI＞RBr＞RCl。在同一级卤代烷的各种异构体中,直链异构体的沸点最高,支链越多,沸点越低。相同烃基的卤代烷的密度大于相应的烷烃。一氯代烷相对密度小于 1,一溴代烷和一碘代烷相对密度大于 1。在同系物中卤代烷的相对密度,随烃基相对分子质量增加而降低。所有卤代烷由于不能与水形成氢键都不溶于水,而溶于醇、醚、烃等有机溶剂。它们本身就可以作为溶剂。卤代烷的蒸气有毒,含偶数碳原子的氟代烷有剧毒,应尽量避免吸入体内。一些卤代烷的物理性质见表 3-4。

表 3－4　一些卤代烷的物理性质

烃基或卤烷名称	氯 化 物		溴 化 物		碘 化 物	
	沸点/℃	密度/$g \cdot mL^{-1}$,20℃	沸点/℃	密度/$g \cdot mL^{-1}$,20℃	沸点/℃	密度/$g \cdot mL^{-1}$,20℃
甲　基	－24.2	0.916	3.5	1.676	42.4	2.279
乙　基	12.3	0.898	38.4	1.460	72.3	1.936
正丙基	46.6	0.891	71.0	1.354	102.5	1.749
异丙基	35.7	0.862	59.4	1.314	89.5	1.703
正丁基	78.5	0.886	101.6	1.276	130.5	1.615
仲丁基	68.3	0.873	91.2	1.259	120	1.592
异丁基	68.9	0.875	91.5	1.264	120.4	1.605
叔丁基	52.0	0.842	72.3	1.221	100	1.545
二卤甲烷	40.0	1.335	97	2.492	181	3.325
1,2－二卤乙烷	83.5	1.256	131	2.180	分解	2.13
三卤甲烷	61.2	1.492	149.5	2.890	升华	4.008
四卤甲烷	76.8	1.594	189.5	3.27	升华	4.50

(三)卤代烷的化学性质

卤原子是卤代烷的官能团。碳卤键是极性键,在极性试剂电场的影响下,较易发生断裂,使卤原子被其他基团取代,发生各种化学反应,生成一系列的化合物。

反应时,卤代烷的活性顺序是: RI ＞ RBr ＞ RCl。

1. 取代反应

(1)水解。卤代烷水解可得到醇。

$$RX + H_2O \Longrightarrow ROH + HX$$

卤代烷水解是可逆反应,而且反应速度很慢。为了提高产率和增加反应速度,常常将卤代烷与强碱(氢氧化钠或氢氧化钾)的水溶液共热,使水解能顺利地进行。

$$RX + NaOH \xrightarrow[\triangle]{H_2O} ROH + NaX$$

(2)氰解。卤代烷与氰化钠或氰化钾在醇溶液中反应生成腈。

$$RX + NaCN \xrightarrow{C_2H_5OH} RCN + NaX$$

氰基经水解生成羧基(—COOH),该反应可以制备羧酸及其衍生物;腈催化氢化可制得伯胺。同时这也是增长碳链的一种方法。例如:由乙烯来制备丙酸。

$$CH_2=CH_2 \xrightarrow{HCl} CH_3CH_2Cl \xrightarrow{氰解} CH_3CH_2CN \xrightarrow{水解} CH_3CH_2COOH$$

由1,4－二氯丁烷与两分子氰化钠作用生成己二腈。己二腈是无色油状液体,溶于甲醇、乙醇、氯仿和乙醚,是制造己二酸和己二胺的原料,而己二酸和己二胺是合成聚酰胺66的单体。

(3)氨解。卤代烷与 NH₃ 反应生成胺。胺是一种有机碱,它可以与生成的氢卤酸反应生成盐。加过量的氨可以将胺游离出来。这是工业上生产胺的一种方法。

$$RX + NH_3 \longrightarrow R\overset{+}{N}H_3\overset{-}{X} \xrightarrow{NH_3} RNH_2 + NH_4X$$

（4）醇解。卤代烷与醇钠在加热条件下生成醚。这是制备混醚的一种方法。这个反应叫威廉逊（Williamson）反应。

$$RX + NaOR' \xrightarrow{\triangle} R-O-R'$$
$$\text{混醚}$$

上述四类反应所用卤代烷均为伯卤代烷。如果用仲卤代烷和叔卤代烷与上述试剂作用，那么主要不是取代反应，而是发生消除反应生成烯烃。

（5）与硝酸银的醇溶液反应。卤代烷与硝酸银在醇溶液中反应，生成卤化银沉淀。不同卤代烃与硝酸银的醇溶液的反应活性不同，叔卤代烷 $>$ 仲卤代烷 $>$ 伯卤代烷。另外，烯丙基卤和苄基卤也很活泼，同叔卤代烷一样，与硝酸银的反应速度很快，加入试剂可立即反应，仲卤代烷次之，伯卤代烷加热才能反应。这个反应常用于各类卤代烃的鉴别。

$$RX + AgNO_3 \xrightarrow{醇} RONO_2 + AgX\downarrow$$

*（6）卤代烷取代反应的历程。在卤代烷的取代反应中，进攻试剂通常是负离子或含有未共用电子对的分子。它们进攻卤代烷分子中电子云密度较小的碳原子，即这些负离子或分子具有亲核性，所以称为亲核试剂。由亲核试剂进攻引起的取代反应叫亲核取代反应，常用 S_N 表示。

两类典型的亲核取代反应，一类是反应速度只与卤代烃的浓度有关，而与进攻试剂的浓度无关。通式如下：

$$RX + OH^- \longrightarrow ROH + X^-$$
$$v = k[RX]$$

这类反应称为单分子亲核取代反应，以 S_N1 表示。

另一类是反应速度不仅与卤代烃的浓度有关，也与进攻试剂的浓度有关。通式如下：

$$RX + OH^- \longrightarrow ROH + X^-$$
$$v = k[RX][OH^-]$$

这类反应称为双分子亲核取代反应，以 S_N2 表示。

①单分子亲核取代反应（S_N1）。叔丁基溴在碱性溶液中的水解反应速度，只与叔丁基溴的浓度有关，而与进攻试剂无关，它属于单分子亲核取代反应。

$$(CH_3)_3CBr + OH^- \longrightarrow (CH_3)_3COH + Br^-$$
$$v = k[(CH_3)_3CBr]$$

单分子亲核取代反应（S_N1）分两步进行。

• 第一步：叔丁基溴发生碳溴键异裂，生成叔丁基碳正离子和溴负离子。在解离过程中，碳溴键逐渐削弱，电子云向溴偏移，形成过渡态 A，进一步发生 C—Br 键断裂。第一步反应速度很慢。

$$(CH_3)_3CBr \xrightarrow{慢} [(CH_3)_3\overset{\delta^+}{C}:\overset{\delta^-}{Br}] \longrightarrow (CH_3)_3C^+ + Br^-$$
$$\text{过渡态A}$$

• 第二步：生成的叔丁基碳正离子很快与进攻试剂结合形成过渡态 B，最后生成叔丁醇。

$$(CH_3)_3C^+ + OH^- \longrightarrow [(CH_3)_3C:OH] \xrightarrow{\text{快}} (CH_3)_3COH$$
过渡态B

在 S_N1 历程反应中，反应速度是由速度最慢的一步决定的。所以一般来说，凡是形成比较稳定的碳正离子的卤代烃，将按 S_N1 历程反应。碳正离子的稳定性取决于碳正离子的种类。烷基是一个给电子基，它通过诱导效应和共轭效应使碳正离子的正电荷得到分散，从而增加了碳正离子的稳定性。所以，碳正离子所连的烃基越多，稳定性越大。碳正离子稳定性顺序为：

$$(CH_3)_3\overset{+}{C} > (CH_3)_2\overset{+}{C}H > CH_3\overset{+}{C}H_2 > \overset{+}{C}H_3$$

卤代烃发生 S_N1 反应的活性次序为：叔卤烷 ＞ 仲卤烷 ＞ 伯卤烷 ＞ 卤甲烷。

②双分子亲核取代反应（S_N2）。实验表明，溴甲烷在碱性溶液中的水解速度与卤代烷的浓度及进攻试剂 OH^- 的浓度积成正比。S_N2 历程与 S_N1 历程不同，反应是同步进行的，即卤代烃分子中碳卤键的断裂和醇分子中碳氧键的形成是同时进行的，整个反应通过过渡态来实现。

$$OH^- + H-\overset{\overset{\displaystyle H}{|}}{\underset{\underset{\displaystyle H}{|}}{C}}-Br \longrightarrow [HO\cdots\overset{\overset{\displaystyle H}{|}}{\underset{\underset{\displaystyle H}{|}}{C}}\cdots Br] \longrightarrow HO-\overset{\overset{\displaystyle H}{|}}{\underset{\underset{\displaystyle H}{|}}{C}}-H + Br$$
过渡态

过渡态一旦形成，会很快转变为生成物。此时，新键的形成和旧键的断裂是同时发生的。S_N2 反应的速度取决于过渡态的形成。形成过渡态不仅需要卤代烃的参与，同时也需要进攻试剂的参与，故称为双分子亲核取代反应。

在 S_N2 反应中，亲核试剂是从离去基—X 的背后进攻 $\alpha-C$ 原子的，$\alpha-C$ 原子所连的取代基越多，空间阻碍越大，越不利于亲核试剂的进攻。所以 S_N2 反应中卤代烃的活性次序为：卤甲烷 ＞ 伯卤烷 ＞ 仲卤烷 ＞ 叔卤烷。

在碱性条件下卤甲烷、伯卤烷一般易发生 S_N2 亲核取代反应，而叔卤代烃，易发生 S_N1 亲核取代或消除反应，仲卤烷则有 S_N1 和 S_N2 两种反应的可能性。

③影响亲核取代和消除反应的因素。卤代烃的亲核取代和消除反应同时发生而又相互竞争，通过控制反应方向获得所需要的产物，在有机合成上具有重要意义，影响上述反应的因素有下列几个。

• 烷基结构的影响。卤代烃反应类型的取向取决于亲核试剂进攻烃基的部分。亲核试剂若进攻 $\alpha-C$ 原子，则发生取代反应；若进攻 $\beta-H$ 原子，则发生消除反应。

• 亲核试剂的影响。亲核试剂的碱性强、浓度大有利于消除反应，反之利于取代反应。这是因为亲核试剂碱性强、浓度大有利于其进攻 $\beta-H$ 原子而发生消除反应。

• 溶剂的影响。一般来说，弱极性溶剂有利于消除反应，而强极性溶剂有利于取代反应。

• 温度的影响。温度升高对消除反应、取代反应都是有利的。但由于消除反应涉及C—H键断裂，所需能量较高，所以提高温度对消除反应更有利。

2. 消除反应　　卤代烷与强碱的醇溶液共热，分子中脱去一分子卤化氢生成烯烃。这种在一个分子内从两个相邻的碳原子上消除原子或原子团而生成一个双键的反应称为消除反应。

$$R-\underset{\underset{H}{|}}{C}H-\underset{\underset{X}{|}}{C}H_2 + NaOH \xrightarrow[\triangle]{乙醇} RCH=CH_2 + NaX + H_2O$$

不同结构的卤代烷消除卤化氢反应速度次序是：叔卤烷 ＞ 仲卤烷 ＞ 伯卤烷。

仲卤代烷在发生消除反应时，可得到两种产物。

$$R-\underset{\underset{H}{|}}{C}H-\underset{\underset{X}{|}}{C}H-\underset{\underset{H}{|}}{C}H_2 \xrightarrow[NaOH,\triangle]{乙醇} \underset{主要产物}{RCH=CHCH_3} + \underset{次要产物}{RCH_2CH=CH_2}$$

实验表明，卤代烷在发生消除反应时，氢原子主要是从含氢较少的 $\beta-C$ 原子上脱去，这个规则叫札依采夫(Saytzeff)规则。

3. 与金属反应　在一定条件下，卤代烷能与某些活泼金属(如 Li、Na、Mg)等进行反应，生成相应的有机金属化合物。卤代烷与金属反应的活性次序是：碘烷 ＞ 溴烷 ＞ 氯烷。最重要的是卤代烷与金属镁的反应。

卤代烷在无水乙醚(干乙醚)中与金属镁反应，生成烷基卤化镁(RMgX)称为格利雅(Grignard)试剂，简称格氏试剂。

$$RX+Mg \xrightarrow{干醚} \underset{烷基卤化镁}{RMgX}$$

格氏试剂中碳镁键(C—Mg)是一个很强的极性共价键，性质非常活泼，它能与许多含活泼氢的化合物反应生成烷烃。

$$RMgX \begin{cases} \xrightarrow{HOH} RH+Mg(OH)X \\ \xrightarrow{ROH} RH+Mg(OR)X \\ \xrightarrow{HX} RH+MgX_2 \\ \xrightarrow{HNH_2} RH+Mg(NH_2)X \end{cases}$$

格氏试剂在有机合成中应用较广泛，它可以与二氧化碳、醛、酮等化合物发生反应，生成羧酸、醇等一系列化合物。

＊(四)卤代烯烃

卤代烯烃分子中按卤原子和双键的相对位置不同，可分为乙烯型卤代烯烃、烯丙基型卤代烯烃、隔离型卤代烯烃三种类型。

1. 乙烯型卤代烯烃($RCH=CHX$ 和 C_6H_5X)　这类化合物的卤原子直接连在双键碳原子上，卤原子很不活泼，一般条件下难发生取代反应。例如氯乙烯($CH_2=CHCl$)氯原子和碳碳双键的碳原子直接相连，氯原子的一对未共用电子对所占据的 p 轨道，与双键的 π 轨道互相平行重叠，形成 $p-\pi$ 共轭体系，并且是富电子共轭，氯原子上的电子向双键碳原子方向移动，电子离域，体系稳定，以至于氯原子与双键碳原子结合得更紧密，使氯原子活性显著降低，所以氯原子很难被取代。氯乙烯与氯苯相似。实验表明，它们与硝酸银的醇溶液在加热条件下也不能产生氯化银的沉淀。

2. 烯丙基型卤代烃($CH_2=CHCH_2X$ 和 $C_6H_5CH_2X$)　这类化合物与双键相隔一个饱和碳原子，其特点是卤原子的活性较大，易发生亲核取代反应。实验表明，它们与硝酸银的醇溶液在常温下就能立即生成卤化银沉淀。

3. 隔离型卤代烯烃$[CH_2=CH(CH_2)_nX, n>1]$　这类化合物中,卤原子与双键相隔两个或多个饱和碳原子,由于卤原子和双键距离较远,互相之间影响较小,卤原子的活性与卤代烷的卤原子相似。例如:4-氯-1-丁烯($CH_2=CHCH_2CH_2Cl$)。2-苯基-1-氯乙烷与4-氯-1-丁烯相似,实验表明,它们与硝酸银的醇溶液作用,要加热才能发生取代反应,生成氯化银沉淀。

根据卤代烯烃与硝酸银的醇溶液反应生成氯化银沉淀的难易,可以区分以上三种不同的卤代烯烃。

(五)几种重要的卤代烃

1. 三氯甲烷($CHCl_3$)　三氯甲烷又称氯仿,是无色有甜味的透明液体,不溶于水,是一种不燃性的有机溶剂。

2. 四氯化碳(CCl_4)　四氯化碳是一种无色液体,沸点76.8℃,密度1.594g/mL。它是常用的灭火剂,用于油类和电器设备灭火。四氯化碳也是良好的有机溶剂,其毒性较强能损害肝脏,被列为危险品,而且在高温下它与水反应生成有毒的光气。

$$CCl_4+H_2O \xrightarrow{>500℃} \underset{光气}{COCl_2}+2HCl$$

3. 氟利昂　氟利昂是氟氯烷的总称。其中最常用的是二氟二氯甲烷(CCl_2F_2)。二氟二氯甲烷是无色、无味、无毒的气体,无腐蚀性,化学性质稳定,易压缩为液体。解压后可以立即汽化,同时吸收大量的热,是很好的制冷剂。但在400℃以上时可以分解产生有毒的光气,所以必须在密闭系统中使用。氟利昂能破坏大气中的臭氧层,导致大量紫外线直射到地球上,对人类的生存和动植物生长产生极大威胁,因而引起世界各国的高度重视。目前,许多国家正在研制氟利昂代用品,已有一些代用品出现。

4. 四氟乙烯　四氟乙烯为无色气体,沸点-76.3℃,不溶于水,溶于有机溶剂。四氟乙烯在过硫酸铵引发下,经加压可制备聚四氟乙烯。

$$nCF_2=CF_2 \xrightarrow[加压]{催化剂} \underset{聚四氟乙烯}{\left[CF_2-CF_2\right]_n}$$

聚四氟乙烯化学性质稳定,耐腐蚀,并有良好的热稳定性及绝缘性,可以在-180～400℃的范围内使用,有"塑料王"之称,商品名称为"特氟隆"。它还能纺制成氟纶,用途非常广泛。

5. 氯苯(C_6H_5Cl)　氯苯是最重要的卤代芳烃,为无色透明的液体,沸点131.6℃,密度1.11g/mL。可用于制取苯酚、苯胺,也是某些药物、染料的中间体,是非常重要的有机化工原料。工业上用苯在铁屑催化下直接氯化制得,也可在氯化铜催化下由苯、空气、氯化氢合成。

$$\text{⬡}+HCl+\frac{1}{2}O_2 \xrightarrow{CuCl_2} \text{⬡}-Cl+H_2O$$

6. 氯化苄($C_6H_5CH_2Cl$)　氯化苄又称苄氯,是有刺激性气味的液体,沸点179℃,蒸气有催泪作用,有毒,不溶于水,易水解生成苯甲醇。在有机合成中,氯化苄是很重要的甲基化试剂。

二、醇、酚、醚

醇、酚、醚可以看成是水分子中的氢原子被烃基取代后的产物,都是烃的含氧衍生物。醇、酚的官能团都是羟基。羟基直接与烃基(脂肪烃、脂环烃、芳烃侧链)上的碳原子相连的化合物叫醇;羟基直接与芳环上的碳原子相连的化合物叫酚。醇或酚羟基上的氢原子被烃基取代后的产物叫醚。

(一)醇

1. 醇的分类和命名

(1)醇的分类。根据羟基所连的烃基不同,醇分为脂肪醇、脂环醇和芳香醇。

$$CH_2=CH-CH_2OH$$

烯丙醇(脂肪醇)　　　　1-甲基环戊醇(脂环醇) 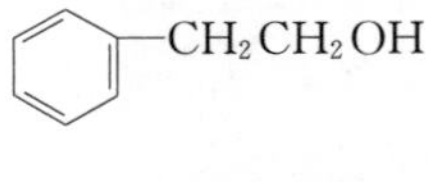　　　　α-苯乙醇(芳香醇)

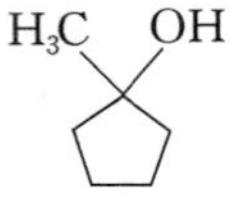

根据羟基所连碳原子的类型不同,醇分为伯醇、仲醇和叔醇。

$$CH_3CH_2CH_2CH_2OH$$

1-丁醇(伯醇)　　　　2-丁醇(仲醇) 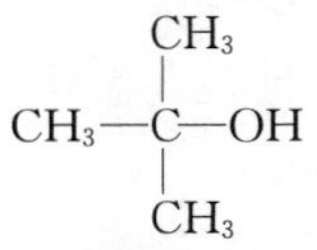　　　　2-甲基-2-丙醇(叔醇)

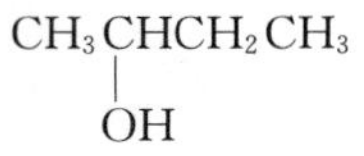

根据醇分子中所含羟基的数目,分为一元醇、二元醇和多元醇。

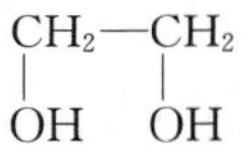

乙二醇(二元醇) 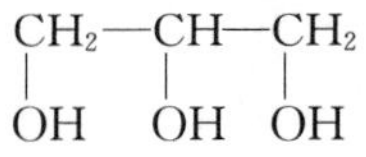　　　　丙三醇(多元醇)

(2)醇的命名。结构简单的醇采用普通命名法,即在烃基名称后加一"醇"字。

$$CH_3CH_2OH \qquad (CH_3)_2CHOH \qquad C_6H_5-CH_2OH$$

乙醇　　　　异丙醇　　　　苯甲醇(苄醇)

对于结构复杂的醇则采用系统命名法,其原则如下。

①选择连有羟基的最长的碳链为主链,按主链上的碳原子数称为"某醇"。

②从靠近羟基最近的一端将主链碳原子进行编号。

③命名时把取代基的位次、名称及羟基的位次写在母体名称"某醇"的前面。

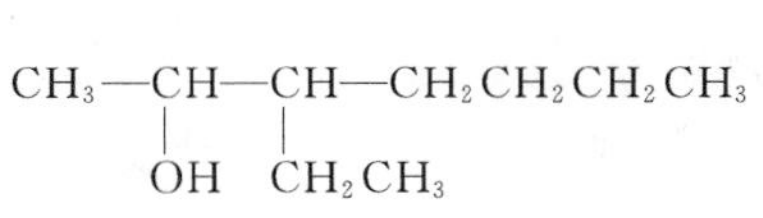

$$CH_3-CH-CH-CH_2CH_2CH_2CH_3$$

3-乙基-2-庚醇 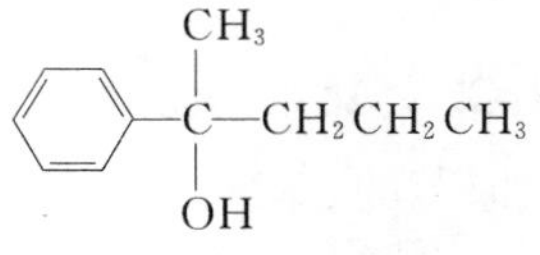　　　　2-苯基-2-戊醇

④不饱和醇的命名,则选择连有羟基和不饱和键在内的最长碳链作主链,从靠近羟基的一端开始编号。

$$CH_2=CHCH_2CH_2OH$$

3-丁烯-1-醇　　　　6-甲基-3-环己烯醇 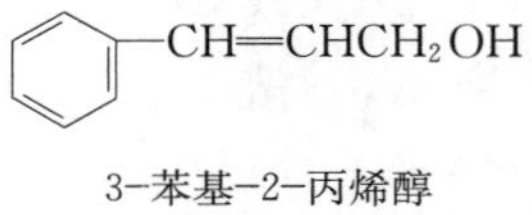　　　　3-苯基-2-丙烯醇

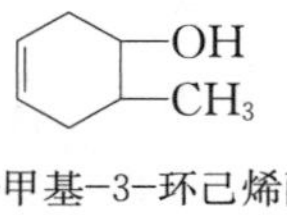

2. 醇的物理性质

(1)状态。低级的饱和一元醇是易挥发、无色透明的液体,有醇香味;较高级($C_5 \sim C_{11}$)的醇为具有特殊气味的油状黏稠液体;高于C_{12}以上的醇在室温下为无臭、无味的蜡状固体。

(2)沸点。饱和一元醇的沸点随着碳原子数目的增加而升高,碳原子数目相同的醇,支链越多,沸点越低。低分子量的醇,其沸点比相对分子质量相近的烷烃高得多。这是由于醇分子间借氢键而相互缔合,使液态醇汽化时,不仅要破坏醇分子间的范德瓦尔斯力,而且还需额外的能量破坏氢键。

(3)水溶性。低级醇能与水混溶,随相对分子质量的增加溶解度降低。这是由于低级醇分子与水分子之间形成氢键,使得低级醇与水无限混溶,随着醇分子碳链的增长,一方面长的碳链起了阻碍作用,使醇中羟基与水形成氢键的能力下降;另一方面羟基所占的比例下降,烷基比例增加,故随着相对分子质量的增加,水溶性降低。

(4)低级醇可与氯化钙、氯化镁等形成结晶醇化合物,因此,醇类不能用氯化钙等作干燥剂除去水分。一些醇的物理常数见表3-5。

表3-5 一些醇的物理常数[2]

名 称	结构简式	熔点/℃	沸点/℃	密度/$g \cdot mL^{-1}$,20℃	溶解度/$g \cdot 100g$ 水$^{-1}$,20℃
甲 醇	CH_3OH	-98.0	65.0	0.792	可任意比混溶
乙 醇	CH_3CH_2OH	-114.0	78.3	0.789	可任意比混溶
正丙醇	$CH_3CH_2CH_2OH$	-126.0	97.2	0.804	可任意比混溶
异丙醇	$(CH_3)_2CHOH$	-89.0	82.3	0.781	可任意比混溶
正丁醇	$CH_3CH_2CH_2CH_2OH$	-90.0	118.0	0.810	7.9
异丁醇	$(CH_3)_2CHCH_2OH$	-108.0	108.0	0.798	9.5
仲丁醇	$CH_3CHOHCH_2CH_3$	-115.0	100.0	0.808	12.5
叔丁醇	$(CH_3)_3COH$	26.0	83.0	0.789	可任意比混溶
正戊醇	$CH_3(CH_2)_4OH$	-79.0	138.0	0.809	2.7
正己醇	$CH_3(CH_2)_5OH$	-51.6	155.8	0.820	0.59
环己醇	⬡—OH	25.0	161.0	0.962	3.6
烯丙醇	$CH_2=CHCH_2OH$	-129.0	97.0	0.855	可任意比混溶
苄 醇	⬡—CH_2OH	-15.0	205.0	1.046	~4.0
乙二醇	CH_2OHCH_2OH	-12.6	197.0	1.113	可任意比混溶
丙三醇	$CH_2OHCHOHCH_2OH$	18.0	290(分解)	1.261	可任意比混溶

3. 醇的化学性质

(1)与活泼金属反应。醇分子中的羟基与水类似,可与活泼金属钾、钠、镁、铝等作用,生成醇金属化合物,同时放出氢气。

$$ROH + Na \longrightarrow RONa + H_2 \uparrow$$
$$\text{醇钠}$$

各种不同结构的醇与金属钠反应的速度是:甲醇 ＞ 伯醇 ＞ 仲醇 ＞ 叔醇。

醇羟基中的氢原子不如水分子中的氢原子活泼,当醇与金属钠作用时,比水与金属钠作用缓慢得多,而且所产生的热量不足以使放出的氢气燃烧。醇钠是白色固体,它的化学性质活泼,是强碱,能溶于醇中。醇的酸性比水小,因此反应所得的醇钠遇水即分解为原来的醇和氢氧化钠。醇钠在有机合成中可作为缩合剂,并可作为引入烷氧基的烷氧化试剂。

其他活泼的金属(如镁、铝等)也可与醇作用生成醇镁和醇铝。异丙醇铝与叔丁醇铝在有机合成上有重要的应用。

(2)与无机酸的反应。

①与氢卤酸反应。醇与氢卤酸作用生成卤代烃和水,这是制备卤代烃的重要方法。

$$ROH + HX \Longleftrightarrow RX + H_2O$$

醇与氢卤酸反应的快慢与氢卤酸的种类及醇的结构有关。

不同种类的氢卤酸活性顺序为:氢碘酸 ＞ 氢溴酸 ＞ 盐酸。

不同结构的醇活性顺序为:苄醇、烯丙醇 ＞ 叔醇 ＞ 仲醇 ＞ 伯醇。

因此,不同结构的醇与氢卤酸反应速度不同,这可用于区别伯、仲、叔醇。一般氢碘酸和氢溴酸与醇反应较快,而盐酸除了苄醇、烯丙醇和叔醇外,与其他的伯醇和仲醇需要在无水氯化锌催化下才能反应。

无水氯化锌和浓盐酸配成的试剂,称为卢卡氏试剂。利用该试剂与叔、仲、伯醇反应生成不溶性氯代烷速度的差异,可以区分这三类醇。

卢卡氏试剂与叔醇反应速度最快,室温下立即变混浊;仲醇一般需要放置片刻才能使混浊分层;伯醇常温下不反应,在加热后才能反应。

因高级一元醇不溶于卢卡氏试剂,所以此反应只适用于鉴别 6 个碳原子以下的伯、仲、叔醇。

②与无机含氧酸反应。醇与无机含氧酸如硝酸、硫酸、磷酸等作用生成无机酸酯。醇与硝酸作用生成硝酸酯。

$$\begin{array}{c} CH_2OH \\ | \\ CHOH \\ | \\ CH_2OH \end{array} + 3HNO_3 \xrightarrow{H_2SO_4} \begin{array}{c} CH_2ONO_2 \\ | \\ CHONO_2 \\ | \\ CH_2ONO_2 \end{array} + 3H_2O$$
$$\text{丙三醇(甘油)} \qquad\qquad \text{三硝酸甘油酯}$$

三硝酸甘油酯是无色油状液体,受热或碰撞后能发生爆炸,产生大量气体,是一种烈性炸药,又称硝化甘油。硝化甘油也具有扩张冠状动脉血管的作用,医药上用于治疗心绞痛等病症。

醇与硫酸作用,因硫酸是二元酸,随反应温度、反应物比例和反应条件不同,可生成酸性硫酸酯和中性硫酸酯。

$$CH_3OH + HOSO_2OH \Longleftrightarrow CH_3OSO_2OH + H_2O$$
$$\text{硫酸氢甲酯}$$

硫酸氢甲酯经减压蒸馏可得到硫酸二甲酯。

$$2CH_3OSO_2OH \xrightarrow{\text{减压蒸馏}} (CH_3O)_2SO_2 + H_2SO_4$$
$$\text{硫酸二甲酯}$$

硫酸二甲酯是无色油状有刺激性气味的液体,有剧毒,使用时应小心。它和硫酸二乙酯在有机合成中是重要的甲基化和乙基化试剂。

高级醇与硫酸反应生成的酸性硫酸酯的钠盐属于阴离子型表面活性剂,常用作洗涤剂。例如:

$$C_{12}H_{25}OH \xrightarrow{H_2SO_4} C_{12}H_{25}OSO_2OH \xrightarrow{NaOH} C_{12}H_{25}OSO_2ONa$$
$$\text{十二烷基硫酸氢酯} \qquad \text{十二烷基硫酸酯钠}$$

醇与磷酸作用,生成磷酸单酯、磷酸双酯、磷酸三酯。

$$3C_4H_9OH + HO-\overset{\displaystyle HO}{\underset{\displaystyle HO}{P}}=O \rightleftharpoons (C_4H_9O)_3PO + 3H_2O$$
$$\text{磷酸三丁酯}$$

磷酸三丁酯是一种常用的塑料增塑剂和稀土金属萃取剂。高级醇与磷酸作用生成的酸性磷酸酯被中和后可得到一类阴离子型表面活性剂,是纺织工业中常用的抗静电剂。

(3)脱水反应。醇与浓硫酸混合,随反应温度的不同,有两种脱水方式。高温下,发生分子内脱水生成烯烃;低温下发生分子间脱水生成醚,且分子间脱水属于亲核取代反应。例如:

$$CH_3CH_2OH \xrightarrow[\text{或 } Al_2O_3,360℃]{\text{浓 } H_2SO_4,170℃} CH_2=CH_2 + H_2O$$

$$CH_3CH_2OH + HOCH_2CH_3 \xrightarrow[\text{或 } Al_2O_3,240\sim260℃]{\text{浓 } H_2SO_4,140℃} CH_3CH_2OCH_2CH_3 + H_2O$$
$$\text{乙醚}$$

醇分子内脱水为消除反应,其反应难易次序为:叔醇 > 仲醇 > 伯醇。且叔醇、仲醇在发生分子内脱水时遵循札依采夫规则。

(4)氧化反应。受羟基的影响,醇分子中的 $\alpha-H$ 较活泼,易被氧化。常用的氧化剂为重铬酸钾或高锰酸钾的硫酸溶液等。不同类型的醇得到不同的氧化产物。

伯醇首先被氧化成醛,醛继续被氧化生成羧酸。

$$RCH_2OH \xrightarrow{[O]} RCHO \xrightarrow{[O]} RCOOH$$

仲醇氧化生成酮,由于酮较稳定,不易被进一步氧化,可用于酮的合成。

$$R-\overset{\displaystyle}{\underset{\displaystyle OH}{C}}HR' \xrightarrow{[O]} R-\overset{\displaystyle}{\underset{\displaystyle O}{C}}-R'$$

叔醇分子中没有 $\alpha-H$,在上述条件下不易被氧化。但在强烈的氧化条件下,则碳碳键断裂,生成碳原子数较少的酮和酸的混合物。利用上述反应,可以区分这三种醇。

4. 重要的醇

(1)甲醇。甲醇俗称木精,为无色透明液体,具有特殊气味,沸点 65℃。甲醇能与水以任意比例混合,还能与许多有机溶剂混溶。甲醇有毒,少量饮用或长期与其蒸气接触会使眼睛失明,严重时可致人死亡。甲醇大量用作溶剂,也是制造甲醛、有机玻璃、合成纤维等的原料。

(2)乙醇。乙醇是无色透明液体,俗称酒精。沸点 78.3℃,能与水以任意比例混溶。乙醇是重要的有机溶剂和化工原料,大量用于制备乙醛、乙醚、酯类等。在医药上可作外用消毒剂。

(3)丙三醇。丙三醇俗称甘油,为无色黏稠具有甜味的液体,沸点 290℃,能与水以任意比例混溶。甘油具有很强的吸湿性,不溶于醚及氯仿等有机溶剂。它具有广泛的用途,用于生产三硝酸甘油酯、醇酸树脂,也是化妆品、皮革、烟草、纺织品的润湿剂等。还可用它制备多元醇类非离子型表面活性剂,这类表面活性剂主要用作纤维柔软剂和乳化剂,如月桂酸甘油单酯。

(4)乙二醇。乙二醇是无色液体,有甜味,俗称甘醇。它能与水、乙醇、丙酮混溶,但不溶于极性小的乙醚和四氯化碳中,沸点 197℃。乙二醇是生产聚酯纤维的重要原料,也是高沸点溶剂。50%的乙二醇水溶液凝固点－34℃,可用于汽车、飞机发动机冷却液的抗冻剂。

(5)环己醇。环己醇是饱和环醇,常温下为无色液体或晶体,熔点 24℃,有特殊气味,易燃烧,微溶于水,易溶于乙醇、乙醚、苯等有机溶剂。环己醇可用作溶剂,工业上在不同条件下氧化可生成环己酮或己二酸,而己二酸是制取合成纤维锦纶 66 的重要原料[3]。

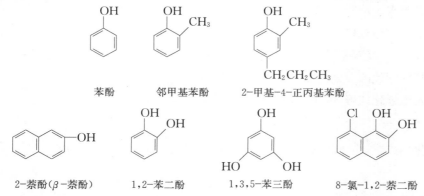

(二)酚

1. 酚的分类和命名　根据分子中所含羟基数目不同,酚分为一元酚和多元酚。

酚的命名是在"酚"字前面加上芳环名称,以此作为母体再冠以取代基的位次、数目和名称。

苯酚	邻甲基苯酚	2-甲基-4-正丙基苯酚

2-萘酚(β-萘酚)	1,2-苯二酚	1,3,5-苯三酚	8-氯-1,2-萘二酚

当芳环上连有—COOH、—SO₃H、—CHO 等基团时,则把酚羟基作为取代基来命名。

对羟基苯磺酸	对羟基苯甲酸	邻羟基苯甲醛

2. 酚的物理性质　常温下,大多数酚为结晶固体,仅少数烷基酚为液体。纯的酚无色,但因其易氧化而显微红色,常有特殊气味。由于分子间可以形成氢键,所以酚的沸点高于相对分子

质量与之相当的烃。苯酚及其同系物一般微溶或不溶于水,而易溶于乙醇、乙醚等有机溶剂。常见酚的物理常数见表3-6。

表3-6 常见酚的物理常数[2]

名　称	结构简式	熔点/℃	沸点/℃	溶解度/ g·100g 水$^{-1}$,20℃	pK_a
苯酚	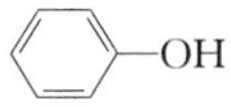 ⬡—OH	43.0	182.0	9.3	9.98
邻甲苯酚	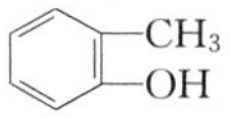 ⬡(CH₃)(OH)	30.0	191.0	2.5	10.28
间甲苯酚	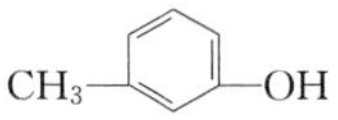 CH₃—⬡—OH	11.0	201.0	2.6	10.08
对甲苯酚	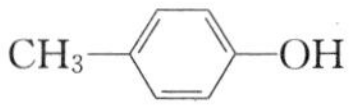 CH₃—⬡—OH	35.5	202.0	2.3	10.14
邻苯二酚	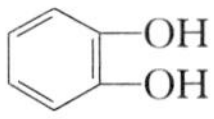 ⬡(OH)(OH)	105.0	245.0	45.0	9.48
间苯二酚	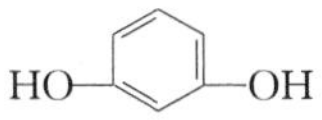 HO—⬡—OH	110.0	281.0	111.0	9.44
对苯二酚	 HO—⬡—OH	170.0	286.0	8.0	9.96
α-萘酚	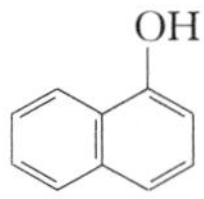 ⬡⬡—OH	94.0	280.0	不溶	9.31
β-萘酚	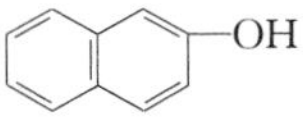 ⬡⬡—OH	123.0	286.0	0.1	9.55

3. 酚的化学性质

(1)酚羟基的反应。

①酸性。苯酚具有弱酸性,是由于羟基氧原子的孤对电子与苯环的 π 电子发生 p-π 共轭,致使电子离域使氧原子周围的电子云密度下降,从而有利于氢原子以质子的形式离去。酚和氢氧化钠的水溶液作用,生成可溶于水的苯酚钠。

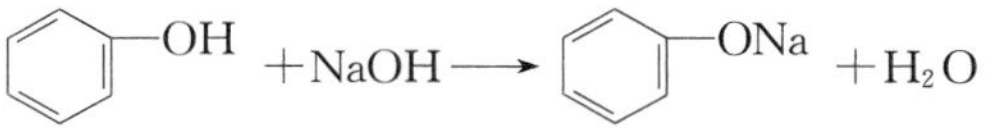

⬡—OH ＋NaOH ⟶ ⬡—ONa ＋H₂O
苯酚钠

通常酚的酸性比碳酸弱,如苯酚的 pK_a 为10,碳酸的 pK_a 为6.38。因此,酚不溶于碳酸氢钠溶液。若在苯酚钠溶液中通入二氧化碳,则苯酚又游离出来。利用这一性质可分离提纯苯酚。

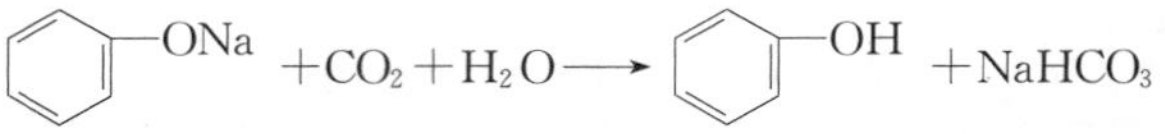

$$\text{C}_6\text{H}_5\text{ONa} + \text{CO}_2 + \text{H}_2\text{O} \longrightarrow \text{C}_6\text{H}_5\text{OH} + \text{NaHCO}_3$$

②酚醚的生成。酚与醇相似,可以生成醚。但由于酚分子中存在 $p-\pi$ 共轭效应,分子间一般不能脱水生成醚,通常用它的钠盐与卤代烷或二烷基硫酸酯等较强的烷基化试剂作用得到相应的醚。

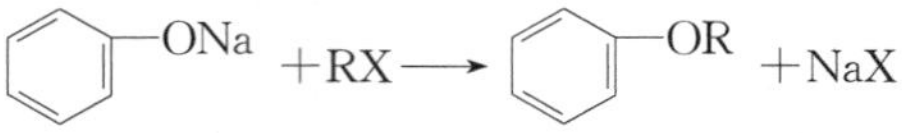

$$\text{C}_6\text{H}_5\text{ONa} + \text{RX} \longrightarrow \text{C}_6\text{H}_5\text{OR} + \text{NaX}$$

在有机合成中常用酚醚来"保护酚羟基",以免羟基在反应中被破坏。

(2)芳环上的亲电取代反应。羟基是一个较强的邻对位定位基,它使苯环活化,易发生卤代、硝化、烷基化等亲电取代反应。

①卤代反应。苯酚水溶液与溴水反应,立即生成 $2,4,6$ - 三溴苯酚白色沉淀,反应非常灵敏。

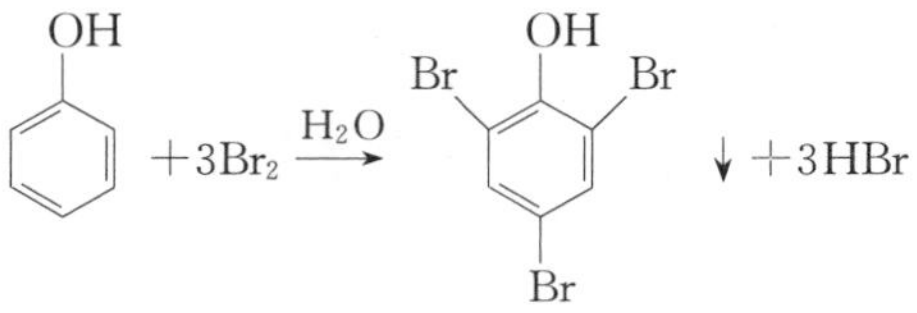

2,4,6-三溴苯酚

该反应常用于苯酚的定性或定量测定。

②硝化反应。苯酚在常温下用稀硝酸处理就可得到邻硝基苯酚和对硝基苯酚。但因苯酚易被硝酸氧化,副产物较多,产率相当低。

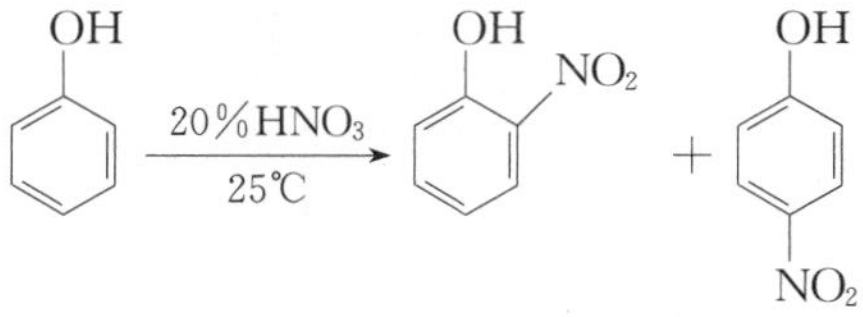

邻硝基苯酚和对硝基苯酚可用水蒸气蒸馏法分开。这是因为邻硝基苯酚通过分子内氢键形成螯形环状化合物,不再与水缔合,也不易生成分子间氢键,故水溶性小、挥发性大,可随水蒸气蒸出。而对硝基苯酚可生成分子间氢键而相互缔合,挥发性小,不随水蒸气蒸出。

③烷基化反应。酚在催化剂(硫酸或三氯化铝等)存在下与烯烃、醇或卤代烃共热,可在苯环上引入烷基。

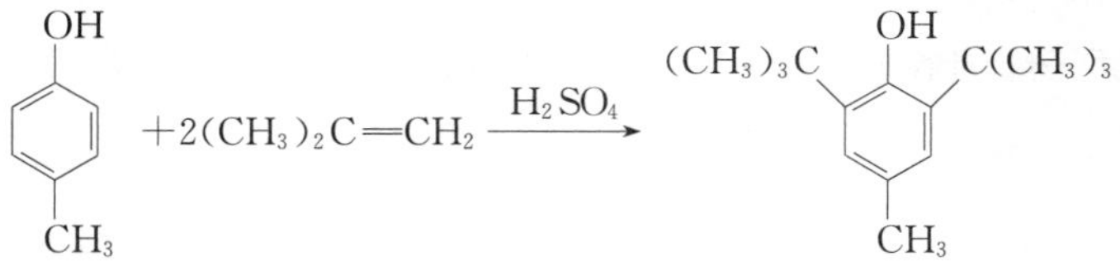

2,6-二叔丁基-4-甲苯酚

2,6-二叔丁基-4-甲苯酚是白色固体,熔点为 $70℃$,用作石油产品及高聚物的抗氧化剂,也可用作食物防腐剂。

（3）氧化反应。酚类化合物很容易被氧化，不仅可被氧化剂（如高锰酸钾等）氧化，甚至较长时间与空气接触，也可被空气中的氧氧化，使其颜色加深。苯酚被氧化时，不仅羟基被氧化，羟基对位的碳氢键也被氧化，结果生成对苯醌。

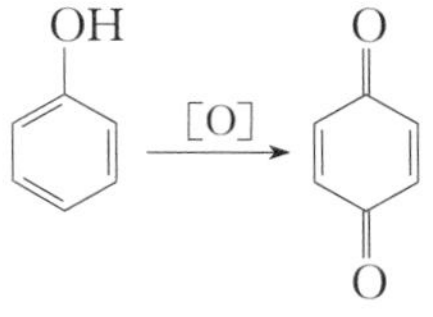

对苯醌

多元酚更易被氧化，例如，邻苯二酚和对苯二酚可被弱的氧化剂（如氧化银、溴化银）氧化成邻苯醌和对苯醌。具有邻苯醌和对苯醌结构的化合物都有颜色。

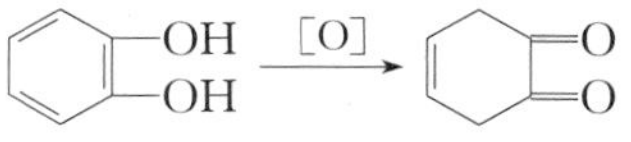

邻苯醌

（4）加氢反应。在高温和镍催化下，酚与氢加成生成环己醇。

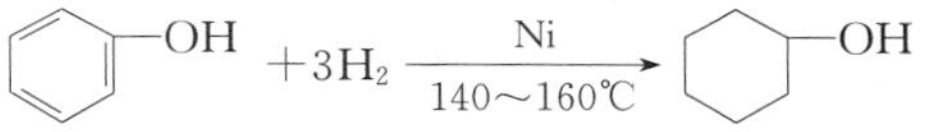

（5）与三氯化铁反应。大多数酚能与三氯化铁发生显色反应，不同的酚显示不同的颜色，故此反应常用来鉴别酚类。但具有烯醇式结构的化合物也会与三氯化铁呈显色反应。

4. 重要的酚

（1）苯酚。苯酚俗名石炭酸，为无色针状结晶，熔点 43℃，有特殊气味，微溶于冷水，68℃以上则可无限溶于水。苯酚易溶于乙醚及乙醇中。苯酚有毒，对皮肤有强烈的腐蚀性，且有很强的杀菌能力，可用于防腐剂和消毒剂。

（2）甲酚。甲酚有邻、间、对三种异构体。它们的混合物称为煤酚。煤酚的杀菌力比苯酚强，因其难溶于水，常配成 47％～53％ 的肥皂溶液，称为煤酚皂溶液，俗称"来苏尔"，是常用的消毒剂。

（3）萘酚。萘酚有 α-萘酚和 β-萘酚两种异构体。α-萘酚为针状结晶，β-萘酚为片状结晶，能溶于醇、醚等有机溶剂，其化学性质与苯酚相似。β-萘酚可用作杀虫剂和抗氧化剂，在纺织工业中常作为浆料助剂，起防腐作用。萘酚广泛用于合成偶氮染料，是重要的染料中间体。

（三）醚

1. 醚的分类和命名　与氧相连的两个烃基相同的醚称为单醚，烃基不同的醚称为混醚。

简单醚的命名是在烃基名称后面加上"醚"字，称为二某烃基醚。有时也简称为"某醚"。例如：

（二）甲醚（饱和单醚）　　　　　二苯醚（芳醚）

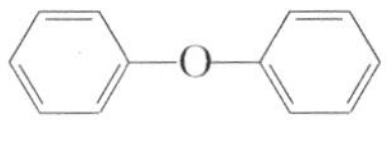

命名混醚时，把较小的烃基放在前面，芳基放在脂肪烃基前面。

$$CH_3\text{—}O\text{—}C_2H_5$$

甲乙醚

$$\langle\!\!\rangle\text{—}O\text{—}CH_3$$

苯甲醚

$$\langle\!\!\rangle\text{—}CH_2\text{—}O\text{—}\langle\!\!\rangle$$

苯基苄基醚

结构复杂的醚用系统命名法命名,以含最多碳原子的碳链为母体,以烷氧基(—OR)为取代基,称为"某"烷氧基"某"烷。

$$CH_3OCH_2CH_2CH=\!\!=CH_2$$

4-甲氧基-1-丁烯

$$CH_3OCH_2CH_2\text{—}CH\text{—}CH_2CH_2CH_3$$
$$|$$
$$OCH_3$$

1,3-二甲氧基己烷

具环状结构的醚称为环醚。

$$\begin{array}{c} CH_2\text{—}CH_2 \\ \diagdown\,O\,\diagup \end{array}$$

环氧乙烷

$$\begin{array}{c} CH_2\text{—}CH_2 \\ | \quad\quad | \\ CH_2 \quad CH_2 \\ \diagdown\,O\,\diagup \end{array}$$

四氢呋喃

2. 醚的物理性质　常温下,甲醚和甲乙醚是气体,其他大多数醚为无色液体,有特殊气味。相对密度小于1。由于醚分子间不能形成氢键,所以低级醚的沸点比同碳原子数的醇低,与相对分子质量相当的烷烃接近。乙醚中的氧原子与两个烃基结合,难以与水形成氢键,所以它在水中的溶解度很低。但四氢呋喃由于氧原子突出在外可以与水形成氢键而互溶。醚分子的极性很小,易溶于有机溶剂,其本身也是一种良好的溶剂。常见醚的物理常数见表3-7。

表3-7　常见醚的物理常数[2]

名　称	结构简式	熔点/℃	沸点/℃	密度/g·mL^{-1},20℃	水中溶解度(20℃)
甲　醚	CH_3OCH_3	−140.0	−24.9	0.661	37体积气体/L水
乙　醚	$CH_3CH_2OCH_2CH_3$	−116.0	34.6	0.714	约8g/100g水
正丙醚	$CH_3(CH_2)_2O(CH_2)_2CH_3$	−122.0	90.5	0.736	微溶
正丁醚	$CH_3(CH_2)_3O(CH_2)_3CH_3$	−95.0	142.0	0.773	微溶
正戊醚	$CH_3(CH_2)_4O(CH_2)_4CH_3$	−69.0	188.0	0.774	不溶
苯甲醚	$C_6H_5OCH_3$	−37.0	154.0	0.994	不溶
环氧乙烷	$\begin{array}{c}CH_2\text{—}CH_2\\\diagdown O\diagup\end{array}$	−113.3	−89.3	0.8969	互溶
二苯醚	$C_6H_5OC_6H_5$	23.0	258.0	1.9728	不溶
1,4-二氧六环	$\begin{array}{c}O\\H_2C\diagup\ \diagdown CH_2\\|\quad\quad|\\H_2C\diagdown\ \diagup CH_2\\O\end{array}$	11.0	101.0	1.036	互溶

3. 醚的化学性质　醚是一类很不活泼的化合物(环氧乙烷除外)。它对氧化剂、还原剂和碱都非常稳定。在常温下,醚与金属钠不作用,因此常用金属钠来干燥醚。在许多有机反应中常用醚作溶剂。但是在一定条件下,醚可发生特有的反应。

(1)𬭩盐的生成。因醚键上的氧原子有未共用电子对,所以它能接受强酸中的质子,以配位键的形式结合生成𬭚盐而溶解。

$$R—O—R+HCl \xrightarrow{\text{低温}} [R—\overset{\overset{\displaystyle H}{|}}{O}—R]^+ Cl^-$$

$$\text{𬭚盐}$$

𬭚盐是一种强酸弱碱盐,只在浓酸中才稳定,遇水就分解出原来的醚。利用这一性质可将醚从烷烃和卤代烃中分离出来。

(2)醚键的断裂。在较高温度下,强酸能使醚键断裂,最有效的酸是氢卤酸,但又以氢碘酸为最好,在常温下它就可使醚键断裂,生成一分子醇和一分子碘代烃。若氢碘酸过量,则生成的醇进一步转变成另一分子的碘代烃。

$$R—O—R'+HI \xrightarrow{\text{高温}} RI+R'OH$$

$$R'OH+HI \longrightarrow R'I+H_2O$$

混醚与氢碘酸作用,通常是较小的烷基形成碘代烷。若是芳醚与氢碘酸作用,则生成酚和碘代烷。但二苯醚中的 C—O 键很牢固,与氢碘酸作用时醚键不断裂。

$$\text{（苯环）}—O—CH_3 +HI \longrightarrow \text{（苯环）}—OH +CH_3I$$

(3)过氧化物的生成。低级醚和空气长期接触,$\alpha-H$ 可被氧化成过氧化物。过氧化物不稳定,受热易分解,发生爆炸。所以醚类化合物必须隔离空气保存。在使用时可以用淀粉—碘化钾试纸检验,若试纸显蓝色,证明有过氧化物存在,可加适当的还原剂($FeSO_4$)还原后再用。

4. 重要的醚

(1)乙醚。乙醚是易挥发的无色液体,在水中溶解度小,比水轻,会浮在水面上,是一种良好的有机溶剂。普通乙醚中常含有少量的水和乙醇,若在有机合成中需使用无水乙醚时,应先用固体氯化钙处理,再用金属钠处理,以除去水和乙醇。

(2)环氧乙烷。环氧乙烷是无色有毒易燃的气体,加压能液化,能与水以任意比例混溶,能溶于醇及乙醚等有机溶剂。

环氧乙烷是一个三元环化合物,分子内存在着较大的张力,化学性质极为活泼,在酸或碱催化下可与许多含活泼氢的化合物或亲核试剂作用发生开环反应。试剂中的负离子或带部分负电荷的原子或原子团,总是与碳原子结合,其余部分与氧原子结合生成各类相应的化合物。

$$
\begin{array}{l}
\text{CH}_2\text{—CH}_2 \\
\quad \diagdown \text{O} \diagup
\end{array}
\begin{cases}
\xrightarrow{\text{HCl}} CH_2OHCH_2Cl & \text{氯乙醇} \\
\xrightarrow{H_2O, OH^-} CH_2OHCH_2OH & \text{乙二醇} \\
\xrightarrow{ROH, H^+} CH_2OHCH_2OR & \text{乙二醇醚} \\
\xrightarrow{HNH_2} CH_2OHCH_2NH_2 & \text{乙醇胺} \\
\xrightarrow{HCN} CH_2OHCH_2CN & \text{乙醇氰} \\
\xrightarrow[\text{无水醚}]{RMgX} RCH_2CH_2OMgX \xrightarrow{H^+} RCH_2CH_2OH
\end{cases}
$$

乙二醇醚类化合物具有醇和醚的性质,既可以与极性有机物互溶,又能与非极性有机物互溶,是良好的有机溶剂,广泛用于合成纤维及油漆工业中,被称为溶纤剂。若用高级醇或烷基苯酚与多个分子的环氧乙烷反应,可得到不同链长的聚氧乙烯烷基醚,这类物质是一种重要的非离子型表面活性剂,如聚氧乙烯-6-十二烷基醚,可用于洗涤剂。而聚氧乙烯-7-十二烷基苯基醚具有良好的润湿匀染性能,是常用的匀染剂。由高级醇 $C_{18}H_{37}OH$ 与二十个环氧乙烷作用生成化合物$[C_{18}H_{37}O(CH_2CH_2O)_{20}H]$,称为"平平加O",在印染工业中常用作匀染剂、乳化剂。

三、醛、酮、醌

(一)醛和酮

1. 醛和酮的结构、分类和命名

(1)结构。醛和酮都是含有羰基官能团的化合物。当羰基与一个烃基和一个氢原子结合时就是醛,醛基简写为—CHO。若羰基与两个烃基相结合就是酮,酮分子中的羰基叫作酮基。醛、酮的通式为:

$$\underset{\text{醛}}{R-\overset{\overset{\displaystyle O}{\|}}{C}-H} \qquad \underset{\text{酮(R}=R'\text{或}R\neq R')}{R-\overset{\overset{\displaystyle O}{\|}}{C}-R'}$$

醛、酮羰基中的碳原子以一个 sp^2 杂化轨道与氧原子的一个 $2p$ 轨道在键轴方向重叠构成碳氧 σ 键,碳原子另外两个 sp^2 杂化轨道分别与氢原子 $1s$ 轨道或烷基碳上的 sp^3 轨道形成两个 σ 键,且这三个 σ 键对称地分布在一个平面上,碳原子未参加杂化的 $2p$ 轨道垂直于碳原子三个 sp^2 杂化轨道所在的平面,羰基碳原子上未杂化的一个 $2p$ 轨道与氧原子的另一个 $2p$ 轨道平行重叠,形成 π 键。由于氧原子的电负性比碳原子大,羰基中的 π 电子云就偏向于氧原子,羰基碳原子带上部分正电荷,而氧原子带上部分负电荷。羧基 π 电子云示意图如图 3-15 所示。

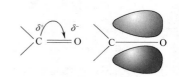

图 3-15 羰基 π 电子云示意图

(2)分类和命名。

①分类。根据烃基的不同可分为脂肪醛、酮和芳香醛、酮。根据羰基的个数不同可分为一元醛、酮和多元醛、酮。

②命名。

a.普通命名法。脂肪醛的普通命名法与醇的普通命名法相似。例如:

$$\underset{\text{乙醇}}{CH_3CH_2OH} \qquad\qquad \underset{\text{乙醛}}{CH_3CHO}$$

$$\underset{\text{异丁醇}}{CH_3CH(CH_3)CH_2OH} \qquad\qquad \underset{\text{异丁醛}}{CH_3CH(CH_3)CHO}$$

脂肪酮按酮基所连接的两个烃基而称为某(基)某(基)酮,其命名与醚类相似。例如:

$$\underset{\text{甲醚}}{CH_3OCH_3} \quad \underset{\text{二甲酮}}{CH_3COCH_3} \quad \underset{\text{甲乙醚}}{CH_3OCH_2CH_3} \quad \underset{\text{甲乙酮}}{CH_3COCH_2CH_3}$$

b. 系统命名法。系统命名法选择含有羰基的最长碳链作为主链,称为某醛或某酮。由于醛基是一价原子团,必在链端,命名时不必标明其位置。酮基的位置则需用数字标明,写在"某酮"

之前,并用数字标明侧链所在的位置及个数,写在母体名称之前。例如:

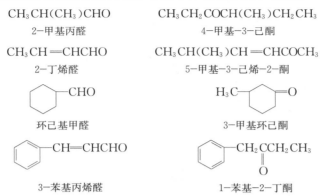

$$CH_3CH(CH_3)CHO$$
2-甲基丙醛

$$CH_3CH_2COCH(CH_3)CH_2CH_3$$
4-甲基-3-己酮

$$CH_3CH=CHCHO$$
2-丁烯醛

$$CH_3CH(CH_3)CH=CHCOCH_3$$
5-甲基-3-己烯-2-酮

环己基甲醛

3-甲基环己酮

3-苯基丙烯醛

1-苯基-2-丁酮

醛、酮命名时习惯上还采用希腊字母 α、β、γ 等,$\alpha-C$ 指与醛基或酮基直接相连的碳原子。例如:

$$CH_3CH_2CH_2CH(CH_3)CHO$$
α-甲基戊醛

2. 醛和酮的物理性质　在室温下,除甲醛为气体外,12 个碳原子以下的脂肪醛、脂肪酮均为液体。高级脂肪醛、脂肪酮和芳香酮多为固体。低级醛有刺鼻的气味,低级酮具有令人愉快的气味。醛、酮的沸点比相对分子质量相近的醇低得多,但比醚高。低级的醛、酮易溶于水。这是由于醛、酮可与水分子形成氢键。随分子中碳原子数目的增加,水溶性迅速下降,含 6 个碳原子以上的醛、酮几乎不溶于水。常见醛、酮的物理常数见表 3-8。

表 3-8　常见醛、酮的物理常数[2]

名　　称	结构简式	熔点/℃	沸点/℃	密度/g·mL⁻¹	溶解度/g·100g 水⁻¹,20℃
甲　醛	HCHO	-92.0	-21.0	$0.815(-20℃)$	易溶
乙　醛	CH_3CHO	-121.0	20.8	$0.7834(18℃)$	∞
丙　醛	CH_3CH_2CHO	-81.0	49.0	0.8058	16
苯甲醛	C_6H_5CHO	-26.0	178.1	$1.0415(15℃)$	0.3
丙　酮	CH_3COCH_3	-94.8	56.0	0.7899	∞
丁　酮	$CH_3COCH_2CH_3$	-86.0	80.0	0.8054	26
苯乙酮	$C_6H_5COCH_3$	20.5	202.0	1.0281	不溶
环己酮	⬡=O	-16.4	155.7	0.9478	微溶

3. 醛和酮的化学性质

(1)亲核加成反应。醛、酮羰基与碳碳双键一样也是由一个 σ 键和一个 π 键组成。根据羰基结构特点,羰基上的加成反应决定反应速度的第一步是由亲核试剂进攻带部分正电荷的羰基碳原子引起的,故羰基的加成反应称为亲核加成反应。

①与氢氰酸加成。醛、脂肪族甲基酮及 8 个碳以下的环酮能与氢氰酸发生加成反应生成 α-氰醇。

$$\begin{matrix} R \\ | \\ (CH_3)H \end{matrix} C{=}O + HCN \Longleftrightarrow R{-}\overset{\overset{\displaystyle OH}{|}}{\underset{\underset{\displaystyle CN}{|}}{C}}{-}H(CH_3)$$

丙酮与氢氰酸作用,无碱存在时,3～4h 后才有 50% 反应,加入一滴碱,则反应可在 2min 内完成。若加入酸,反应速度减慢,加入大量的酸,放置几天也不发生作用。根据以上事实可以推论,在醛、酮与氢氰酸加成反应中,真正起作用的是氰基负离子。碱的加入增加了反应体系中氰基负离子的浓度,酸的加入则降低了氰基负离子的浓度,这是由于弱酸氢氰酸在溶液中存在下面的平衡。

$$HCN \underset{H^+}{\overset{OH^-}{\Longleftrightarrow}} H^+ + CN^-$$

醛、酮与亲核试剂的加成反应都是试剂中带负电部分首先向羰基中带正电荷的碳原子进攻,生成氧负离子,然后试剂中带正电荷部分加到氧负离子上去。在这两步反应中,第一步需共价键异裂,反应慢,是决定反应速度的一步。可用通式表示如下(:Nu^- 表示亲核试剂)。

$$\overset{\delta^+}{\underset{\diagdown}{C}}{=}\overset{\delta^-}{O} + :Nu^- \overset{慢}{\Longleftrightarrow} {-}\overset{|}{\underset{\underset{\displaystyle Nu}{|}}{C}}{-}O^- \overset{H^+}{\underset{快}{\Longleftrightarrow}} {-}\overset{|}{\underset{\underset{\displaystyle Nu}{|}}{C}}{-}OH$$

不同结构的醛、酮进行亲核加成反应的难易程度不同,其由易到难的顺序为:

$$HCHO > RCHO > C_6H_5CHO > CH_3COCH_3 > RCOR$$

影响醛酮亲核加成反应速度的因素有两方面:一是电性因素,烷基是供电子基,与羰基碳原子连接的烷基会使羰基碳原子的正电性下降,对亲核加成不利;二是立体因素,与羰基相连的烷基越复杂,烷基的空间阻碍作用越大,亲核试剂接近羰基碳原子就越难,不利于亲核加成反应的进行。如果 $\alpha-C$ 原子上的氢原子被吸电子基或原子取代,羰基碳原子上所带正电荷增加,有利于亲核加成反应的进行。

②与亚硫酸氢钠加成。醛、甲基酮以及环酮可与亚硫酸氢钠的饱和溶液发生加成反应,生成 $\alpha-$羟基磺酸钠,它不溶于饱和的亚硫酸氢钠溶液而以晶体析出。

$$\begin{matrix} R \\ | \\ (CH_3)H \end{matrix} C{=}O + NaHSO_3(饱和) \Longleftrightarrow R{-}\overset{\overset{\displaystyle OH}{|}}{\underset{\underset{\displaystyle SO_3Na}{|}}{C}}{-}H(CH_3)\downarrow$$

$$\alpha-羟基磺酸钠$$

该反应可用来鉴别醛、脂肪族甲基酮和 8 个碳以下的环酮。$\alpha-$羟基磺酸钠遇酸或碱,又可恢复为原来的醛和酮,故可利用这一性质分离和提纯醛、酮。

③与醇加成。在干燥氯化氢或其他无水强酸作用下,醛与一分子醇加成,生成半缩醛。半缩醛不稳定,继续与一分子醇反应,两者之间脱去一分子水,生成稳定的缩醛。

$$CH_3CH_2CHO \xrightarrow[干燥\ HCl]{CH_3OH} CH_3CH_2CH(OH)OCH_3 \xrightarrow[干燥\ HCl]{CH_3OH} CH_3CH_2CH(OCH_3)_2 + H_2O$$

$$\qquad\qquad\qquad 半缩醛 \qquad\qquad\qquad\qquad\qquad 缩醛$$

在结构上,缩醛跟醚的结构相似,对碱和氧化剂是稳定的,对酸敏感,在稀酸中易水解成原来的醛。

$$RCH(OR')_2 + H_2O \xrightarrow{H^+} RCHO$$

在有机合成中可利用这一性质保护活泼的醛基。

醛与醇的缩合反应在合成纤维工业上有重要应用。例如由聚乙烯醇生产维尼纶就是将聚乙烯醇通过缩醛化反应制成的。由于聚乙烯醇分子中包含有许多个亲水的羟基，不能直接用于合成纤维，为了降低亲水性，可在酸催化下，与甲醛发生部分缩醛化，从而得到性能优良的合成纤维——聚乙烯醇缩甲醛，商品名叫维尼纶，简称维纶[3~6]。

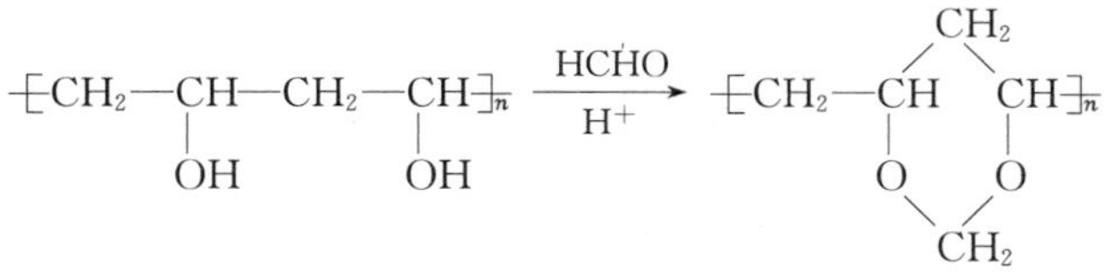

维尼纶

④与格氏试剂加成。醛、酮与格氏试剂加成，加成产物不必分离，直接水解可制得相应的醇。其中甲醛生成伯醇，其他醛生成仲醇，酮生成叔醇。

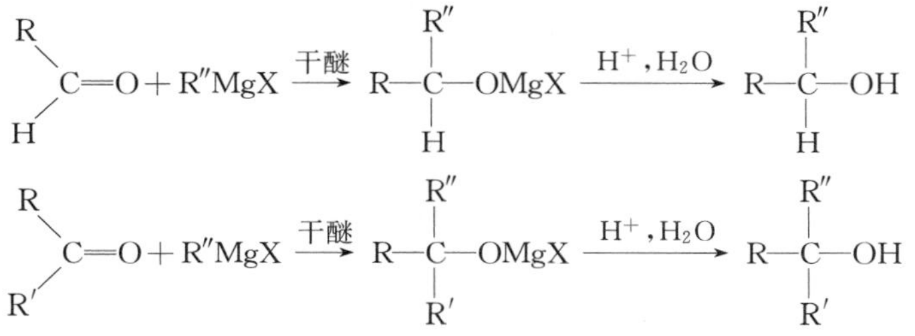

⑤与氨的衍生物缩合。氨的衍生物是伯胺、羟胺、肼、苯肼、2,4-二硝基苯肼以及氨基脲等。醛、酮能与氨的衍生物发生加成，加成物发生分子内脱水生成含有碳氮双键的化合物。

整个反应可用通式表示为：

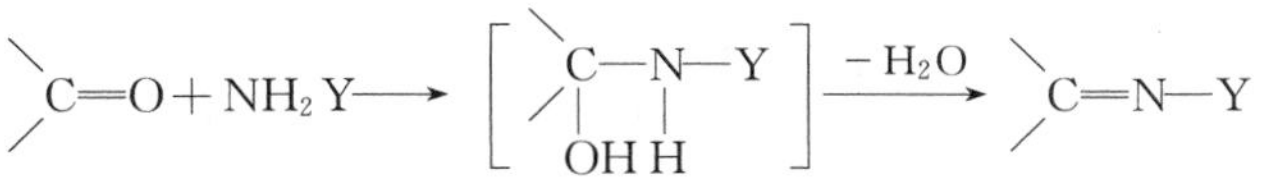

其中 Y 可以是—OH，—NH$_2$，—NHC$_6$H$_5$ 等。

羰基化合物与氨衍生物的反应是一种加成-消除反应。它们的加成产物分别是：

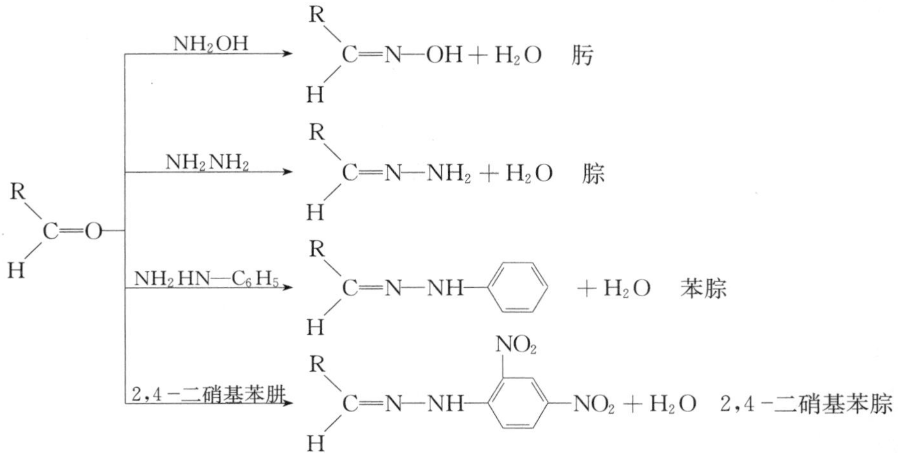

肟、腙、苯腙等大多数是固体。氨衍生物可用于检查羰基的存在,又叫羰基试剂。特别是 2,4-二硝基苯肼几乎能与所有的醛、酮迅速反应,出现黄色结晶,常用来鉴别醛、酮。在稀酸溶液中肟、腙、苯腙均水解成原来的醛、酮,所以上述反应也可以用于分离和提纯醛、酮。

(2)α-H原子的反应。醛、酮α-C原子上的氢原子受羰基的影响变得活泼。这是由于羰基的吸电子性使α-C上的α-H极性增强,氢原子有变成质子离去的倾向。或者说,α-C原子上的碳氢σ键与羰基中的π键形成σ-π共轭(超共轭效应),也加强了α-C原子上的氢原子解离成质子的倾向。

①卤代和卤仿反应。醛、酮分子中的α-H原子在酸催化下易被卤素取代,生成α-卤代醛、α-卤代酮。例如:

$$Br\text{—}\underset{}{\bigcirc}\text{—}COCH_3 + Br_2 \xrightarrow{H^+} Br\text{—}\underset{}{\bigcirc}\text{—}COCH_2Br + HBr$$
α-溴代对溴苯乙酮

在碱催化下,卤代反应不能停留在一卤代物阶段,而是生成多卤代物。α-C原子上连有三个氢原子的醛、酮,例如,乙醛和甲基酮,能与卤素的碱溶液作用,生成三卤代物。

$$R\text{—}\overset{O}{\overset{\|}{C}}\text{—}CH_3 + 3NaOX \longrightarrow R\text{—}\overset{O}{\overset{\|}{C}}\text{—}CX_3 + 3NaOH$$

三卤代物在碱溶液中不稳定,立即分解成三卤甲烷和羧酸盐,这就是卤仿反应。

$$R\text{—}\overset{O}{\overset{\|}{C}}\text{—}CX_3 + NaOH \longrightarrow CHX_3 \downarrow + RCOONa$$

常用的卤素是碘,产物为碘仿,上述反应就称为碘仿反应。碘仿是黄色结晶,容易识别,故碘仿反应常用来鉴别乙醛和甲基酮。次碘酸钠也是氧化剂,可把乙醇及具有 $CH_3CH(OH)\text{—}$ 结构的仲醇分别氧化成相应的乙醛和甲基酮,故也可发生碘仿反应。

$$CH_3CH_2OH \xrightarrow{NaOI} CH_3CHO \xrightarrow{NaOI} CHI_3 \downarrow + HCOONa$$

②羟醛缩合反应。含有α-H的醛,在稀碱催化下,一分子醛的α-H原子加到另一分子醛的羰基氧原子上,其余部分则加到羰基碳原子上,生成β-羟基醛,这一反应叫羟醛缩合反应。通过这种反应不仅增长了碳链,而且分子中引入了羟基。

$$CH_3CHO+CH_3CHO \xrightarrow{OH^-} CH_3\overset{OH}{\overset{|}{C}H}CH_2CHO$$
β-羟基丁醛

β-羟基醛受热或碱的浓度较大时很容易脱水,生成α,β-不饱和醛。

$$CH_3\overset{OH}{\overset{|}{C}H}CH_2CHO \xrightarrow{\triangle} CH_3CH =\!\!= CHCHO + H_2O$$

酮也能发生羟酮缩合反应,但产率低。

当两种不同的含α-H的醛(或酮)在稀碱作用下发生羟醛(或酮)缩合时,由于交叉缩合的结果会得到4种不同的产物,分离困难,意义不大。若选用一种不含α-H的醛和一种含α-H的醛进行缩合,控制反应条件可得到单一产物。例如:

$$HCHO+(CH_3)_2CHCHO \xrightarrow[40℃]{稀 Na_2CO_3} \begin{array}{c} CH_3 \\ | \\ H_3C-C-CHO \\ | \\ CH_2OH \end{array}$$

2,2-二甲基-3-羟基丙醛(＞64％)

（3）氧化和还原反应。

①氧化反应。醛由于其羰基上连有氢原子,很容易被氧化,不但可被强的氧化剂(高锰酸钾等)氧化,也可被弱的氧化剂[如托伦(Tollen)试剂和斐林(Fehling)试剂]氧化,而酮却不被弱氧化剂氧化。

托伦试剂是由硝酸银和氨水制得的无色溶液,所以也称银氨溶液。托伦试剂与醛共热,醛被氧化成羧酸,而银离子被还原成金属银附着在试管壁上生成明亮的银镜,所以这个反应称为银镜反应。

$$RCHO+2[Ag(NH_3)_2]OH \xrightarrow{\triangle} RCOONH_4+2Ag\downarrow+3NH_3+H_2O$$

银镜反应可用于鉴别醛和酮。

斐林试剂是由硫酸铜和酒石酸钾钠的氢氧化钠溶液配制而成的深蓝色二价铜离子络合物,脂肪醛与斐林试剂共热,二价铜离子被还原成砖红色的氧化亚铜沉淀。

$$RCHO+Cu^{2+} \xrightarrow[\triangle]{OH^-} RCOO^-+Cu_2O\downarrow$$

酮和芳香醛不与斐林试剂反应,因此,斐林试剂既可鉴别酮和脂肪醛,又可区别芳香醛和脂肪醛。

②还原反应。采用不同的还原剂,可将醛、酮分子中的羰基还原成羟基,也可以还原成亚甲基。

a. 羰基还原成羟基。在铂、钯、镍催化下加氢,醛还原成伯醇,酮还原成仲醇。若分子中有碳碳双键也同时被还原。

$$CH_3CH=CHCHO+2H_2 \xrightarrow{Ni} CH_3CH_2CH_2CH_2OH$$

用金属氢化物(如硼氢化钠、氢化铝锂等)则只把羰基还原成羟基,分子中的碳碳双键不被还原。

$$CH_3CH=CHCHO+H_2 \xrightarrow{LiAlH_4} CH_3CH=CHCH_2OH$$

b. 羰基还原成亚甲基。醛、酮与锌汞齐及浓盐酸反应,羰基被还原成亚甲基,这一反应称为克莱门森(Clemmensen)还原。

$$\text{◯}-COCH_3 \xrightarrow[HCl]{Zn-Hg} \text{◯}-CH_2CH_3$$

c. 康尼查罗(Cannizzaro)反应。不含 $\alpha-H$ 的醛在浓碱作用下发生分子间的氧化还原反应,即一分子醛被还原成醇,另一分子醛被氧化成羧酸,这一反应称为康尼查罗反应,属歧化反应。

$$2HCHO \xrightarrow{NaOH(浓)} HCOONa+CH_3OH$$

两种不同的不含 $\alpha-H$ 的醛,在浓碱作用下也能发生康尼查罗反应,但产物复杂,无制备价值。若两种醛有一种是甲醛,则由于甲醛还原性强,反应结果总是甲醛被氧化成甲酸,而另一种醛被还原成醇。这一特性使得该反应成为一种有用的合成方法。

$$HCHO + (CH_3)_3CCHO \xrightarrow{NaOH} HCOONa + (CH_3)_3CCH_2OH$$

4. 重要的醛和酮

(1)甲醛。甲醛又名蚁醛,在常温下是气体,沸点 $-21℃$,易溶于水。它有杀菌防腐能力。40%的甲醛水溶液又叫福尔马林,可用作消毒剂和防腐剂。高纯度的甲醛在三氟化硼催化下聚合成大分子的线型聚合物,称为聚甲醛。

$$n HCHO \xrightarrow{BF_3} HO\text{—}[CH_2O]_{\overline{n}}H$$
聚甲醛

聚甲醛是白色粉末,熔点 $175℃$。它是一种性能优良的工程塑料,可代替金属材料制造汽车、飞机的零件、轴承等。

甲醛是重要的基本有机化工原料,大量用于制取酚醛树脂、脲醛树脂,合成季戊四醇、维尼纶等。

(2)乙醛。乙醛是无色、有刺激性臭味、易挥发的液体,沸点 $28.8℃$,可溶于水、乙醇、乙醚,是生产乙酸、乙酸酐、乙酸乙酯、丁醇、丁醛及季戊四醇等化合物的原料。

(3)苯甲醛。苯甲醛为无色液体,微溶于水,易溶于乙醇和乙醚。苯甲醛易被空气中的氧气氧化成白色的苯甲酸固体。

(4)丙酮。丙酮为无色、易挥发、易燃的液体,沸点 $56℃$,具有特殊的气味,与极性及非极性液体均能混溶,与水能以任何比例混溶。广泛用作醋酯纤维、硝酸纤维、油脂、蜡、清漆的溶剂。它又是重要的有机化工原料,用于制造有机玻璃、环氧树脂、氯仿、碘仿等。

(5)环己酮。环己酮是无色油状液体,沸点 $155.7℃$,微溶于水,易溶于乙醇、乙醚及苯等有机溶剂。环己酮能溶解醋酸纤维素、乙烯基树脂、油脂等。环己酮主要用于制取己二酸、己内酰胺。己二酸是合成锦纶 66 的一个单体,己内酰胺是制造锦纶 6 的单体。

*(二)醌

1. 醌的结构和命名　醌是一类特殊的环二酮。我们把具有环己二烯二酮结构的一类有机化合物,称为醌。通常把醌作为芳烃的衍生物来命名。

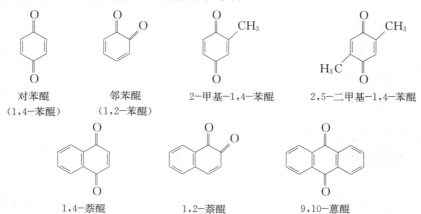

| 对苯醌 | 邻苯醌 | 2-甲基-1,4-苯醌 | 2,5-二甲基-1,4-苯醌 |
| (1,4-苯醌) | (1,2-苯醌) | | |

| 1,4-萘醌 | 1,2-萘醌 | 9,10-蒽醌 |

蒽醌与纺织印染工业的关系最为密切,在此着重介绍蒽醌。

2.蒽醌 蒽醌是淡黄色结晶固体,熔点285℃,沸点382℃,无气味,不溶于水,微溶于乙醇、乙醚、氯仿等有机溶剂,易溶于浓硫酸,稀释后又可析出蒽醌固体。这一性质可用于分离提纯蒽醌。蒽醌是重要的染料中间体。

(1)还原反应。蒽醌的化学性质比较稳定,不能被弱还原剂还原,但可被连二亚硫酸钠(俗名保险粉)的碱溶液还原,生成血红色的9,10-二羟基蒽的钠盐,该产物易被空气氧化而变色。利用此性质可检验蒽醌的存在。

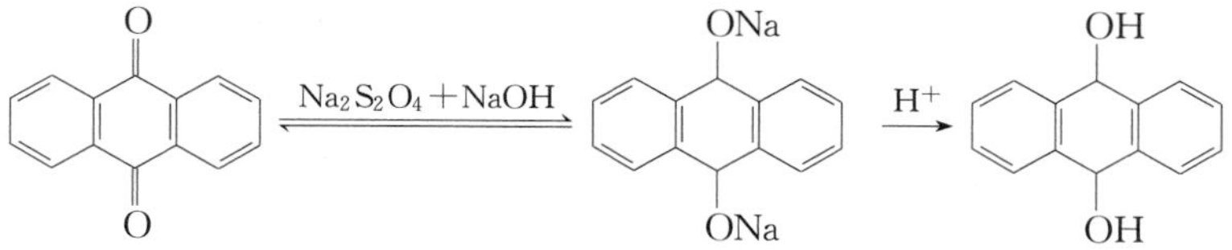

9,10-二羟基蒽的钠盐

(2)磺化反应。蒽醌分子中的两个苯环受到两个羰基的影响而钝化,所以蒽醌不发生烷基化反应,也不易发生卤代反应,但使用发烟硫酸,在165℃的强烈条件下,能发生磺化反应,生成β-蒽醌磺酸。

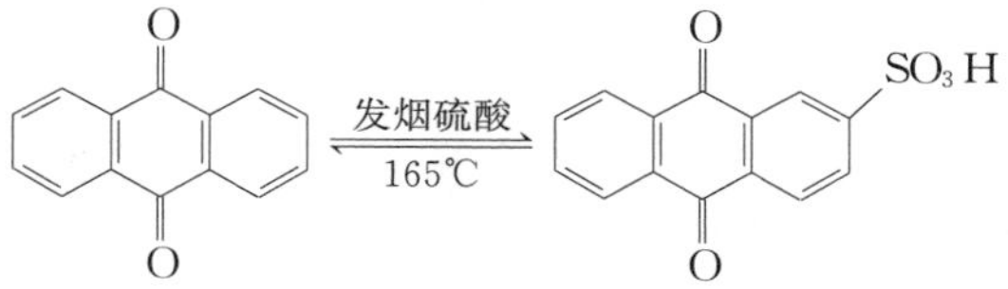

β-蒽醌磺酸

β-蒽醌磺酸是重要的染料中间体,通过它可以合成很多染料。这些含有蒽醌结构的染料,称为蒽醌染料。例如,阴丹士林蓝、分散耐晒桃红B等。

四、羧酸及羧酸衍生物

除甲酸外,羧酸都可以看成是烃分子中的氢原子被羧基(—COOH)取代后的产物,羧基是羧酸的官能团。羧酸是许多有机化合物氧化的最终产物。

羧酸分子中羧基上的羟基被其他原子或原子团取代后的产物叫羧酸衍生物。

(一)羧酸

1.羧酸的分类和命名 根据烃基的结构不同分为脂肪酸和芳香酸等。脂肪酸又分为饱和脂肪酸和不饱和脂肪酸;按羧基的数目可分为一元羧酸、二元羧酸、三元羧酸等,二元以上的羧酸统称为多元羧酸。

脂肪酸系统命名是选择分子中含羧基的最长碳链为主链,根据主链上碳原子的数目称为某酸。表示支链和重键的方法与烃类相同,编号从羧基开始。

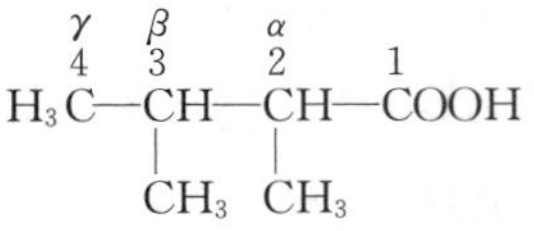

$$\overset{\gamma}{\underset{4}{H_3C}}-\overset{\beta}{\underset{3}{CH}}-\overset{\alpha}{\underset{2}{CH}}-\overset{}{\underset{1}{COOH}}$$
$$\underset{CH_3}{|}\quad\underset{CH_3}{|}$$

2,3-二甲基丁酸
(α,β-二甲基丁酸)

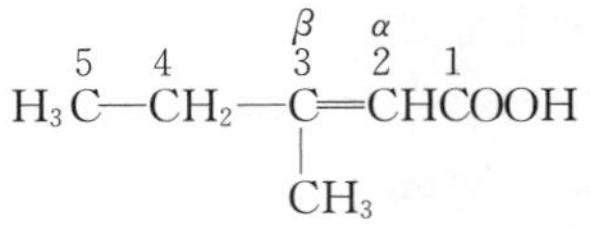

$$\overset{}{\underset{5}{H_3C}}-\overset{}{\underset{4}{CH_2}}-\overset{\beta}{\underset{3}{C}}=\overset{\alpha}{\underset{2}{CH}}\overset{}{\underset{1}{COOH}}$$
$$\underset{CH_3}{|}$$

3-甲基-2-戊烯酸
(β-甲基-α-戊烯酸)

芳香酸的命名是把芳环作为取代基,脂肪酸为母体。

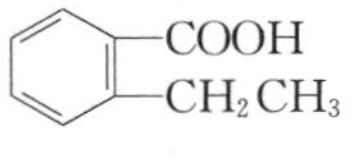

邻乙(基)苯甲酸

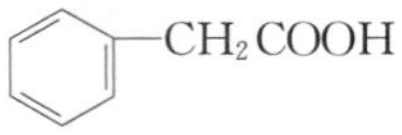

苯乙酸

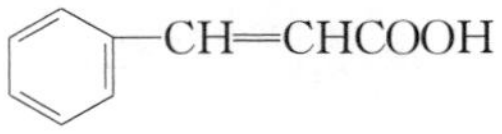

3-苯(基)丙烯酸

脂肪族二元羧酸的命名,是取分子中含两个羧基的最长链为主链,根据主链碳原子的数目,叫某二酸,再加上取代基的名称和位置。

乙二酸

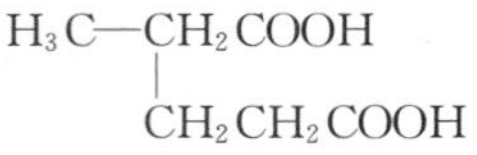

2-甲基戊二酸

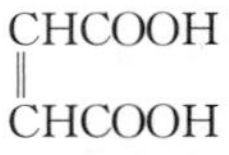

丁烯二酸

许多羧酸最初是从天然产物中得到的,所以常常根据它们的来源命名。如高级脂肪饱和一元羧酸是从脂肪中得到的,所以开链饱和一元羧酸又叫脂肪酸。

HCOOH
甲酸
(蚁酸)

$CH_3(CH_2)_{10}COOH$
十二酸
(月桂酸)

$CH_3(CH_2)_{16}COOH$
十八酸
(硬脂酸)

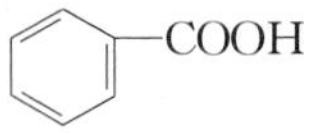

苯甲酸
(安息香酸)

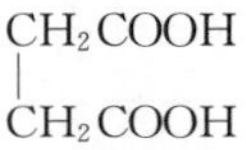

丁二酸
(琥珀酸)

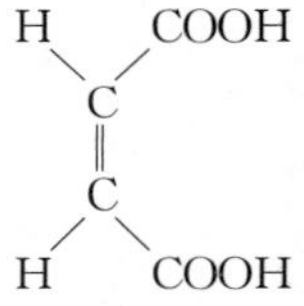

顺丁烯二酸
(马来酸)

2. 羧酸的物理性质 脂肪饱和一元羧酸是无色物质。低级的脂肪酸是具有刺激性臭味的液体,直链的 $C_4 \sim C_9$ 的羧酸是具有腐败气味的油状液体。C_{10} 以上的直链羧酸是无气味的蜡状固体。二元羧酸和芳香酸都是结晶固体。羧酸的沸点比相对分子质量相近的醇高,这是羧酸分子之间通过氢键形成双分子缔合的环状二聚体的结果。

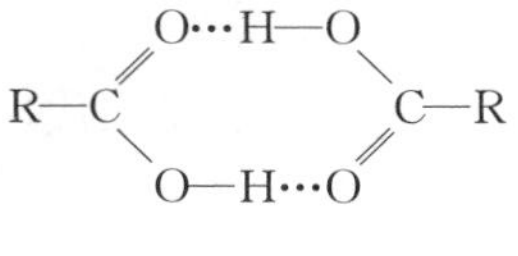

羧酸的沸点随着相对分子质量的增加而升高,且直链的一元饱和羧酸比带支链的沸点高,但熔点却随着碳链的增长而呈锯齿形上升,即含偶数碳原子的羧酸的熔点比相邻两个含奇数碳原子的羧酸的熔点高。这可能是因为偶数碳原子的羧酸对称性较高,晶体排列紧密的原因。

因为羧酸中的羧基能与水形成氢键,所以 $C_1 \sim C_4$ 的饱和一元羧酸都能与水混溶。从戊酸起水溶性逐渐降低,C_{10} 以上的羧酸已不溶于水。芳香酸大多数水溶性极弱。一元羧酸能溶于乙醇、乙醚等有机溶剂,一些常见羧酸的物理常数见表 3-9。

表 3-9 一些常见羧酸的物理常数[2]

系统名称	俗 名	熔点/℃	沸点/℃	溶解度/ g·100g 水⁻¹,20℃	pK_a
甲 酸	蚁 酸	8.4	100.7	∞	3.77
乙 酸	醋 酸	16.6	118.0	∞	4.76
丙 酸	初油酸	−21.0	141.0	∞	4.88
正丁酸	酪 酸	−5.0	164.0	∞	4.82
己 酸	羊油酸	−3.0	205	1.0	4.85
十二酸	月桂酸	44.0	131(0.133kPa)	不溶	—
十四酸	豆蔻酸	54.0	250.5(13.3kPa)	不溶	—
十六酸	软脂酸	63.0	—	不溶	—
十八酸	硬脂酸	71.5~72.0	269.0(13.3kPa)	不溶	6.37
乙二酸	草 酸	189.5	287.0(13.3kPa)	10.0	$pK_1=1.23$ $pK_2=4.19$
丙二酸	胡萝卜酸	135.6	—	140.0	$pK_1=2.83$ $pK_2=5.69$
丁二酸	琥珀酸	188.0	—	6.8	$pK_1=4.16$ $pK_2=5.61$
顺丁烯二酸	马来酸	130.5	—	78.8	$pK_1=1.83$ $pK_2=6.07$
反丁烯二酸	富马酸	286~287	—	0.7(热水)	$pK_1=3.03$ $pK_2=4.44$
己二酸	肥 酸	153.0	330.5(分解)	—	$pK_1=4.43$ $pK_2=5.41$
苯甲酸	安息香酸	122.4	250.0	0.34	4.19
邻苯二甲酸	酞 酸	231.0	249.0	0.70	$pK_1=2.89$ $pK_2=5.51$
对苯二甲酸	对酞酸	300.0(升华)	—	0.002	$pK_1=3.51$ $pK_2=4.82$
3-苯丙烯酸(反式)	肉桂酸	133.0	300.0	溶于热水	4.43

3.羧酸的化学性质　羧酸的化学性质主要由官能团羧基决定。羧基由羰基和羟基组成,但由于两种官能团的相互影响,羟基上氧原子中的未共用电子对与羰基上的 π 键形成 p—π 共轭体系,结果使羧酸分子中羰基的性质与醛、酮中的羰基有显著的差异,使羧酸分子中羟基上的氢氧键极性增加而显示出酸性。

(1)酸性。羧酸呈弱酸性,在水溶液中能电离出氢离子,存在如下电离平衡:

$$R{-}COOH + H_2O \Longleftrightarrow RCOO^- + H_3O^+$$

其酸的强度可用电离平衡常数 K_a 或 pK_a 表示:

$$K_a = \frac{[RCOO^-][H_3O^+]}{[RCOOH]} \qquad pK_a = -\lg K_a$$

K_a 数值越大或 pK_a 值越小,酸性越强。羧酸的 pK_a 值一般在 $3.5 \sim 5$ 范围内,比苯酚、碳酸的酸性强,但比无机强酸弱得多。羧酸与碱、碳酸钠、碳酸氢钠反应生成盐。

$$RCOOH + NaOH \longrightarrow RCOONa + H_2O$$

$$RCOOH + NaHCO_3 \longrightarrow RCOONa + H_2O + CO_2 \uparrow$$

羧酸的盐类具有盐的一般性质,C_{10} 以下的一元饱和羧酸的碱金属盐能溶于水,$C_{10} \sim C_{18}$ 的羧酸盐在水中能形成胶体溶液。在羧酸盐溶液中加入无机酸,羧酸能重新游离出来。利用这个性质,可以将羧酸与其他不溶于水的有机物分离开。

(2)$\alpha-H$ 原子的卤代反应。羧酸中 $\alpha-H$ 原子受羧基的影响比较活泼(但不如醛酮中的 $\alpha-H$ 活泼),在红磷或光照下能被卤素取代生成 $\alpha-$ 卤代酸。

$$CH_3COOH + Cl_2 \xrightarrow[\text{或光}]{\text{红磷}} ClCH_2COOH \xrightarrow[\text{或光}]{\text{红磷}} Cl_2CHCOOH \xrightarrow[\text{或光}]{\text{红磷}} Cl_3CCOOH$$

一氯乙酸　　　　二氯乙酸　　　　三氯乙酸

上述反应是工业上合成 $\alpha-$ 氯乙酸的方法。一氯乙酸是合成浆料羧甲基纤维素的原料。

$\alpha-$ 卤代酸中的卤原子与卤代烃中的卤原子具有相似的性质,可发生水解、氨解、氰解等亲核取代反应,也可发生消除反应而得到 $\alpha, \beta-$ 不饱和酸。

$$ClCH_2COOH + H_2O \longrightarrow HOCH_2COOH + HCl$$

$\alpha-$ 羟基乙酸

$$CH_3CH_2CHClCOOH + NaOH \xrightarrow{\text{醇}} CH_3CH{=}CHCOOH + H_2O$$

$\alpha-$ 丁烯酸

(3)还原反应。在一般情况下,羧酸很难被还原。因为羧基中的羰基在羟基的影响下($p-\pi$ 共轭效应),活性降低,与醛酮中的羰基不同,难进行还原反应。只有用很强的还原剂(如氢化铝锂)才能直接还原成伯醇。

$$(CH_3)_3CCOOH \xrightarrow[\text{②}H_2O]{\text{①}LiAlH_4(\text{无水乙醚})} (CH_3)_3CCH_2OH$$

用氢化铝锂还原羧酸,不仅产率较高,而且分子中的碳碳双键不受影响。

$$CH_2{=}CHCH_2COOH \xrightarrow[\text{②}H_2O]{\text{①}LiAlH_4(\text{无水乙醚})} CH_2{=}CHCH_2CH_2OH$$

(4)脱羧反应。羧酸中羧基与烃基之间的碳碳键比醛酮分子中羰基与烃基之间的碳碳键弱,在一定条件下容易断裂脱去羧基,放出二氧化碳。这种羧酸受热脱去二氧化碳的反应叫脱羧反应。

$$CH_3{-}\langle\rangle{-}COOH \xrightarrow[\triangle]{NaOH, CaO} CH_3{-}\langle\rangle + CO_2 \uparrow$$

当羧酸分子中的 $\alpha-C$ 上连有吸电子基时,很易发生脱羧反应。例如:

$$CH_3{-}\underset{O}{\overset{}{C}}{-}CH_2{-}COOH \xrightarrow{\triangle} CH_3{-}\underset{O}{\overset{}{C}}{-}CH_3 + CO_2 \uparrow$$

(5)羟基被取代的反应。羧酸分子中的羟基可以被卤素、酰氧基、烷氧基及氨基取代生成酰卤、酸酐、酰胺及羧酸酯等羧酸衍生物。

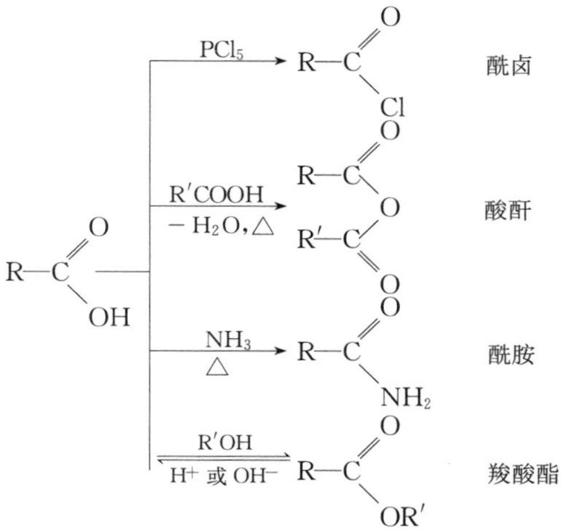

4. 重要的羧酸

(1)乙酸。乙酸俗名醋酸,为无色有刺激性气味的液体,沸点 118℃,熔点 16.7℃,密度 1.049g/mL,能与水混溶,易溶于乙醇和乙醚。低温下无水乙酸凝固成冰状固体,俗称冰醋酸。乙酸具有酸的化学性质,是重要的有机化工原料,主要用于生产乙酸乙烯酯、乙酐、乙酸酯等。

(2)丙烯酸。丙烯酸是最简单的烯酸,为无色液体,有刺激性气味,沸点 141℃,熔点 13℃,密度 1.0511g/mL,能溶于乙醇、乙醚。丙烯酸在不同的条件下发生聚合可得到不同相对分子质量的聚丙烯酸,可作塑料、涂料及黏合剂等。

(3)乙二酸。乙二酸俗称草酸,是最简单的二元羧酸,为无色晶体,熔点 189.5℃。含有两个结晶水的草酸的熔点是 101.5℃。草酸易溶于水,不溶于乙醚等有机溶剂。由于两个羧基直接相连,相互作用,使草酸成为饱和二元酸中酸性最强的酸。草酸还具有很强的还原性,易被氧化生成二氧化碳和水;还能与许多金属离子络合,生成水溶性的络合物,可用作金属的除锈剂、印染中的媒染剂及草编织物的漂白剂等。

(4)己二酸。己二酸是白色结晶,熔点 153℃,微溶于水,主要用于制备己二胺。己二酸与己二胺通过缩聚反应生成聚酰胺,可加工成锦纶 66。另外,己二酸还可用于制取增塑剂、润滑剂等。

(二)羧酸衍生物

羧酸分子中羧基去掉羟基后的剩余部分称作酰基。羧酸分子中的羟基被其他原子或原子团取代后的产物称为羧酸衍生物。

1. 羧酸衍生物的命名 酰卤和酰胺常按相应的酰基名称命名。

乙酰氯   丙烯酰氯   乙酰胺   丙烯酰胺

对甲基苯甲酰氯   苯甲酰胺

若酰胺分子中氨基上的氢被烃基取代,则产物称为 N-烃基"某"酰胺。

$$
\begin{array}{cc}
\underset{N,N\text{-二甲基甲酰胺(DMF)}}{
\chemfig{H-C(=[2]O)-N(-[1]CH_3)(-[7]CH_3)}
} &
\underset{N,N\text{-二甲基乙酰胺(DMA)}}{
\chemfig{CH_3-C(=[2]O)-N(-[1]CH_3)(-[7]CH_3)}
}
\end{array}
$$

酰胺分子中含—CONH 基的环状结构,又叫内酰胺。

$$
\underset{\gamma\text{-丁内酰胺}}{}\qquad\qquad\underset{\varepsilon\text{-己内酰胺}}{}
$$

酸酐按相应的酸命名,酯按相应的酸和醇命名。

$$
\underset{\text{乙酸酐}}{}\qquad\underset{\text{乙丙酐}}{}\qquad\underset{\text{邻苯二甲酸酐}}{}
$$

$$
\underset{\text{乙酸乙酯}}{}\qquad\underset{\alpha\text{-甲基丙烯酸甲酯}}{}\qquad\underset{\text{苯甲酸甲酯}}{}
$$

2. 羧酸衍生物的物理性质 酰卤大多数是具有强烈刺激性气味的无色液体或低熔点固体,在空气中易水解放出卤化氢。酰卤的沸点比相应的羧酸低。

低级羧酸酐是具有刺激性气味的无色液体,高级羧酸酐为无色、无味的固体。羧酸酐的沸点比相应的羧酸略高,比相对分子质量相近的羧酸低。羧酸酐难溶于水而溶于有机溶剂。

低级酯是具有水果香味的无色液体,沸点比相应的羧酸和醇都低,密度小于 1,难溶于水而易溶于乙醇和乙醚等有机溶剂。高级酯为蜡状白色固体。

除甲酰胺为液体外,其他的酰胺都是结晶固体,由于分子间存在氢键,所以它们的熔点和沸点都高于相应的酸。低级的酰胺易溶于水。氨基上的氢被烃基取代后的 N-烃基胺沸点降低。液态的酰胺如 N,N-二甲基甲酰胺、N,N-二甲基乙酰胺都能与水混溶,是强极性的非质子有机溶剂。

3. 羧酸衍生物的化学性质

(1)水解。四种羧酸衍生物化学性质相似,主要表现在它们都能水解,生成相应的羧酸。

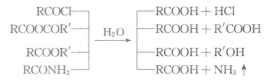

$$
\left.\begin{array}{l}
RCOCl\\
RCOOCOR'\\
RCOOR'\\
RCONH_2
\end{array}\right\}\xrightarrow{H_2O}\left\{\begin{array}{l}
RCOOH + HCl\\
RCOOH + R'COOH\\
RCOOH + R'OH\\
RCOOH + NH_3\uparrow
\end{array}\right.
$$

水解反应进行的难易次序为:酰氯 > 酸酐 > 酯 > 酰胺。乙酰氯与水发生剧烈的放热反应,乙酐易与热水反应,酯的水解在没有催化剂存在时进行得很慢。高级脂肪酸酯在碱(如氢氧化钠)存在下的水解反应生成的高级脂肪酸盐就是肥皂,所以酯的碱性水解又叫皂化反应。而酰胺的水解常常要在酸或碱的催化下,经长时间回流才能完成。

(2)醇解。酰氯、酸酐、酯都能与醇作用生成酯。酰胺难进行醇解反应。

$$\left. \begin{array}{l} RCOCl \\ (RCO)_2O \\ RCOOR'' \end{array} \right\} \xrightarrow[\text{或醇钠}]{R'OH} \begin{array}{l} RCOOR' + HCl \\ \xrightarrow{HCl} RCOOR' + RCOOH(\text{酯交换反应}) \\ RCOOR' + R''OH \end{array}$$

醇解反应进行的难易次序为:酰氯 > 酸酐 > 酯。

酯与醇反应,生成另一种酯和醇,这种反应叫酯交换反应。利用酯交换反应可以用低级醇制取高级醇。例如聚酯的单体对苯二甲酸乙二醇酯的制备:

$$\begin{array}{c} \text{COOCH}_3 \\ \bigcirc \\ \text{COOCH}_3 \end{array} + \begin{array}{c} \text{CH}_2\text{OH} \\ | \\ \text{CH}_2\text{OH} \end{array} \xrightarrow[\triangle]{\text{Mn(OAc)}_2} \begin{array}{c} \text{COOCH}_2\text{CH}_2\text{OH} \\ \bigcirc \\ \text{COOCH}_2\text{CH}_2\text{OH} \end{array} + 2\text{CH}_3\text{OH}$$

对苯二甲酸乙二醇酯是生产涤纶的原料。

(3)氨解。酰氯、酸酐和酯都能与氨作用,生成酰胺。

$$\left. \begin{array}{l} RCOCl \\ (RCO)_2O \\ RCOOR' \end{array} \right\} \xrightarrow{NH_3} \begin{array}{l} RCONH_2 + NH_4Cl \\ RCONH_2 + RCOONH_4 \\ RCONH_2 + R'OH \end{array}$$

酰胺与氨的反应是可逆的,必须在过量的氨存在下才能生成 N-烷基酰胺。

4. 蜡和油脂 蜡和油脂都是直链高级脂肪酸的酯,广泛存在于动植物中,如棉花、羊毛和蚕丝等天然纤维的表面。一些蜡和油脂的主要成分及性质见表 3 - 10。

表 3 - 10 一些蜡和油脂的主要成分及性质[3]

名 称	来 源	熔点/℃	皂化值/mgKOH·g^{-1}	碘值/g·100g^{-1}	主 要 成 分
蓖麻油	蓖麻子	液状油	176~186	81~90	蓖麻(油、亚油)酸甘油脂
椰子油	椰子肉	20~28	230~268	8~10	月桂(豆蔻、软脂)酸甘油脂
玉米油	玉米粒	液状油	188~193	111~123	软脂(油、亚油)酸甘油脂
棉籽油	棉 籽	液状油	191~196	101~116	软脂(油、亚油)酸甘油脂
亚麻油	亚麻子	液状油	170~195	168~205	亚麻(亚油、油)酸甘油脂
猪 油	猪脂肪	36~40	190~196	63~88	油(软脂、硬脂)酸甘油脂
橄榄油	橄 榄	液状油	185~203	77~94	油(亚油、软脂)酸甘油脂
牛 油	牛脂肪	28~45	197	40~60	硬脂(油、软脂)酸甘油脂
鲸 蜡	鲸	41~46	120~135	4	$C_{15}H_{31}COOC_{16}H_{33}$
蜂 蜡	蜂 窝	62~70	81~107	8~11	$C_{15}H_{31}COOC_{30}H_{61}$
棕榈蜡	棕榈叶	84~90	79~88	5~13	$C_{25}H_{51}COOC_{30}H_{61}$
棉 蜡	棉 花	63~75	82~98	6~11	$C_{17}H_{35}COOC_{30}H_{61}$
羊毛蜡	羊 毛	31~43	77~130	15~29	$C_{15}H_{31}COOC_{27}H_{55}$ $C_{17}H_{35}COOC_{27}H_{55}$

（1）蜡。蜡的主要成分是由偶数碳原子的高级脂肪酸和高级一元醇相互作用生成的酯，此外还含有一些游离的高级脂肪酸、醇及烃类。例如：蜂蜡的主要成分是软脂酸蜂蜡酯（$C_{15}H_{31}COOC_{30}H_{61}$），虫蜡的主要成分是虫蜡酸虫蜡酯（$C_{25}H_{51}COOC_{26}H_{53}$），棉花中棉蜡的主要成分是硬脂酸蜡酯（$C_{17}H_{35}COOC_{30}H_{61}$），羊毛中羊毛蜡的主要成分是 $C_{15}H_{31}COOC_{27}H_{55}$ 和 $C_{17}H_{35}COOC_{27}H_{55}$，习惯称羊毛脂。

蜡在常温下多为固体，不溶于水，可溶于非极性有机溶剂。蜡化学性质比较稳定，在空气中不易变质，难于皂化。石蜡与蜡不同，石蜡是从石油中分馏得到的 C_{20} 以上的高级烷烃，两者只是物理性质相似，结构与化学性质完全不同。

在工业上，蜡和石蜡可用于制蜡纸、防水剂、光泽剂、柔软剂，还是传统蜡染工艺中的重要原料，在纺织工业中也有一定的用途。

（2）油脂。

①油脂的主要成分是高级脂肪酸的甘油酯。习惯上把室温下液态的油脂称为油，固态或半固态的油脂称为酯。由于甘油为三元醇，所以天然的油脂多为三种不同脂肪酸与甘油生成的混合甘油酯。一般结构表示如下：

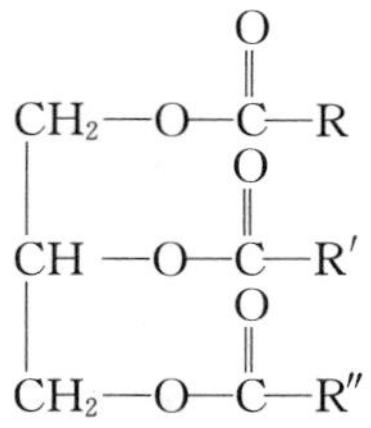

$$\begin{array}{l} CH_2-O-\overset{\displaystyle O}{\overset{\displaystyle \|}{C}}-R \\ CH-O-\overset{\displaystyle O}{\overset{\displaystyle \|}{C}}-R' \\ CH_2-O-\overset{\displaystyle O}{\overset{\displaystyle \|}{C}}-R'' \end{array}$$

组成甘油酯的脂肪酸绝大多数是含偶数碳原子的饱和或不饱和的直链羧酸。

常见饱和酸：十六酸[软脂酸，$CH_3(CH_2)_{14}COOH$]，十八酸[硬脂酸，$CH_3(CH_2)_{16}COOH$]，十二酸[月桂酸，$CH_3(CH_2)_{10}COOH$]，十四酸[豆蔻酸，$CH_3(CH_2)_{12}COOH$]。

常见的不饱和酸有：

油酸

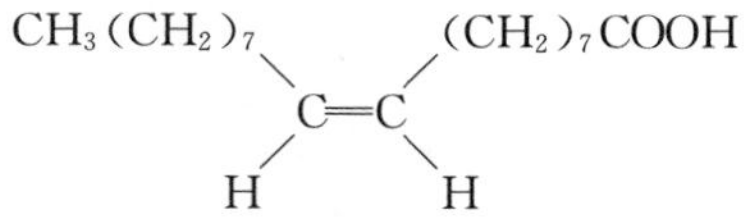

亚油酸

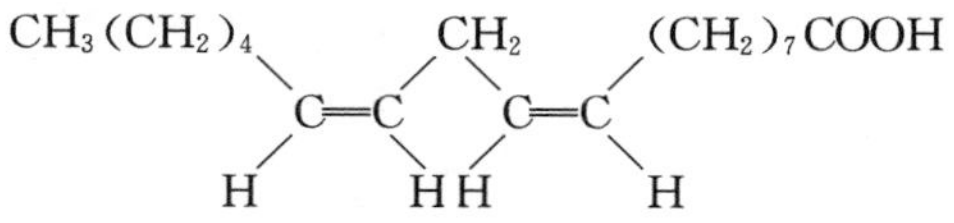

亚麻酸

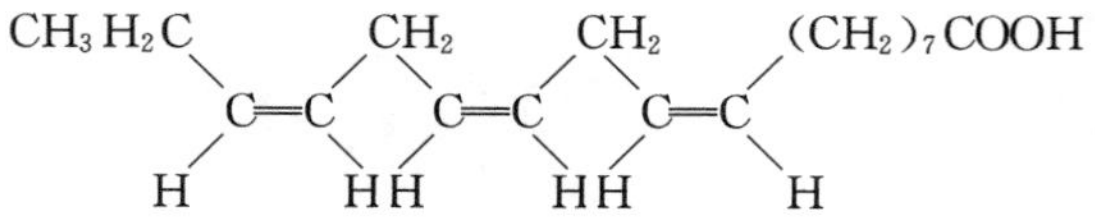

蓖麻酸

$$CH_3(CH_2)_5\underset{OH}{CH}H_2C \quad \underset{H}{\overset{}{C}}=\underset{H}{\overset{}{C}} \quad (CH_2)_7COOH$$

不饱和油都是 C_{18} 以上的碳链。亚油酸和亚麻油酸中的几个双键都为共轭双键,而且不饱和油的双键的构型都是(Z)型。

液态的油中不饱和高级脂肪酸甘油酯的含量比固态或半固态酯中高很多。

②油脂的物理性质。油脂一般是混合物,没有固定的熔点和沸点,比水轻,不溶于水,易溶于乙醚、氯仿、苯、丙酮等有机溶剂。

③油脂的化学性质。

a. 皂化反应。酸、碱或酶都能使油脂水解。在碱性溶液中水解生成甘油和高级脂肪酸的盐(肥皂)。

$$\begin{matrix}CH_2OOC\text{—}C_{17}H_{33} \\ | \\ CHOOC\text{—}C_{15}H_{31} + 3NaOH \\ | \\ CH_2OOC\text{—}C_{17}H_{35}\end{matrix} \xrightarrow{\triangle} \begin{matrix}CH_2OH \\ | \\ CHOH \\ | \\ CH_2OH\end{matrix} + \begin{matrix}C_{17}H_{33}COONa \\ C_{15}H_{31}COONa \\ C_{17}H_{35}COONa\end{matrix}$$

油脂(猪油)　　　　　　甘油　　　　肥皂

各种油脂含有的甘油酯种类不同,平均分子量也不同。平均分子量越大,皂化所需的碱量越小。1g 油脂皂化所需的氢氧化钾的毫克数叫皂化值[3]。根据皂化值的大小可以估算油脂的平均分子量。皂化值越大,说明平均分子量越低。浆纱用的油脂的皂化值一般为 $193\sim201\text{mgKOH/g}$。

油酸的水解除用于制取肥皂外,还有很重要的应用。在纺织印染工业中常用的一种油剂——"土耳其红油"又称"太古油"(属阴离子型表面活性剂),就是由蓖麻油在硫酸存在下水解生成蓖麻酸,同时硫酸又与蓖麻酸中的羟基发生酯化反应生成硫酸氢酯,然后再与氢氧化钠作用而生成的。"土耳其红油"具有润湿、乳化、柔软等作用。

b. 催化加氢反应。

• 镍催化加氢　油中的不饱和脂肪酸甘油酯在镍催化剂存在下,可加氢生成饱和程度较高的半固态或固态的油脂,又叫硬化油。工业上用于食品、肥皂和合成高级脂肪酸中。油脂的不饱和程度常用"碘值"表示。100g 油脂与碘加成所需碘的克数叫作碘值[3]。碘值越大,表明油脂的不饱和度越大。含有不饱和双键的油类在空气中易发生氧化、聚合反应,形成有韧性的固态薄膜,油的这种结膜特性称为干化。油一般分为三类:能很快成膜的为干性油(碘值在 150~190g/100g);不能成膜的为不干性油(碘值小于 100g/100g);成膜速度慢,且膜较软的为半干性油(碘值为 100~150g/100g)。浆纱用的油脂的碘值为 36~48g/100g。

• 铜铬氧化物催化加氢　油中的不饱和脂肪酸甘油酯在铜铬氧化物催化剂存在下,发生酯的还原反应,得到混合脂肪醇,将产物和硫酸反应后再与氢氧化钠作用,最后得到几种高级脂肪醇硫酸酯钠盐的混合物。该混合物是很重要的洗涤剂。

c. 酸败。油脂在空气中暴露时间太长,并在微生物和氧气的共同作用下,会发生一系列的水解、氧化等反应,生成低级的醛、酮、羧酸等,产生难闻的气味,这种现象称为酸败。所以油脂应储存在干燥、避光的密闭容器中,并放在阴凉处。

5. 几种羧酸衍生物

(1)乙酰氯。乙酰氯是一种在空气中发烟的无色液体,有窒息性的刺鼻气味。能与乙醚、氯仿、冰醋酸、苯和汽油混溶。它是常用的酰化剂。

(2)乙酐。乙酐又名醋(酸)酐,为无色有极强醋酸气味的液体,溶于乙醚、苯和氯仿。它也是常用的酰化剂。

(3)乙酸乙烯酯。乙酸乙烯酯为无色具有酯的气味的液体,沸点 73℃,微溶于水,溶于乙醇、乙醚和氯仿等有机溶剂。在过氧化物或偶氮二异丁腈引发下发生聚合反应生成聚醋酸乙烯酯,然后聚醋酸乙烯酯在酸或碱存在下水解得到聚乙烯醇。聚乙烯醇是纺织工业中非常重要的合成浆料,简称 PVA。

(4)α-甲基丙烯酸甲酯。α-甲基丙烯酸甲酯为无色液体,具有果香气味,沸点 100.3℃,比水轻。在引发剂存在下,加热聚合成无色透明的化合物——聚 α-甲基丙烯酸甲酯,俗称有机玻璃。α-甲基丙烯酸甲酯在合成聚丙烯腈纤维时,常作为第二单体。它也是生产聚丙烯酸系列合成浆料的重要单体之一。

☞ 复习指导

一、烃

只含碳和氢两种元素的化合物叫碳氢化合物,简称烃,分为链烃、脂环烃、芳烃。

1.链烃

(1)链烃。符合 C_nH_{2n+2} 通式的直链烃称为烷烃。任何相邻两个烷烃分子式之差为 CH_2,CH_2 叫同系列的系差。符合 C_nH_{2n} 通式的链烃称为烯烃。符合 C_nH_{2n-2} 通式的链烃称为炔烃或二烯烃。

(2)链烃的结构。烷烃的异构包括构造异构和构象异构。烯烃的异构包括构造异构(分子式相同,碳链不同或双键的位置不同)和顺反异构(双键碳原子上的取代基在空间的排列不同)。炔烃只有构造异构。

(3)链烃的命名。

①烷烃系统命名法的要点。首先选分子中最长的碳链为主链(母体),编号从离支链(取代基)最近的一端开始,把取代基的位置(用阿拉伯数字)、数目(用汉字表示)和名称写在母体名称的前面。且阿拉伯数字与汉字之间用"-"分开,阿拉伯数字之间用","分开。

②不饱和烃系统命名法的要点。不饱和烃系统命名法与烷烃相似,命名时选含双键或叁键的最长碳链为主链,从离双键或叁键最近的一端开始编号。

顺反异构体遵循次序规则。

(4)链烃的性质。

①烷烃。烷烃在常温下与强酸(硫酸、浓硝酸)、强碱、强氧化剂(高锰酸钾、重铬酸钾)、强还原剂等不反应。但在一定条件下,可以发生某些反应(如取代、氧化、热裂解)。

②烯烃。

a. 加成反应。

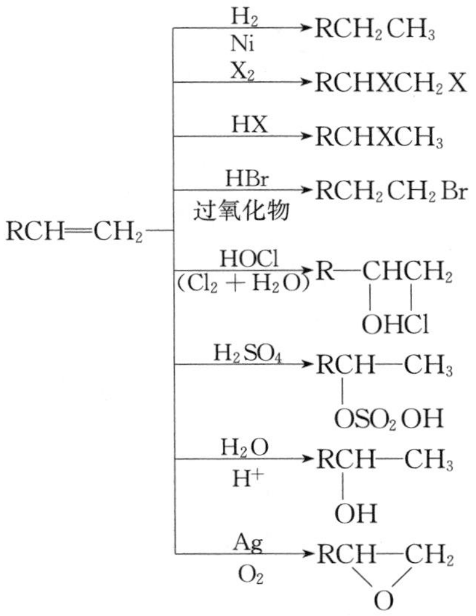

$$RCH=CH_2 \begin{cases} \xrightarrow[Ni]{H_2} RCH_2CH_3 \\ \xrightarrow{X_2} RCHXCH_2X \\ \xrightarrow{HX} RCHXCH_3 \\ \xrightarrow[\text{过氧化物}]{HBr} RCH_2CH_2Br \\ \xrightarrow[(Cl_2+H_2O)]{HOCl} R-CHCH_2 \quad OHCl \\ \xrightarrow{H_2SO_4} RCH-CH_3 \quad OSO_2OH \\ \xrightarrow[H^+]{H_2O} RCH-CH_3 \quad OH \\ \xrightarrow[O_2]{Ag} RCH-CH_2 \quad O \end{cases}$$

不对称烯烃与亲电试剂的加成遵循马氏规则。

b. 氧化反应。烯烃与高锰酸钾酸性溶液的反应,用于双键的鉴别和推断烯烃的结构。

c. $\alpha-H$ 的反应。$\alpha-H$ 原子受双键的影响变得活泼,在光照或加热条件下与卤素发生自由基取代反应。

d. 聚合反应。

$$CH_2=CH_2 \xrightarrow{\text{引发剂}} \left[CH_2-CH_2 \right]_n$$

③炔烃。

a. 加成反应。加成反应也同样遵循马氏规则。

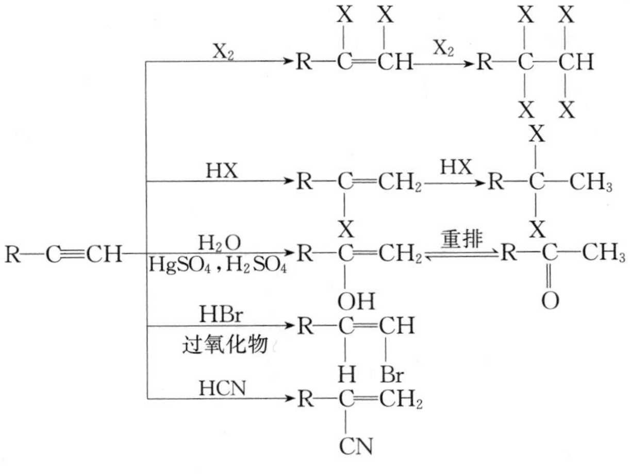

$$R-C\equiv CH \begin{cases} \xrightarrow{X_2} R-C=CH \xrightarrow{X_2} R-C-CH \\ \xrightarrow{HX} R-C=CH_2 \xrightarrow{HX} R-C-CH_3 \\ \xrightarrow[HgSO_4,H_2SO_4]{H_2O} R-C=CH_2 \xleftarrow{\text{重排}} R-C-CH_3 \\ \xrightarrow[\text{过氧化物}]{HBr} R-C=CH \\ \xrightarrow{HCN} R-C=CH_2 \end{cases}$$

b. 氧化反应。

$$\begin{matrix} R-C\equiv CR' \\ R-C\equiv CH \end{matrix} \xrightarrow[H_2O,H^+]{KMnO_4} \begin{matrix} RCOOH+R'COOH \\ RCOOH+CO_2 \end{matrix}$$

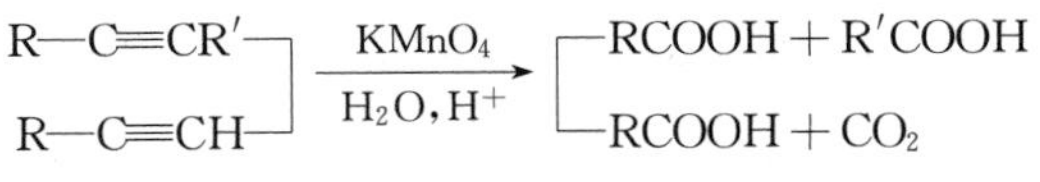

c. 聚合反应。

$$3CH \equiv CH \xrightarrow[60\sim70℃]{(C_6H_5)_3P \cdot Ni(CO)_2} \bigcirc$$

$$2CH \equiv CH \xrightarrow[少量 CHCl, \sim70℃]{CuCl-NH_4Cl} CH_2 = CH-C \equiv CH$$

d. 炔氢的反应。

$$R-C \equiv CH \xrightarrow{NaNH_2} R-C \equiv CNa \xrightarrow{R'X} R-C \equiv C-R$$

$$R-C \equiv CH \begin{cases} \xrightarrow{Ag(NH_3)_2NO_3} R-C \equiv CAg \downarrow \xrightarrow{HNO_3} R-C \equiv CH + Ag^+ \\ \xrightarrow{Cu(NH_3)_2Cl} R-C \equiv CCu \downarrow （鉴别端基炔） \\ \xrightarrow{R'MgX} R-C \equiv CMgX + R'H \end{cases}$$

④共轭二烯烃。共轭二烯烃与亲电试剂发生 1,2-加成和 1,4-加成,进行哪种加成与反应条件有关;在引发剂作用下,共轭二烯烃自身聚合,是合成橡胶的基础;共轭二烯烃在加热的条件下,发生 Diels-Alder 反应,是合成六元环状化合物的有效途径。

2. 脂环烃 碳原子连接成环,性质与脂肪烃相似的烃称为脂环烃。饱和环烷烃的通式与烯烃相同,不饱和环烃的通式与炔烃相同。环烷烃的命名与烷烃相似,只是在烃的名称前加上"环"字。环烷烃的化学性质可概括为"小环似烯,大环似烷"。

3. 芳烃

(1)苯的结构。苯中的六个碳原子均以 sp^2 杂化,处于同一平面,六个碳原子中未杂化的 p 电子垂直于该平面,形成闭合共轭体系。

(2)单环芳烃的命名。单环芳烃命名时以苯环为母体,烷基为取代基,烷基名称写在"苯"之前;当有两个取代基时,存在三种异构体,命名时可用邻($o-$)、间($m-$)、对($p-$)表示取代基的位置或用阿拉伯数字标明取代基的位置。

(3)单环芳烃的化学性质。

①单环芳烃容易发生卤代、硝化、磺化、酰基化等亲电取代反应。

②芳环上亲电取代反应的定位规律。苯环上原有的取代基决定新导入取代基的位置,能使苯环活化(除—X 外)的取代基称为第一类定位基($o+p>60\%$),使苯环钝化的取代基称为第二类定位基($m>40\%$)。

③苯在特殊条件下发生加成反应。

$$\bigcirc +3H_2 \xrightarrow{Pt} \bigcirc \qquad \bigcirc +3Cl_2 \xrightarrow{光照} C_6H_6Cl_6$$

④氧化反应。苯环上含 $\alpha—H$ 的侧链能被氧化,不论侧链有多长,氧化产物均为苯甲酸。在强烈的氧化条件下,苯环破裂。

$$\bigcirc-CH_3 \xrightarrow{KMnO_4} \bigcirc-COOH \qquad \bigcirc +O_2 \xrightarrow{V_2O_5} (顺丁烯二酸酐)$$

⑤萘的反应与苯相似，但比苯更容易起反应。

a. 取代反应。

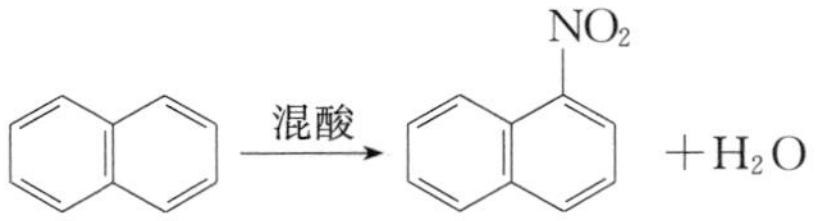

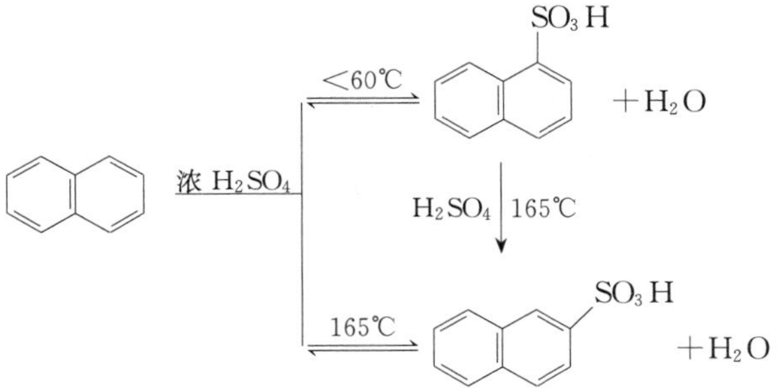

b. 氧化反应。

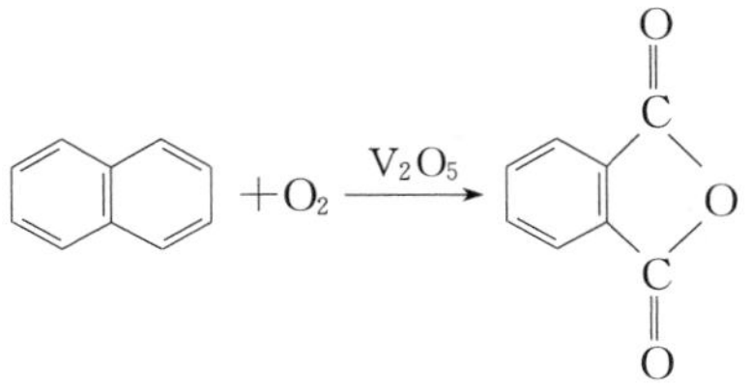

二、烃的衍生物

烃分子中的氢原子被其他原子或原子团取代后的产物称为烃的衍生物。

1. 卤代烃　官能团——X（F、Cl、Br、I）。一卤代烃反应的次序为：RI > RBr > RCl > RF、$CH_2=CHCH_2X$、$C_6H_5CH_2X$、R_3X>RCH_2X 或 R_2CHX>$CH_2=CHX$、C_6H_5X。

（1）取代反应。一卤代烷的取代反应按亲核取代反应历程（S_N）进行。叔卤代烷一般按 S_N1 单分子亲核取代反应历程进行。伯卤代烷按 S_N2 双分子亲核取代反应历程进行。

（2）消去反应。在强碱的醇溶液中，一卤代烷发生消去反应生成不饱和烃。

$$R-\underset{\displaystyle H}{\underset{|}{C}H}-\underset{\displaystyle X}{\underset{|}{C}H_2}+NaOH\xrightarrow[\triangle]{\text{乙醇}}RCH=CH_2+NaX+H_2O$$

（3）与金属反应。卤代烷与金属反应的活性次序为：碘烷 > 溴烷 > 氯烷。最重要的是卤代烷与金属镁的反应。

$$RX+Mg\xrightarrow{\text{干醚}}RMgX(\text{Grignard 试剂})$$

2. 醇、酚、醚　醇、酚、醚可以看成水分子中的氢原子被烃基取代后的产物。醇和酚中的—OH高度极化，能形成氢键，从而显著影响它们的物理性质（溶解度、沸点等）。醚分子中的氧原子可以作为质子的受体。

（1）醇的反应。

$$ROH \begin{cases} \xrightarrow{Na} RONa + \frac{1}{2}H_2\uparrow \\ \xrightarrow{HX} RX + H_2O \\ \xrightarrow[SOCl_2]{PX_3} RX \text{ 或 } HPO(OR)_2 \\ \xrightarrow{脱水反应} 烯或醚 \\ \xrightarrow{氧化或去氢} RCHO \text{ 或 } RCOR' \end{cases}$$

（2）酚的反应。

$$ArOH \begin{cases} \xrightarrow{NaOH} ArONa \\ \xrightarrow{FeCl_3} 显色反应 \\ \xrightarrow{亲电取代} 卤代、磺化、硝化 \\ \xrightarrow{氧化} 醌 \end{cases}$$

（3）醚的反应。生成锌盐，在浓的 HI 条件下醚键断裂。

3. 醛、酮

（1）醛、酮的亲核加成。

$$-\overset{|}{C}{=}O + HCN \rightleftharpoons -\overset{|}{\underset{CN}{C}}-OH \qquad -\overset{|}{C}{=}O + NaHSO_3 \rightleftharpoons -\overset{|}{\underset{SO_3Na}{C}}-OH$$

以上反应适用于醛、脂肪族甲基酮和环酮。

$$-\overset{|}{C}{=}O + RMgX \longrightarrow -\overset{|}{\underset{R}{C}}-OMgX \xrightarrow{H^+,H_2O} -\overset{|}{\underset{R}{C}}-OH$$

$$-\overset{|}{C}{=}O + H_2NY \longrightarrow -\overset{|}{C}{=}NY$$

Y 可为 $-OH$、$-NH_2$、$-NHC_6H_5$、$-NH\!-\!\!\raisebox{0pt}{\scriptsize$\begin{smallmatrix}NO_2\\ \\ \\ NO_2\end{smallmatrix}$}$ 等。

（2）$\alpha-H$ 原子的反应。

羟醛缩合：

$$2RCH_2CHO \xrightarrow{OH^-} RCH_2-\overset{|}{\underset{R-CHCHO}{CHOH}} \xrightarrow{-H_2O} RCH_2CH{=}\overset{|}{\underset{R}{C}}CHO$$

卤仿反应：

$$RCOCH_3 \xrightarrow{NaOX} RCOONa + CHX_3$$

（3）氧化和还原。

$$RCHO \xrightarrow{[O]} RCOOH$$

$$-\overset{|}{C}{=}O \xrightarrow{[H]} -\overset{|}{C}HOH$$

$$-\overset{|}{C}{=}O \xrightarrow[\text{或 } NH_2NH_2+NaOH]{Zn-Hg+HCl} -\overset{|}{C}H_2$$

$$2C_6H_5CHO \xrightarrow{\text{NaOH}} C_6H_5COONa + C_6H_5CH_2OH$$

4.蒽醌 蒽醌的性质比较稳定,但在强还原剂存在下,可被还原;在发烟硫酸存在下被磺化。

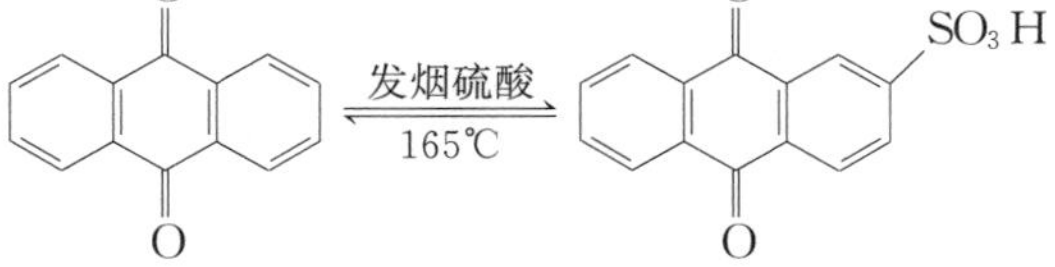

5.羧酸及羧酸衍生物

(1)羧酸的化学性质。

①酸性。羧酸的 pK_a 一般在 $3.5 \sim 5$ 范围内,比苯酚、碳酸的酸性强,但比无机强酸弱得多。

②取代反应。

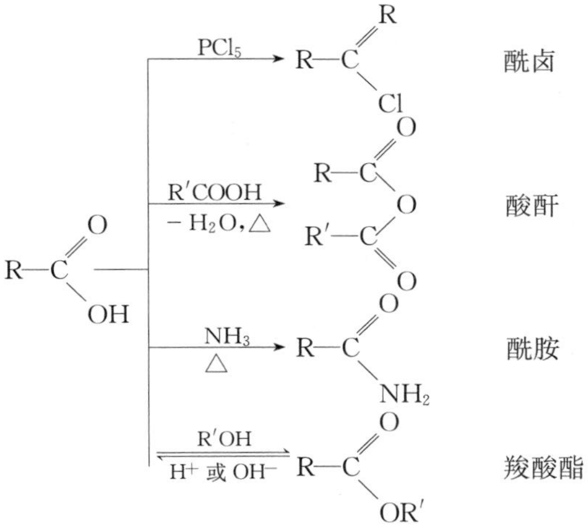

③还原反应。

$$RCOOH \xrightarrow{\text{LiAlH}_4} RCH_2OH$$

④脱羧反应。

(2)羧酸衍生物的反应。

①水解。羧酸衍生物都能水解,生成相应的羧酸。

②醇解和氨解。羧酸衍生物与醇作用,生成酯;与氨作用,生成酰胺(除酰胺外)。

6.蜡和油脂

(1)皂化反应。酸、碱或酶都能使油脂水解。在碱性溶液中水解生成甘油和高级脂肪酸的盐(肥皂)的反应叫皂化反应。

(2)催化加氢反应。油中的不饱和脂肪酸甘油酯在镍催化下,可加氢生成饱和程度较高的半固态或固态的油脂,又叫硬化油。在铜铬氧化物催化剂存在下,发生酯的还原反应,得到混合脂肪醇,将产物和硫酸反应后再与氢氧化钠作用,最后得到几种高级脂肪醇硫酸酯钠盐的混合物。该混合物是很重要的洗涤剂。

👉 综合练习

一、思考题

1. 共轭体系有什么特点？主要有哪些类型？各举一例。

2. 试解释，在室温下甲烷氯代反应中观察到的下列现象

(1) 甲烷和氯气的混合物在黑暗中长期保存而不起反应。

(2) 将氯气先用光照射，然后迅速在黑暗中与甲烷混合，可以得到氯代产物。

(3) 将氯气先用光照射，在黑暗中放一段时间后再与甲烷混合，不发生氯代反应。

(4) 将甲烷先用光照射，然后在黑暗中与氯气混合，不发生氯代反应。

3. 决定下列反应产物的主要因素是概率因素还是氢的活泼性？

$$CH_3-CH-CH_3 + Br_2 \xrightarrow[127℃]{光} CH_3-\underset{CH_3}{\underset{|}{C}}-CH_3 + CH_3-\underset{CH_3}{\underset{|}{CH}}-CH_2Br$$

（左侧 CH_3 下标，产物左 $>99\%$，右 痕量，产物左上方 Br）

4. 为什么除苯酚以外，其他大多数一元酚都不溶于水？

5. 如何分离邻硝基苯酚和对硝基苯酚？

6. 放置过久的乙醚为什么不能直接使用？如何检验和处理？

7. 如何将苯甲醚、苯酚和苯甲醇混合液分离？

8. 为什么 $(CH_3)_3CCl$ 在甲醇中进行 S_N1 反应的速率是在乙醇中的 8 倍（25℃）？

9. 为什么新戊基卤代烷进行 S_N1 和 S_N2 反应的活性都很低？

*10. 解释下列名词

共轭效应　　$\pi-\pi$ 共轭效应　　$p-\pi$ 共轭效应　　椅式构象　　船式构象

亲电取代反应　　亲核取代反应　　定位效应

二、习题

1. 用系统命名法命名下列化合物

(1) $(CH_3)_3CCH_2CH_2CH(CH_3)_2$

(2) $(CH_3CH_2)_2CHCH(OH)C(CH_3)_3$

(3) $(CH_3)_2CHCH=CHCH(CH_2CH_3)_2$

(4) $CH_3C\equiv CCH(CH_3)_2$

(5)
$$\underset{H_3C}{\overset{H_3CH_2C}{>}}C=C\underset{CH(CH_3)_2}{\overset{CH_3}{<}}$$

(6)
$$\underset{H_3CH_2C}{\overset{H_3CH_2C}{>}}C=C\underset{CH(CH_3)_2}{\overset{CH_3}{<}}$$

(7) $H_2C=CHC-C\equiv CH$ （中间 C 上接 H，下接 CH_3）

(8) $H_2C=CHCHCl$ （CH 下接 CH_3）

(9) C6H5-CH2CH=CHBr

(10) 2-溴萘结构式

(11) $CH_3CH=\!\!=\!CHCOOH$

(12) $CH_3CH_2OCH_2CH_2CH_3$

(13) $H_3C-\!\!\!\underset{\displaystyle}{\bigcirc}\!\!\!-\overset{\displaystyle O}{\overset{\|}{C}}-NH_2$

(14) $HO-\!\!\!\bigcirc\!\!\!-COOCH_3$

(15)

(16)

(17) $H_3C-\!\!\!\bigcirc\!\!\!=\!O$

(18) $\underset{OH}{CH_2}-\underset{OH}{CH}-\underset{OH}{CH_2}$

2. 写出下列化合物的构造式

(1) 异丁烷

(2) 异丙基氯

(3) 3-甲基-3-溴-1-丁烯

(4) 1-甲基-2-氯环己烯

(5) 对甲氧基-α-溴代丙苯

(6) 二碘二溴甲烷

(7) 5-甲基-6-溴-2-己烯

(8) 2-甲基-3-乙基-1,3-丁二烯

(9) 对硝基苯酚

(10) 顺丁烯二酸酐(马来酐)

(11) 9,10-蒽醌

(12) α-溴苯丙烯

(13) 丙烯酸甲酯

*(14) 聚乙酸乙烯酯

(15) 邻羟基苯甲醛

*(16) 月桂酸

(17) 对十二烷基苯磺酸钠

(18) N,N-二甲基甲酰胺

(19) 2-甲基-3-戊醇

(20) 2-乙基-4-氯-1-丁醇

(21) 2,3-二甲基-3-丁烯-2-醇

(22) 6-甲基-2-环己烯-1-醇

(23) 1-苯基-1-溴-2-丙醇

(24) 2-乙基-1,3-丁二醇

*(25) 季戊四醇

(26) 一氯乙酸

*(27) 对苯二甲酸乙二醇酯

*(28) 己内酰胺

(29) 2,4,6-三硝基苯酚(苦味酸)

(30) 邻苯二酚(儿茶酚)

(31) 5-甲基-2-异丙基苯酚(百里酚)

*(32) 2-甲基-5-异丙基苯酚(香芹酚)

3. 写出下列反应的主要产物

(1) $CH_3CH\!=\!\underset{\displaystyle CH_3}{\overset{\displaystyle}{CH}}+HBr\longrightarrow ?$

(2) $CH_3\underset{\displaystyle CH_3}{\overset{\displaystyle}{CH}}C\!\equiv\!CH+HBr\longrightarrow ?$

(3) $CH_3C\!\equiv\!CH+H_2O\xrightarrow[HgSO_4]{H_2SO_4}?$

(4) $H_2C\!=\!CHCH\!=\!CH_2+HCl\longrightarrow ?$

(5) $CH_3C\!\equiv\!CCH_2CH_3\xrightarrow[H^+]{KMnO_4}?$

(6) $CH_3C\!\equiv\!CH+CH_3COOH\xrightarrow{催化剂}?$

(7)

(8) $CH_3CH_2CH\!=\!CH_2\xrightarrow[H^+]{KMnO_4}?$

(9) $+H_2O \xrightarrow[\triangle]{H_3PO_4}$?　　(10) $\xrightarrow[H^+]{KMnO_4}$?

(11) $\xrightarrow{1mol\ Br_2}$?　　(12) $\xrightarrow[Ni,\triangle]{1mol\ H_2}$?

*(13) $C_{12}H_{25}$——OH+? $\xrightarrow{CH_3COONa}$ $C_{12}H_{25}$——O(CH$_2$CH$_2$O)$_7$H

(14) $+(CH_3)_2CHCl \xrightarrow{AlCl_3}$? $\xrightarrow{KMnO_4}$?

(15) —CH$_2$CH$_3$+Br$_2$ $\xrightarrow[或\ FeCl_3]{Fe}$? $\xrightarrow[NaOH,\triangle]{H_2O}$?

(16) —CH$_2$CH$_3$+Cl$_2$ $\xrightarrow{光}$? $\xrightarrow{NaOC_2H_5}$?

(17) HCHO+—CHO $\xrightarrow[\triangle]{浓\ NaOH}$?

(18)CH$_3$CHO+CH$_3$CHO $\xrightarrow{稀\ NaOH}$? $\xrightarrow{\triangle}$?

(19)CH$_3$CH$_2$COCH$_3$+Br$_2$ $\xrightarrow{NaOH}$? $\xrightarrow{H_2O}$?

(20) —COOC$_2$H$_5$ +CH$_3$COOC$_2$H$_5$ $\xrightarrow{C_2H_5ONa}$?

4.试写出 2－甲基－2－丁烯与下列试剂作用的产物

(1) Br$_2$/CCl$_4$　(2) HBr　(3) HBr/过氧化物　(4) Cl$_2$/H$_2$O　*(5) 5％ KMnO$_4$ 碱性溶液　(6) KMnO$_4$ 酸性溶液　(7) 300℃时与卤素(Cl$_2$、Br$_2$)反应

5.用化学方法鉴别下列化合物

(1)丙烷　环丙烷　丙烯　　　　　　(2)苯　甲苯　苯酚

(3)丁烷　丁二烯　1－丁炔　　　　　(4)正丁醇　仲丁醇　叔丁醇

(5)苯甲醇　邻甲苯酚　甲基苯基醚　　(6)苯　苯乙烯　苯乙炔

(7)丙酮　丙醛　丙酸　苯甲醛　3－戊酮　(8)氯苯　甲苯　苯　硝基苯　苯酚

(9)

(10)CH$_3$CH＝CHCH$_2$Br　CH$_3$CH$_2$CH＝CHBr　CH$_2$＝CHCH$_2$CH$_2$Br

(11)3－甲基－2－丁醇　2,3－二甲基－2－丁醇　3,3－二甲基－1－丁醇

6.由给出的原料及必要的试剂合成指定的产物

(1)由乙炔合成丙烯酸甲酯　　　　　(2)由乙炔合成丙烯酰胺

(3)由环己烷合成3－溴环己烯　　　　(4)由环己烷合成1,2,3－三溴环己烷

(5)由苯合成间硝基苯甲酸　　　　　(6)由苯合成对氯卞基氯

(7)由乙炔合成聚氯乙烯　　　　　　*(8)由萘合成"拉开粉"

(9)由丙烯合成 α－甲基丙酸　　　　(10)由1－溴丙烷合成1,3－二氯－2－丙醇

(11)由 $C_{12}H_{25}Br$ 和苯合成对十二烷基苯磺酸钠(一种洗涤剂)

7. 根据要求将下列化合物排序

(1)将下列物质的稳定性由大到小排列

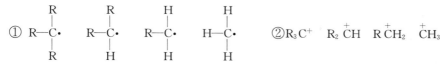

(2)将下列化合物的沸点从高到低排列

①正庚烷　2-甲基己烷　2,2-二甲基戊烷　2,2,3-三甲基丁烷

②丁烷　丁醇　丁酸　乙酸乙酯　丁醛

③丁醇　丁烷　1,2-丁二醇　1,2,3-丁三醇

*(3)将下列化合物按发生亲核加成的活性由大到小排列

甲醛　乙醛　苯甲醛　苯乙酮　丙酮　甲乙酮

*(4)将下列化合物按发生亲电加成的活性由大到小排列

乙烯　丙烯　2-甲基丙烯　2,3-二甲基-2-丁烯

(5)将下列化合物按发生硝化反应由易到难排列

苯　甲苯　氯苯　苯酚　硝基苯　邻二硝基苯

(6)将下列化合物按酸性由大到小排列

碳酸　石炭酸　乙醇　乙酸　草酸　三氯乙酸　丙二酸

*(7)将下列化合物按水解反应的速率由大到小排列

①$Cl_3CCOOC_2H_5$　$CH_3COOC_2H_5$　$ClCH_2COOC_2H_5$

②CH_3COOCH_3　$CH_3COOC(CH_3)_3$　$CH_3COOC_6H_{11}$　$CH_3COOC_2H_5$

8. 判断下列化合物中,哪个与 $NaOH$ 反应时最容易转变成相应的酚?

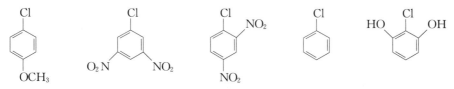

9. 推测化合物的结构

(1)有两种化合物分子式都是 C_5H_8,经加氢后都可以生成 2-甲基丁烷。它们都可以与两分子溴加成,但其中一种可以使新制硝酸银氨溶液产生白色沉淀,另一种则不能。试推测这两个异构体的结构,并写出有关化学方程式。

(2)有一芳烃分子式 C_9H_{12},在酸性条件下用强氧化剂氧化后可得到一种二元羧酸,将原来的芳烃进行硝化,得到的硝基化合物只有两种。试推测该芳烃的结构,并写出各步反应方程式。

(3)有一卤代烃 C_3H_7Cl (A)与氢氧化钠醇溶液作用后生成 C_3H_6(B),(B)经氧化后得到醋酸、二氧化碳和水。(B)与氯化氢反应得到(A)的异构体(C)。试推测(A)的结构,并写出各步反应方程式。

*(4)某化合物 $C_6H_{12}O$(A)能与羟氨反应,但不能与托伦试剂反应,也不与饱和亚硫酸氢钠作用。A 在铂催化下与氢加成生成 $C_6H_{14}O$(B)，B 与浓硫酸一起加热得到化合物 C_6H_{12}(C)，C 在酸性溶液中被高锰酸钾氧化得到产物 C_3H_6O(D)和 $C_3H_6O_2$(E)，D 能发生碘仿反应但不能与托伦试剂反应，E 不发生碘仿反应，也不与托伦试剂作用。试推测 A、B、C、D、E 化合物的结构。并写出各步反应方程式。

* (5)[4]某化合物 A 分子式 $C_{10}H_{12}O_3$，不溶于水、稀盐酸和碳酸氢钠，溶于稀氢氧化钠，A 与稀氢氧化钠长时间加热再经水蒸气蒸馏，馏出物中可分离出化合物 B。B 可发生碘仿反应，水蒸气蒸馏后剩下的溶液经酸化后得沉淀 C($C_7H_6O_3$)。C 可与碳酸氢钠作用发出二氧化碳，与三氯化铁作用呈紫色，C 硝化时只得一种主要产物，试推测 A、B、C 的结构，并写出各步化学方程式。

参考文献

[1]汪叔度,李群.纺织化学[M].青岛:青岛海洋大学出版社,1994.

[2]眭伟民,金惠平.纺织有机化学[M].上海:上海交通大学出版社,1992.

[3]南京大学化学系有机化学教研室编(上)[M].北京:人民教育出版社,1978.

[4]邢其毅,徐瑞秋,周政.基础有机化学(上)[M].北京:人民教育出版社,1980.

[5]刘华实.实用浆料学[M].北京:中国纺织出版社,1994.

[6]唐玉海.有机化学辅导及典型题解析[M].西安:西安交通大学出版社,2002.

第四章　胺、染料

本章知识点

1. 掌握胺的分类、命名和结构特征
2. 了解胺的制法
3. 掌握胺的化学性质
4. 掌握芳香族重氮盐的制备
5. 掌握重氮盐的性质及其在合成上的应用
6. 了解什么是染料和颜料？二者有何特点和区别
7. 了解染料的分类方法
8. 了解物质的颜色和颜色的三要素
9. 用发色理论分析物质具有颜色的原因
10. 掌握染料的颜色与结构的关系

第一节　胺

胺是一类含氮有机化合物，可以看成是氨分子中的一个或多个氢原子被烃基取代的产物。胺是制造各类试剂、染料、药物和炸药的重要中间体。

一、胺的分类、命名和结构

(一)胺的分类

1. 根据氨分子(NH₃)中被烃基取代的氢原子数目分类　根据氨分子中氢原子被烃基取代的数目，胺分为伯胺(1 个氢原子被取代)、仲胺(2 个氢原子被取代)和叔胺(3 个氢原子被取代)，伯胺、仲胺、叔胺也相应称为一级胺或 1°胺，二级胺或 2°胺，三级胺或 3°胺。

$$NH_3 \qquad RNH_2 \qquad R_2NH \qquad R_3N$$

氨　　　　伯胺(1°胺)　　　　仲胺(2°胺)　　　　叔胺(3°胺)

值得注意的是：伯胺、仲胺、叔胺的含义与醇、卤代烃等的伯、仲、叔含义是不同的，前者是由氨中的氢原子被取代的数目决定的。后者是由官能团连接的碳原子的类型决定的。例如：

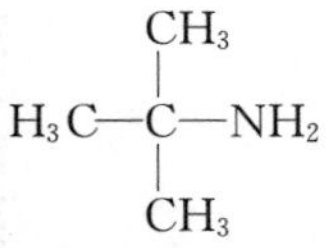

叔丁（基）胺   异丙（基）胺   叔丁醇   异丙醇

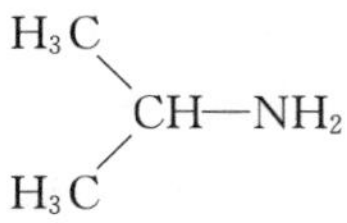

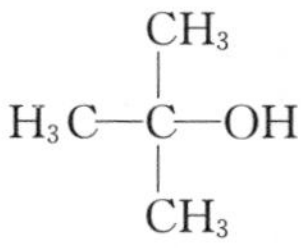

伯胺   伯胺   叔醇   仲醇

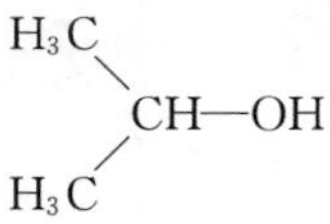

2. 根据取代基类型分类 根据取代基类型不同，胺可分为脂肪胺和芳香胺。氨基与脂肪族烃基相连的是脂肪胺，氨基中的氮原子直接与芳环相连的是芳香胺。例如：

脂肪胺

CH_3NH_2 $CH_3CH_2NH_2$ 环己胺 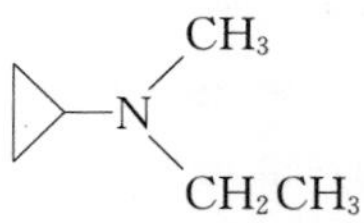   甲基乙基环丙胺

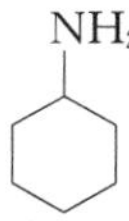

甲胺   乙胺

芳香胺

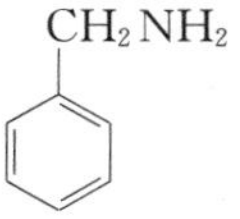

苯甲胺（苄胺） 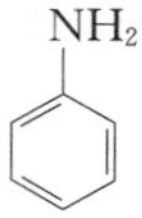   苯胺 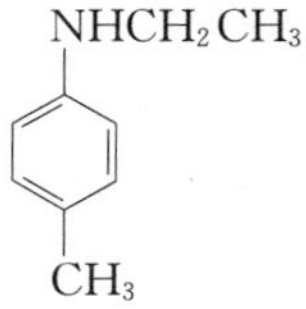 $N-$乙基$-$对甲苯胺

3. 根据胺类分子中所含氨基数目分类 根据胺类分子中所含氨基数目，胺可分为一元胺、二元胺等。如 $CH_3CH_2NH_2$ 为一元胺，$H_2NCH_2CH_2NH_2$ 为二元胺。

"铵"是胺的盐，可看成是铵盐分子 $NH_4^+X^-$ 中的 4 个氢原子被 4 个烃基取代后的产物，又称为季铵盐。需注意的是"氨""胺""铵"的写法和含义。"氨"一般用于表示基团和氨气，"胺"表示氨的烃基衍生物，为有机胺类化合物，"铵"表示季铵盐和季铵碱。季铵类化合物表示为：

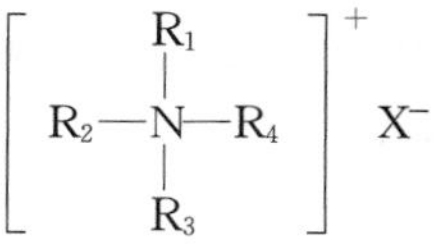

季铵盐 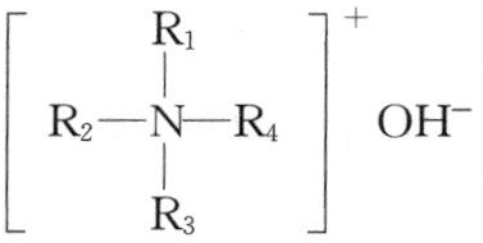   季铵碱

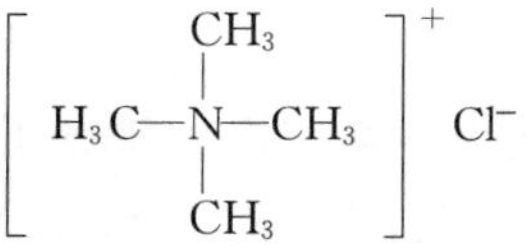

氯化四甲铵 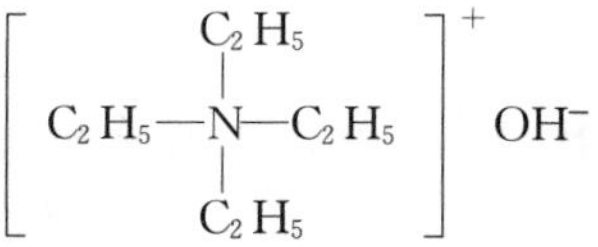   氢氧化四乙铵

（二）胺的命名

对于简单的胺，采用衍生物命名法，即把胺作为母体，烃基作为取代基。命名时把烃基的名称和数量等写在胺的前面。

$CH_3NHC_2H_5$ $(C_2H_5)_2NH$ $(C_2H_5)_2NCH_3$

甲乙胺   二乙胺   甲（基）二乙胺   二苯胺

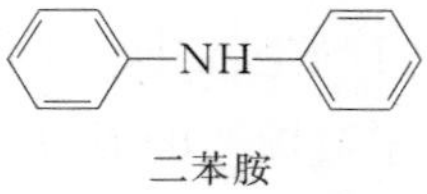

含两个氨基的胺称为二元胺。

$$H_2NCH_2CH_2NH_2 \qquad H_2N(CH_2)_6NH_2$$

乙二胺   1,6-己二胺

对苯二胺 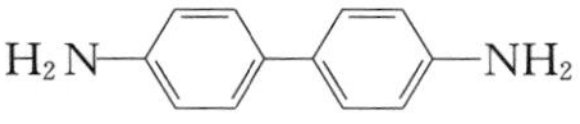   联苯二胺

对于芳香胺,如果芳环上连有其他的取代基,则应表示出取代基的相对位置和数量。

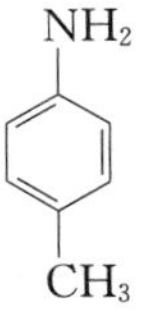

对甲苯胺 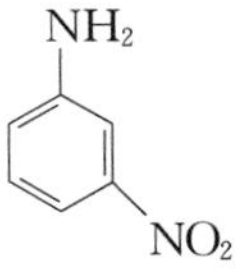   间硝基苯胺 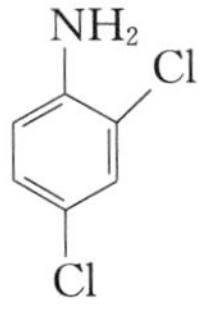   2,4-二氯苯胺

芳环上除连有氨基外,还连有其他的官能团时,按照多官能团的命名原则,若氨基的优先次序低于其他官能团,氨基则作为取代基命名。

邻氨基苯酚   对氨基苯磺酸   间氨基苯乙酮

当氮原子上同时连接有芳基和脂肪烃基时,以芳胺为母体,并在芳胺名称前面加上"N"字,表示脂肪烃基连接在氮原子上。

N-甲基苯胺 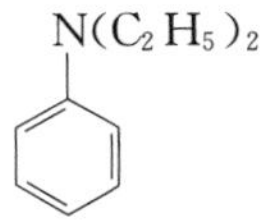 N,N-二乙基苯胺 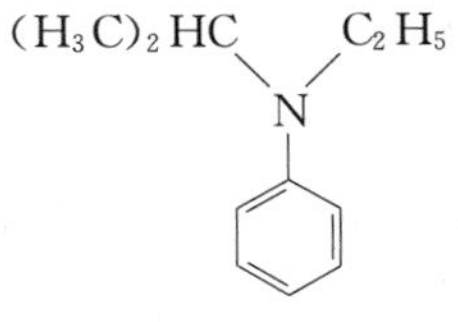 N-乙基-N-异丙基苯胺

对于结构比较复杂的胺采用系统命名法。命名时,以烃为母体,氨基或烷氨基作为取代基。

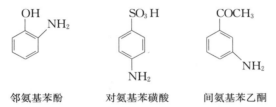

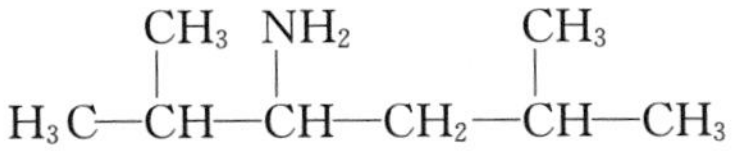

2,5-二甲基-3-氨基己烷   2-甲氨基戊烷
(2,5-二甲基-3-己胺)   (N-甲基-2-戊胺)

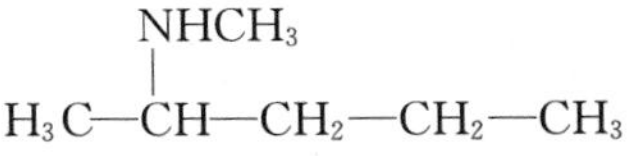

(三)胺的结构

氮原子有三个未填满的 2p 轨道,如果用来成键,键角应当是 90°。但实际上,在许多化合物中,键角接近 109°,所以在这些化合物中,氮原子是用 sp³ 杂化轨道与其他原子成键的。氨具有棱锥体的结构,氮原子用 sp³ 杂化轨道与三个氢原子的 s 轨道重叠形成三个 sp³-σ 键,成棱锥

体,氮上还有一对孤电子占据另一个 sp³ 轨道,处于棱锥体的顶端,这样,氨的空间排布基本上近似 CH_4 的正四面体结构,氮原子在四面体的中心。胺的结构与氨相似,在胺中,氮原子的三个 sp³ 轨道与氢的 s 轨道或其他基团的碳的杂化轨道重叠,也具有棱锥体的结构。氨、甲胺和三甲胺的结构如图 4-1 所示。

在芳香胺中,氮上的孤对电子的 p 轨道和苯环 π 轨道重叠,形成 p—π 共轭。共轭的结果是氨基供电子共轭效应大于吸电子诱导效应,与苯环相连的氨基起着供电子作用,使苯环电子云密度升高,苯环得到活化。图 4-2 是苯胺的结构,氨基仍然是棱锥体结构,H—N—H 键角为 $113.9°$,H—N—H 平面与苯环平面交叉的角度为 $39.4°$。

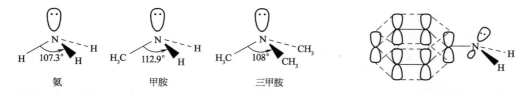

图 4-1　氨、甲胺和三甲胺的结构　　　　　　　图 4-2　苯胺的结构

二、胺的制法

(一)氨或胺的烃基化

1. 卤代烃与氨的反应　氨与卤代烃反应首先生成伯胺:

$$RX + 2NH_3 \longrightarrow RNH_2 + NH_4X$$

伯胺可继续与卤代烃反应生成仲胺:

$$RNH_2 + RX + NH_3 \longrightarrow R_2NH + NH_4X$$

仲胺再反应生成叔胺:

$$R_2NH + RX + NH_3 \longrightarrow R_3N + NH_4X$$

叔胺再与卤代烃反应最后生成季铵盐:

$$R_3N + RX \longrightarrow R_4N^+X^-$$

总之,反应产物是伯胺、仲胺、叔胺及季铵盐的混合物。要想得到纯净的产物,这不是一个好的合成方法。当氨大大过量时,则可将产物控制为以伯胺为主。

$$CH_3(CH_2)_3\underset{|}{\overset{}{C}}HCOOH + 2NH_3 \longrightarrow CH_3(CH_2)_3\underset{|}{\overset{}{C}}HCOOH + NH_4Br$$
$$Br \qquad\qquad\qquad\qquad\qquad NH_2$$
$$62\% \sim 67\%$$

反应中使用的卤代烃一般是伯卤代烃(RX、$H_2C\!=\!CHCH_2X$、$ArCH_2X$)。脂肪卤代烃的反应速度顺序为 $RI > RBr > RCl$。仲卤代烃 R_2CHX、叔卤代烃 R_3CX 与氨发生的反应主要是消除反应,而不是亲核取代反应。$H_2C\!=\!CHX$ 和 ArX 类卤代烃稳定性高,一般条件下不与氨发生反应。当卤代芳烃的邻、对位含有多个强的吸电子基时，在催化剂作用下也可发生反应。

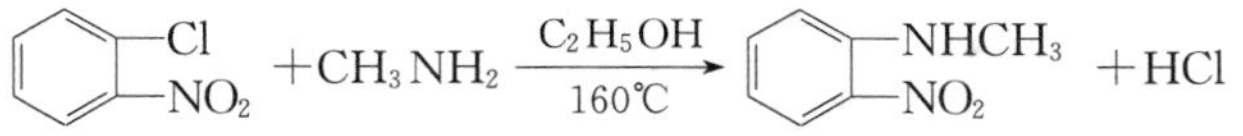

$$6CH_3OH + 3NH_3 \xrightarrow[300℃]{Al_2O_3} CH_3NH_2 + (CH_3)_2NH + (CH_3)_3N + 6H_2O$$

在亚硫酸氢铵的催化下，氨与萘酚反应生成相应的萘胺。

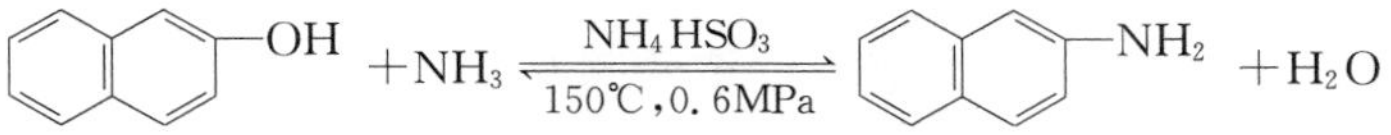

这是生产 β-萘胺的方法。上述反应是可逆的，在酸性条件下，萘胺也可转变成相应的萘酚。

2. 氨与醇或酚的反应　工业上常用甲醇与氨反应制得甲胺、二甲胺、三甲胺，得到的混合物通过精馏可以将它们进行分离。

(二)由还原反应制胺

1. 硝基化合物的还原　芳香胺可以由苯及苯的衍生物硝化后再还原制得。芳香胺还可以发生一系列反应转化为其他化合物，是极其重要的化工原料，在染料、制药工业中大量应用。故此法是制备芳伯胺的重要方法。

用铁、锌、锡等金属在酸性条件下作为还原剂将硝基还原成氨基。

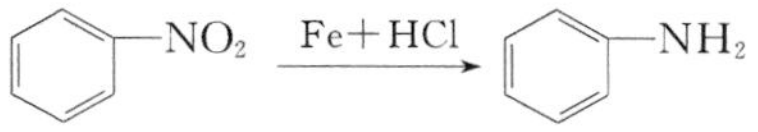

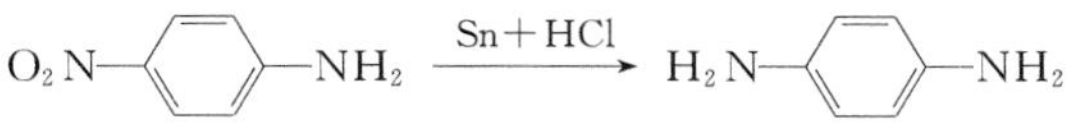

该方法虽然工艺简单，不需要特殊设备，但会产生大量金属废渣，严重污染环境，因此现已经被催化加氢法取代。

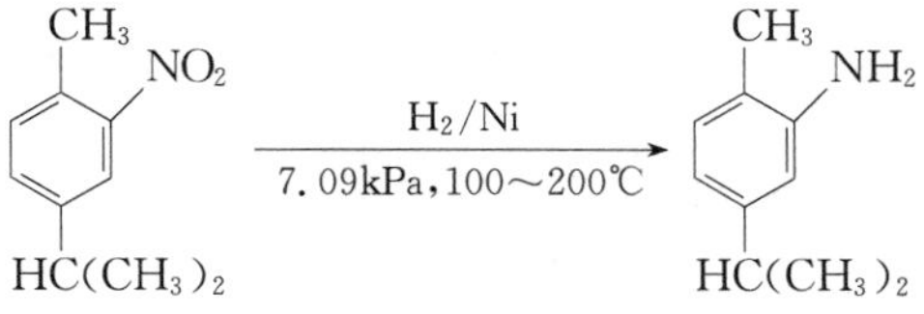

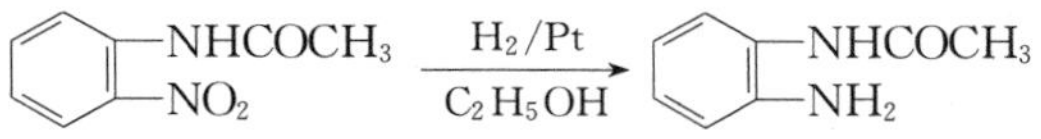

如果用氯化亚锡作还原剂，可避免醛基被还原。

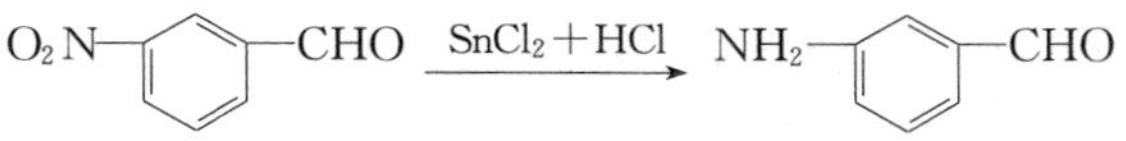

α-萘胺是合成偶氮类染料的重要中间体，用 α-硝基萘经还原可得到 α-萘胺。

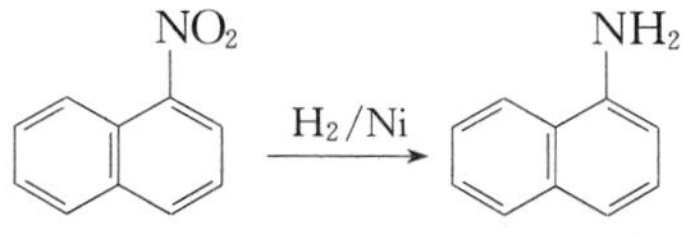

2. 腈和酰胺的还原　腈和酰胺都可催化氢化或用 $LiAlH_4$ 还原为相应的伯胺。

$$CH_3CH_2CH_2CN \xrightarrow{Na + C_2H_5OH} CH_3CH_2CH_2CH_2NH_2$$

109

$$\text{Ph-CH}_2\text{CN} \xrightarrow{\text{H}_2/\text{Ni}} \text{Ph-CH}_2\text{CH}_2\text{NH}_2 \qquad \text{Ph-CONH}_2 \xrightarrow{\text{LiAlH}_4} \text{Ph-CH}_2\text{NH}_2$$

腈还原生成伯胺在化纤工业生产上已经得到应用。用己二腈还原成己二胺。己二胺是合成锦纶 66 的原料。

$$\text{CN(CH}_2)_4\text{CN} \xrightarrow[140℃]{\text{H}_2/\text{Ni}} \text{NH}_2(\text{CH}_2)_6\text{NH}_2$$

＊(三)盖布瑞尔合成法

将邻苯二甲酰亚胺在碱性溶液中与卤代烃发生反应,生成 N-烷基邻苯二甲酰亚胺,再将 N-烷基邻苯二甲酰亚胺水解,得到伯胺。此法是制取纯净伯胺的好方法。

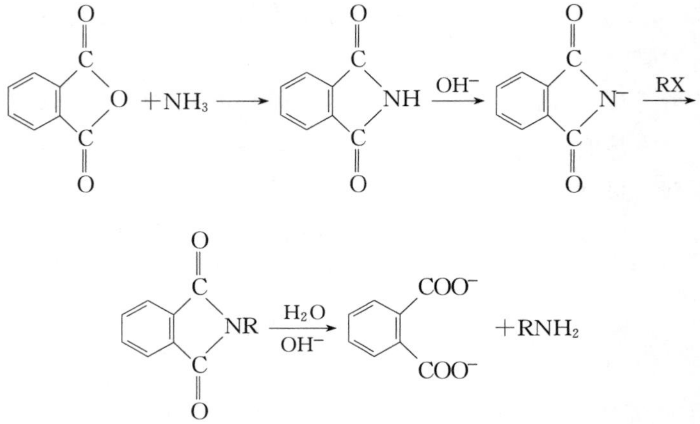

(四)霍夫曼降解法

酰胺与次卤酸钠的碱溶液共热,可得到比原来的酰胺少一个碳原子的伯胺。

$$\text{RCONH}_2 \xrightarrow[\text{或 NaBrO, OH}^-]{\text{NaClO, OH}^-} \text{RNH}_2$$

$$\text{CH}_3(\text{CH}_2)_4\text{CONH}_2 \xrightarrow{\text{Br}_2 + \text{NaOH}} \text{CH}_3(\text{CH}_2)_4\text{NH}_2$$

三、胺的物理性质

胺与氨,除前者易燃烧外,性质很相似,低级胺是气体或易挥发的液体,气味与氨相似,有的有鱼腥味,高级胺为固体。芳香胺是高沸点的液体和低熔点的固体,具有特殊的气味。芳香胺的毒性大,如苯胺可以通过吸入、食入或通过皮肤吸收而导致中毒,食入 0.25mL 就严重中毒,β-萘胺与联苯胺是致癌物质[1]。

一级胺、二级胺和三级胺与水能形成氢键,一级胺和二级胺本身分子间也能形成氢键。由于氮的电负性不如氧大,胺的氢键不如醇和水的氢键强。因此,胺的沸点比相同相对分子质量的非极性化合物高,但比醇的沸点低。常见胺的物理常数见表 4-1。

表 4-1 常见胺的物理常数[2]

名 称	熔点/℃	沸点/℃	溶解度/g·100g 水$^{-1}$，20℃	名 称	熔点/℃	沸点/℃	溶解度/g·100g 水$^{-1}$，20℃
甲 胺	-92.0	-7.5	易溶	苯 胺	-6.0	184.0	3.7
二甲胺	-96.0	7.5	易溶	N-甲苯胺	-57.0	196.0	微溶
三甲胺	-117.0	3.0	91	N,N-二甲苯胺	3.0	194.0	1.4
乙 胺	-80.0	17.0	∞	二苯胺	53.0	302.0	不溶
二乙胺	-39.0	55.0	易溶	三苯胺	127.0	365.0	不溶
三乙胺	-115.0	89.0	14	邻甲苯胺	-26.0	200.0	1.7
正丙胺	-83.0	48.7	∞	间甲苯胺	-30.0	203.0	微溶
正丁胺	-50.0	77.8	易溶	对甲苯胺	44.0	200.0	0.7
环己胺	—	134.0	微溶	邻硝基苯胺	71.0	284.0	0.1
乙二胺	8.0	117.0	溶	间硝基苯胺	114.0	307.0	0.1
苯甲胺	—	185.0	∞	对硝基苯胺	148.0	332.0	0.05

四、胺的化学性质

(一)胺的碱性

由于氨基的氮原子上有一对孤电子,易与质子反应成盐。因此,胺具有碱性,能与大多数酸反应成盐:

$$\overset{..}{R}\overset{..}{N}H_2 + H^+ \longrightarrow R\overset{+}{N}H_3$$

$$\overset{..}{R}\overset{..}{N}H_2 + HCl \longrightarrow R\overset{+}{N}H_3 Cl^-$$

$$\overset{..}{R}\overset{..}{N}H_2 + HOSO_3H \longrightarrow R\overset{+}{N}H_3 \overset{-}{O}SO_3H$$

胺在水溶液中存在下列平衡。

$$RNH_2 + H_2O \Longrightarrow R\overset{+}{N}H_3 + OH^-$$

$$K_b = \frac{[R\overset{+}{N}H_3][OH^-]}{[RNH_2]}$$

K_b 值越大或者 pK_b 值越小,说明胺的碱性越强。不同胺类的碱性强弱顺序为:脂肪胺＞氨＞芳香胺。

对于脂肪胺,在气态时和在溶液中所显示的酸碱性不同。

在气态时碱性强弱顺序为:$(CH_3)_3N ＞ (CH_3)_2NH ＞ CH_3NH_2 ＞ NH_3$

在水溶液中碱性强弱顺序为:$(CH_3)_2NH ＞ CH_3NH_2 ＞ (CH_3)_3N ＞ NH_3$

原因是气态时,仅有烷基的供电子效应,烷基越多,供电子效应越大,碱性越强。在水溶液中,一般认为是电子效应与溶剂化共同作用的结果。从伯胺到仲胺,增加了一个甲基,由于电子效应,使碱性增加;但三甲胺的碱性反而比甲胺弱,这是因为一种胺在水中的碱性不仅要看取代基的电子效应,还要看它接受质子后形成正离子的溶剂化程度。

$$\begin{matrix} & H \cdots OH_2 \\ R-\overset{+}{N}-H\cdots OH_2 \\ & H\cdots OH_2 \end{matrix} \qquad \begin{matrix} & H\cdots OH_2 \\ R_2-\overset{+}{N} \\ & H\cdots OH_2 \end{matrix} \qquad \begin{matrix} & H \\ R_3-\overset{+}{N}-H\cdots O \\ & H \end{matrix}$$

氮原子上连有的氢越多(体积也越小),它与水通过氢键溶剂化的可能性就越大,胺的碱性就越强。在伯胺到叔胺之间,溶剂化效应占主导地位,使叔胺碱性比甲胺还弱。

芳香胺的碱性一般比脂肪胺的碱性弱,这是因为氮上的孤对电子与苯环的 π 电子互相作用,形成一个均匀的共轭体系而变得稳定,氮上的孤电子对部分向苯环离域,因此氮原子与质子的结合能力降低,故芳香胺的碱性减弱。

芳胺的碱性强弱顺序为:

$$ArNH_2 > Ar_2NH > Ar_3N$$

例如:

$$NH_3 > PhNH_2 > (Ph)_2NH > (Ph)_3N$$

$$pK_b \quad 4.75 \quad 9.38 \quad 13.21 \quad \text{中性}$$

对取代芳胺,苯环上连供电子基时,碱性略有增强;连有吸电子基时,碱性则降低。常见胺的碱性数据见表 4-2。

表 4-2　常见胺的碱性数据[2]

名　称	pK_b	名　称	pK_b	名　称	pK_b
甲　胺	3.38	二乙胺	3.06	N-甲苯胺	9.6
二甲胺	3.27	三乙胺	3.25	N,N-二甲苯胺	9.62
三甲胺	4.21	苯　胺	9.38	邻甲苯胺	9.56
乙　胺	3.36	二苯胺	13.21	邻硝基苯胺	14.26

胺的碱性较弱,其盐是强酸弱碱盐,与氢氧化钠溶液作用时,释放出游离胺。利用这个性质,可以把胺从其他非碱性物质中分离出来,也可定性鉴别胺。

$$R\overset{+}{N}H_3Cl^- + NaOH \longrightarrow RNH_2 + NaCl + H_2O$$

(二)胺的烃基化反应

胺的烃基化反应已经在胺的制法中加以讨论,此处不再赘述。

(三)胺的酰基化反应

伯胺、仲胺、芳香胺均易与酰氯、酸酐等酰基化剂作用,此类反应称为酰化。氨基中的氢原子被酰基取代,生成 N-取代酰胺。叔胺的氮原子上没有氢原子,不发生酰化。

$$RNH_2 \xrightarrow[\text{或}(R'CO)_2O]{R'COCl} RNHCOR'$$

$$R_2NH \xrightarrow{R'COCl} R_2NCOR'$$

$$\left.\begin{matrix} R_3N \\ (Ar)_3N \end{matrix}\right\} \xrightarrow[\text{或}(R'CO)_2O]{R'COCl} \times$$

例如:

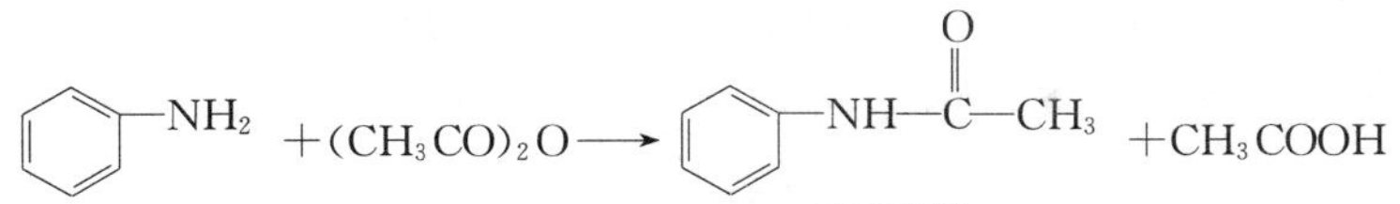

对于胺来说,伯胺的活性大于仲胺,脂肪胺的活性大于芳胺。

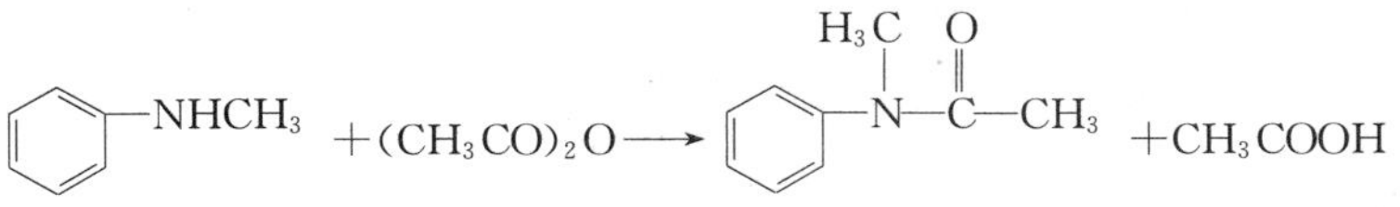

酰基化试剂的活性顺序是:酰氯 ＞ 酸酐 ＞ 羧酸。

胺的酰基化反应有广泛的用途。

(1)可以利用酰基化反应保护氨基。芳胺酰基化后,生成的酰胺不易被氧化,常用于氨基的保护。酰胺在酸或碱的催化下,水解生成原来的胺。

例如:由对甲苯胺合成对氨基苯甲酸。

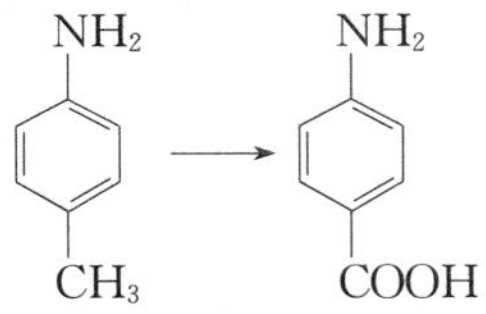

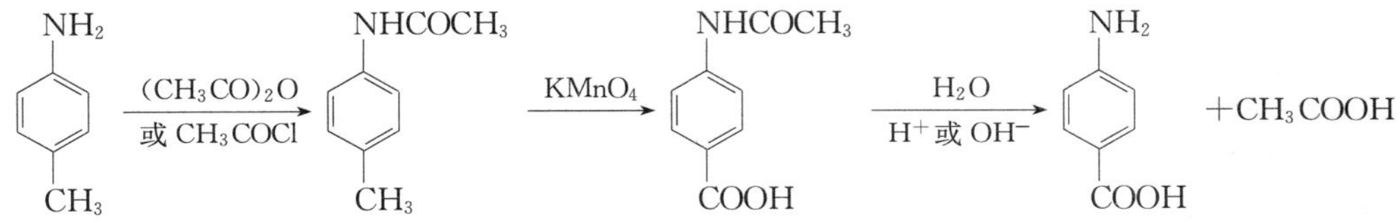

再如,要想在苯胺中引入硝基,不能将苯胺直接硝化,否则,氨基容易被氧化,达不到目的。正确的方法是首先将氨基进行酰基化加以保护,再进行硝化,再水解成胺。

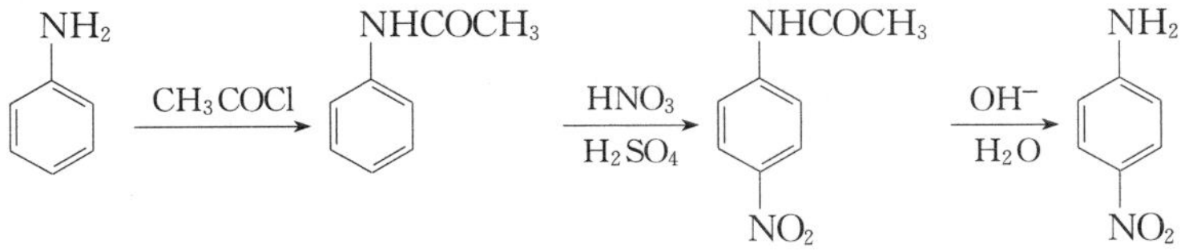

(2)酰基化可以降低氨基的定位活性,但定位效应一致,仍为邻、对位定位基。

＊(3)酰胺化后生成的 N-取代酰胺都是晶体,它们有固定的熔点,因此,通过测定酰化后晶体的熔点来鉴别胺。部分胺被苯甲酰化后产物的晶体的熔点见表 4-3。

表 4-3　部分胺被苯甲酰化后产物的晶体的熔点[3]

胺	甲胺	二甲胺	乙胺	苯胺	苄胺	对甲苯胺	邻甲苯胺	间甲苯胺	α-萘胺
苯甲酰化产物的熔点/℃	80.0	41.0	71.0	160.0	105.0	158.0	146.0	125.0	160.0

(四)与亚硝酸的反应

胺与亚硝酸的反应是一个重要反应,特别是芳伯胺与亚硝酸的反应非常重要,它在染料和颜料工业中有广泛的应用,是合成偶氮类染料和颜料的重要反应。

亚硝酸(HNO_2)不稳定,只能用时现制。一般反应时由亚硝酸钠与盐酸或硫酸作用而得。不同类型的胺与 HNO_2 作用生成不同的产物。

1. 脂肪族胺与亚硝酸的反应

(1)伯胺与 HNO_2 在低温下($0℃$)反应生成重氮盐,重氮盐不稳定,容易分解放出氮气。

$$RCH_2CH_2NH_2 \xrightarrow[\text{低温}]{NaNO_2+HCl} RCH_2CH_2\overset{+}{N_2}Cl^- \xrightarrow{\text{分解}} RCH_2\overset{+}{CH_2}+N_2\uparrow+Cl^-$$

生成的碳正离子可以发生各种不同的反应生成烯烃、醇和卤代烃等,所以,伯胺与亚硝酸的反应在有机合成上用途不大。

(2)仲胺与 HNO_2 反应,生成黄色油状或固体状的 N-亚硝基化合物。

$$\underset{R}{\overset{R}{>}}NH \xrightarrow{NaNO_2+HCl} \underset{R}{\overset{R}{>}}N-N=O+H_2O$$

N-亚硝基胺(黄色油状物)

$$(CH_3CH_2)_2NH \xrightarrow{NaNO_2+HCl} (CH_3CH_2)_2N-N=O$$

N-亚硝基乙二胺

N-亚硝基化合物与盐酸共热,水解重新生成原来的仲胺。所以该反应可用来鉴定和精制仲胺。

(3)叔胺在同样条件下,与 HNO_2 不发生反应。因而,胺与亚硝酸的反应可以鉴别脂肪族伯胺、仲胺、叔胺。

2. 芳香胺与亚硝酸的反应

(1)芳伯胺与亚硝酸在低温下反应生成重氮盐。重氮盐在有机合成中极为重要,在染料合成中,重氮盐与酚偶合可以得到有色的偶氮类染料和颜料。

$$\text{⟨⟩}-NH_2 \xrightarrow[0\sim5℃]{NaNO_2+HCl} \text{⟨⟩}-\overset{+}{N_2}Cl^- +2H_2O+NaCl$$

氯化重氮苯(重氮盐)

此反应称为重氮化反应。芳伯胺形成的重氮盐较脂肪族伯胺稳定,但也只能存在于酸性溶液中和较低温度下。温度升高到室温时,重氮盐会分解放出氮气。重氮盐的稳定性还与芳烃的结构有关,若芳环上连有强的供电子基团,则生成的重氮盐比较稳定。有的芳胺甚至可以在室温下进行重氮化反应。

(2)芳仲胺与亚硝酸反应,生成黄色油状或黄色固体状的亚硝基胺。

$$\text{⟨⟩}-NH-CH_3 \xrightarrow[0\sim5℃]{NaNO_2+HCl} \text{⟨⟩}-\underset{CH_3}{N}-N=O \xrightarrow[H^+]{\triangle} H_3CHN-\text{⟨⟩}-N=O$$

N-亚硝基-N-甲基苯胺
(黄色油状液体)

（3）芳叔胺与亚硝酸反应,亚硝基加到苯环上,生成对亚硝基芳胺绿色固体。

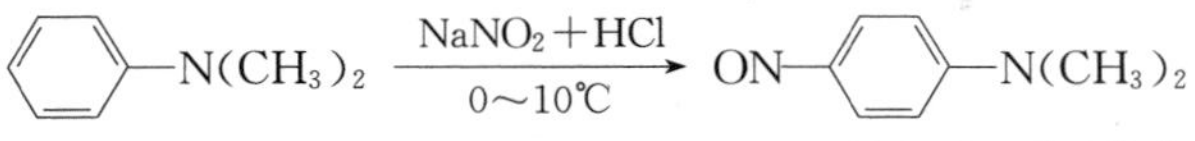

$$N,N-二甲基对亚硝基苯胺$$
$$（绿色固体）$$

根据上述反应现象的不同,芳胺与亚硝酸的反应也可用来鉴别芳香族伯胺、仲胺、叔胺。

(五)芳环上的亲电取代反应

氨基是强的邻、对位定位基,它使苯环活化,容易发生亲电取代反应。

1. 卤代反应　苯胺很容易发生卤代反应,但很难控制在一元阶段。

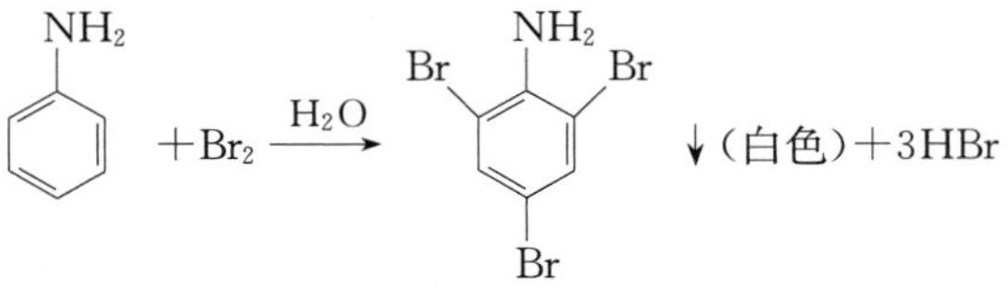

$$2,4,6-三溴苯胺$$

上述反应非常灵敏且为定量反应,因此该反应可用于苯胺的定性和定量分析。如要制取一溴苯胺,则应先降低苯胺的活性或改变定位属性,再进行溴代,使溴代反应几乎只发生在对位和间位,其方法如下。

（1）方法一:将氨基进行酰基化,再溴代。

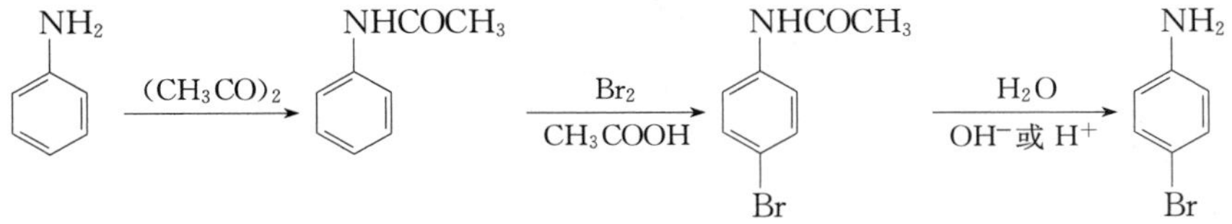

（2）方法二:先与强酸成盐,改变氨基的定位属性,再溴代。

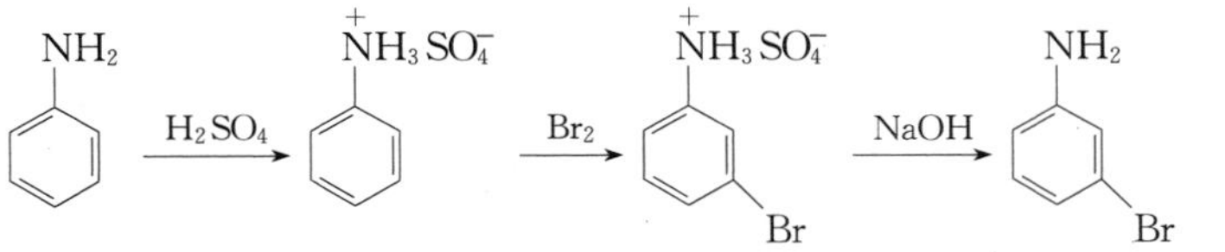

2. 硝化反应　芳伯胺直接硝化时,氨基易被硝酸氧化,必须先把氨基保护起来(乙酰化或成盐),然后再进行硝化。

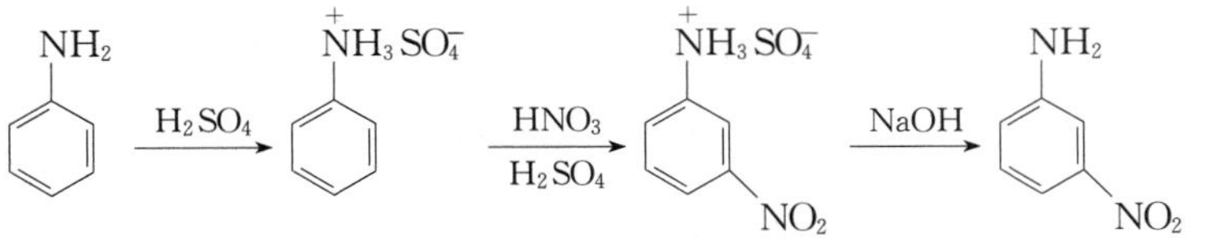

3. 磺化反应　在 $180\sim190℃$ 下,加热苯胺和浓硫酸,即可得到对氨基苯磺酸。

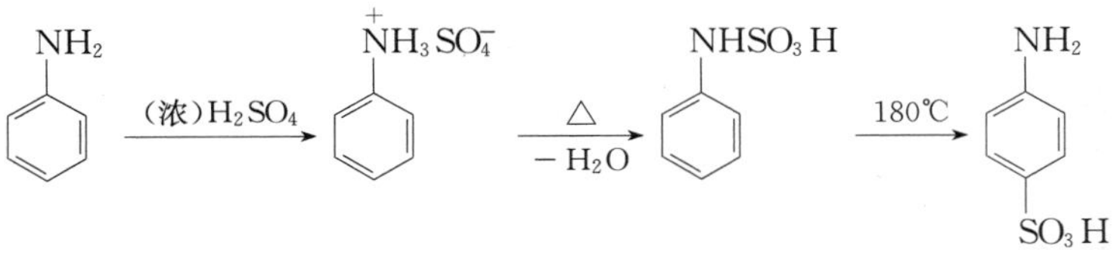

一般情况下,磺基进入氨基的对位。若对位已有取代基,则进入氨基的邻位。

(六)胺的氧化反应

1. 脂肪胺的氧化　胺容易氧化,用不同的氧化剂可以得到不同的氧化产物。叔胺的氧化最有意义。

$$\text{（环己基）CH}_2\text{N(CH}_3)_2 \xrightarrow{\text{H}_2\text{O}_2} \text{（环己基）CH}_2\text{N}^+\text{(CH}_3)_2\text{O}^-$$

$N,N-$二甲基环己基甲胺$-N-$氧化物

具有$\beta-$H的叔胺加热氧化时发生消除反应,产生烯烃。

$$\text{（环己基）CH}_2\text{N}^+\text{(CH}_3)_2\text{O}^- \xrightarrow{160℃} \text{（亚甲基环己烷）} + \text{(CH}_3)_2\text{NOH}$$

(98%)

此反应称为科普(Cope)消除反应。科普消除反应是一种立体选择性很高的顺式(同侧)消除反应。反应是通过形成平面五元环的过程完成的。

$$\xrightarrow{160℃} \text{（亚甲基环己烷）}$$

2. 芳胺的氧化　芳胺很容易氧化,例如,新的纯苯胺是无色的,但暴露在空气中很快就变成黄色然后变成红棕色。用氧化剂处理苯胺时,生成复杂的混合物。在一定的条件下,苯胺的氧化产物主要是对苯醌。

$$\text{（苯胺 NH}_2\text{）} \xrightarrow[\text{H}_2\text{SO}_4,10℃]{\text{MnO}_2} \text{（对苯醌）}$$

苯胺用漂白粉氧化呈现紫色,用于漂白粉互相鉴别。

五、几种重要的胺

1. 己二胺　己二胺是重要的二元胺,是合成纤维锦纶66的原料。它是无色片状晶体,熔点为41℃左右。有吡啶气味,具有刺激性,微溶于水,易溶于乙醇、乙醚和苯等有机溶剂。

己二胺可用己二酸与氨作用生成己二酰胺,再经脱水生成己二腈,最后通过催化加氢得到。

$$\text{HOOC(CH}_2)_4\text{COOH} \xrightarrow[\triangle]{\text{NH}_3} \text{H}_2\text{NOC(CH}_2)_4\text{CONH}_2 \xrightarrow{-\text{H}_2\text{O}}$$

$$\text{NC(CH}_2)_4\text{CN} \xrightarrow[\triangle]{\text{H}_2/\text{Ni}} \text{H}_2\text{N(CH}_2)_4\text{NH}_2$$

2. 苯胺　苯胺为无色油状液体,在空气中会逐渐变成深棕色,久置会变成棕黑色,有特殊气味。沸点为184℃左右,熔点为$-6℃$,微溶于水,密度大于水,易溶于乙醚和乙醇。苯胺有毒性。空气中允许浓度为5mg/m^3,爆炸极限为$1.3\%\sim11\%$(体积分数)。

苯胺广泛存在于煤焦油中。工业上一般采用还原硝基苯的方法生产。

3. N, N - 二甲苯胺 N, N - 二甲苯胺常温下为液体,沸点为194℃,是合成染料的重要中间体。工业上用苯胺和甲醇为原料制取。

$$\text{C}_6\text{H}_5\text{—NH}_2 + 2\text{CH}_3\text{OH} \xrightarrow[220℃,加压]{\text{H}_2\text{SO}_4} \text{C}_6\text{H}_5\text{—N(CH}_3)_2 + 2\text{H}_2\text{O}$$

4. 萘胺 萘胺有 α - 萘胺和 β - 萘胺两种异构体,两者均为染料中间体的重要原料。其中以 α - 萘胺更为重要。用 α - 硝基萘经还原可得到 α - 萘胺。

（α-硝基萘 $\xrightarrow{\text{H}_2/\text{Ni}}$ α-萘胺）

第二节 芳香族重氮和偶氮化合物

重氮和偶氮化合物分子中都含有—N＝N—官能团。—N＝N—官能团的两端都分别与烃基相连的化合物称为偶氮化合物,通式:

$$(\text{Ar})\text{R—N＝N—R(Ar)}$$

（偶氮苯）　（对羟基偶氮苯）　（甲(基)偶氮苯）

若—N＝N—官能团的一端与烃基相连,另一端不直接与烃基相连的化合物,称为重氮化合物。

CH_3N_2^-　$[\text{C}_6\text{H}_5\overset{+}{\text{N}}\text{≡N}]\text{Cl}^-$　（苯重氮氨基苯）

（重氮甲烷）　（氯化重氮苯）　　苯重氮氨基苯

芳香族重氮盐是合成芳香族化合物的重要原料。可以说它在有机合成上的重要性并不亚于格氏试剂。通过芳香族重氮盐合成芳香族偶氮类化合物是获得有色芳香族化合物的重要途径,是染料和颜料工业中的重要合成方法。

一、重氮盐的制备——重氮化反应

在低温和强酸性溶液中,芳伯胺与亚硝酸作用,生成重氮盐的反应,称为重氮化反应。

$$\text{ArNH}_2 + \text{NaNO}_2 + \text{HCl} \xrightarrow{0\sim5℃} \text{Ar}\overset{+}{\text{N}}_2\text{Cl}^- + \text{NaCl} + \text{H}_2\text{O}$$

$$\text{C}_6\text{H}_5\text{—NH}_2 \xrightarrow[0\sim5℃]{\text{NaNO}_2 + \text{HCl}} \text{C}_6\text{H}_5\overset{+}{\text{N}}_2\text{Cl}^- + \text{NaCl} + \text{H}_2\text{O}$$

重氮化反应必须在低温(0～5℃)下进行(温度高重氮盐易分解放出氮气)。芳环上具有强的供电子基团的芳伯胺可以在高一些温度(室温)下进行重氮化反应。

进行重氮化反应时,一般将芳伯胺溶于 HCl 或 H_2SO_4 中,在冰冷却下加入 NaNO_2 溶液,反应时酸要求过量,以避免生成的重氮盐与未起反应的芳胺发生偶合反应。

亚硝酸有氧化性,不利于重氮盐的稳定存在;其次考虑到亚硝酸的挥发性,亚硝酸只许稍微过量。可用淀粉—KI 试纸检验 HNO_2 的用量,当试纸显蓝色时,表示重氮化反应已到终点。

二、重氮盐的性质

重氮盐溶于水,不溶于有机溶剂。重氮盐的化学性质十分活泼,受热、光照或遇铜、铅等金属离子或遇到氧化剂时,均能被分解破坏,放出氮气。通过重氮盐可以把氨基转换成许多其他基团,因此,重氮盐的转换反应是有机合成中一类重要的反应。

归纳起来,重氮盐的反应主要为两类:一类是重氮基被其他原子或原子团取代,同时放出氮气;另一类是重氮基保留在分子中,无氮气放出。

(一)取代反应——放氮反应

重氮基在不同的条件下,可以被卤素(—X),氰基(—CN),羟基(—OH),氢原子等取代。

1. 被卤素取代

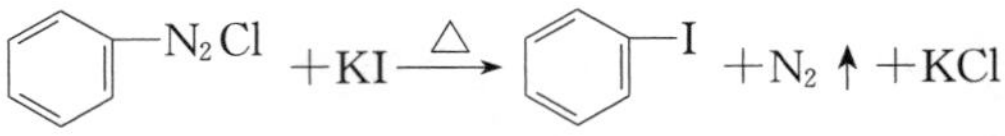

此反应是将碘原子引入苯环的好方法,但此法不能用来引入氯原子或溴原子。氯、溴的引入用桑德迈尔反应。

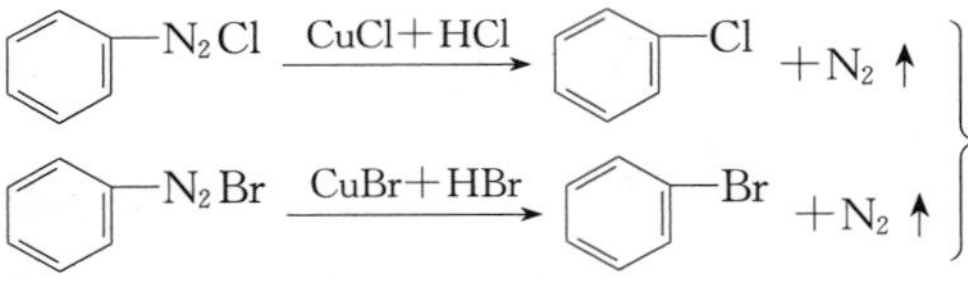

2. 被氰基取代　重氮盐与 CuCN 的 KCN 水溶液作用,重氮基被氰基取代生成苯甲腈。由于氰基很容易水解为羧基,利用此反应可将氨基转换成羧基。另外,可从腈制备胺。

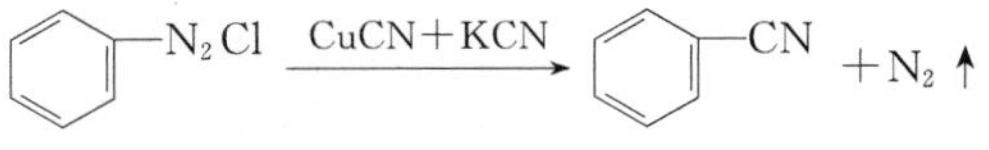

苯甲腈

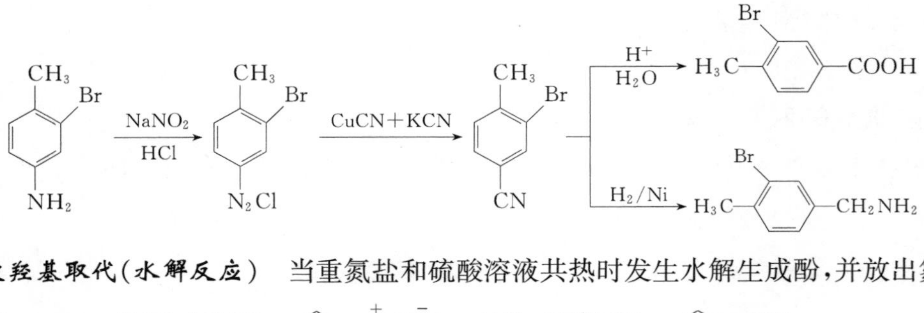

3. 被羟基取代(水解反应)　当重氮盐和硫酸溶液共热时发生水解生成酚,并放出氮气。

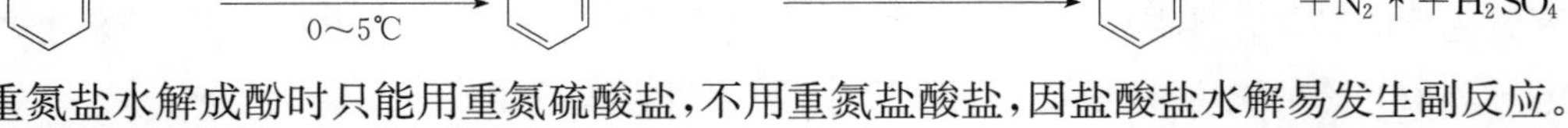

重氮盐水解成酚时只能用重氮硫酸盐,不用重氮盐酸盐,因盐酸盐水解易发生副反应。

溶液之所以用 40%~50% 硫酸,目的是为了防止未起反应的重氮盐和生成的酚发生偶合反应。

在有机合成中,常利用此反应把氨基转变为羟基,从而制备一些不能由芳磺酸盐碱熔而制得的酚类。例如:合成间溴苯酚,不能用碱熔法,因碱熔时,溴原子也会被取代。只能采用以下途径:

$$\text{(间溴硝基苯)} \xrightarrow[]{N_2/Ni} \text{(间溴苯胺)} \xrightarrow{NaNO_2 + H_2SO_4} \text{(重氮盐 } \overset{+}{N_2}\ \overset{-}{HSO_4}) \xrightarrow[H_2O]{H_2SO_4} \text{(间溴苯酚 OH)}$$

4. 被氢原子取代　重氮盐与许多还原剂(如甲醛碱溶液、次磷酸、乙醇等)作用,则重氮基被氢原子取代。因此,可以通过此反应将芳环上的氨基或硝基除掉。

$$\text{C}_6\text{H}_5\text{—N}_2\text{Cl} + HCHO + 2NaOH \longrightarrow \text{C}_6\text{H}_6 + N_2\uparrow + HCOONa + NaCl + H_2O$$

$$\text{C}_6\text{H}_5\text{—N}_2\text{Cl} + H_3PO_2 + H_2O \longrightarrow \text{C}_6\text{H}_6 + N_2\uparrow + H_3PO_3 + HCl$$

$$\text{C}_6\text{H}_5\text{—N}_2\text{Cl} + C_2H_5OH \longrightarrow \text{C}_6\text{H}_6 + N_2\uparrow + CH_3CHO + HCl$$

从以上四类反应可以看出,它们的共同特点是均有氮气放出,故这类取代反应又叫放氮反应。利用上述重氮基被其他基团取代的反应,可用来制备一些不能用直接方法来制取的化合物。

例 1　从苯制备 $1,3,5$ -三溴苯。

此转变不能用苯直接溴化制取。需先引入一个强的邻、对位定位基,使溴原子进入苯环邻、对位。而且引入的基团又易被除去,引入氨基符合要求。

$$\text{(苯)} \xrightarrow[50\sim60\text{℃}]{H_2SO_4,\ HNO_3} \text{(硝基苯 NO}_2) \xrightarrow{H_2/Ni} \text{(苯胺 NH}_2) \xrightarrow{Br_2} \text{(2,4,6-三溴苯胺)} \xrightarrow{NaNO_2 + H_2SO_4}$$

$$\text{(重氮盐 } \overset{+}{N_2}\ \overset{-}{HSO_4}) \xrightarrow{C_2H_5OH} \text{(1,3,5-三溴苯)}$$

例 2　由硝基苯制备 $2,6$ -二溴苯甲酸。

反复利用重氮盐的取代反应可以达到目的。

$$\text{(硝基苯 NO}_2) \xrightarrow{H_2/Ni} \text{(苯胺 NH}_2) \xrightarrow{(CH_3CO)_2O} \text{(NHCOCH}_3) \xrightarrow[\text{乙酸}]{HNO_3} \text{(NHCOCH}_3,\ NO_2) \xrightarrow[H_2O]{OH^-}$$

$$\text{(对硝基苯胺 NH}_2,\ NO_2) \xrightarrow{Br_2 / Fe} \text{(Br, Br, NH}_2,\ NO_2) \xrightarrow{NaNO_2 / H_2SO_4} \text{(Br, Br, } \overset{+}{N_2}\ \overset{-}{HSO_4},\ NO_2) \xrightarrow{CuCN / KCN}$$

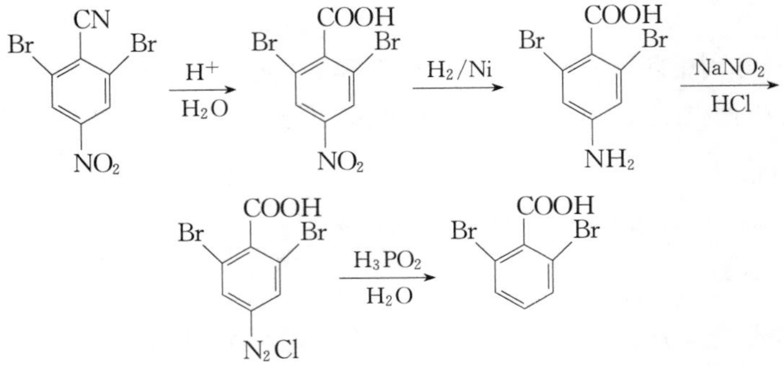

(二)保留氮的反应

分子中的两个氮原子保留在产物分子中,有还原反应和偶合反应两种。

1. 还原反应　重氮盐可被氯化亚锡、锡和盐酸,锌和乙酸、亚硫酸钠、亚硫酸氢钠等还原成苯肼盐酸盐,再加碱即得苯肼。

苯肼盐酸盐　　　　苯肼

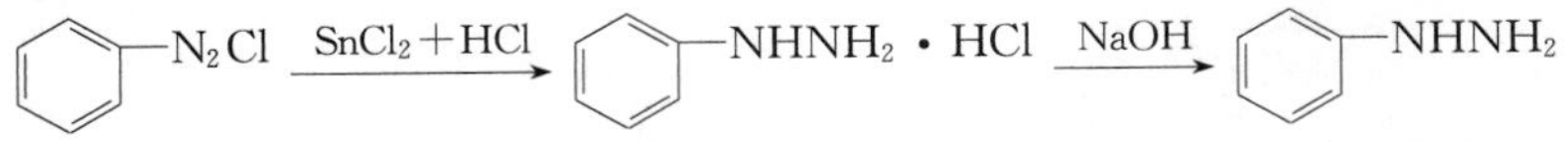

苯肼为无色油状液体,不溶于水,有强碱性,在空气中易变黑,有毒。苯肼是羰基化试剂,也是合成药物及染料的原料。

2. 偶合反应　在低温时,重氮盐(重氮组分)与酚或苯胺(偶合组分)在弱酸、中性或碱溶液中作用,失去一分子 HX,由偶氮基(—N═N—)将两个分子偶合起来,生成颜色鲜艳的偶氮化合物,这个反应称为偶合反应。偶合反应在染料和颜料的工业合成中是极为重要的反应。

对二甲氨基偶氮苯

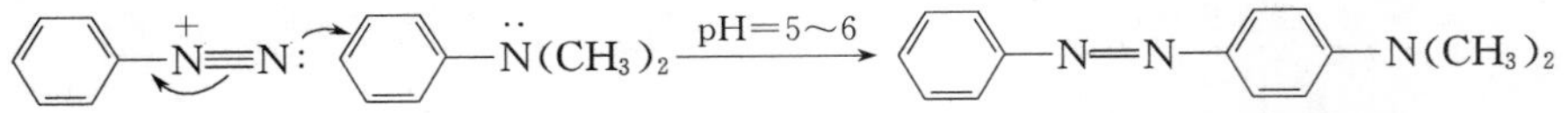

偶合反应是亲电取代反应,是重氮阳离子(弱的亲电试剂)进攻苯环上电子云较大的碳原子而发生的反应。

(1)与酚偶合。重氮盐与酚在弱碱性溶液中很快发生偶合反应。反应要在弱碱性条件下进行,因在弱碱性条件下酚生成酚盐负离子,使苯环活化,有利于亲电试剂重氮阳离子的进攻。

对羟基偶氮苯

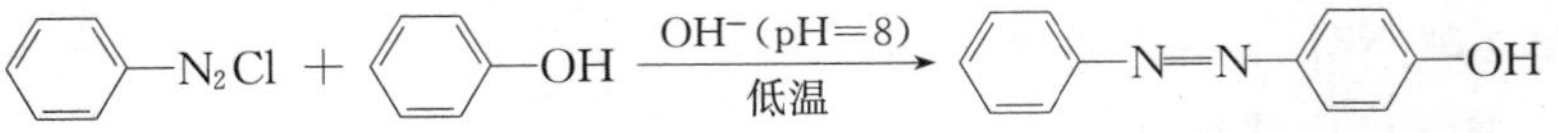

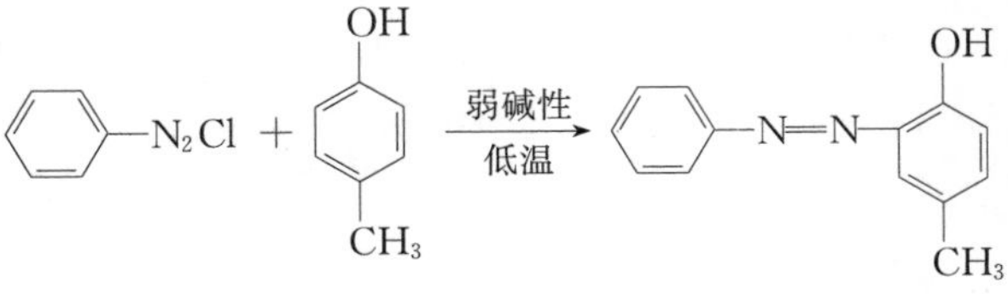

但碱性不能太大(pH 不能大于 9),因碱性太强,重氮盐会转变为没有偶氮能力的重氮盐。

(2)与芳胺偶合。重氮盐与芳胺的偶合反应要在中性或弱酸性溶液中进行。原因是在中性或弱酸性溶液中,重氮离子的浓度最大,且氨基是游离的,不影响芳胺的反应活性。但若溶液的酸性太强(pH<5),会使胺生成不活泼的铵盐,偶合反应就难进行或进行得很慢。

$$NaO_3S-\!\!\!\bigcirc\!\!\!-\overset{+}{N_2}Cl^- + \bigcirc\!\!\!-N\overset{CH_3}{\underset{CH_3}{\diagdown}} \xrightarrow{CH_3COOH} NaO_3S-\!\!\!\bigcirc\!\!\!-N=\!\!\!N-\!\!\!\bigcirc\!\!\!-N\overset{CH_3}{\underset{CH_3}{\diagdown}}$$

4-磺酸基-4′-二甲氨基偶氮苯
（甲基橙）

偶合反应总是优先发生在羟基或氨基的对位上，若对位被占，则在邻位上反应，若邻、对位都被取代，只剩下间位时，偶合反应也不会在间位发生。重氮正离子是一个弱亲电试剂，只能与活性高的酚或芳胺偶合，其他的芳香族化合物不能与重氮盐偶合。在重氮基的邻、对位连有吸电子基时，可提高偶合组分活性，从而提高偶合反应速率，对偶合反应有利，但与此同时重氮盐变得不稳定，所以在进行偶合反应时，要考虑多种因素，如温度、pH值等，针对不同的重氮组分和不同的偶合组分，选择最适宜的偶合反应条件，才能收到预期的效果。

偶氮基—N＝N—是一个发色基团，因此，许多偶氮化合物常用作染料（偶氮染料）和颜料。

第三节　染　料

一、染料概述

有色的有机化合物和无机化合物统称为着色剂，着色剂包括染料和颜料。有人把是否溶解于水作为区别染料和颜料的方法，显然这种区别方法不科学，实际上有的染料（如还原染料、分散染料等）都不溶于水。

通过化学和物理的方法，能与被染物（纺织纤维、纸张、塑料）通过分子间作用力产生吸附和固着，在被染物中以单分子的形式吸收可见光并反射出该可见光的补光，使被染物呈现牢固而均匀的色泽，且符合环保要求的有色物质称为染料。颜料一般与被染物间无亲和力，通过黏合剂（高分子成膜有机化合物）将颜料机械地固着在被染物表面，使被染物着色。油漆、建筑涂料、纺织品印花涂料等均属颜料范畴。

染料和颜料的共同特点：其分子均能选择性地吸收某一波长范围的可见光，从而显现出鲜艳的颜色，能以一定的方法使被染物上色，具有符合使用要求的坚牢度和环保性。作为染料除有上述特点外，还必须有如下特点：必须与被染物分子产生较大的分子间作用力，即亲和力，具有良好的染色稳定性和良好的染后使用性能，能直接或间接溶解于水或均匀稳定地分散在染色介质中[4]。

关于染料的历史，可追溯到约5000年前。我国和印度可能在公元前2500年已经开始了染色。公元前1400年的亚麻布已能染成较齐全的色彩。公元前150年已能在织物上把红、黄、蓝三原色的染料配成第二、第三级的色彩。东方出产的地毯、丝绸、麻布颜色绚丽多彩，花样繁多，在16世纪已经达到较高的水平[4]。

19世纪中叶，人们应用的染料和颜料大多来源于天然植物和矿物。许多染料对纤维没有直接的染色作用，而要通过媒染剂处理后才能在纤维上生成不溶于水的复合物达到染色的目的,这种染色技术称为媒染。常用的媒染剂大都是金属铝、铜、铬、铁的盐类。如产自南非的苏木浸出物苏木精和重铬酸钾一起媒染棉纤维可以染得黑色。天然染料一般颜色不是很鲜艳,染色工艺繁琐,用现代观点来看不环保,染色织物的使用性能也不太优良。

1856 年发现的苯胺紫,开创了人工合成染料的先河。1862 年发现了偶氮类染料,是染料中的最大结构类别。1884 年发现了第一只染棉纤维的直接染料——刚果红,不需要任何媒染剂即可对棉纤维直接染色,大大简化了染色工艺。纺织纤维的发展,特别是化学纤维的发展,促进了染料工业的飞速发展。现在人们已经能合成出满足各种纺织纤维要求的染料。它们对各种纺织纤维染色适应性优良,品种齐全,色泽鲜艳,染色工艺简单,服用性能良好。当今世界正在为开发和使用各种类别的环保染料不断地努力。

染料主要用于纺织纤维的染色和印花。各种纺织纤维常用的染料见表 4 - 4。

表 4 - 4　各种纺织纤维常用的染料

纤维 ＼ 染料	直接	活性	还原	硫化	冰染	分散	酸性	中性	阳离子
纤维素	○	○	○	○	○	×	×	×	×
蛋白质	○	○	×	×	×	×	○	○	×
涤纶	×	×	×	×	×	○	×	×	×
锦纶	○	○	×	×	×	○	○	○	×
腈纶	×	×	×	×	×	○	×	×	○

注　○表示可以染色,×表示不能染色。

二、染料的分类

染料的分类方法大致有三种,即按照其来源、分子结构和其应用分类。

(一)按染料来源分类

按染料来源可把染料分为天然染料和合成染料。天然染料又有天然植物染料和天然矿物染料。如植物靛蓝、苏木精、栀子黄等属于天然植物染料,金粉、银粉、铜粉、朱红粉等属于天然矿物染料。现在天然植物染料在纺织品的染色中又有了新的应用和发展。

(二)按染料分子结构分类

该分类方法便于了解染料的分子结构,对于了解染料的性能和合成途径也有一定的帮助。主要有如下几类。

1. 偶氮染料　分子中含有偶氮基(—N≡N—)的染料统称为偶氮染料。根据偶氮基数目的不同又分为单偶氮、双偶氮和多偶氮染料。偶氮染料是整个染料品种中数量最多的一类,约占全部染料的 50% 左右,涵盖酸性、活性、分散、直接等染料。在染料索引中已经超过了 2000 个品种。该类染料合成方法简单,色谱齐全。

$$O_2N - \text{苯环}(Cl) - N=N - \text{苯环}(NHCOCH_2CH_3) - N(CH_2CH_2OCOCH_3)_2$$

分散红玉 2GFL(单偶氮染料)

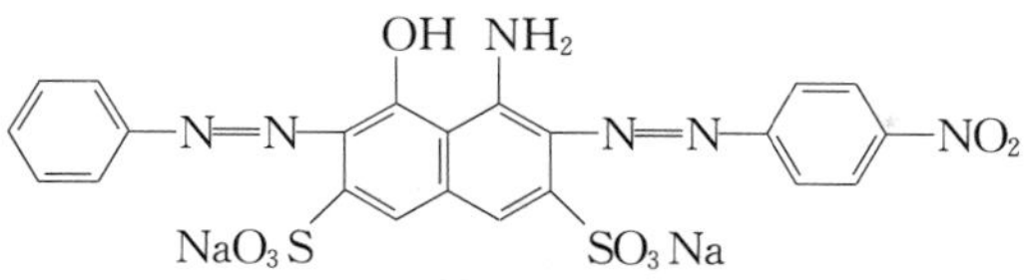

酸性蓝黑 10B（双偶氮染料）

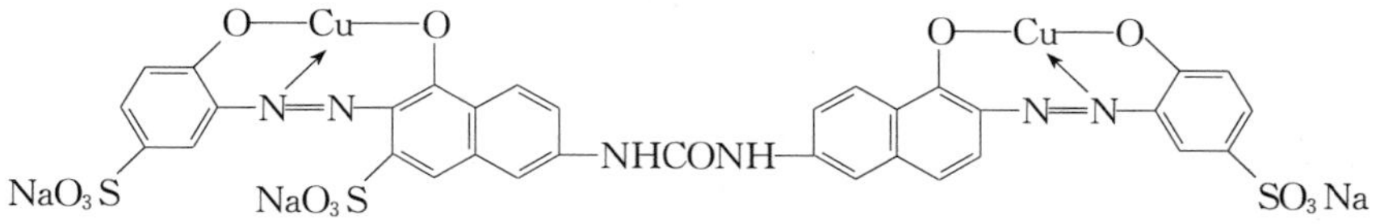

直接紫 2BLL（双偶氮染料）

由于偶氮染料染色后在服用过程中受光、热、洗涤等外界因素的影响,部分品种可分解出芳香胺类致癌物质,所以偶氮染料的环保性备受重视。20 世纪 90 年代中期,德国政府颁布了部分能分解出 24 种芳香胺物质的染料,被列为禁用染料。

2. 蒽醌染料 蒽醌染料是在数量上仅次于偶氮染料的一类重要的染料,它们都含有蒽醌结构或多环酮结构。涵盖还原、分散、酸性、阳离子等染料。

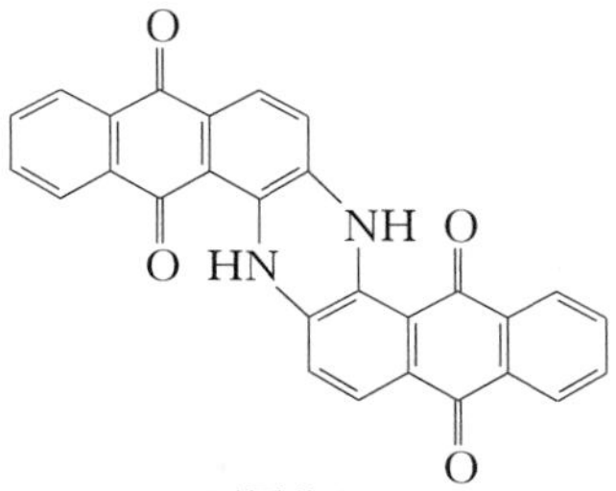

还原蓝 RSN

3. 靛族染料 靛族染料是指靛蓝及靛蓝衍生物以及具有类似结构的染料,包括靛蓝及硫靛结构的染料。即含有 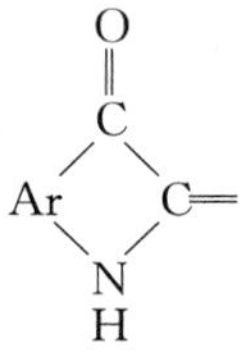 或 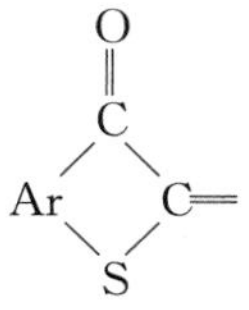 。

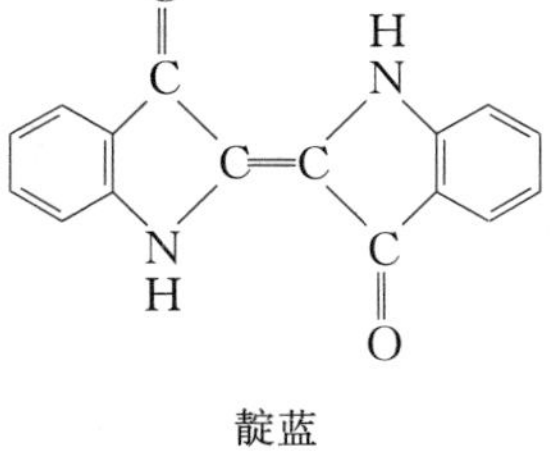

靛蓝

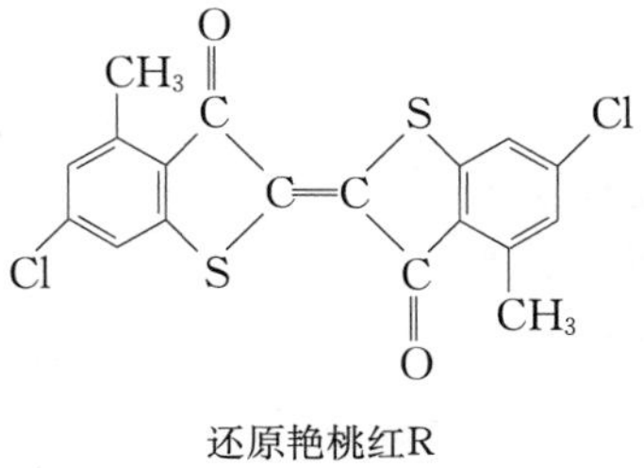

还原艳桃红R

4. 硫化染料 硫化染料是某些有机化合物与多硫化钠或硫黄经过焙烘或熬煮的产物。其分子具有比较复杂的含硫结构,分子的具体结构不完全清楚。硫化染料以黑色和蓝色品种见长。

含有 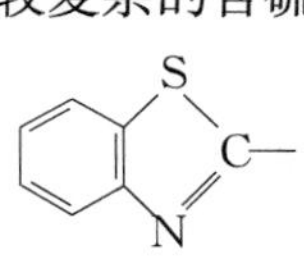 , 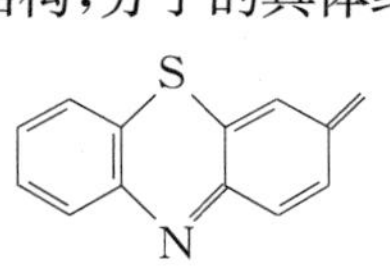 , 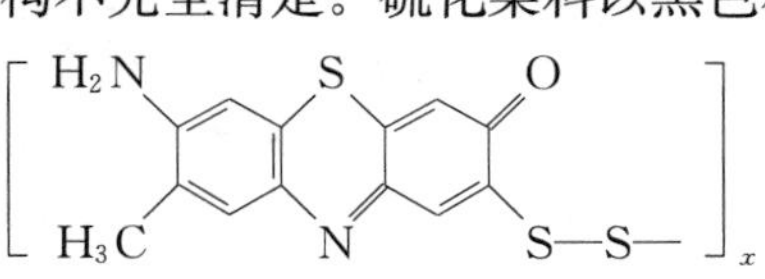 。

5. 酞菁染料 酞菁染料分子中含有卟吩结构,这类染料色泽鲜艳,主要是翠蓝和翠绿色品种。

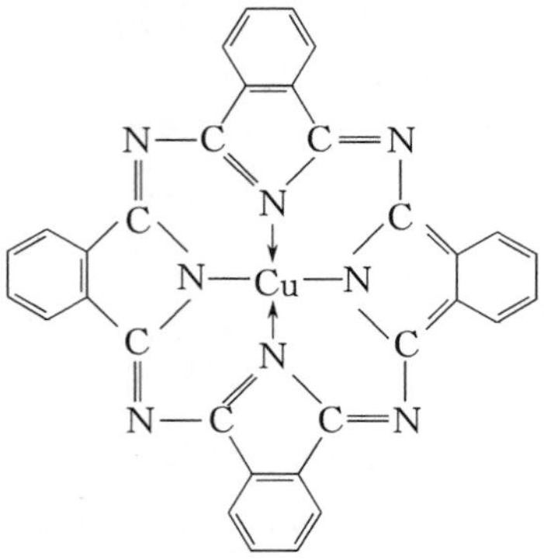

铜酞菁

6. 三芳基甲烷染料 三芳基甲烷染料是甲烷被三个芳基取代,涵盖碱性、酸性等染料品种,颜色浓艳。

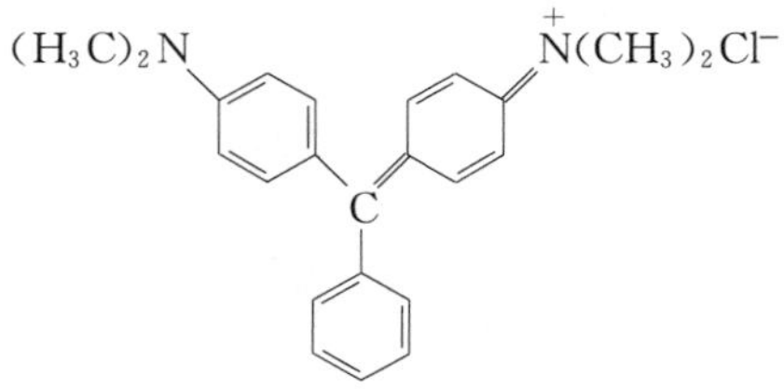

碱性品绿(孔雀绿)

7. 含有杂环结构的染料 这类染料中含有杂环,如丫啶、噻唑、喹啉等杂环结构。涵盖各类染料。

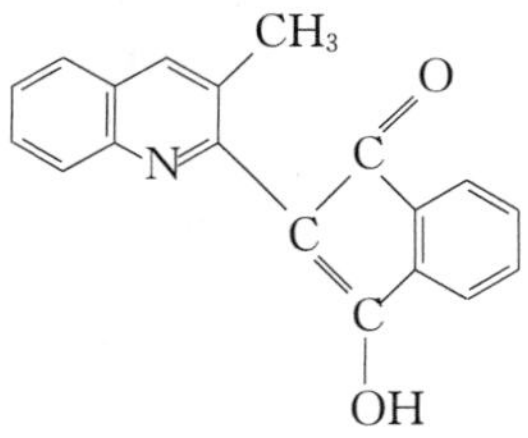

分散艳黄 3GH

染料的结构比较复杂,有些染料的结构至今尚不清楚,按结构分类不可能概括全面。

(三)按染料应用分类

该分类方法比较直观地反映染料的应用性能,对于印染工业比较方便。可以从染料的应用类别判断染料适用于何种纺织纤维的染色工艺。另外,染料的命名也是根据染料的应用分类来进行的,从染料的名称上反映染料的类别、颜色、色牢度等基本信息。例如:

直接蓝 2B——表示属于直接染料、蓝色。

活性嫩黄 K—6G——表示属于活性染料、嫩黄色、高温染色、高温固色,带绿光。

染料按应用分类可分为:直接染料、活性染料、还原染料、硫化染料、不溶性偶氮染料(又称冰染料)、分散染料、酸性染料、中性染料、阳离子染料、荧光染料等。

另外，印染工作者为了染料的使用方便，也把染料分为纤维素纤维用染料、合成纤维用染料、蛋白质纤维用染料。如纤维素纤维用染料主要是指用于染棉、麻、黏胶纤维的直接、活性、还原、硫化等染料，分散染料主要用于染合成纤维中的涤纶。下面简单介绍几种主要的染料。

1. 直接染料　直接染料分子中含有可溶性基团和氨基、羟基等极性基团，可溶于水，不需要任何媒染剂即可直接对纤维素纤维染色，直接染料因此而得名。大部分直接染料属于偶氮类染料，染料分子较大，分子共平面性好，对称性好，色谱齐全。缺点是染料染色后色光不太鲜艳，染浓色湿处理牢度较差。

2. 活性染料　活性染料分子中含有能与纤维分子中的羟基、氨基等发生化学反应的基团，染色时在一定条件下（一般是碱性条件）和纤维生成共价键，活性染料因此而得名。染料中与纤维发生反应的基团称为活性基团。随染料中活性基团的结构和数量的不同，活性染料又可细分为很多类别，染色工艺也有大的区别。活性染料主要由两部分组成，一是染料母体，是染料的发色部分；二是活性基团。活性染料能溶解于水，能用于纤维素纤维、蛋白质纤维的染色，色谱齐全，颜色鲜艳，牢度特别是湿处理牢度优良。活性染料是当今发展最快的染料，用量逐年增加，各种性能优良、使用方便、环保的活性染料层出不穷。

3. 还原染料　还原染料又称为士林染料。这类染料一般不直接溶于水，染色时需用保险粉在强碱性溶液中将染料还原成可溶于水的隐色体钠盐后完成对纤维素纤维的上染，还原染料因此而得名。上染后再经过氧化等后处理，把隐色体氧化成原来结构的染料固着在纤维上完成染色。还原染料颜色鲜艳，各项牢度指标优良，但染料成本较高，染色工艺相对复杂，常用于染浅色棉织物和高档织物。

4. 硫化染料　硫化染料大多不溶于水和有机溶剂。染色时需将染料用硫化碱溶液处理，把染料还原成可溶于水的隐色体钠盐后对纤维素纤维上染，然后将上染后的纤维经氧化等后处理使染料恢复成原来的硫化染料完成染色。硫化染料以黑色和蓝色最为优良，常用于染黑色棉织物。染色成本低，但染色过程相对复杂，染色过程有硫化氢气体产生，不环保。

5. 不溶性偶氮染料（又称冰染料）　不溶性偶氮染料又称冰染料（因染色过程中要加冰冷却）和纳夫妥染料。该类染料实际上不是真正意义上的染料，它是由色酚（酚类化合物）和色基（芳香族伯胺类化合物）两部分构成。所以，不溶性偶氮染料的染色过程可以看成是在纤维上合成不溶于水的色淀的过程。首先将色酚溶解在氢氧化钠溶液中形成色酚钠盐溶液，将色酚钠盐溶液上染棉纤维后脱水或烘干，俗称打底，将色基在低温下进行重氮化制成色基的重氮盐溶液，并调节该溶液的 pH 值等，将打底后的织物浸入色基重氮盐溶液中显色，经过一系列的后处理完成染色。不溶性偶氮染料以红色、紫色、蓝色、酱色等色光见长。染深色各项牢度优良，染色成本低廉。但该染料染色工艺复杂，工艺控制要求较高，染色过程不环保，织物服用过程中染料容易分解出有致癌性的芳香胺类物质。因此，不溶性偶氮染料逐渐被淘汰。

6. 分散染料　分散染料分子极性很小，不含水溶性基团，只含少量极性基团，因此，微溶于水，主要用于涤纶等合成纤维的染色。染色方法主要有干法染色和湿法染色两种。干法染色是将染料的悬浮液均匀浸轧在织物上后烘干，再将织物在高温下（一般在 180～220℃）焙烘完成染色。湿法染色是将织物浸泡在以水为介质的染料悬浮液中，密封染色设备，在高温高压下（一般在135℃）实现染色。分散染料色谱齐全，各项牢度指标良好，是合成纤维的优良染料，用量较大，染料成本适中，但染色条件较高，对染色设备要求较高。分散染料也是目前发展较为快速的染料。

三、光与颜色的基本知识

(一)物质的颜色

图4-3　可见光色环图及波长范围

关于物质的颜色至今没有一个确切的说法。比较符合实际情况的看法是：当光线照射到物质上后，一部分光线被吸收，剩余的被反射（被吸收光的补光）或透射的光线作用于人眼后的一种综合视觉反映[5]。图4-3是可见光色环图及波长范围，互为对角线的光互为补色光。

以上说法可以简单地理解为：

颜色＝物质自身的性质×光线×人的视觉系统[5]。

物质的结构　　　　外界因素

以上几个方面的因素是物质能显示出颜色的三个要素，三者缺一不可。物质自身的性质和结构是影响物质颜色的内因，光线和人的视觉系统是影响物质颜色的外因。

(二)颜色的影响因素

1. 物质的分子结构　物质的分子结构是影响物质显色的内因。因物质的分子结构决定其对光线的吸收特性，它的变化直接影响物质对光线的吸收、反射或透射。有机化合物结构变化对颜色的影响见表4-5。

表4-5　有机化合物结构变化对颜色的影响[5]

化　合　物		$\lambda_{max}/\mu m$	颜　色	化　合　物		$\lambda_{max}/\mu m$	颜　色
	(苯)	255	无色		(丁省)	475	黄色
	(萘)	275	无色		(戊省)	495	红色
	(蒽)	370	无色		—	—	—

2. 光线和人的视觉系统

(1)光线。光线是物质显色的外界要素。物质对可见光全部吸收，则显现绝对黑色；对可见光全部反射则为绝对白色；对各种波长的可见光部分平均地吸收则显现灰色；对可见光中的某一波长的光作选择性吸收，则显现补色。物体对光线的反射、吸收、透射特性如图4-4[5]所示。

（绝对白色：入射光强度＝反射光强度）　（绝对黑色：反射光强度＝0）（灰色：入射光强度＝吸收光强度＋反射光强度）

（绝对透明：入射光
强度＝透射光强度）

图 4－4　物体对光线的反射、吸收、透射特性

对于本身不发光的物质。

①如果没有光线，则人眼就感受不到物质的颜色。把物体置于绝对黑的环境中，没有光线进入人的眼睛，人就看不见物体，甚至感受不到物体的存在。

②如果照射物体的光线发生变化，则物体的颜色将发生变化。例如某一物体在太阳光照射下呈现红色，是因为较多地吸收了太阳光中的蓝绿光（青光）而反射出其补光——红光，呈现红色。若将该物体改用青光照射，则由于大部分青光被吸收而呈现黑色。舞场中由于灯光的变幻莫测，使衣服颜色产生变化。利用这一特性可以生产变色服装。

（2）人的视觉系统。人的视觉系统是人们判断颜色的感觉器官，是影响物质颜色的外在因素。人对物质颜色的判断是光线作用于人的视觉系统后的一种综合反映。视觉系统存在缺陷的人是判断不出物质的颜色的，如盲人，色盲、色弱患者。

为什么物质选择吸收光波后，能显示出颜色？颜色与物质的分子结构有什么关系？我们用发色理论可以从本质上给予解释。

(三)发色理论

分子内部的运动主要包括成键电子的运动、原子核间的相对振动和分子的转动，表现出一定的分子能量（内能），分子能量的总和：

$$E＝E_e＋E_v＋E_r$$

式中：E_e——成键电子运动能量（对分子内能的贡献最大）；

　　E_v——原子核间的相对振动能量（对分子内能贡献较小）；

　　E_r——分子的转动能量（对分子内能贡献最小）。

分子受到外界的作用，其状态发生变化，分子能量发生变化，这种变化是不连续的，而是量子化的。分子从一种能量状态到另一种能量状态的转变过程称为"激发"，这种能量的间隔称为"能级"。一般条件下，分子总是处于最低能量状态，称为"基态"；当分子被激发，电子发生跃迁，相应原子间的振动和分子的转动也发生变化，分子的能量升高，处于"激发态"。按能级高低分为第一激发态、第二激发态……分子能级和分子中成键电子能级分别如图 4－5 和图4－6所示。

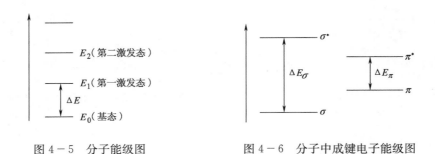

图 4 - 5　分子能级图　　　　　图 4 - 6　分子中成键电子能级图

显然,分子从基态激发到第一激发态所需要的能量为:

$$\Delta E = E_1 - E_0$$

量子理论认为:可见光是各种不同能量的光子流。光子所具有的能量与其频率成正比,即与光的波长成反比:

$$E = h\nu = h\frac{c}{\lambda}$$

根据可见光的波长范围可算出其光子能量范围是:$(5.2 \times 10^{-22}) \sim (2.5 \times 10^{-22})$kJ。

按量子学观点:光线作用于物质时,只选择性地吸收能量和物质分子能级间隔相等的光子,分子产生激发。被物质选择性地吸收的光的波长称最大吸收波长。

$$\Delta E = h\frac{c}{\lambda_{max}} \Rightarrow \lambda_{max} = \frac{hc}{\Delta E}$$

由此可知,分子能量的贡献主要来源于成键电子的运动能量。按分子轨道学说,成键电子中,σ 键的电子具有一个成键轨道和一个反键轨道。两个轨道的能量差 ΔE_σ 是相当大的,即 σ 键中的电子发生跃迁所需要的激发能是相当大的。它所需吸收的光子能量基本上是紫外光谱和远紫外光谱,不能吸收可见光谱中的光量子。所以,只含有 σ 键的分子,其物质是没有颜色的[5]。

同理,π 键和共轭 π 键的电子也具有一个成键轨道和一个反键轨道。两个轨道的能量差 ΔE_π 却要小得多,当分子中的 π 键参与共轭时,两个轨道的能量差则更小,即共轭 π 键中的电子发生跃迁所需的激化能是较小的,它能够吸收可见光谱中的光量子。所以,含有共轭 π 键的分子,其物质大多具有颜色,且分子中 π 键共轭越长,颜色越深。如染料和颜料分子都具有大的共轭体系,所以具有鲜艳的颜色。分子中的共轭体系缩短或被破坏,则物质颜色会变浅或消失[5]。变色龙变色是因为它能够分泌一种生物酶快速促使色素结构发生变化,且这种变化是可逆的。

四、染料的颜色与结构的关系

(一)发色团学说

发色团学说目前广泛用于解释有机化合物结构与颜色的关系。该学说认为:有机化合物的颜色是因为分子中含有大量的双键,这些双键称为发色团。它们必须使有机化合物分子的 π 键产生共轭形成大的共轭连通体系才能使化合物产生颜色。所以，不是所有的有机化合物含有发色团后就具有颜色，这些发色团一般要连接在芳香族基团上，才能使分子形成大的共轭连通体系。具有发色团的芳香族化合物一般都具有颜色。染料、各种色素分子都具有这样的结构特征。常见的发色团有：

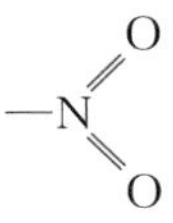

| 硝基 |  偶氮基 | 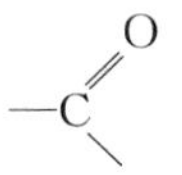 羰基 | 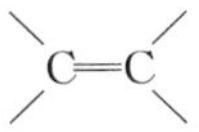 乙烯基 |

| 亚硝基 | 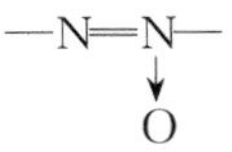 氧化偶氮基 | 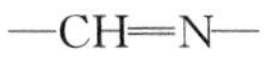 次甲氮基 | 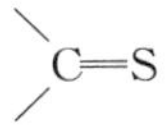 硫代羰基 |

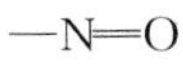

例如：

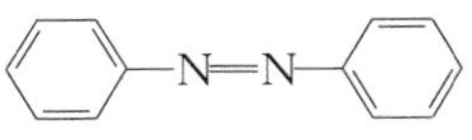

偶氮苯（橙色） 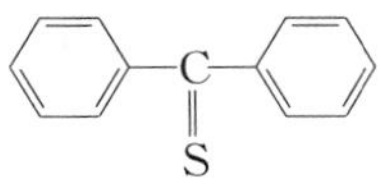　　　　　　硫代二苯甲基酮（蓝色）

此外，分子中含有一些强的供、吸电子基团，能使化合物产生深色效应，这些基团称为助色团。具有深色作用的助色团有：—OH、—OR、—NH_2、—NHR、—NR_2、—Cl、—Br、—I。

例如：

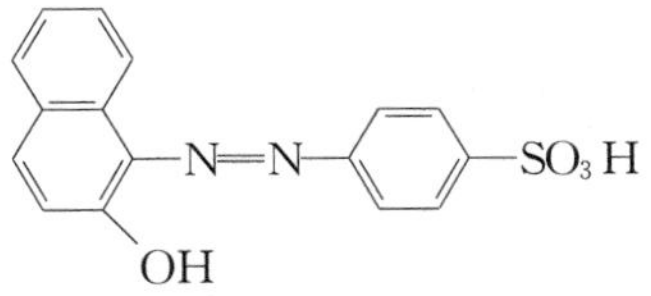

（橙红色）

(二)有机化合物的结构与颜色的关系

根据发色理论和发色团学说，有机化合物的颜色与结构的关系主要有以下几方面。

1. 共轭双键的数目与颜色的关系　在共轭双键体系中，共轭双键越长，共轭体系越大，则其选择吸收的光线波长也越长，因而产生深色效应。

例如：

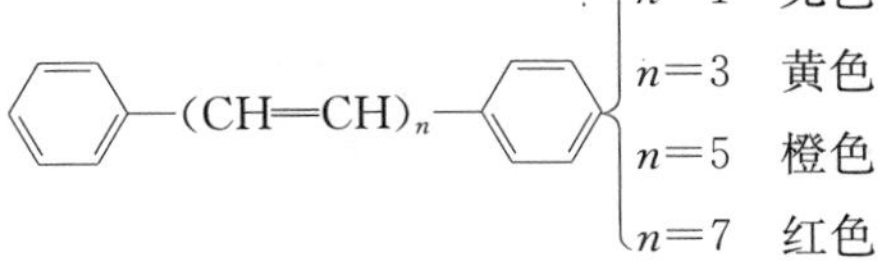

$n=1$　无色
$n=3$　黄色
$n=5$　橙色
$n=7$　红色

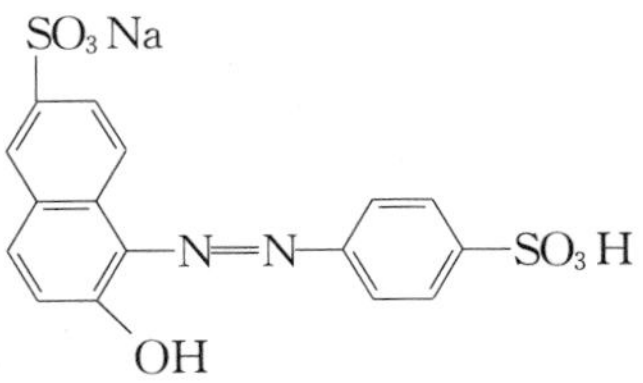

食用黄色素 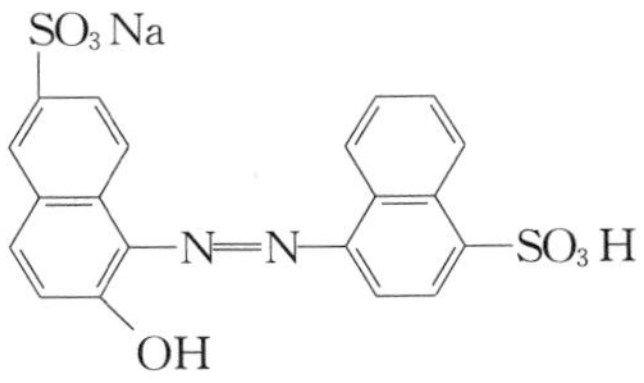　　　　　　　　食用红色素

2. 共轭体系内的极性基团对颜色的影响　在共轭体系的两端存在极性基团(强的供、吸电子基团)时,可使分子的极性增强,大π键中的电子流动性增强,降低了分子激化所需要的能量,使吸收光量子向长波方向移动(红移现象),产生深色效应。如果共轭体系分子的两端分别对称地连接供、吸电子基团,电子流动性更加增强,深色效应更显著。

例如:

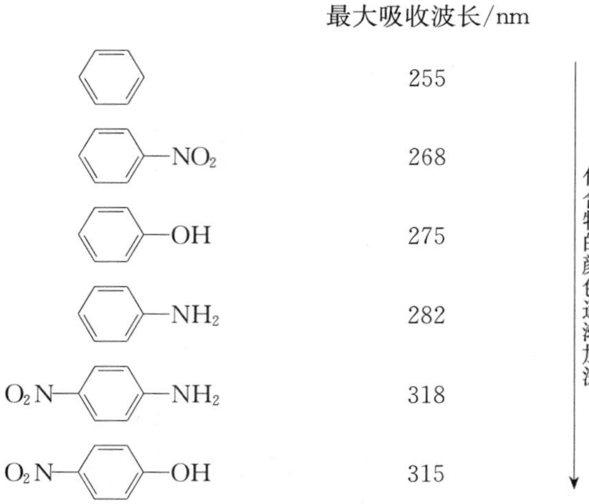

最大吸收波长/nm

结构	最大吸收波长/nm
苯	255
—NO₂	268
—OH	275
—NH₂	282
O₂N——NH₂	318
O₂N——OH	315

化合物的颜色逐渐加深

3. 分子的离子化对颜色的影响　化合物在介质的作用下发生离子化,产生电荷,使共轭体系内供电子基团的供电子性或吸电子基团的吸电子性均获得加强,促使共轭体系内的电子更加活跃,激化能更小,于是吸收光谱向长波方向移动,产生深色效应。如:色酚 AS 溶解于烧碱后溶液变成黄色。

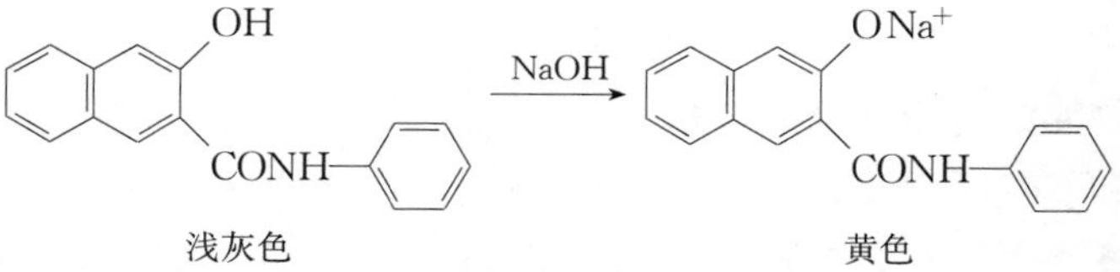

浅灰色　　　　　　　　　黄色

4. 分子的共平面性和对称性对颜色的影响　当分子和所有的基团都处于同一平面并且对称时,共轭效应才能得到最大的发挥,电子云在整个分子中的流动性得以增强,激化能降低,产生深色效应。分子中的共轭双键有利于分子的共平面性,单键自由旋转不利于分子的共平面性。从下面两分子结构做比较来看,后者比前者虽然相对分子质量减少了一半,但颜色并未明显变浅,原因是前者分子中的单键可以自由旋转,使分子很难处于同一平面上。

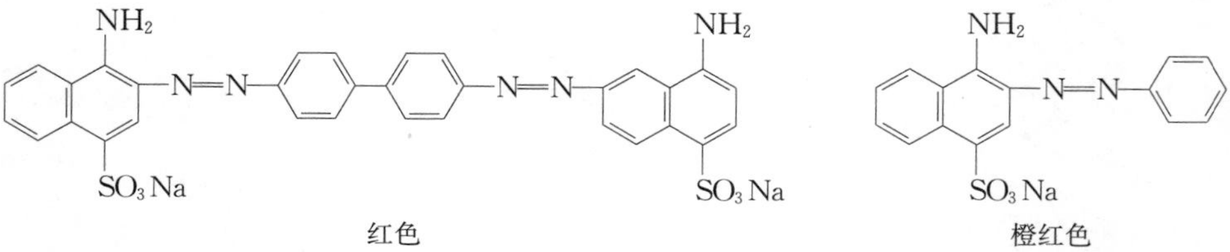

红色　　　　　　　　　　　　　　橙红色

5. 其他外界因素对化合物颜色的影响　影响化合物颜色的因素除了自身的结构外,外界因素也是不可忽视的。如溶剂、介质、物质溶液的浓度、温度、光照强度等对物质的颜色都有影响。如溶液浓度过高,由于化合物的结构特征决定了其分子在溶液中呈现聚集状态,不能很好地选择性地吸收光谱,颜色发生变化,或深或浅。

👉 复习指导

一、胺

1. **胺的分类**　胺的分类有三种方法,即根据氨分子(NH_3)中被烃基取代的氢原子数目、取代基类型、胺类分子中所含氨基数目进行分类。

伯胺、仲胺、叔胺的含义与醇、卤代烃等的伯、仲、叔含义是不同的,前者是由氨中的氢原子被取代的数目决定的,与胺基连接的碳原子性质无关。后者是由官能团连接的碳原子的类型决定的。注意"氨""胺""铵"的写法和表达的含义。

2. **芳胺的结构特征**　与苯环相连的氨基起着供电子作用,使苯环电子云密度升高,苯环上的亲电取代反应容易进行活化。

3. **胺的化学性质**

(1)胺的碱性。胺具有碱性的原因,分析胺的结构与碱性的关系,影响胺碱性的因素。比较不同的胺的碱性强弱。

(2)胺的烃基化反应。

(3)胺的酰基化反应。伯胺、仲胺、芳香胺均易与酰氯、酸酐等酰基化剂作用,此类反应称为酰化。胺的酰基化反应有广泛的用途:可以利用酰基化反应保护氨基;酰基化可以降低氨基的定位活性,但定位效应一致,仍为邻、对位定位基;分离提纯伯胺、仲胺、叔胺;可用来鉴别伯胺、仲胺、叔胺。

(4)与亚硝酸的反应。芳伯胺与亚硝酸的反应是一个重要的反应,它在染料和颜料工业中有广泛的应用,是合成偶氮类染料和颜料的重要反应。

(5)芳环上的亲电取代反应。氨基是强的邻对位定位基,它使苯环活化,容易发生亲电取代反应。主要有卤代反应、硝化反应、磺化反应。

二、芳香族重氮和偶氮化合物

芳香族重氮盐是合成芳香族化合物的重要原料。可以说它在有机合成上的重要性并不亚于格氏试剂。通过芳香族重氮盐合成芳香族偶氮类化合物是获得有色芳香族化合物的重要途径,是染料和颜料工业中的重要合成方法。

1. **重氮盐的制备——重氮化反应**　在低温和强酸性溶液中,芳伯胺与亚硝酸作用,生成重氮盐的反应,称为重氮化反应。

2. **重氮盐的性质**　重氮盐的化学性质活泼,通过重氮盐可以把氨基转换成许多其他基团。因此,重氮盐的转换反应是有机合成中的一类重要的反应。归纳起来,重氮盐的反应主要为两类:一类是重氮基被其他的原子或原子团取代,同时放出氮气;另一类是重氮基保留在分子中,无氮气放出的反应。

（1）取代反应——放氮反应。被卤素取代、被氰基取代、被羟基取代、被氢原子取代。

（2）保留氮的反应。还原反应、偶合反应（与酚偶合、与芳胺偶合）。

在低温时，重氮盐（重氮组分）与酚或苯胺（偶合组分）在弱酸、中性或碱溶液中作用，失去一分子 HX，由偶氮基（—N＝N—）将两个分子偶合起来，生成颜色鲜艳的偶氮化合物，这个反应称为偶合反应。偶合反应在染料和颜料的工业合成中是一个极为重要的反应。

三、染料

1. 染料和颜料的概念。简述二者的特点和区别。

2. 染料的分类方法　按染料来源分类，按染料分子结构分类（偶氮染料、蒽醌染料、靛族染料、硫化染料、酞菁染料、三芳基甲烷染料、含有杂环结构的染料），按染料应用分类（直接染料、活性染料、还原染料、硫化染料、不溶性偶氮染料、分散染料）。

3. 光与颜色的基本知识　物质的颜色和颜色的影响因素。

4. 发色理论　用发色理论分析物质具有颜色的原因。理解只含有 σ 键的物质是没有颜色的。而含有共轭 π 键的分子，其物质大多具有颜色，且分子中 π 键共轭越长，颜色越深。如染料和颜料分子都具有大的共轭体系，所以具有鲜艳的颜色。分子中的共轭体系缩短或被破坏，物质颜色会变浅或消失。

5. 染料的颜色与结构的关系　共轭双键的数目与颜色的关系，共轭体系内的极性基团对颜色的影响，分子的离子化对颜色的影响，分子的共平面性和对称性对颜色的影响，其他外界因素对化合物颜色的影响。

☞ 综合练习

1. 写出下列化合物的构造式

（1）N-苯甲基-对乙基苯胺　（2）乙（基）异丙胺　（3）碘化四异丙胺　（4）N-异丁基苯胺
（5）对氨基苯甲酸乙酯　（6）4-甲基-间苯二胺　（7）乙（基）环戊胺

2. 命名下列化合物

（1） 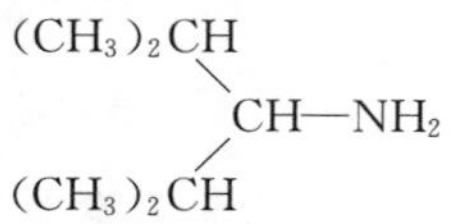
$$(CH_3)_2CH$$
$$CH-NH_2$$
$$(CH_3)_2CH$$

（2）
$$CH_3 \quad CH_3$$
$$CH_3CH-CHNHCH_3$$

（3） $O_2N-\overset{\overset{H}{|}}{\underset{}{}}C_6H_4-N-C_6H_4-NO_2$

（4） （萘环带 N(CH_3)_2）

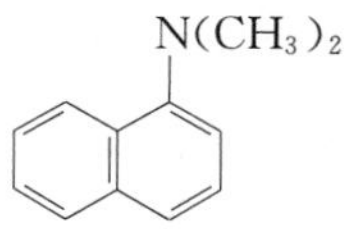

（5） $(C_2H_5)_2\overset{+}{N}H_2OH^-$

（6） 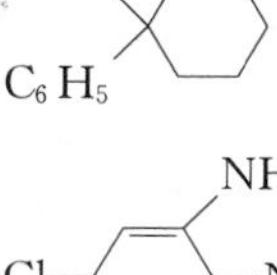
$$NH_2$$
$$C_6H_5 \quad \text{（环己烷）}$$
$$C_6H_5$$

（7） 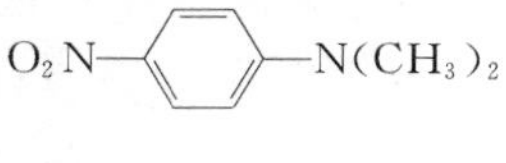 $O_2N-C_6H_4-N(CH_3)_2$

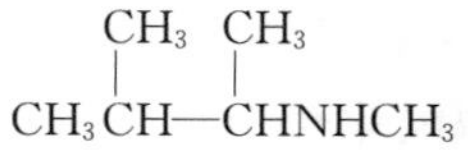

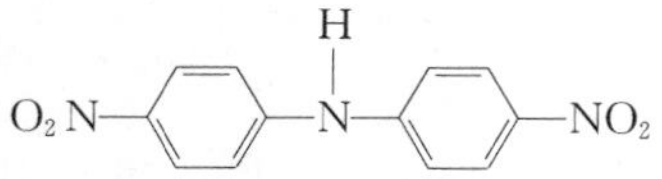

（8） 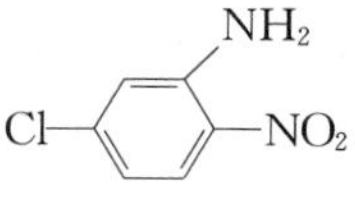 $Cl-\text{（苯环）}\underset{NO_2}{\overset{NH_2}{}}$

(9) $(H_3C)_2HC$—⟨苯环⟩—N（CH_3）（CH_2CH_3）

*3.用苯、甲苯、五个碳以下的醇及必要的无机试剂合成下列化合物

(1)$CH_3(CH_2)_3NH_2$

(2)$CH_3(CH_2)_4N(CH_3)_2$

(3)$CH_3CH_2CH_2N(CH_3)CH_2CH_3$

(4)$CH_3(CH_2)_5NH_2$

(5)$CH_3(CH_2)_3NHCH_2$—⟨苯环⟩

(6)$NH_2CH_2CH_2NH_2$

(7)$NH_2(CH_2)_4NH_2$

(8)$(CH_3)_2CHNHCH(CH_3)_2$

4.按碱性强弱顺序排列下列化合物

(1)苯胺、乙胺、二乙胺、二苯胺

(2)乙酰苯胺、乙酰甲胺、乙酰胺、邻苯二甲酰亚胺

(3) ⟨结构式：对甲基苯胺、苄胺、2,4-二硝基苯胺、对硝基苯胺⟩

5.完成下列转变

(1)$C_2H_5OH \longrightarrow CH_3NH_2$

(2)己酸 $\longrightarrow$ 戊胺

(3) O_2N—⟨苯环⟩—$CH_3 \longrightarrow O_2N$—⟨苯环⟩—$NH_2$

(4) ⟨苯环⟩—$CH_3 \longrightarrow H_3C$—⟨苯环⟩（$NH_2$、$Br$）

(5) ⟨苯环⟩—$CH_3 \longrightarrow$ ⟨苯环⟩—CH_2NHCH_2—⟨苯环⟩

(6) $C_2H_5OH \longrightarrow NH_2(CH_2)_4NH_2$

(7) 己酸 $\longrightarrow$ 己胺

(8) ⟨苯环⟩—$CH_3 \longrightarrow$ ⟨苯环⟩—$CH_2CH_2NH_2$

(9) ⟨苯环⟩ $\longrightarrow$ Br—⟨苯环⟩—NH_2

(10) ⟨苯环⟩—$CH_3 \longrightarrow H_3C$—⟨苯环⟩（$NH_2$、$Br$）

(11) ⟨环丁烷⟩—$COOH \longrightarrow$ ⟨环丁烷⟩—NH_2

(12)$CH_3CH_2CH_2Br \longrightarrow CH_3CH_2CH_2CH_2NH_2$

6.用亚硝酸钠和盐酸与下列化合物作用,请写出主要的有机化合物的结构和名称

(1)正丙胺

(2)二乙胺

(3)N-正丙基丙胺

(4)N,N-二正丙基苯胺

7.如何提纯下列化合物(指主要成分)

(1)三乙胺含少量乙胺和二乙胺

(2)二乙胺含少量乙胺及三乙胺

(3)乙胺含少量二乙胺和三乙胺

8.用化学方法鉴别下列化合物

（1）$CH_3CH_2NH_2$　　　$CH_3\overset{O}{\overset{\|}{C}}NH_2$　　　　（2）

（3） benzene ring $\overset{+}{N}H_3\bar{C}l$ 　　$Cl-$<chem>benzene ring</chem>$-NH_2$

（4）$H_2C=CHCH_2NH_2$　　　$CH_3CH_2CH_2NH_2$

（5）H_3C-<chem>benzene ring</chem>$-\overset{+}{N}H_3\bar{H}SO_4$　　　H_3C-<chem>benzene ring</chem>$-SO_2NHCH_3$

9.某芳香族化合物 A 的分子式为 $O_2NC_6H_4CH_3$，根据下列一系列反应，推断出化合物 A 的构造式。

$$O_2NC_6H_4CH_3 \xrightarrow{Fe+HCl} \xrightarrow[0\sim5℃]{NaNO_2+HCl} \xrightarrow{NaCN+CuCN} \xrightarrow[H_2O]{H^+} \xrightarrow[H^+]{KMnO_4} \xrightarrow{\triangle}$$

*10.纤维素纤维和直接天蓝 5B 染料的分子结构分别如下：

直接天蓝 5B

从纤维素和染料的分子结构特征分析该染料为什么可对纤维素纤维染色？

参考文献

［1］刘妙丽.基础化学（下册）［M］.北京：中国纺织出版社，2005.

［2］邢其毅.基础有机化学（上册）［M］.北京：人民教育出版社，1980.

［3］高职高专化学教材编写组.有机化学［M］.北京：高等教育出版社，2000.

［4］陈荣圻.染料化学［M］.上海：上海市印染工业公司职工大学，1984.

［5］叶建军.有机化合物颜色与分子结构的关系［J］.成都纺织高等专科学校学报，2001（3）：8－11.

第五章　碳水化合物、浆料和纤维素纤维

第五章　PPT

本章知识点

1. 了解碳水化合物的组成及分类
2. 掌握以葡萄糖为代表的单糖的结构和化学性质，掌握葡萄糖的开链结构和氧环式结构，能写出葡萄糖的费歇尔投影式，掌握葡萄糖的氧化、还原、成脎、成苷、成醚、成酯的化学反应，理解 D 型糖、L 型糖、还原糖、非还原糖、变旋现象、α - 苷键、β - 苷键等概念
3. 了解麦芽糖、纤维二糖的结构
4. 掌握多糖中纤维素、淀粉的结构及化学性质，了解这些化学性质在纺织加工过程中的应用
5. 了解经纱上浆的目的
6. 了解浆料应具备的基本性能及分类，初步懂得辅浆料的一些基本情况
7. 了解纤维素纤维的形态、结构和性质

第一节　碳水化合物

碳水化合物也称糖类，在自然界中存在最多，分布最广，是生物体的主要能量来源，对于生命活动起着极其重要的作用。同时，碳水化合物还是纺织、造纸、食品和医药工业等的重要原料。

碳水化合物是由碳、氢、氧三种元素组成的。人们最初发现这类化合物除碳以外，氢和氧的原子数之比是 2∶1，与水相同，通式可以表示为 $C_m(H_2O)_n$（m,n 是正整数，二者可以相同，也可以不同），故将这类化合物统称为碳水化合物，如葡萄糖的分子式为 $C_6H_{12}O_6$ $[C_6(H_2O)_6]$，蔗糖的分子式为 $C_{12}H_{22}O_{11}[C_{12}(H_2O)_{11}]$。但后来发现，有些化合物按其结构、性质应属于碳水化合物，可是它们的组成并不符合通式 $C_m(H_2O)_n$，如鼠李糖（$C_6H_{12}O_5$）、脱氧核糖（$C_5H_{10}O_4$）等。而有些化合物如乙酸（$C_2H_4O_2$）、甲醛（HCHO）等，其组成虽然符合上述通式，但结构和性质却与碳水化合物完全不同。因此，碳水化合物这个名词已失去了原有的含义，只是沿用至今。

从化学结构看,碳水化合物是多羟基醛或多羟基酮以及能水解生成多羟基醛或多羟基酮的一类化合物。根据水解情况,碳水化合物可以分为单糖、低聚糖和多糖三类。

一、单糖

单糖是一类不能再水解的多羟基醛或多羟基酮,一般是无色晶体,能溶于水,大多具有甜味。根据分子中碳原子的数目,单糖可分为丙糖、丁糖、戊糖和己糖等。分子中含有醛基的叫醛糖,含有酮基的叫酮糖。自然界中存在的单糖主要是戊糖和己糖,其中最重要的戊糖是核糖和脱氧核糖,最重要的己糖是葡萄糖和果糖。

(一)葡萄糖的结构[1]

1. 开链式结构[2]　　葡萄糖的分子式是 $C_6H_{12}O_6$,它能发生以下反应。

$$C_6H_{12}O_6 \xrightarrow{\text{Na-Hg}} CH_2(OH)CH(OH)CH(OH)CH(OH)CH(OH)CH_2(OH)$$
己六醇

$$C_6H_{12}O_6 + 5(CH_3CO)_2O \longrightarrow C_6H_7O(OCOCH_3)_5 + 5CH_3COOH$$
葡萄糖五醋酸酯

$$C_6H_{12}O_6 + H_2N\text{—}OH \longrightarrow C_5H_{11}O_5\text{—}CH\text{=}NOH$$
葡萄糖肟

$$C_6H_{12}O_6 \xrightarrow{\text{Br}_2 + H_2O} C_5H_{11}O_5COOH$$
葡萄糖酸

葡萄糖被还原成己六醇说明葡萄糖的六个碳形成一条直链,没有支链;一分子葡萄糖与五分子乙酸酐完全反应则说明葡萄糖分子中含有五个羟基,根据一碳原子上同时连接两个羟基是很不稳定的,容易失水变成羰基,所以五个羟基是分别连接在五个碳原子上的;与羟胺反应生成葡萄糖肟则表明葡萄糖分子中含有一个醛基。由此可推断,葡萄糖是一个有六个碳原子,五个羟基分别连接在五个碳原子上,并具有一个醛基的直链多羟基醛,也就是说葡萄糖是一个己醛糖,其结构式可表示为:

$$\underset{\text{OH}}{CH_2}\text{—}\overset{*}{\underset{\text{OH}}{CH}}\text{—}\overset{*}{\underset{\text{OH}}{CH}}\text{—}\overset{*}{\underset{\text{OH}}{CH}}\text{—}\overset{*}{\underset{\text{OH}}{CH}}\text{—CHO}$$

己醛糖有四个不相同的手性碳原子,因此有 $2^4 = 16$ 个立体异构体,八对对映异构体,天然葡萄糖只是其中一个异构体,天然葡萄糖的结构可用费歇尔(Fischer)投影式表示如下。

这种结构称为葡萄糖的开链式结构。书写结构式时,将碳链竖写,醛基(或离酮基最近的一端的碳原子)写在上端,编号从醛基碳或靠近酮基的一端开始,用阿拉伯数字标记。

单糖的构型是以甘油醛为标准的。凡单糖分子中,离羰基最远的一个手性碳原子(如葡萄糖中的第五个碳)的构型如与 D-(+)-甘油醛相同,就属于 D 型,如与 L-(−)-甘油醛的构型相同,就属于 L 型。

从自然界中得到的葡萄糖,C5 上的羟基在右边,其构型与 D-(+)-甘油醛相同,经旋光仪测定,天然葡萄糖的旋光方向为右旋,所以天然葡萄糖的名称为 D-(+)-葡萄糖。如:

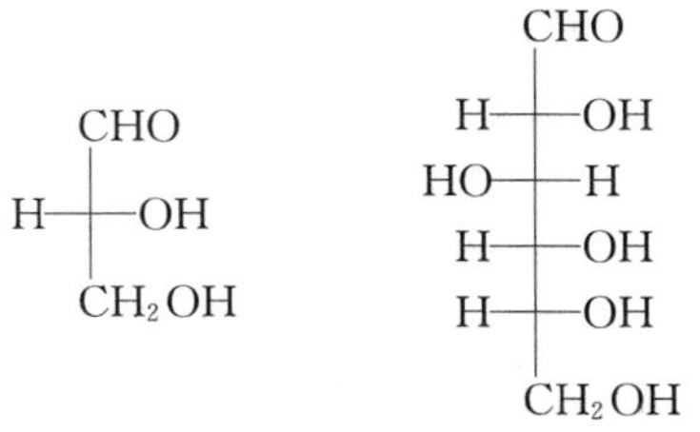

D-(+)-甘油醛　　　　D-(+)-葡萄糖

2. 氧环式结构　葡萄糖的开链式结构,虽然能说明葡萄糖的许多化学性质,但有些性质与这种结构不符。

(1)如果葡萄糖分子中确有醛基,那么在干燥的氯化氢存在下,就能与两分子甲醇反应生成缩醛。

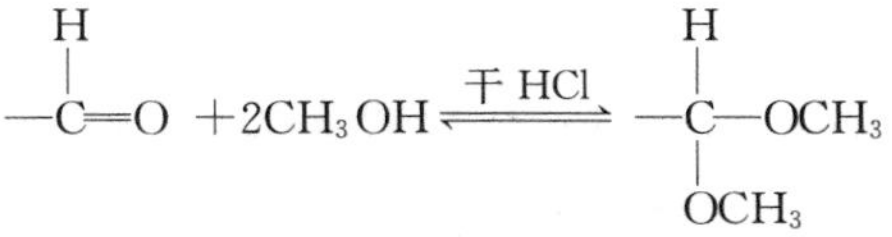

但实验结果表明,葡萄糖只与一分子甲醇作用生成含有一个甲氧基的缩醛。

(2)结晶葡萄糖有两种[4],一种是从乙醇中结晶出来的,其熔点是 146℃,比旋光度为+112°;另一种是从吡啶中结晶出来的,其熔点是 150℃,比旋光度是+18.7°。两种结晶葡萄糖任何一种溶于水后,比旋光度都逐渐变成+52.5°。这种在溶液中比旋光度自行改变的现象称为变旋现象,这也是开链式结构无法说明的。

上述实验事实可由葡萄糖的环状结构进行解释。由于醛与醇可生成半缩醛或缩醛,而葡萄糖分子中既含有醛基又含有羟基,因此设想葡萄糖分子内部可以形成环内的半缩醛结构,这种环状结构已被 X 射线衍射结果所证实。实验证明,葡萄糖分子中的醛基与 C_5 上的羟基形成半缩醛,这是一个六元环,由五个碳原子和一个氧原子组成,这就是葡萄糖的氧环式结构,也被称作吡喃糖,见下式。

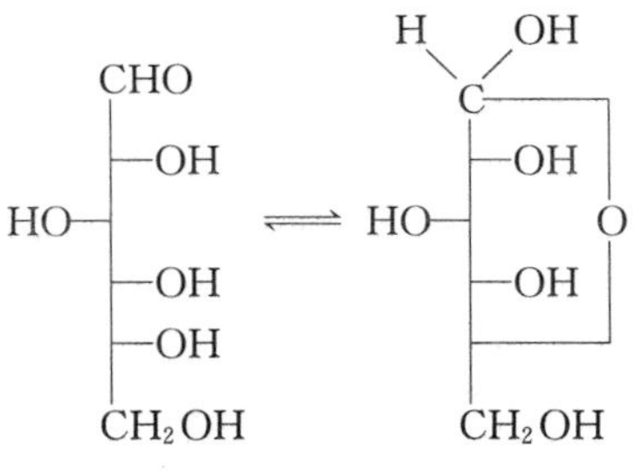

D-葡萄糖环状半缩醛结构的形成使葡萄糖开链结构中的醛基碳(即C1)成为手性碳,这个半缩醛的碳原子C1称为苷原子,它所连的羟基即半缩醛羟基称为苷羟基。由于苷羟基在空间的位置有两种不同的排列,因此产生了两种不同的葡萄糖。苷羟基与C5上的羟基处于同侧者叫作α型葡萄糖,在异侧者叫β型葡萄糖。所以环状结构的D-葡萄糖就有两种构型,即α-D-(+)-葡萄糖和β-D-(+)-葡萄糖。这就是上面所说的熔点和比旋光度不同的两种D-葡萄糖。

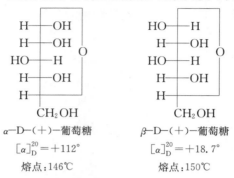

α-D-(+)-葡萄糖　　　　β-D-(+)-葡萄糖
$[\alpha]_D^{20}=+112°$　　　　$[\alpha]_D^{20}=+18.7°$
熔点:146℃　　　　熔点:150℃

葡萄糖的环状结构可以解释变旋等现象。

在水溶液中,α型葡萄糖和β型葡萄糖通过开链结构可以相互转化,最后达到平衡,形成一个互变平衡体系。在这个体系中,α型葡萄糖大约占36%,β型葡萄糖约占64%,而开链式含量极少。环状结构和开链结构之间的互变是产生变旋现象的原因,具有环状结构的单糖均具有变旋作用。

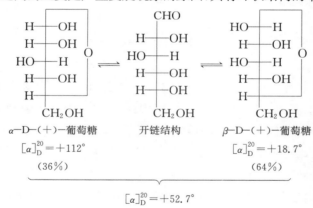

α-D-(+)-葡萄糖　　　　开链结构　　　　β-D-(+)-葡萄糖
$[\alpha]_D^{20}=+112°$　　　　　　　　$[\alpha]_D^{20}=+18.7°$
(36%)　　　　　　　　(64%)

$[\alpha]_D^{20}=+52.7°$

葡萄糖可按开链式结构发生反应,也可按环状结构发生反应,如与甲醇的羟醛缩合反应就是按环状结构发生,因此只能与一分子甲醇发生反应,生成α型或β型的缩醛,被称为α型或β型的葡萄糖苷。

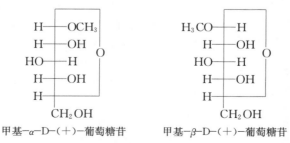

甲基-α-D-(+)-葡萄糖苷　　　　甲基-β-D-(+)-葡萄糖苷

***3. 氧环式结构的哈沃斯式和椅式构象**[1,2]　葡萄糖的结构是环状结构，用链式结构并不能很好地表示分子的真实形状，那么如何从链式结构变成环状结构？其变化过程表示如下：

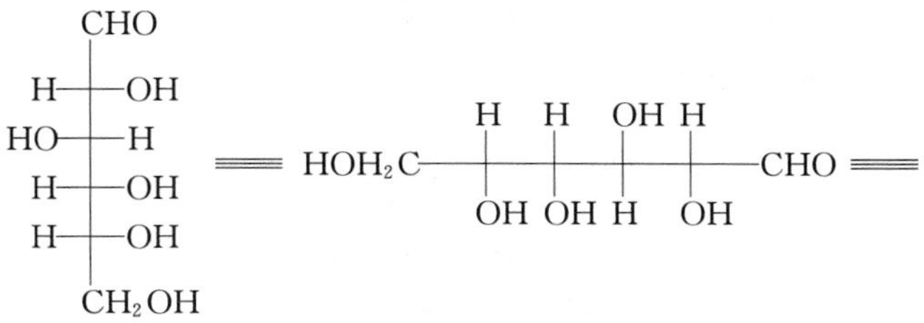

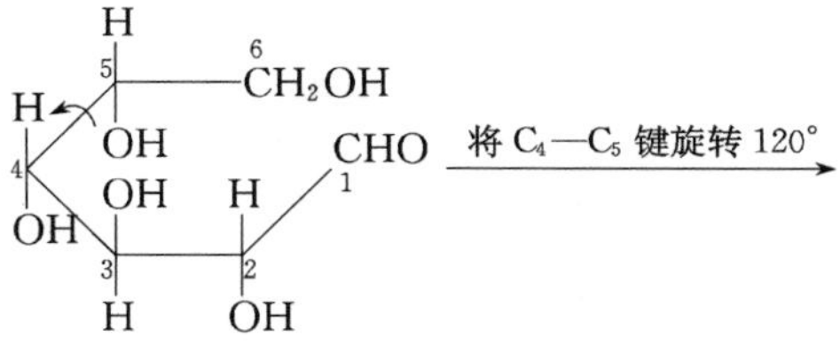

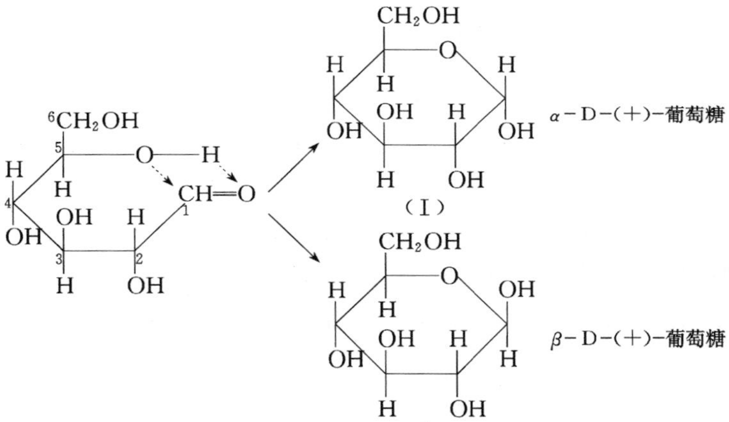

（Ⅰ）

（Ⅱ）

（Ⅰ）式和（Ⅱ）式就是环状结构的平面表示式，叫哈沃斯结构式（Haworth N），在写哈沃斯结构式时，一般把环上氧原子写在右上角，碳原子按顺时针顺序编号，处于 Fischer 投影式中右边的羟基上，在哈沃斯式中处于环平面下方，而左边的羟基则处于环平面上方，因此对于天然葡萄糖，半缩醛羟基即苷羟基在平面下方者为 α 型[见（Ⅰ）式]，苷羟基在平面上方者为 β 型[见（Ⅱ）式]。

在哈沃斯结构式中，把成环的六个原子看作在同一平面上，通过 X 射线的分析，证明 D－(＋)－葡萄糖的环状结构与环己烷相似也具有椅式构象。例如 α 型和 β 型葡萄糖的构象式分别如下：

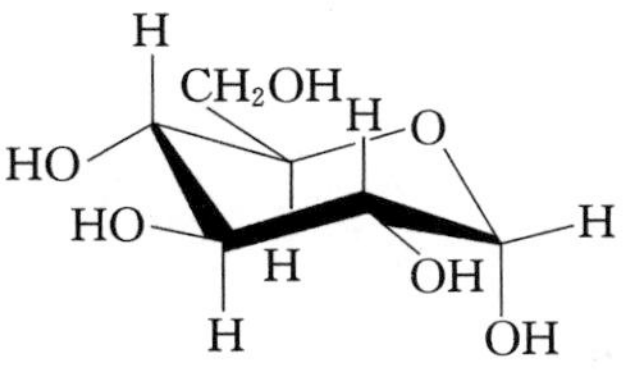

α－D－(＋)－葡萄糖

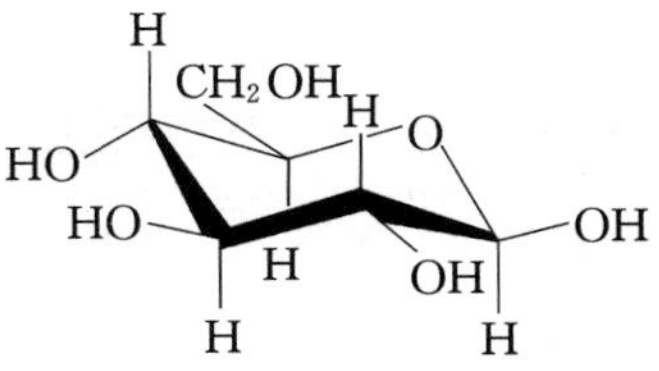

β－D－(＋)－葡萄糖

在椅式构象中,α-D-葡萄糖的苷羟基处于a键,其余—OH或—CH$_2$OH等大基团位于e键,而β-D-葡萄糖的所有大基团包括苷羟基均连在e键上,相互距离较远,空间排斥较小,因此β-D-葡萄糖比α-D-葡萄糖稳定,所以葡萄糖水溶液的混合物中β-D-葡萄糖占多数。此外,自然界存在着大量以β-D-葡萄糖作为结构单元的物质(如纤维素),其原因也可能在于此。

(二)单糖的性质[2−4]

单糖以环状结构形式存在,但在溶液中与开链式结构存在互变异构平衡,因此,单糖的化学反应有的会以开链结构进行,有的则会以环状结构进行。

1. 氧化反应　单糖可被多种氧化剂氧化,表现出还原性。所用氧化剂不同,氧化产物不同。

例如:D-葡萄糖被氧化性较弱的溴水氧化成D-葡萄糖酸,用强氧化剂硝酸氧化,则可得D-葡萄糖二酸。

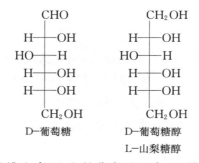

斐林试剂和托伦试剂是常用的碱性弱氧化剂,它们可使醛和α-羟基酮类化合物氧化,分别生成砖红色的氧化亚铜沉淀和金属银。这种能与斐林试剂或托伦试剂发生氧化反应的糖叫还原糖,不能反应的糖叫非还原糖。单糖均是还原糖,此类反应可用于单糖的鉴别。

2. 还原反应　用还原剂(如钠汞齐或硼氢化钠)或催化加氢的方法均可以将单糖还原成糖醇。

L-山梨糖醇主要用于合成维生素C,也是非离子型表面活性剂的一个重要原料。

3. 成脎反应　单糖与过量的苯肼一起加热反应,生成黄色结晶物质,叫作糖脎。

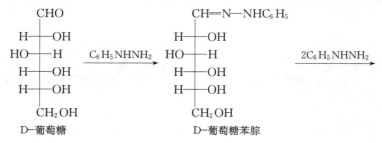

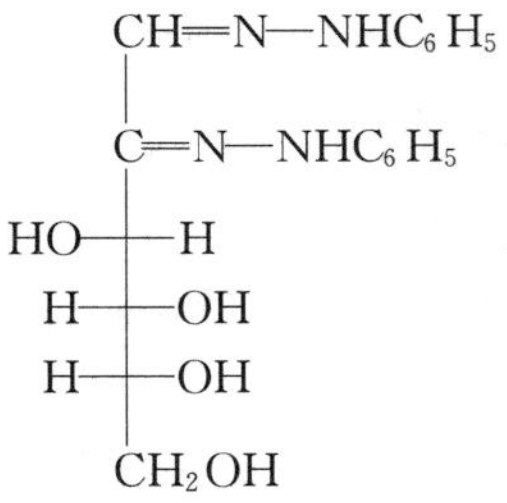

$$CH=N-NHC_6H_5$$
$$C=N-NHC_6H_5$$

$$HO \m!-\!\! H$$
$$H \m!-\!\! OH$$
$$H \m!-\!\! OH$$
$$CH_2OH$$

$$+C_6H_5NH_2+NH_3+H_2O$$

D-葡萄糖脎

糖脎为不溶于水的黄色晶体,不同的糖形成的脎结晶形状不同,熔点不同,其反应速度与析出脎的时间也不相同,因此成脎反应常用于糖的鉴别和糖的分离。

4. 成苷反应[4]　单糖的环状结构中含有五个羟基,其中四个是醇羟基,还有一个是半缩醛羟基。半缩醛羟基即苷羟基,比较活泼。在酸的催化下,半缩醛羟基可与醇或酚等羟基化合物作用,失水生成缩醛类化合物,这种产物称为糖苷。糖苷在结构上可看作是糖分子中的苷羟基上的氢原子被其他基团所取代的产物,由于单糖的环状结构有 α 型和 β 型 两种,因此所得糖苷也有 α 型和 β 型两种结构。例如,D-(＋)-葡萄糖在干燥的氯化氢存在下,与无水甲醇作用,生成 α 型和 β 型两种葡萄糖苷。

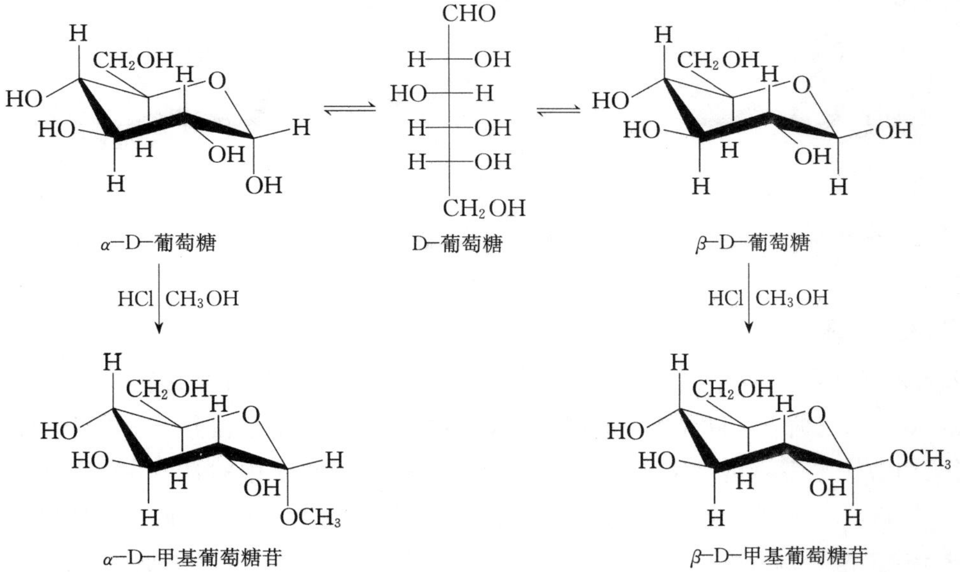

α-D-葡萄糖　　　D-葡萄糖　　　β-D-葡萄糖

HCl│CH₃OH　　　　　　　　HCl│CH₃OH

α-D-甲基葡萄糖苷　　　　　　　β-D-甲基葡萄糖苷

熔点:166℃　　　　　　　　　熔点:105℃

$[\alpha]_D+158°$　　　　　　　　　$[\alpha]_D-34°$

在糖苷分子中,糖苷是由糖与非糖部分组成的,非糖部分叫作苷元或配基,如上述反应中的甲醇,糖和糖苷配基脱水后形成的 C—O—C 键,叫糖苷键,简称为苷键,苷键分为两种,一种是 α-苷键,如 α-D-甲基葡萄糖苷中的苷键,另一种是 β-苷键,如 β-D-甲基葡萄糖苷中的苷键。

糖苷的性质与缩醛类似,对碱稳定,在稀酸与酶的作用下,可以水解变成原来的糖和甲醇。

141

此外,糖苷中已没有苷羟基,不能通过互变异构形成开链式结构,所以糖苷不易被氧化,不与苯肼、斐林试剂、托伦试剂反应,没有变旋现象。低聚糖和多糖都是糖苷。

　　＊5. 成醚反应[3]　　单糖的环状结构中除苷羟基外,还有醇羟基,在一定的条件下,这些羟基均可以发生醚化反应,例如,D－葡萄糖与强烈的甲基化试剂硫酸二甲酯在碱的存在下作用,则会得到五甲基－D－葡萄糖。

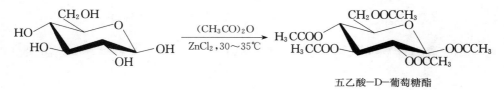

五甲基－D－葡萄糖在稀酸中水解时,只有苷键被水解。

　　6. 成酯反应[1]　　单糖的环状结构中所有羟基都可发生酯化反应。

五乙酸酯也无半缩醛羟基,同时也无还原性,也没有变旋现象。

二、低聚糖

　　低聚糖又称寡糖,水解后生成2~10个单糖分子。根据水解后生成单糖的数目,可将其分为二糖(双糖)、三糖等。低聚糖中最重要的是二糖,二糖是一个单糖分子中的苷羟基和另一个单糖分子中的苷羟基或醇羟基脱水得到的糖苷。一个单糖分子中的苷羟基如果是和另一个单糖分子中的苷羟基脱水,则所得二糖就没有苷羟基了,因此是一个非还原糖。如果是和另一个单糖分子中的醇羟基脱水,则所得二糖中还有一个苷羟基,它是一个还原糖,能与斐林试剂和托伦试剂反应,具有还原性、变旋作用,能成脎,表现出一般单糖的性质。下面重点介绍常见的两个还原二糖,即麦芽糖和纤维二糖。

　　(一)麦芽糖[2]

　　麦芽糖是淀粉在淀粉糖化酶作用下,部分水解的产物。它是白色晶体,分子式是$C_{12}H_{22}O_{11}$,能溶于水,甜味不及蔗糖。

　　麦芽糖用酸水解生成两分子的D－葡萄糖,这说明麦芽糖是由两分子D－葡萄糖失水而成,具体而言,麦芽糖是由一分子α－D－(＋)－葡萄糖C1上的苷羟基与另一分子D－(＋)－葡萄糖

C4 上的醇羟基脱水缩合而成的,因此,麦芽糖是 α-葡萄糖苷通过 α-1,4-苷键结合起来的,麦芽糖在结晶状态下,它的苷羟基是 β 型的,其结构式如下:

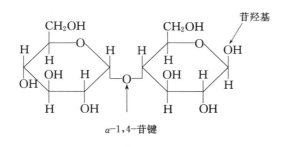

α-1,4-苷键

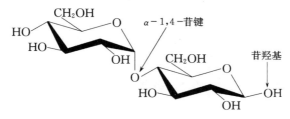

从麦芽糖的结构式中可以看出,麦芽糖中的第二个葡萄糖单元仍然保留有苷羟基,因此在水溶液中可以转变为开链结构,具有一般单糖的性质,是一个还原性二糖。

(二)纤维二糖[4]

纤维二糖是纤维素的部分水解产物。它是白色晶体,无味,可溶于水。

纤维二糖与麦芽糖相似,水解后生成两分子 D-葡萄糖,它是由一分子 β-D-(+)-葡萄糖的 C1 上的苷羟基与另一分子的 D-(+)-葡萄糖的 C4 上的醇羟基脱水缩合而成。所以纤维二糖是一个 β-葡萄糖苷,是通过 β-1,4-苷键连接起来的。纤维二糖在结晶状态时,它的苷羟基是 β 型的。

纤维二糖和麦芽糖一样,含有一个苷羟基,具有单糖的一些性质,是一个还原性二糖。

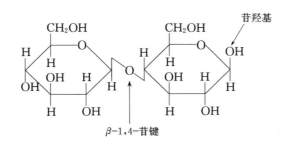

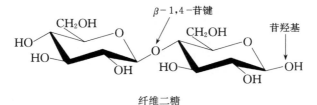

纤维二糖

三、多糖

多糖是高分子化合物,相对分子质量极大,是由许多单糖分子的苷羟基和醇羟基脱水缩合的产物。根据组成多糖的单糖分子是否相同,可以将多糖分为同多糖和杂多糖。若由同一种单糖组成,则此多糖被称为同多糖,如淀粉、纤维素、糖原等,它们都是由 D-葡萄糖组成。而由不同的单糖组成的多糖则叫杂多糖,如阿拉伯胶就是由戊糖和半乳糖组成的。

多糖广泛存在于自然界。有些多糖是构成动植物骨干的物质,如纤维素、甲壳质等;有些多糖是动植物体内能源的主要储存形式,如淀粉和肝糖等。多糖虽然由许多个单糖分子组成,但其性质与单糖有很大不同,如多糖一般不溶于水,有的即使能溶于水,也只能形成胶体溶液。多糖没有甜味,没有还原性,也没有变旋现象。

(一)纤维素[2,3,5,6]

纤维素是植物中分布最广、含量最多的物质之一。它是植物骨架和细胞的主要成分。由纤维素组成的纺织纤维是纺织工业的重要原料之一。工业上使用的纤维素纤维因来源不同,所含纤维素的量是不同的,如来自植物种子的棉花,含纤维素 $92\% \sim 95\%$,而来自苎麻、亚麻等韧皮的麻类纤维则含纤维素 $65\% \sim 75\%$。

1. 纤维素的结构[2]　纤维素的分子式是 $(C_6H_{10}O_5)_n$,它在高温、高压及酸催化下或在纤维素酶存在下可以被彻底水解为 D-(+)-葡萄糖,也可以被部分水解生成纤维二糖,因此纤维素是由 D-(+)-葡萄糖通过 β-1,4-苷键彼此相连形成的,其结构式可表示如下:

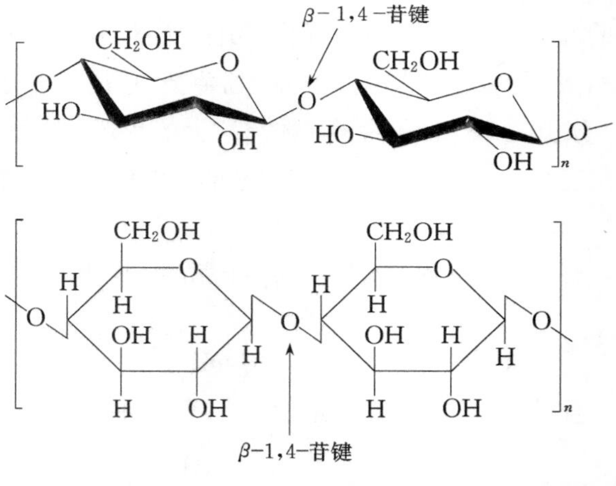

纤维素由 10000～15000 个葡萄糖单元组成,相对分子质量 100 万～200 万,是直链的巨型分子。因为纤维素分子中连接葡萄糖单元的是 β-1,4-苷键,所以葡萄糖分子之间是相互扭着的,这样形成的纤维素大分子链彼此间通过范德华力和氢键结合起来,纤维素分子的链与链之间便像麻绳一样扭在一起,形成绳索状的纤维束。

2. 纤维素的性质[3,5,6]　纯粹的纤维素是无色、无臭、无味的纤维状物质,不溶于水和一般的有机溶剂。

纤维素中的葡萄糖单元上有三个自由羟基,其中两个是 C2 和 C3 上的仲羟基,另一个是存在于 C6 上的伯羟基,而且大分子中存在着 β-1,4-苷键,纤维素长链之间存在着范德瓦尔斯力和氢键。纤维素的化学性质取决于纤维素这种结构。它可以发生两类反应,一类是关于羟基的化学反应;另一类是关于苷键的化学反应。

(1)溶解性能。尽管纤维素分子内含有大量的羟基,但由于链分子间存在着大量的氢键,纤维素不溶于水和一般有机溶剂。然而,纤维素分子中的 C2 和 C3 上的两个仲羟基可与铜氨溶液 $Cu(NH_3)_4(OH)_2$($CuSO_4$ 溶于 20% 的氨水溶液)作用,形成络合物而溶解,因此铜氨溶液是纤维素的良好溶剂。纤维素的铜氨溶液遇酸后又可重新析出纤维素。

纤维素虽然不溶于水,但是分子中有很多亲水性的羟基存在,因此具有较好的吸湿性,纤维素一般含水分 8%～9%。

(2)酸的作用。纤维素大分子中含有许许多多个苷键,可以看作是缩醛的结构,而缩醛在酸性条件下能够水解,因此纤维素在酸的存在下,易发生水解,致使分子链断裂,相对分子质量降低。水解程度和水解速度与酸溶液的性质、浓度、温度及水解时间均有很大关系。

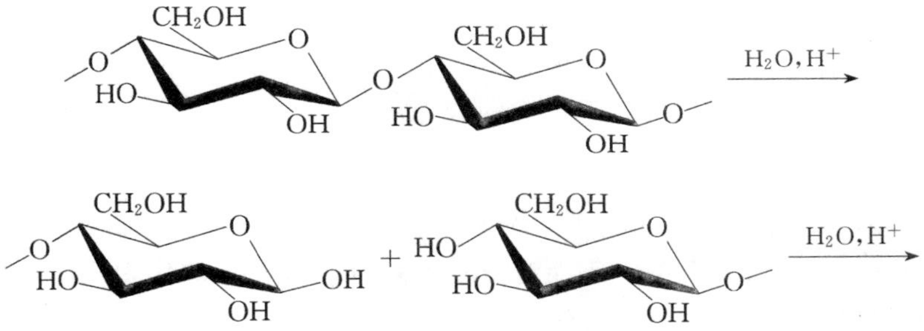

水解纤维素

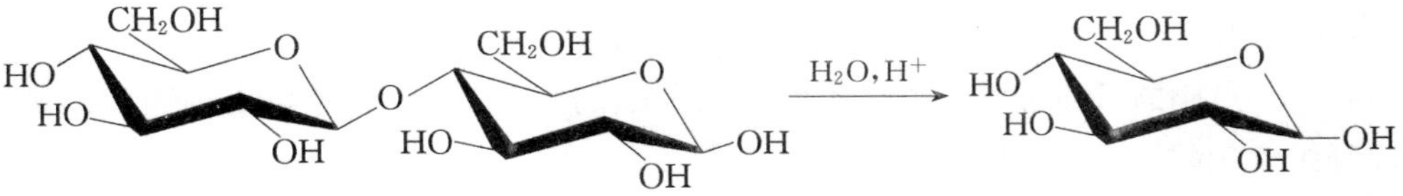

强酸滴在棉织物上,织物很快就发脆而破损,就是因为纤维素遇酸水解的缘故。水解程度越大,纤维的强度就越低,而水解程度的大小可用铜值衡量。所谓铜值是指 100g 干燥纤维素与斐林试剂作用,产生氧化亚铜的克数。纤维素水解程度越大,出现的苷羟基越多,通过互变异构,这些苷羟基就变成了醛基,所以还原性就越强,而铜值的大小就是测定纤维素还原性的大小。显然,对于同样质量的纤维素,其铜值越大,说明纤维素分子链越短,水解程度越大,纤维强度越低,反之亦然。

羊毛初步加工中的"炭化"工艺,就是利用硫酸处理含有植物性杂草的羊毛,使酸与杂草发生水解作用将其除去,而羊毛耐酸,在这一过程中不会受太大损伤。

(3)与碱作用。纤维素分子中的苷键结构对酸敏感,不稳定,但由于其类似醚的结构,因此对碱比较稳定。然而足够浓度的碱液能与纤维素分子中的羟基反应,生成碱纤维素。

$$[C_6H_7O_2(OH)_3]_n + nNaOH \longrightarrow [C_6H_7O_2(OH)_2ONa]_n + nH_2O$$

碱纤维素

（4）氧化反应。纤维素的氧化过程很复杂。常见氧化反应如下：

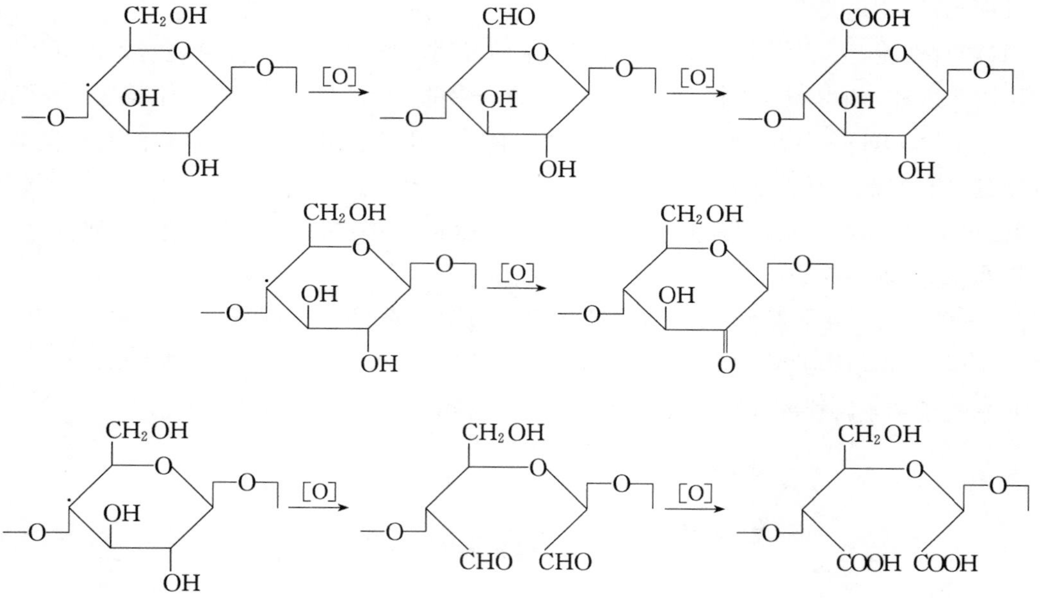

（5）酯化反应和醚化反应[5,6]。纤维素大分子中每个葡萄糖单元上有三个醇羟基，从化学的角度看可以将纤维素看作是多元醇，它能进行一系列醇能够发生的化学反应，例如酯化反应及醚化反应，因此可以利用这一特性对棉织物进行化学整理，显著地改善纤维素的性能，并且制造出许多新的具有独特风格和用途的产品，从而扩大纤维素的用途。

①酯化反应。

a. 硝化反应（硝酸纤维素酯，又称纤维素硝酸酯的生成）。纤维素与浓硫酸和浓硝酸作用后，生成纤维素硝酸酯，即硝化纤维，也称硝化棉。

$$[C_6H_7O_2(OH)_3]_n+3nHNO_3 \xrightarrow{浓\ H_2SO_4} [C_6H_7O_2(ONO_2)_3]_n+3nH_2O$$

此反应式表示纤维素分子中的每个葡萄糖单元上的三个羟基都被酯化，这时分子中的含氮量为 14.14%。而实际反应中，羟基不可能被全部酯化，酯化度随着硝化条件的不同而不同。在工业上用含氮量表示硝化纤维的酯化度，如果平均每个葡萄糖单元有 2.5~2.7 个羟基被酯化，则含氮量为 12.5%~13.6%，这种产品被称为高氮硝化纤维，一般用于制备无烟火药，有爆炸性，可燃，也叫火棉。而平均每个葡萄糖单元有 2.1~2.5 个羟基被酯化，这时含氮量为 10.0%~12.5%，称为低氮硝化纤维，可用于制造塑料、喷漆等，无爆炸性，可以燃烧，也叫胶棉。

b. 乙酰化反应（纤维素醋酸酯的生成）。纤维素与乙酸酐的酯化反应。纤维素与乙酸酐作用，分子中的醇羟基发生乙酰化反应，生成纤维素醋酸酯。

$$[C_6H_7O_2(OH)_3]_n+\ 3n(CH_3\overset{\overset{\displaystyle O}{\|}}{C})_2O \xrightarrow{H_2SO_4} [C_6H_7O_2(O\overset{\overset{\displaystyle O}{\|}}{C}CH_3)_3]_n+3nCH_3COOH$$

纤维素三醋酸酯

纤维素三醋酸酯不溶于丙酮，但将其部分水解得纤维素二醋酸酯，则可溶于丙酮和乙醇的混合溶剂中,经处理可制得人造丝及电影胶片。此法制造的醋酯纤维最大的优点是不易燃烧,对光稳定,密度小,耐热性及弹性等均好。

　　c. 黄化反应(纤维素黄原酸酯的生成)。纤维素与碱及二硫化碳的成酯反应。纤维素与碱反应生成碱纤维素,再用二硫化碳处理,生成纤维素黄原酸酯。所谓黄原酸是指二硫代碳酸的酸式酯,通式为:$\underset{\|}{\overset{S}{RO-C}}-SH$。其钠盐称为黄原酸钠,由醇钠和$CS_2$或由醇、二硫化碳和氢氧化钠作用制得。

$$C_2H_5OH + CS_2 + NaOH \longrightarrow C_2H_5O\underset{黄原酸钠}{\overset{\overset{S}{\|}}{C}}-SNa + H_2O$$

黄原酸钠遇酸即分解。

$$C_2H_5O\overset{\overset{S}{\|}}{C}-SNa + H_2SO_4 \longrightarrow C_2H_5OH + CS_2 + NaHSO_4$$

纤维素分子中含有羟基,因此可以发生上述反应,生成纤维素黄原酸酯(钠盐)。

$$[C_6H_9O_4OH]_n + nNaOH \longrightarrow [C_6H_9O_4ONa]_n + nH_2O$$

$$\underset{碱纤维素}{[C_6H_9O_4ONa]_n} + nCS_2 \longrightarrow \underset{纤维素黄原酸酯(钠盐)}{[C_6H_9O_4O\overset{\overset{S}{\|}}{C}-SNa]_n}$$

　　工业上,纤维素黄原酸酯主要用于生产黏胶纤维,将纤维素黄原酸酯溶于稀氢氧化钠中,形成一种黏稠溶液——黏胶液,把这种黏胶液经喷丝口压入稀硫酸中时,纤维素从黄原酸盐再生而成丝状。这就是黏胶丝生产的基本原理。

$$[C_6H_9O_4O\overset{\overset{S}{\|}}{C}-SNa]_n + nH_2SO_4 \longrightarrow [C_6H_9O_4OH]_n + nCS_2 + nNaHSO_4$$

　　黏胶纤维是再生纤维的重要品种之一,目前全世界黏胶纤维生产能力的增长主要集中在我国。

　　②醚化反应。纤维素分子中羟基上的氢,被烃基或连有其他基团的烃基取代后,即得到纤维素醚类。

　　a. 甲基化反应。通常是在碱的存在下使纤维素与硫酸二甲酯作用生成甲基纤维素的反应。

$$[C_6H_7O_2(OH)_3]_n + nCH_3OSO_2OCH_3 + nNaOH \longrightarrow$$
$$[C_6H_7O_2(OH)_2OCH_3]_n + nNaOSO_2OCH_3 + nH_2O$$

甲基纤维素是白色粉末状颗粒,无臭、无味、无毒并且稍有吸湿性,在纺织工业中用于经纱或织物上浆。

　　b. 羧甲基化反应。碱纤维素与一氯乙酸反应生成羧甲基纤维素的钠盐。

$$[C_6H_7O_2(OH)_3]_n + nClCH_2COOH + 2nNaOH \longrightarrow$$
$$[C_6H_7O_2(OH)_2OCH_2COONa]_n + nNaCl + nH_2O$$

羧甲基纤维素的钠盐简称 CMC(Carboxy Methyl Cellulose),是一种阴离子型高分子化合物。外观为白色粉状物，无臭、无味、无毒，易溶于水，形成透明的胶体，溶液呈中性或弱碱性，很稳定，可以长期保存。羧甲基纤维素钠盐用途广泛，在纺织工业中用作浆料，其效率较淀粉高数倍，此外，还可以作为乳化剂、增稠剂、胶黏剂，广泛用于石油、地质、建材、造纸、食品等工业中。

c. 羟乙基化反应。纤维素在碱性条件下，与环氧乙烷发生反应生成羟乙基纤维素（HEC）。

$$[C_6H_7O_2(OH)_3]_n + nCH_2\!-\!CH_2 \xrightarrow{\text{NaOH}} [C_6H_7O_2(OH)_2OCH_2CH_2OH]_n$$

羟乙基纤维素是一种非离子型的水溶性纤维素，外观为白色无定形粉末，它具有高度的化学稳定性，耐热、耐寒及机械性能都好，而且产品黏度稳定，防霉变，可用于涂料、石油、建材、油墨等工业中，在纺织印染中可用作浆料和染料的乳化剂等。

（二）淀粉[5]

淀粉是天然高聚物，主要存在于植物的种子和根内，它是绿色植物光合作用的产物。在谷类、小麦、马铃薯中都含有大量的淀粉，大米中含有 $62\%\sim82\%$ 的淀粉，小麦中则含有 $57\%\sim75\%$ 的淀粉。淀粉不仅可以食用，而且是重要的工业原料，如纺织印染工业中淀粉可用作经纱上浆的浆料及印花中使用的糊料。

1. 淀粉的结构[4,7]　　淀粉在淀粉酶或酸的存在下均可以发生水解，完全水解后的产物是 D-（+）-葡萄糖，因此，淀粉可以看作是多个葡萄糖的缩聚物，它的分子式是 $(C_6H_{10}O_5)_n$。如果淀粉部分水解，则可得到麦芽糖，说明淀粉的基本单元是 α-D-葡萄糖，多个葡萄糖之间是通过 α-苷键相连而成的。

由于 α-D-葡萄糖在缩聚形成淀粉时，大分子的缩聚方式不同，淀粉可以分离出两种不同结构的组分——直链淀粉和支链淀粉，两者结构上的差异，使其性质有明显不同，前者是水溶性的，后者是非水溶性的。普通淀粉颗粒内大约含有 $15\%\sim30\%$ 的直链淀粉和 $70\%\sim85\%$ 的支链淀粉。

（1）直链淀粉。直链淀粉是 α-D-葡萄糖通过 α-1,4-苷键形成的线型高分子，其化学结构式如下：

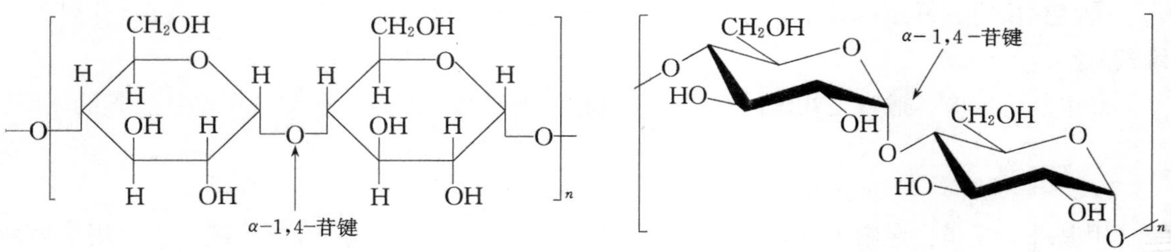

直链淀粉的线型高分子并不是意味着它是一条直的长链，而是盘旋成一个螺旋状，每一圈螺旋约含有六个葡萄糖单位，如图 5-1 所示。

直链淀粉不溶于冷水，能溶于热水而不形成糊状，直链淀粉的相对分子质量小于支链淀粉，相对分子质量的大小与淀粉的来源及分离提纯的方法有关，聚合度一般为 250～4000。

图 5-1 直链淀粉的线型高分子图

（2）支链淀粉。支链淀粉的结构中有主链也有支链，主链是由 α-D-葡萄糖通过 α-1,4-苷键结合而成，在主链上平均每隔 20～25 个葡萄糖单元就有一个以 α-1,6-苷键相连的支链。支链大约由 20 个葡萄糖单元以 α-1,4-苷键相结合。支链淀粉的化学结构式如下：

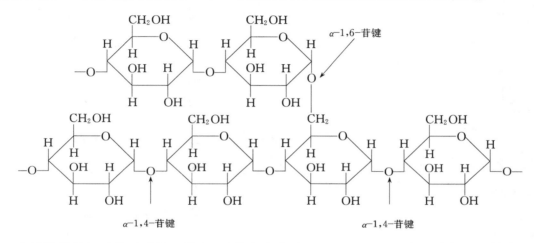

支链淀粉的相对分子质量比较高，平均聚合度约是 600～6000，比直链淀粉高。据报道，支链淀粉聚合度最高可达 20000，是天然高聚物中聚合度较高的一种，支链淀粉不溶于水，与热水作用则膨胀成糨糊。

2. 淀粉的性质[1,3,7] 纯的淀粉是白色或微带黄色、富有光泽的细腻粉末，粉末由许多细小颗粒组成，颗粒的大小和外形与淀粉种类有关，不同品种的淀粉颗粒的大小和外形差别可能很大。淀粉无臭、无味，相对密度平均约为 1.6。

淀粉大分子结构中的苷键和羟基，决定着它的化学性质，苷键的断裂使淀粉聚合度降低，大分子降解，而葡萄糖单元上的羟基，则使其可发生醇的化学反应。

（1）水解反应[1]。由于淀粉大分子中的苷键对酸敏感，对碱稳定，所以在酸或酶的存在下，淀粉的苷键发生水解，大分子链断裂，聚合度降低，生成糊精和麦芽糖等一系列中间产物，最终水解成 D-(+)-葡萄糖。糊精是相对分子质量比淀粉小的多糖，按聚合度的大小可分为紫糊精、红糊精、无色糊精等。糊精能溶于水，水溶液有黏性，可作纤维上浆剂。

淀粉水解过程 $(C_6H_{10}O_5)_n \xrightarrow[H^+]{H_2O} (C_6H_{10}O_5)_m \xrightarrow[H^+]{H_2O} C_{12}H_{22}O_{11} \xrightarrow[H^+]{H_2O} C_6H_{12}O_6$

	淀粉	紫糊精	红糊精	无色糊精	麦芽糖	葡萄糖
与碘溶液生成的颜色	蓝色	蓝紫色	红色	无色	无色	无色

$(m<n)$

淀粉遇碘显蓝色,是因碘分子嵌入直链淀粉的螺旋空隙中,依靠分子间力,使碘分子与淀粉间松弛地结合起来所致。

(2)氧化作用[3]。淀粉的氧化机理和历程比较复杂,反应发生在葡萄糖单元的三个羟基上,最后生成羧基,氧化过程也引起淀粉分子链的降解。

根据氧化剂对淀粉的作用位置不同,氧化剂可分为特殊氧化剂和非特殊氧化剂。非特殊氧化剂与葡萄糖单元上的所有部位发生反应,如空气中的氧、臭氧、过氧化氢等,而特殊氧化剂则主要与葡萄糖单元上的个别部位发生反应,所得产物叫氧化淀粉,属于变性淀粉的一类,稳定性好、透明度高、胶黏力强、成膜性好,提高了对棉纤维的亲和力,用作浆料优于原有淀粉。

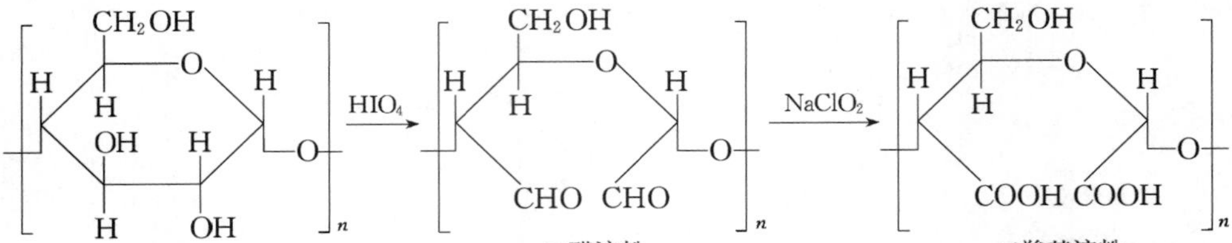

二醛淀粉　　　　　二羧基淀粉

(3)酯化反应。淀粉大分子中的羟基,与无机酸或有机酸均可发生酯化反应,所得产物为淀粉酯衍生物。

①淀粉磷酸酯。经纱上浆中所用的淀粉无机酸酯,主要是淀粉磷酸酯。淀粉磷酸酯是一类很重要的淀粉衍生物,因在淀粉中引入磷酸根基团,该基团具有亲水性,因此这类产品易溶于水,具有较高的稳定性,可用于天然纤维素上浆,也可与合成浆料混合应用于混纺纱上浆,浆液的浸透性好,浆膜吸湿性大而且强度高。

$$2NaH_2PO_4 \longrightarrow Na_2H_2P_2O_7 + H_2O$$
焦磷酸钠

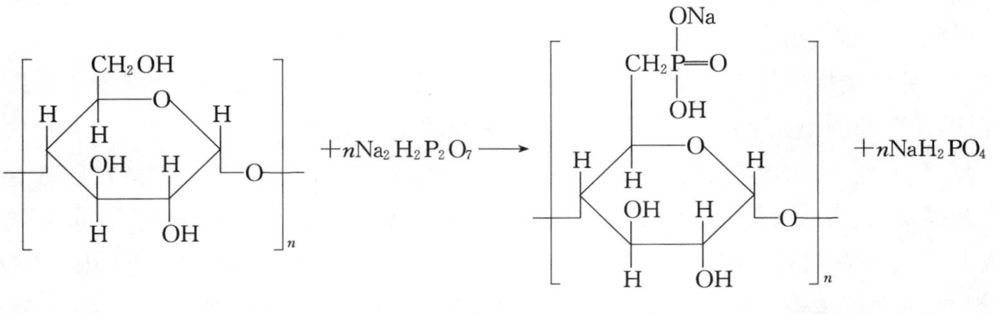

②淀粉醋酸酯。将醋酸酐加到淀粉与氢氧化钠的混合液中,可得到淀粉醋酸酯。

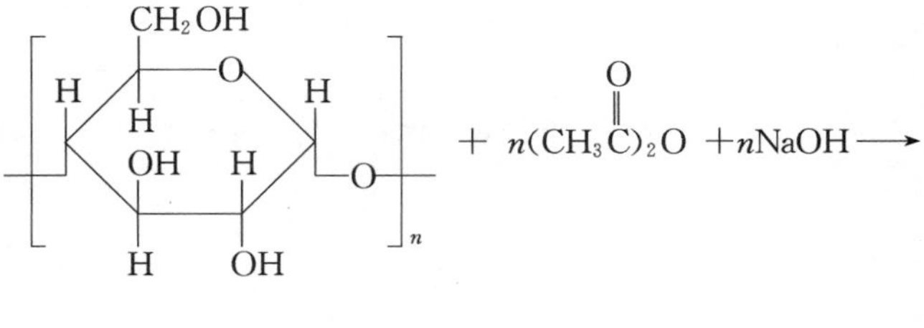

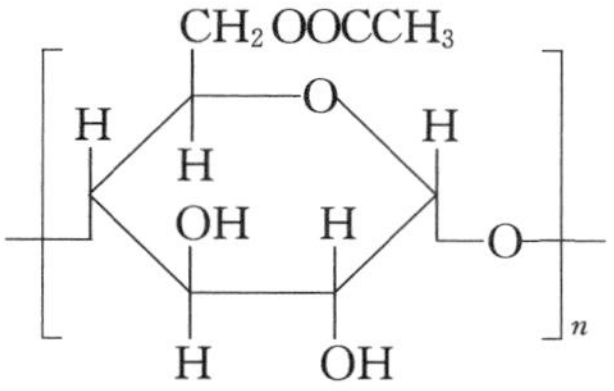

$$+\ n\mathrm{CH_3COONa}+n\mathrm{H_2O}$$

淀粉醋酸酯用作浆料，其浆液比较稳定，流动性好，不易凝冻，可用于棉纱、黏胶纱上浆，也可用于涤棉等合成纤维混纺纱上浆，有较好的上浆效果，作为主体浆料使用，具有良好的贴伏毛羽的效能，很适宜喷气织机织造的要求。

③淀粉氨基甲酸酯。在一定的温度和 pH 值下，淀粉与尿素反应，生成淀粉的氨基甲酸酯，工业上称为尿素淀粉。尿素淀粉制造简单，能使淀粉成为水溶性淀粉衍生物，它对纤维黏附性有明显的提高，浆膜柔软，浆液流动性好，吸湿性较大，织造时断头率下降，可用于棉纱上浆。

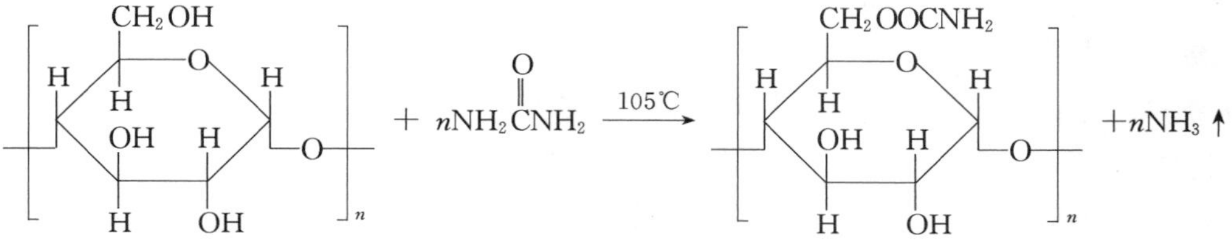

$$+\ n\mathrm{NH_2CNH_2}\ \xrightarrow{105℃}\ \ \ +n\mathrm{NH_3}\uparrow$$

（4）醚化反应。淀粉大分子中的羟基，与醇或者其他醚化剂形成醚化物，所得产品叫淀粉醚衍生物，这类衍生物种类较多，经纱上浆中用得较多的是羧甲基淀粉和羟乙基淀粉。

①羧甲基淀粉。羧甲基淀粉简称 CMS，属于阴离子型淀粉醚衍生物，由淀粉在碱性条件下与一氯乙酸或其钠盐通过醚化反应制得。

$$\mathrm{R_{淀}{-}OH}+\mathrm{NaOH}+\mathrm{ClCH_2COOH}\longrightarrow \mathrm{R_{淀}{-}OCH_2COONa}+\mathrm{NaCl}+\mathrm{H_2O}$$

羧甲基淀粉水溶液为无色、无臭、带水果香味的透明状黏稠溶液，在弱酸及碱性条件下较稳定，在强酸中会析出沉淀，具有良好的亲水性、吸水性和膨胀性，并且不易受微生物侵蚀，可较长时期放置。CMS 用于经纱上浆，具有浆膜柔软、退浆容易、调浆方便等优点，但耐磨性差，浆纱手感较软，易起毛。适宜与其他黏附性材料混用。

②羟乙基淀粉。羟乙基淀粉简称 HES，属于非离子型材料，是一种水溶性良好的低黏度淀粉醚衍生物。羟乙基淀粉为白色粉末，水溶性好，不会凝冻，所成薄膜坚韧透明，退浆容易。上浆效果及适用范围与羧甲基淀粉相似。

羟乙基淀粉是在氢氧化钠催化下，通过环氧乙烷处理淀粉乳，或由预先糊化过的淀粉与环氧乙烷作用而得。

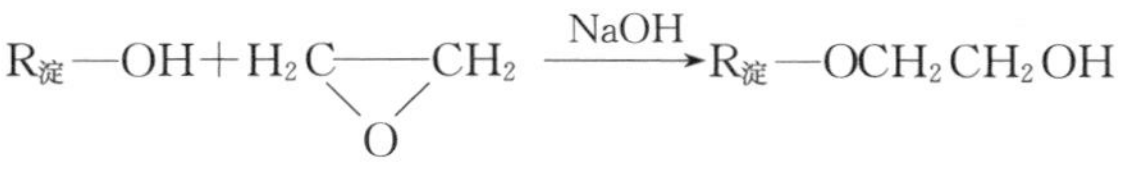

$$\mathrm{R_{淀}{-}OH}+\mathrm{H_2C{-}CH_2}\ \xrightarrow{\mathrm{NaOH}}\ \mathrm{R_{淀}{-}OCH_2CH_2OH}$$

③阳离子淀粉。阳离子淀粉是指含有氮的醚类衍生物,其制备的基本原理如下:

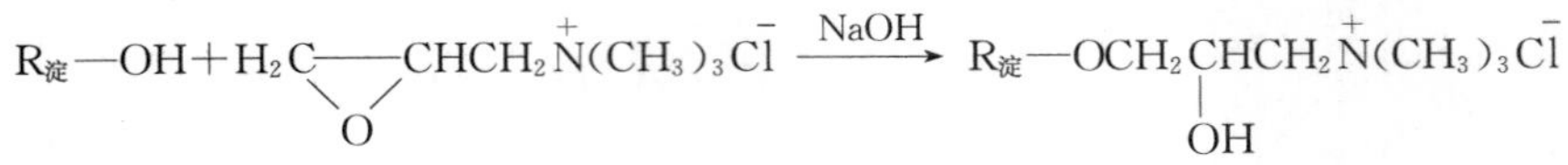

$$R_{淀}—OH + H_2C{\overset{\displaystyle}{\underset{O}{\diagdown\diagup}}}CHCH_2\overset{+}{N}(CH_3)_3\overset{-}{Cl} \xrightarrow{NaOH} R_{淀}—OCH_2\underset{OH}{CHCH_2}\overset{+}{N}(CH_3)_3\overset{-}{Cl}$$

阳离子淀粉由于在大分子链上带有正电荷,对带负电荷的纤维具有强的亲和力,可以提高浆料和合成纤维的黏附力,并对合成纤维具有消除静电的效果。阳离子淀粉在水中分散性良好,黏度稳定,流动性好,上浆效果较好,可用于合成纤维混纺纱上浆。

第二节　经纱上浆及浆用材料

一、经纱上浆的目的[5-8]

织机在织造各种织物时,是将许多纱线横竖、上下、交叉地组织起来,竖向的纱被称为经纱,横向的纱被称为纬纱。

在织造过程中,经纱在织机上要承受张力、弯曲及多个方向的磨损等多种机械作用,且是动态的周期性反复负荷,这样经纱受磨后极易起毛和起球,严重者会引起纱线断头。此外,如果纱线的强度和弹性不足以承受上述外力的作用时,它还极易被拉断。因此,在织造过程中,为了降低经纱断头率,提高经纱的织造性能及产品质量,必须赋予经纱更高的耐磨性,黏附突出在纱条表面的毛羽,适当增加经纱的强度,并尽可能地保持经纱原有的弹性,尽可能使经纱的断裂伸长率不要降低太多。上浆就是为了解决这个问题,从而达到提高经纱织造性能的目的。

所谓上浆,就是指在经纱上施加浆料以提高其可织性的工艺过程,即将经纱浸轧于浆料溶液中,经烘干后就得到上了浆的经纱——浆纱。经过上浆,部分浆液渗入到经纱的纤维与纤维之间的空隙,干燥后在纤维间起黏结作用,使经纱强力增加,这是浸透上浆。另一部分浆液包覆在纱条表面,烘干后形成一层薄膜——浆膜,使毛羽贴伏,表面光滑,可起保护纱条,减少机械对经纱的磨损作用,并保持较好的弹性,这是披覆上浆。

在织造过程中,一般单纱和10tex以下(60英支以上)股线,都要进行上浆。

织物主要应具有耐穿性和耐用性,但其风格和手感也不应忽视,例如,府绸应有丝绸感,涤棉(T/C)混纺织物必须具有挺、滑、爽的服用特性。影响织物风格和手感的因素很多,上浆也是其中之一。某些色织物,既不退浆,也不加工整理,经纱上浆好坏,直接影响此类织物的风格和手感,必须充分注意。

总之,经纱上浆的主要目的,经过数十年的争论与生产实践说明,就是增加耐磨性和贴伏毛羽,对细特纱也需要考虑适宜的增强与保伸,用喷气织机织造时,贴伏毛羽的要求更为突出。

二、浆料应具备的基本性能[5,6,8,9]

用于纱线上浆的材料叫浆料。浆料是一类高分子化合物，是一种黏着剂。为了达到上浆的目的，理想的浆料有如下的基本要求。

1. 具有足够的黏着力　通过上浆，能使纱线很好的黏结，从而增大纤维间的抱合力，并能贴伏纱条干上的毛羽，增加经纱的强力，所以浆料的黏附性甚为重要。但浆料本身不应黏附在机械上，织造过程中不能因受机械作用而造成大量落浆。

2. 具有适当的黏度　一定浓度的浆液，黏度太大不利于浸透，使浆液不能顺利渗入纱线内部，在纱的表面便会附着多量的浆。如果黏度太低，则不能获得预定的上浆率，使毛羽伏贴的作用就差。在整个上浆过程中浆液黏度应适当并保持稳定。

3. 具有良好的成膜性　浆液在经纱表面形成的浆膜要薄、柔软、坚韧、光滑，这样可降低经纱的磨损系数，提高耐磨性，耐屈曲性，并能保持较好的弹性和断裂伸长率。

4. 浆液的物理和化学稳定性要好　浆液在使用过程中要不易起泡，不易沉淀、结块，在温度、湿度较高时，不易发霉或意外分解。

5. 能溶解于水或分散于水，便于企业生产中实际应用　水是最安全的溶剂，对劳动保护、环境保护都有利。

6. 具有良好的相溶性　各种浆料混合时要求能互溶均匀，不应有上浮物或沉淀物。

7. 具有适当的吸湿性　要使浆纱具有柔软性，吸湿性是必要的，如果含有一定的水分，在抗静电方面也是有效的。为了保证浆纱柔软并消除合成纤维的静电，浆液应具备适当的吸湿性，这样也有利于经纱的织造。

8. 容易退浆　浆料配方不要繁杂，调浆操作要简便并易于退浆。坯布退浆后要有利于后加工整理。退浆后的废液不应造成环境污染，或将污染程度减少到最低程度。

9. 其他　浆料必须是价格低廉，货源充足，效果好才能符合经济上的要求；若浆料价格较贵，但性能好，用量少，总成本可以降低，也可以符合经济要求；再者浆料对纱线和设备不应带来损伤，对人体应无害。

浆液的性质有以上多方面的要求，而完全具备上述浆料性能的单一浆料是很难得到的。因此，实际生产中，必须根据经纱的品种，织物的规格和工艺特征，选取几种浆料，按适当的比例加以混合，让它们相互取长补短，以满足要求。

三、浆料的分类[5,10]

经纱上浆所用浆料种类甚多，通常包含两种主要成分，一种是黏着剂，另一种是助剂。黏着剂是一种具有黏着力的材料，它是调制浆液的基本材料。经纱经过上浆后，主要依靠黏着剂，提高织造性能，因此又称为主浆料。而助剂是为了弥补主浆料某些方面性能不足所用的辅助材料，用量不大，种类不少，性质各不相同，又被称为辅浆料。

主浆料是一类高分子化合物，根据它的来源可分类如下：

$$\text{主浆料}\atop(\text{黏着剂})\left\{\begin{array}{l}\text{天然}\\\text{浆料}\end{array}\left\{\begin{array}{l}\text{淀粉}\left\{\begin{array}{l}\text{食用淀粉:玉米淀粉、小麦淀粉、米淀粉、马铃薯淀粉、甘薯淀粉}\\\text{野生淀粉:橡子淀粉、木薯淀粉、石蒜粉等}\end{array}\right.\\\text{植物胶:海藻胶、槐豆胶、田仁粉、阿拉伯树胶、白芨粉等}\\\text{动物胶:骨胶、皮胶、明胶、鱼胶等}\end{array}\right.\right.$$

我国是纺织大国,近年来每年浆料消耗量已超过 30 万吨,其中,淀粉类浆料约占 70%,PVA 浆料约占 20%,聚丙烯酸(酯)类浆料约占 10%。因此,目前浆料已发展成为淀粉类浆料、PVA 浆料、丙烯酸类浆料三足鼎立之势[10]。

1. 淀粉类浆料 淀粉类浆料主要是指对天然淀粉进行变性,也就是变性淀粉浆料。此类浆料已成为全棉等天然纤维素纤维的主体浆料,也是涤棉等混纺纱的主要浆料之一。它的应用可分为三个阶段:第一代变性淀粉,是指酸解淀粉、氧化淀粉和糊精等;第二代变性淀粉则主要包括醚化淀粉(CMS 等)、酯化淀粉(醋酸酯、磷酸酯等)、交联淀粉和阳离子淀粉等。这是一类淀粉衍生物,是通过在淀粉大分子的羟基上引入一个基团或引入一个低分子物,已成为常用的主体浆料。第三代变性淀粉,主要是接枝淀粉,它是在淀粉大分子链上引入具有一定聚合度的高分子化合物,使淀粉的性能有了显著的改变,从而可在合成纤维混纺织物中作为主体浆料使用,在涤棉混纺纱上浆中,它的使用比例可达 70%~80%,甚至可进一步作为单组分浆料在经纱上浆中使用。

2. PVA 浆料 PVA 即聚乙烯醇,是一种典型的水溶性合成高分子化合物,是由聚醋酸乙烯酯通过醇解而得。PVA 是一种很好的浆料,它的成膜性非常好,形成的浆膜坚韧耐磨且富有弹性,浆膜吸湿性好,有利于织造,浆液的稳定性好,对天然纤维和合成纤维有较好的黏附性,因而一直被广泛地用作涤棉混纺纱线上浆的主浆料。但是,PVA 浆料由于难以生物降解和回收利用,长期沉积会引起生态破坏,欧洲一些国家(德国等)目前已禁止使用,国内也已提出少用或不用 PVA 的发展战略。近年来,为了替代 PVA 浆料,国内外已经开展了许多研究工作并取得一定成效。

3. 丙烯酸类浆料 丙烯酸类浆料是丙烯酸类单体的均聚物、共聚物或共混物的总称。常用的聚丙烯酸类浆料可分为三类。一类是聚丙烯酸盐类,是由丙烯酸(盐)、丙烯腈、丙烯酰胺形成的共聚物。它们与天然纤维的亲和力好,一般只用于亲水性纤维的上浆,但由于吸湿性大,再黏性严重,常作为辅助浆料来使用。第二类是聚丙烯酰胺浆料,由丙烯酰胺单体直接聚合而成,此类浆料吸湿性大,再黏性严重,但退浆容易,生化降解快,与亲水性纤维黏附性好,与其他浆料的混溶性很好,常与淀粉或 PVA 混合使用,用于细特高密纯天然纤维面料的经纱上浆,也用于涤棉混纺纱上浆。第三类浆料是以聚丙烯酸酯为主体的合成浆料,它是丙烯酸类浆料最主要的品种,这一类浆料与疏水性纤维有良好的黏附性,其浆膜比 PVA 浆料柔顺,强度较低,但变形能力大,有利于减少浆纱毛羽,提高浆纱耐磨性。

四、辅浆料[3,5,7-9,11]

在经纱上浆中,所用浆料除黏着剂外,还必须使用一些助剂,目的是改善黏着剂的不足,促使主浆料能有效地发挥作用,从而改善浆液性能,提高浆纱质量和织造效率。这些助剂统称为辅浆料。辅浆料一般没有黏性,它对主浆料的成膜性和黏性有一定影响。因此,正确选用辅浆料的种类及其用量是十分重要的,这主要取决于纤维种类、纱线结构及黏附材料本身的特性,但总的原则是,在满足织造条件的情况下,辅浆料的种类和用量越少越好。辅浆料的种类很多,主要有表面活性剂、油脂、防腐剂、蜡等。

1. 表面活性剂[3,8]　　表面活性剂是由疏水亲油的碳氢链组成的非极性基团和亲水疏油的极性基团组成,可分为离子型和非离子型表面活性剂两大类。作为辅浆料,一般选用阴离子型和非离子型表面活性剂。

在上浆工艺中,加入表面活性剂可以增进浆液的浸透性,使浆液更好地润湿纱线并渗透到纱线内部,这类表面活性剂又称渗透剂。常用的有土耳其红油$[CH_3(CH_2)_5CH(OSO_3Na)CH_2CH = CH(CH_2)_7COOH]$,它是一种棕色或黄色的油状液体,为阴离子型表面活性剂,适用于中性或碱性浆液,此外,还有渗透剂 M(即烷基萘磺酸钠和十二烷基磺酸钠复配物)、平平加 O 及渗透剂 JFC$[C_mH_{2m+1}O(CH_2CH_2O)_nH]$等。

表面活性剂还有消除静电的作用,主要针对合成纤维纯纺和以合成纤维为主的混纺纱线。抗静电剂很多,主要是阴离子型表面活性剂,如抗静电剂 P(烷基磷酸酯二乙醇铵盐)、抗静电剂 PK(烷基磷酸酯钾盐)。

此外,表面活性剂还可以起到乳化、分散、消泡等作用。

2. 油脂[8,11]　　油脂是一种常用的辅浆料。在浆液中加入油脂,能使主浆料分子间的结合松弛,可塑性增大,因而获得柔软性。同时,油脂也能增大浆膜的平滑性,降低浆纱的摩擦系数,从而在织造过程中,减少浆膜脱落,降低断头率,提高浆纱质量。但是油脂的加入量一般不超过黏着剂的 6%,以免过分损失浆膜强度。

浆液中加入的油脂是高级脂肪酸的甘油酯,如牛油、羊脂、棉籽油等。它们是疏水性物质,在浆液中性质要均匀稳定,不致产生油疵,因此要经过乳化或皂化处理后才可使用。也有人工合成的柔软剂,如柔软剂 101 是石蜡和硬脂酸的乳化物,呈乳白色的黏稠糊状,中性,能耐酸、碱和硬水。还有柔软剂 SG,是硬脂酸环氧乙烷的缩合物,既有良好的柔软润滑性能,也有浸透作用。

3. 防腐剂[8,9]　　浆液中含有淀粉、油脂、蛋白质等物质,这些物质都是微生物的养料,使浆液极易腐败变质。而织造车间是高温高湿环境,坯布打包加压,长期库存,极易使微生物发育繁殖,这样的条件容易使浆液变质,坯布发霉。为了防止这种情况出现,在浆液中应加入防腐剂。防腐剂的品种和用量由浆液种类、浆液的 pH 值、气候条件以及坯布运输存放的条件和时间而定。

防腐剂一般要求为水溶性,在酸、碱中有效,防霉力强,无毒,对后加工不造成疵点。常用的防腐剂很多,如织布厂最常用的 β-萘酚,使用时要转化为钠盐,还有水杨酸、硼酸及硼砂、福尔马林等也用作防腐剂。

4. 蜡[5]　纱线上浆后,再经上蜡即在纱线的表面涂上一层保护蜡,这样可增加纱线的平滑性,减少摩擦,并增加抗静电性,手感爽滑,同时又不减弱浆液黏附力及浆膜强度,可提高织造效率。

所施加的蜡在退浆时要易于除净,否则会造成后加工过程中染色不匀,因此必须选好蜡的品种。一般要求作为辅浆料的蜡,室温下是固体,而在 65℃以上要能熔融。石蜡和蜂蜡均不易退浆除净,所以需要印染加工的织物不宜直接使用石蜡和蜂蜡。合成蜡是醚型或酯型的共聚物,它们与纤维的亲和性较好,也易于退浆。此外,上蜡量不宜过多,一般为纱重的 0.3%~0.7%即可。

第三节　纤维素纤维[12-14]

纤维素是植物中含量最广泛、最普遍的物质之一,它是构成植物细胞壁的基础物质。纤维素常和半纤维素、果胶物质、木质素等一起构成植物纤维的主体。由纤维素组成的纺织纤维是纺织工业的重要原料之一。工业上所使用的纤维素纤维,有的来自植物的种子,如棉花;有的来自植物的韧皮,如苎麻、黄麻、洋麻等;有的则来自植物的叶,如龙舌兰麻、蕉麻等。各种不同来源的纤维素纤维,所含纤维的量是不同的,例如,棉纤维中纤维素含量为 92%~95%,麻类韧皮中纤维素的含量仅有 65%~75%。但不论纤维素来源有何不同,它们的化学组成和结构都是相同的。实验证明,在纤维素的基本组成中,含碳量为 44.44%,含氢量为 6.17%,含氧量为 49.39%。

一、棉纤维

棉纤维又称棉花。人类利用原棉已有悠久的历史,早在公元前 5000 年甚至公元前 7000 年就已经开始采用棉纤维作为纺织原料,现在棉纤维是世界上最主要的纺织原料,占世界纺织原料的 50%左右。

(一)棉纤维的形态特征

正常成熟的棉纤维纵向呈扁管状,中间略粗,两端略细,并且具有许多天然转曲,纤维中部转曲最多,梢部次之,根部最少;横截面呈腰圆形,有中腔,如图 5-2 所示。转曲数的多少与棉纤维的成熟度和棉花的品种有着密切关系。一般情况下,正常成熟的细绒棉转曲数为 39~65 个转曲/cm;未成熟的棉纤维壁薄,转曲较少;而过成熟的棉纤维呈棒状,转曲也少。长绒棉的转曲数比细绒棉多。转曲多的棉纤维,纤维间的抱合力大、纺纱性能好、成纱强度高。纤维的长度与宽度之比为 1000~3000。

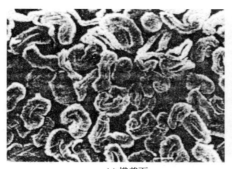

(a) 横截面 (b) 纵向外形

图 5-2　棉纤维的横截面和纵向外形

(二)棉纤维的物质组成

组成棉纤维的物质主要是纤维素,也有少量其他伴生物。正常成熟的棉纤维的纤维素含量为 92%～95%,它的基本结构单元是葡萄糖剩基($C_6H_{10}O_5$),呈六边形排列,在 C2、C3、C4 上各有一个羟基,在 C1,C4 上有苷键,将葡萄糖剩基联结形成线型大分子。纤维素是棉纤维生长过程中经化学作用合成的,属于多糖类高分子化合物,由碳、氢、氧三元素组成,其化学分子式为$(C_6H_{10}O_5)_n$,聚合度 n 一般可达 10000～15000。棉纤维除纤维素外,还有 6% 左右的其他物质,称为纤维素的伴生物。其中有果胶质 1.2%,蜡质 0.5%～0.6%,蛋白质 1%～1.2%,灰分1.14%,其他 1.36%。棉蜡使棉纤维具有良好的适宜纺纱的表面性能,但在棉纱、棉布漂染前,要经过煮练,除去棉蜡,以保证染色均匀。糖分含量较多的棉纤维在纺纱过程中容易绕罗拉、绕皮辊等,必须在纺纱前用消糖剂喷洒,以降低糖分。

(三)棉纤维的主要性质

棉纤维不溶于一般溶剂,如乙醚、乙醇、苯、丙酮、汽油等,在水中也只是轻微的溶胀而不溶解。在加工中,可利用有机溶剂溶去棉纤维中的蜡质。

1. 吸湿性　吸湿性是指棉纤维从空气中吸收水汽或吸附液态水的能力。由于棉纤维组成中的纤维素、糖类物质等分子含有亲水性极性基团,如羟基等,所以棉纤维具有较强的吸湿能力。棉纤维在标准状态下的回潮率为 7%～8%;其湿态强度大于干态强度,比值为 1.1～1.15。从饱和湿空气中吸湿,最高回潮率可达 25%。脱脂棉吸附液态水的质量最高可达干纤维本身质量的 8 倍以上,药棉就是利用这一性能在医药上得到广泛应用的。

2. 耐热性　棉纤维在 100℃的高温下处理 8h,强度不受影响;在空气中,用 150℃以上的温度烘烤会发生明显的氧化、分解,导致颜色变黄、强度下降、弹性降低,失去使用价值;在 320℃时起火燃烧。棉纤维遇火会剧烈燃烧,离开火焰后仍能继续燃烧,故防燃性能较差。棉纤维中的纤维素在阳光和大气中能缓慢氧化而生成氧化纤维素,最终导致纤维强力下降。

3. 酸对纤维素的作用　棉纤维耐酸性较差,特别是高温下强酸作用于棉纤维时,纤维素易水解,酸会使纤维素大分子链上的 $\beta-1,4-$苷键发生水解而断裂,使棉纤维聚合度下降、强力下降,伸长性能减弱,弹性变差,如连续作用最终将使其分解成葡萄糖。常温下,65% 浓硫酸即可将棉纤维完全溶解。

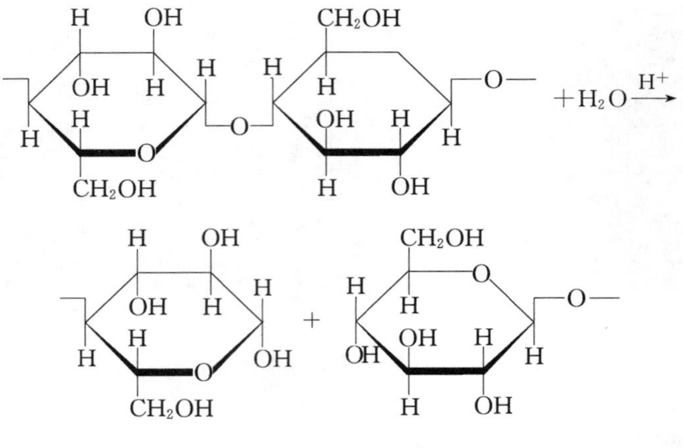

可见,水解过程中,$\beta-1,4-$苷键断裂,在断裂处加上一分子水,在前一个葡萄糖基环的 C_1 上形成一个苷羟基,而在另一个葡萄糖基环的 C_4 上出现了一个羟基。如果在完全水解下,最终纤维素分子的所有苷键全部断裂,完全转化为 $D-(+)-$葡萄糖。

$$(C_6H_{10}O_5)_n \xrightarrow[H_2O]{H^+} \frac{1}{2}n\ C_{12}H_{22}O_{11} \xrightarrow[H_2O]{H^+} nC_6H_{12}O_6$$

纤维素　　　　　　　　纤维二糖　　　　　　D-(＋)-葡萄糖

高温下,不需酸的存在,纤维素即可直接水解,但水解速度较慢。在无机酸作用下,纤维素的水解速度大大加快。

4. 氧化剂对纤维素的作用　氧化性强酸,如硫酸,能使纤维素脱水炭化。

纤维素大分子中每个葡萄糖单元环上都有三个醇羟基,醇羟基比较活泼。由于氧化剂的种类和反应条件的不同,它们会氧化纤维素的不同部位,产生相应的醛基、酮基、羧基等,还可以发生苷键的断裂或葡萄糖环的破坏。氧化后的纤维素强力下降,严重时会使纤维发脆破损甚至变成粉末。

织物在加工过程中,或多或少都会受到氧化剂的氧化作用,如苎麻的化学脱胶过程中,原麻在碱液中进行煮练时,空气中的氧可直接氧化苎麻纤维素,另外在漂白工程中,苎麻纤维素又会受到漂白剂的氧化作用等。因此在织物的化学加工过程中,选择合适的氧化剂,严格掌握工艺条件及参数是十分重要的,以尽量避免损伤纤维素[6]。

5. 碱对纤维素的作用　棉纤维耐碱性好。由于苷键对碱的作用具有相当高的稳定性,在常温下,稀碱溶液对纤维素作用不大。

在碱作用下,棉纤维发生膨胀、截面变圆,长度缩短,天然转曲消失。因此,在印染加工中,常用浓碱且在一定张力下对棉织物进行拉伸处理,可使棉织物光泽明显增强,富有弹性,拉伸强度提高,染料吸附能力增强,呈现丝一般的光泽,此过程称为棉纤维的丝光。

6. 纤维素的酯化反应　由于纤维素大分子中具有羟基,因此,纤维素可与一些试剂作用发生酯化反应。

(1)黄化反应。碱纤维素与二硫化碳（CS_2）作用生成纤维素黄原酸酯的反应。其反应式为：

$$[C_6H_7O_2(OH)_3 \cdot NaOH]_n + nCS_2 \longrightarrow [C_6H_7O_2(OH)_2 - O - \overset{\overset{S}{\|}}{C} - SNa]_n + nH_2O$$

工业上，纤维素黄原酸酯主要用于黏胶纤维的生产。

黏胶纤维是人类历史上第一个实现大规模工业化生产的化学纤维，由于它是由天然纤维素溶解后再生出来的纤维，故属于再生纤维素纤维。它的基本化学组成与棉花一样，因此它有些性能和棉花相似。自黏胶纤维问世以来，由于其优良的穿着性能，受到了广泛的重视，产量迅速扩大，其生产技术与工艺过程也在不断发展和完善。之后，由于合成纤维的兴起，黏胶纤维的产量自 20 世纪 70 年代开始落后于合成纤维。到 20 世纪 80 年代，随着纺织科技的发展，黏胶纤维做到了既有其他化学纤维不可相比的舒适性，又克服了湿强力、湿模量低的弱点，出现了替代产品。黏胶纤维突出的干爽风格，受到广泛的重视。

(2)硝化反应。纤维素在浓硫酸存在下与硝酸作用生成纤维素硝酸酯的反应称为硝化反应。纤维素硝酸酯俗称硝化纤维，其反应式为：

$$[C_6H_7O_2(OH)_3]_n + 3nHNO_3 \xrightarrow{\text{浓硫酸}} [C_6H_7O_2(ONO_2)_3]_n + 3nH_2O$$

工业上得到的纤维素硝酸酯含氮量在 $10.5\%\sim13.5\%$。一般将含氮量在 11% 左右的称为胶棉，胶棉无爆炸性，易燃，用于制造喷漆和照相软片等；含氮量在 13% 左右的称为火棉，火棉易着火，易爆，可用于制造无烟火药。

(3)乙酰化反应。乙酰化反应是用乙酰化试剂（冰醋酸、氯乙酰、醋酸酐等）与纤维素作用生成醋酸纤维素酯的反应。工业上多用醋酸酐作醋酸化剂，其反应式为：

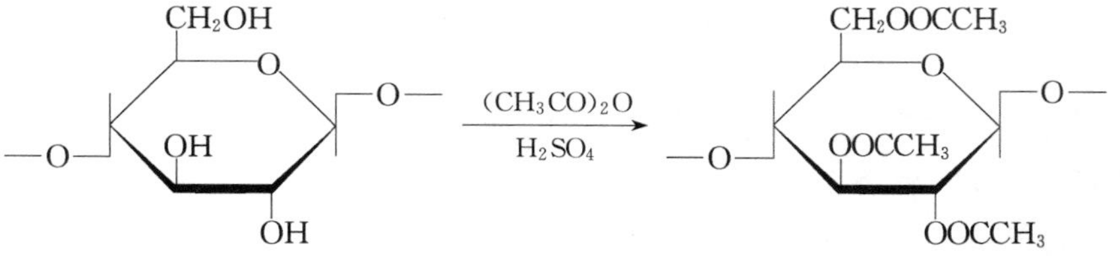

醋酯纤维也是纤维素纤维的一种，所用的原料与黏胶纤维一样，也是来自木材、棉短绒或其他植物纤维制成的纤维素浆粕，与黏胶纤维不同的是先将纤维素与醋酸进行反应，生成纤维素醋酸酯，然后将其溶解在有机溶剂中，再进行纺丝和后加工。这种纤维的化学成分就是纤维素醋酸酯，故称为醋酯纤维。

纤维素醋酸酯在 20 世纪初期就已问世，当时主要用于胶片和喷漆，在第一次世界大战（$1914\sim1918$ 年）期间，飞机翅膀的表面是用布做的，由于布是透气的，影响飞行效果，用纤维素醋酸酯喷涂后，布就不透气了。醋酯纤维最大的优点是不易燃，且对光作用稳定，光泽优雅，酷似蚕丝。此外，其密度小，耐热性及弹性等均较好。

7. 纤维素的醚化反应（见本章第一节）

(四)彩色棉花[14]（简称彩棉）

利用生物遗传工程的方法在棉花的植株上植入产生某种颜色的基因，使这种基因在植株中具有活性,因而使棉桃内的棉纤维具有相应的颜色,这就是彩色棉花的由来。

长期以来,人们只知道棉花是白色的。其实,在自然界中早已存在有色棉花。这种棉花的色彩是一种生物特性,由遗传基因控制,可以传递给下一代。就像不同人种的头发有黑色、棕色、金黄色一样,都是天生的。因此,天然彩色棉花自古就有。其纤维彩色生理机制是:在纤维细胞形成与生长过程中,在其单纤维的中腔细胞内沉积了某种色素体而致。

1988年,人们在秘鲁北部兰巴涅克省的一座古代莫其卡人的墓穴里发现了一些棉花种子。后将这些珍稀种子运往德国进行科学鉴定及初步发芽试验。这些古老的种子居然很快发了芽,并在精心地培育下结出了棉桃,长出了红黄色、褐色的彩色棉花和白色棉花。这一考古发现揭示了大约在400年前,南美印加帝国版图内曾经广泛生长过这种有色棉花,古代秘鲁人很早以前就有过栽培五颜六色棉花的历史和技术。

此外,人们发现墨西哥中部地区古代民间也曾有过栽培天然有色棉花的历史。在距今80~90年前,勤劳的阿慈特克族人就种植过棕红色、黄色、驼色等颜色的彩色棉花。彩棉收获后,他们将这些彩棉按颜色分类,在作坊里纺纱织布,织成色彩艳丽的棉布,进而缝制成美观华丽的服装,在中美洲各集市上销售,享有盛名。

在我国,很早以前也有种植和利用天然彩棉的历史。我国曾有一种称为"红花"的土红色棉花,还有一种天然棕色棉花。明清时,人们就已利用天然棕色棉花手工制成纺织品,因棕色棉开的花呈紫色,故人们称用其织成的布为"紫花布",并大量出口欧洲。我国在抗战期间,陕北革命根据地,为了打破日寇和国民党反动派的封锁,曾种植过一种颜色发蓝紫的野生棉。

后来,随着人类文明的不断进步,人们对纺织品的需求大增,同时对颜色的要求也日益提高。由于天然彩棉产量小、纤维短而不能满足纺织工业的要求,在生产上很难直接利用;加之彩棉种类有限,且颜色偏淡不够明亮、浓重,人们又发明了染色技术使纤维具有人们想要的颜色,从而生产出花色繁多、鲜亮明快的更加符合人们需求的纺织品。在这个过程中,白色的纤维是染色的最佳选择,从而导致人们大量地种植白色的棉花,而不再培育、种植其他色彩的棉花。渐渐地,其他色彩的棉花逐渐被遗忘。

近年来,环境问题日益凸显,成为困扰世界各国发展的重大问题,这时人们对彩色棉花有了新的认识,发现它具有白色棉花所不可替代的环保优势。

1. 彩棉的特点

(1)舒适性。亲和皮肤,对皮肤无刺激,符合环保及人体健康要求。

(2)抗静电性。由于棉纤维的回潮率较高,所以彩棉不起静电、不起球。

(3)透汗性。吸附人体皮肤上的汗水和微汗,使体温迅速恢复正常,真正达到透气、吸汗的效果。

(4)绿色环保。彩棉色泽天然,加工过程中无须印染,织物中不残留有害的化学物质,对环境无污染,有利于人体健康,非常符合现代人生活品位的需求。

因此,借助生物技术的发展,世界各国纷纷开展对彩棉的研究。前苏联最早于20世纪50年代初开始研究彩棉,截至目前,主要有美国、埃及、阿根廷、印度等国研究种植彩棉,主要颜色有棕、绿、红、鸭蛋青、蓝、黑,主要研究手段还是从自然界中寻找上古繁衍至今的彩棉活体,作为亲本进行驯化、改良。同时运用转基因、航天育种等高科技手段进行新品种的开发。我国正式大规模研究彩棉的种植还是在 20 世纪 90 年代。特别是 90 年代中后期,我国彩棉的种植与应用达到了世界领先地位。

彩棉由于未经任何化学处理,某些纱线、面料上还保留有一些棉籽壳,体现其回归自然的感觉,产品开发可充分利用这些特点,做到色泽柔和、自然、典雅;风格上以休闲为主,再渗透当今的流行趋势。服饰类形象既体现庄重大方又不失轻松自然,家纺类形象既体现温馨舒适又给人以返璞归真的感觉。

棉纤维表面有一层蜡质。由于普通白色棉花在印染和后整理过程中,使用各种化学物质去除了蜡质,加上染料的色泽鲜艳,视觉反差大,故而鲜亮。彩棉在加工过程中未经化学物质处理,仍保留了天然纤维的特点,故而产生一种朦胧的视觉效果,织物鲜亮度不及印染面料。

2. 彩棉的鉴别[15]

(1)目测方法。将一块彩棉面料放入 40℃的洗衣粉溶液中浸泡 6h(目的是为了去除纤维表面的蜡质),接着用清水洗涤干净,待干燥后观察色泽变化。如色泽比先前加深,则为真品,否则属伪制品。这是因为纤维色素不稳定,水洗后色泽变深。

(2)仪器检测。可通过纤维切片法来鉴别。彩棉纤维横截面上颜色从截面中心至边缘逐渐变淡,而染色棉纤维截面颜色与此刚好相反,即纤维切片从边缘至截面中心颜色逐渐变淡。

3. 彩棉织物的洗涤　彩棉的色彩源于天然色素,其中个别色素(如绿、灰、褐色)遇酸会发生变化。因此,洗涤彩棉制品时,不能使用酸性洗涤剂,应选用中性肥皂和洗涤剂;同时,应注意将洗涤剂溶解均匀后再将衣服浸泡其中。

4. 彩棉的纺纱性能　虽然彩棉具有许多优良的性能,但从其纤维的品质指标来讲,与普通白棉的差距很大,彩棉与白棉的品质指标对比见表 5-1。

表 5-1　彩棉与白棉的品质指标对比

指标对比	白　色	褐　色	棕　色	绿　色
长度/mm	28～31	26～27	21～25	20～23
断裂强度/cN·dtex^{-1}	1.9～2.3	1.8～1.9	1.6～1.7	1.4～1.6

从上表可以看出彩棉纤维的长度短、强度低、成熟度差、短绒率高,在纺纱过程具有一定的难度。纺纱时飞花较多,精梳棉、梳棉在相同工艺条件下势必比白棉落棉大,这就要求必须兼顾成纱质量及纺纱成本合理控制落棉,在保证产品质量的前提下尽量降低消耗。

二、麻纤维[12-14]

麻纤维是从各种植物的茎、叶片、叶鞘中获得的可供纺织使用的纤维的统称,包括一年生或多年生草本双子叶植物的韧皮纤维和单子叶植物的叶纤维。麻纤维是人类最早运用于服用的纺织纤维,埃及人利用亚麻纤维已有 8000 年的历史,我国在新石器时代就开始采用苎麻作为纺织原料。

麻纤维分茎纤维和叶纤维两类。茎纤维是从麻类植物茎部取得的纤维。茎部由外向内由保护层、初生皮层和中柱层组成。中柱层由外向内由韧皮部、形成层、本质层、髓和髓腔组成。茎纤维存在于茎的韧皮部，所以又称韧皮纤维，绝大多数麻纤维属于此类。纺织上使用较多的主要有苎麻、亚麻、大麻、黄麻、檀麻（又称红麻、洋麻）、罗布麻和苘麻（又称青麻）等。叶纤维是从麻类植物的叶子或叶鞘中取得的纤维，如蕉麻（马尼拉麻）、剑麻（西沙尔麻）等。这类麻纤维比较粗硬，商业上称为硬质纤维。

苎麻有中国草之称，主要产于我国的长江流域，以湖北、湖南、江西出产最多，其品质优良，单纤维长，有较好的光泽，呈青白色或黄白色。苎麻织物主要用作夏季面料和西装面料，同时，也是抽纱、刺绣工艺品的优良用布。

亚麻对气候的适应性强，适宜在寒冷地区生长，种植区域很广。前苏联产量最多，我国东北地区及内蒙古等地也大量种植。亚麻品质较好，脱胶后呈淡黄色，用途较广，除服装和装饰用外，也可用于水龙带等工业用布。

大麻的主要产地有中国、印度、意大利、德国等。我国的大麻主要分布在山东、河北、山西等地。大麻的性状与苎麻、亚麻相似，在欧洲常用作苎麻、亚麻的替代品，可制作绳索、粗夏布等。

黄麻适宜在高温多雨地区种植，印度、孟加拉国是黄麻的主要产地，东南亚及南亚其他国家也都有种植，我国台湾、浙江、广东种植最多。黄麻吸湿速度快，强度高，常用作麻袋、麻布等包装材料、地毯底布等。

洋麻的生产目前主要集中在印度、孟加拉国和泰国，对环境的适应性强，分南方型和北方型两种。洋麻的用途与黄麻基本相同。

罗布麻属野生植物，在我国资源极为丰富，其中新疆塔里木河流域最为集中。因罗布麻含有强心苷、黄酮、氨基酸等成分，对防治高血压、冠心病等具有良好效果。目前，将罗布麻与其他纤维混纺的保健产品已经开发成功，并且深受消费者欢迎。

蕉麻主要产于菲律宾马尼拉。蕉麻为多年生草本宿根植物，茎白叶鞘部卷合而成，纤维取自该部分，因而属于叶纤维。蕉麻纤维耐海水侵蚀，可用于制作船舶用绳索及缆绳。

剑麻主要在中、南美洲、印度尼西亚及非洲热带地区种植，多用于制作绳索。

（一）麻纤维的组成和形态结构

1. 麻纤维的组成　麻纤维的主要成分是纤维素，其含量视麻的品种而定，一般占 $65\%\sim75\%$。其中，苎麻、亚麻的纤维素含量略高，黄麻、槿麻等则较低。麻纤维除含有纤维素外还有木质素、果胶、脂肪、蜡质、灰分和糖类物质等。

2. 麻纤维的形态结构　不同种类麻纤维的截面形态不尽相同。苎麻大都呈腰圆形，有中腔，胞壁有裂纹。亚麻和黄麻的截面呈多边形，也有中腔，大麻横截面较复杂。槿麻的截面呈多角形或圆形，有中腔。麻纤维的纵面大都较平直，有横节、竖纹。亚麻的横节呈"X"形。各种不同麻纤维的纵向和横截面如图 5 - 3 所示。

（二）麻纤维的主要性能

1. 吸湿性　麻纤维的吸湿能力比棉纤维强，且吸湿与散湿的速度快，尤以黄麻吸湿能力最佳。一般大气条件下回潮率可达 14% 左右，宜做粮食、糖类等的包装材料，既通风透气，又可保

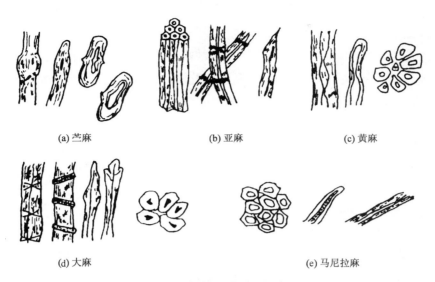

(a) 苎麻　　　　　　　　(b) 亚麻　　　　　　　　(c) 黄麻

(d) 大麻　　　　　　　　　　　　(e) 马尼拉麻

图 5-3　不同麻纤维的纵向和横截面图

持物品不易受潮。

2. 刚柔性　麻纤维的刚性是常见纤维中最大的,尤以黄麻、槿麻为甚,苎麻、亚麻则较小。麻纤维的刚柔性除与品种、生长条件有关外,还与脱胶程度和工艺纤维的线密度有关。刚性强,不仅手感粗硬,而且会导致纤维不易捻合,影响可纺性,成纱毛羽多。柔软度高的麻纤维可纺性能好,断头率低。

3. 弹性　麻纤维的弹性较差,用纯麻织物制成的衣服极易起皱。

4. 化学稳定性　麻纤维的化学稳定性与棉纤维相似,较耐碱而不耐酸。

复习指导

碳水化合物是指多羟基醛或多羟基酮以及能水解生成的多羟基醛或多羟基酮的一类化合物,根据水解情况可分为单糖、低聚糖和多糖。

一、单糖

单糖是一类不能再水解的多羟基醛或多羟基酮。单糖又可分为醛糖和酮糖。根据单糖构型的不同,也可分为 D 型糖和 L 型糖。葡萄糖是单糖中的代表物。自然界中的葡萄糖是 D 型的己醛糖。它的结构主要是氧环式结构,可以用哈沃斯式构象和椅式构象式表示。此外,溶液中还有极少量的开链结构,可用费歇尔投影式表示。氧环式结构中由于半缩醛羟基的方向不同,又可分为 α 型结构和 β 型结构。葡萄糖溶液具有变旋现象,即葡萄糖的新鲜水溶液的比旋光度会随着时间的变化而自动改变,最终达到一个恒定的数值。这是因为 α-D-葡萄糖和 β-D-葡萄糖两种异构体在溶液中能够通过开链式结构进行互变,从而引起变旋现象。

葡萄糖属于还原糖,它可以与托伦试剂、斐林试剂等弱碱性氧化剂作用。这是因为葡萄糖环状结构中具有半缩醛羟基即苷羟基。所有单糖均是还原糖。可用托伦试剂、斐林溶液区分还原糖和非还原糖。

葡萄糖与过量苯肼作用可生成脎。糖脎是不溶于水的黄色结晶。不同的脎，熔点不同，结晶形状不同，利用成脎可以区分不同结构的糖。

葡萄糖的苷羟基在酸性条件下可以与醇或酚的羟基脱水形成糖苷。糖苷由糖和非糖部分组成。糖和非糖部分脱水后形成的 C—O—C 键叫苷键。苷键有两种：α-苷键和 β-苷键。

此外，葡萄糖还可以发生还原、成醚、成酯的化学反应。

二、低聚糖

低聚糖中最重要的是二糖。二糖是两个单糖脱水形成的糖苷。麦芽糖、纤维二糖均是由两分子葡萄糖脱水而成。不同的是麦芽糖是通过 α-苷键相连，纤维二糖是由 β-苷键相连。二者均有一个苷羟基，故都有变旋现象，都是还原糖。

三、多糖

多糖是由多个单糖分子脱水而形成的天然高分子化合物。淀粉、纤维素均是由 D-葡萄糖组成，属于均多糖。淀粉中葡萄糖单元通过 α-1,4-苷键和 α-1,6-苷键相连，纤维素中葡萄糖单元通过 β-1,4-苷键相连，二者均无变旋现象，属于非还原糖。

淀粉、纤维素的化学性质基于醇、醚、缩醛的化学反应，重要的是这些化学性质在纺织工业上的应用。如纤维素与碱的反应在纺织上用作棉纤维的丝光，与酸的作用则应用于羊毛的炭化工艺。此外，硝化纤维、醋酯纤维、黏胶纤维以及用作浆料的甲基纤维素、羧甲基纤维素、羟乙基纤维素、淀粉磷酸酯、淀粉醋酸酯、羧甲基淀粉、羟乙基淀粉、阳离子淀粉等的生成均是纤维素、淀粉的化学性质在纺织工业上的实际应用的体现。

四、浆料

织造过程中为了提高经纱的可织造性，必须给经纱上浆。上浆所用材料称为浆料。理想的浆料应具备一定的基本性能。如足够的黏着力、适当的黏度、良好的成膜性、稳定的理化性质、适当的吸湿性、简便的操作步骤、易于退浆、无毒、合理的价格等。

浆料成分包括主浆料和辅浆料两大类。主浆料是具有黏着力的材料，根据来源可分为天然浆料、半合成浆料、合成浆料。目前我国浆料已发展成为淀粉类浆料、PVA 浆料、丙烯酸类浆料三足鼎立之势。而辅浆料则是为了改善主浆料某些方面性能不足所用的辅助材料，它用量不大，但种类不少，性质各不相同，包括表面活性剂、油脂、防腐剂、蜡等。

五、纤维素纤维

1. 棉纤维的主要性质

（1）吸湿性。棉纤维组成中含有羟基等，所以具有较强的吸湿能力。

（2）耐热性。棉纤维在 100℃的高温下处理 8h，强度不受影响；在空气中，用 150℃以上的温度烘烤时，会发生明显的氧化、分解，导致颜色变黄、强度下降、弹性降低，失去使用价值；在 320℃时起火燃烧。

（3）酸对纤维素的作用。棉纤维耐酸性较差，特别是高温的强酸作用于棉纤维时，纤维素易水解，酸会使纤维素大分子链上的 α-1,4-苷键发生水解而断裂，使棉纤维聚合度下降、强力下降，伸长性能减弱，弹性变差，如连续作用最终将使其分解成葡萄糖。

（4）氧化剂对纤维素的作用。氧化性强酸，如硫酸，使纤维素脱水炭化。

（5）碱对纤维素的作用。棉纤维耐碱性好。由于苷键对碱的作用具有相当高的稳定性，在常温下，稀碱溶液对纤维素作用不大。浓碱与纤维素作用，生成碱纤维素，在棉织物染整加工中，可利用此性质对棉纤维进行丝光处理。

（6）纤维素的酯化反应。由于纤维素大分子中具有羟基，纤维素可发生酯化反应。

（7）纤维素的醚化反应。纤维素与脂肪族醇、芳香族醇等作用而生成纤维素醚。

2. 彩棉纤维的特点

（1）舒适性。对皮肤无刺激，符合环保及人体健康要求。

（2）抗静电性。棉纤维的回潮率较高，所以棉纤维不起静电，不起球。

（3）透汗性。可吸附人体皮肤上的汗水和微汗，真正达到透气、吸汗效果。

（4）绿色环保。彩棉加工过程无须印染，色泽天然，织物中不残留有害的化学物质，有利于人体健康。

3. 麻纤维的主要性质

（1）吸湿性。麻纤维的吸湿能力比棉纤维强，且吸湿与散湿的速度快。

（2）刚柔性。麻纤维的刚性是常见纤维中最大的。其手感粗硬，且会导致纤维不易捻合，影响可纺性，成纱毛羽多。

（3）弹性。麻纤维的弹性较差，用纯麻织物制成的衣服易起皱。

（4）化学稳定性。麻纤维的化学稳定性与棉纤维相似，较耐碱而不耐酸。

综合练习

1.（1）如果化合物具有下列结构式，它应属于哪一类单糖？

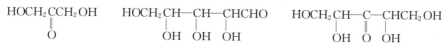

（2）写出下列糖类的分子式

① 三聚己糖　　② 多聚戊糖

2.（1）从果汁中得到的（-）-果糖是一种单糖，从如下反应判断，它属于哪一类单糖？

$$果糖 \xrightarrow{HCN} \xrightarrow[\;]{H_3O^+} \xrightarrow[还原]{HI/P} CH_3CH_2CH_2CH_2CH(CH_3)COOH$$

（2）（-）-果糖和 D-（+）-葡萄糖形成相同的脎，至此你能写出（-）-果糖的费歇尔投影式吗？

3. 试用化学方法区别下列各组化合物

（1）葡萄糖和淀粉　　（2）淀粉和纤维素　　（3）葡萄糖、葡萄糖酸和葡萄糖醇

4. 写出下列三个化合物与过量苯肼作用后所生成的产物

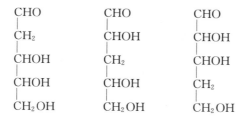

5. 试写出 D-（+）-葡萄糖与下列试剂反应的主要产物

(1) 乙酸酐　　　(2) 羟胺　　　(3) 甲醇/盐酸　　　(4) 硝酸

6. 柳树皮中存在一种糖苷,叫作水杨苷。水解时得到 D-葡萄糖和水杨醇。水杨苷用硫酸二甲酯和氢氧化钠处理得五甲基水杨苷,再用酸催化水解得 2,3,4,6-四-O-甲基-D-葡萄糖和邻甲氧基甲酚。写出水杨苷的结构式。

水杨醇的结构式是

7. 某戊糖与 HCN 作用得到羟基腈,将羟基腈水解后,再用 HI 把羟基还原为氢原子,可生成 α-甲基戊酸,试写出此戊糖可能的结构式。

8. 参考有关的专业书刊,简述浆料的性能及目前浆料的主要种类和应用范围。

9. 分别写出碱纤维素与 CS_2、硝酸、醋酸生成纤维素酯的反应式。

10. 为什么经酸处理的纤维素织物必须彻底洗净?

11. 简述棉纤维的主要性能。

12. 简述棉纤维的形态与结构特征。

13. 试述常用麻纤维的形态特征和主要性能。

参考文献

[1] 张生勇. 有机化学[M]. 北京:科学出版社,2005.

[2] 徐寿昌. 有机化学[M]. 2版. 北京:高等教育出版社,2003.

[3] 汪叔度,李群,等. 纺织化学[M]. 山东:青岛海洋大学出版社,1994.

[4] 邢其毅,徐瑞秋,等. 基础有机化学[M]. 北京:高等教育出版社,2001.

[5] 余翚铭,张守中,等. 纺织化学[M]. 上海:上海交通大学出版社,1989.

[6] 邵宽. 纺织加工化学[M]. 北京:中国纺织出版社,1996.

[7] 周永元. 浆料化学与物理[M]. 北京:纺织工业出版社,1985.

[8] 陈元甫. 机织工艺与设备[M]. 北京:纺织工业出版社,1982.

[9] 深田要,一见辉彦. 经纱上浆[M]. 刘冠洪译. 北京:纺织工业出版社,1980.

[10] 周永元. 纺织浆料的现状与发展[J]. 棉纺织技术,2000(7):389-392.

[11] 洪仲秋. 纺织浆料助剂的功能及应用[J]. 棉纺织技术,2002(2):77-79.

[12] 蔡再生. 纤维化学与物理[M]. 北京:中国纺织出版社,2004.

[13] 伍天荣. 纺织应用化学与实验[M]. 北京:中国纺织出版社,2003.

[14] 邢声远,等. 纺织新材料及其识别[M]. 北京:中国纺织出版社,2002.

[15] 眭伟民,金惠平. 纺织有机化学基础[M]. 上海:上海交通大学出版社,1992.

第六章　氨基酸、蛋白质和蛋白质纤维

第六章　PPT

> **本章知识点**
>
> 1.掌握氨基酸和蛋白质的化学结构和性质
>
> 2.了解蛋白质纤维的形态、结构和性质
>
> 3.通过本章的学习,为今后解决科研、工作和生活中的一些问题打下坚实的基础

　　蛋白质是生命的物质基础,有机体中所含的化学成分及所进行的生物化学变化,都离不开蛋白质。生命的基本特征就是蛋白质不断更新的过程。不同蛋白质具有不同功能,如酶在有机体中起着催化各种生物化学反应的作用,激素能调节体内各种器官活性,抗体起着免疫作用,血红蛋白在呼吸过程中起着运输氧气和二氧化碳的作用。此外,动物的毛发、指甲、皮肤、肌肉也都是由蛋白质构成的。

　　蛋白质是生物高分子,化学结构极其复杂且种类繁多。据估计,人体内约有几万种蛋白质,但其主要元素是 C、H、O、N 四种。许多蛋白质也含有 S,P 和痕量元素如 Cu、Mn、Zn 等。无论哪一类蛋白质,受碱、酸或酶作用时,都将水解生成 α-氨基酸。因此,α-氨基酸是构建蛋白质的基石。要了解蛋白质的结构和性质,首先须了解 α-氨基酸的结构和性质。

第一节　氨基酸

一、氨基酸的结构、分类和命名

　　分子中含有氨基和羧基的化合物叫氨基酸。在自然界存在的氨基酸有 300 多种,但存在于生物体内合成蛋白质的氨基酸只有 20 余种。

　　氨基酸可分为芳香族氨基酸和脂肪族氨基酸两大类。脂肪族氨基酸按照氨基和羧基的相对位置可分为 α-氨基酸,β-氨基酸,γ-氨基酸,δ-氨基酸等。由蛋白质水解得到的氨基酸绝大部分是 α-氨基酸(脯氨酸除外,脯氨酸为 α-亚氨基酸)。

　　氨基酸可以按系统命名法,以羧基为母体,氨基为取代基来命名。但 α-氨基酸通常按其来源或性质称以俗名。例如:

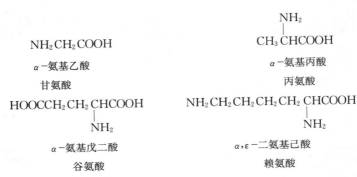

表 6-1 中列出的是由多种蛋白质水解得到的 α-氨基酸。人体所需要的氨基酸,有些可以在体内由其他物质自行合成。有些氨基酸人体不能合成,必须通过进食摄取,这些氨基酸叫必需氨基酸。表 6-1 中带 * 号的 8 种氨基酸就是必需氨基酸。营养实验证明,没有这 8 种氨基酸,就会由于缺乏营养而引起病症,即它们是生命的必需物质。人们可以从不同的食物中得到相应的氨基酸,但不能从某一食物内获取全部的必需氨基酸,因此进食多样化才能保证得到足够的必需氨基酸。

表 6-1　由多种蛋白质水解得到的 α-氨基酸[1,2]

分类	名称	简写	α-氨基酸的结构	等电点	分解点/℃
中性氨基酸	甘氨酸	甘(Gly)	CH_2COOH $\|$ NH_2	5.97	233
	丙氨酸	丙(Ala)	$CH_3-CHCOOH$ $\|$ NH_2	6.02	297
	* 缬氨酸	缬(Val)	$CH_3-CH-CHCOOH$ $\|\quad\|$ $CH_3\ NH_2$	5.97	315
	* 亮氨酸	亮(Leu)	$CH_3-CH-CH_2-CHCOOH$ $\|\qquad\|$ $CH_3\qquad NH_2$	5.98	293
	* 异亮氨酸	异亮(Ile)	$CH_3CH_2CH-CHCOOH$ $\|\quad\|$ $CH_3\ NH_2$	6.02	284
	* 蛋氨酸	蛋(Met)	NH_2 $\|$ $CH_3SCH_2CH_2-CHCOOH$	5.75	280
	* 苯丙氨酸	苯丙(Phe)	—$CH_2CHCOOH$ $\|$ NH_2	5.88	283
	酪氨酸	酪(Tyr)	HO—$CH_2CHCOOH$ $\|$ NH_2	5.65	342
	丝氨酸	丝(Ser)	$HOCH_2CHCOOH$ $\|$ NH_2	5.68	228

续表

分类	名　称	简　写	α-氨基酸的结构	等 电 点	分解点/℃
中性氨基酸	* 色氨酸	色(Trp)	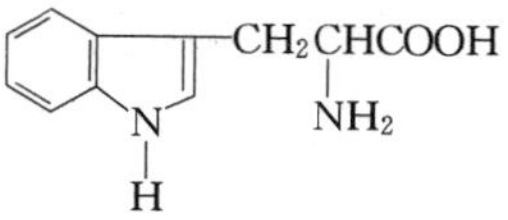 $CH_2CHCOOH$ （吲哚环，NH_2）	5.88	289
	脯氨酸	脯(Pro)	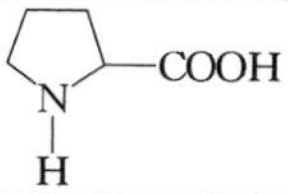 —COOH（吡咯烷环，N—H）	6.10	220
	* 苏氨酸	苏(Thr)	$CH_3—HC—CHCOOH$ （OH，NH_2）	5.63	225
	胱氨酸	胱 (Cys – Cys)	$S—CH_2CH(NH_2)COOH$ $S—CH_2CH(NH_2)COOH$	5.06	258
	半胱氨酸	半胱(Cys)	$HSCH_2CHCOOH$ （NH_2）	5.02	—
	天门冬酰胺	(Asn)	$H_2NCOCH_2CHCOOH$ （NH_2）	5.41	234
	谷酰胺	(Gln)	$H_2NCOCH_2CH_2CHCOOH$ （NH_2）	5.65	185
酸性氨基酸	天门冬氨酸	天冬(Asp)	$HOOCCH_2CHCOOH$ （NH_2）	2.87	270
	谷氨酸	谷(Glu)	$HOOCCH_2CH_2CHCOOH$ （NH_2）	3.22	247
碱性氨基酸	* 赖氨酸	赖(Lys)	$H_2NCH_2CH_2CH_2CH_2CHCOOH$ （NH_2）	9.74	225
	精氨酸	精(Arg)	$H_2N—C—NH—CH_2CH_2CH_2CHCOOH$ （NH，NH_2）	10.76	244
	组氨酸	组(His)	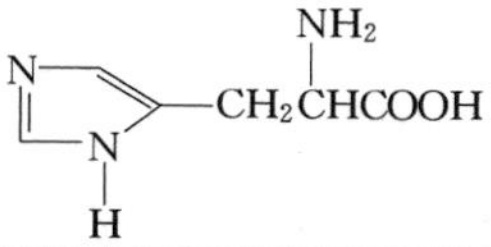 $CH_2CHCOOH$ （咪唑环，NH_2）	7.58	287

　　氨基酸分子中可以有多个氨基或多个羧基。氨基和羧基数目相等的氨基酸近于中性,叫作中性氨基酸;氨基数目多于羧基的呈现碱性,叫作碱性氨基酸;羧基数目多于氨基的呈现酸性,叫作酸性氨基酸。

二、氨基酸的性质

　　组成蛋白质的氨基酸均为无色晶体。熔点较高,一般在 200℃以上,加热易放出二氧化碳,但不熔融。例如氨基乙酸在 292℃熔化并分解。α-氨基酸大多易溶于水而难溶于乙醇、乙醚、丙酮和氯仿等有机溶剂。

氨基酸具有氨基和羧基的典型性质，也具有氨基和羧基相互影响而产生的一些特殊性质。

(一)酸碱性——两性和等电点(PI,Point Isoelectric)

由于氨基酸分子中含有羧基和氨基，所以它们既是酸又是碱，是两性化合物。事实上，在固态时它们是以两性离子内盐形式存在，也称为两性离子或偶极离子。例如最简单的氨基酸——甘氨酸表示如下：

$$H_3\overset{+}{N}CH_2COO^- \rightleftharpoons NH_2CH_2COOH$$

两性离子式　　　　　　氨基酸式

（内盐）

由于氨基酸的内盐性质，使氨基酸具有高度极性。氨基酸分子间的静电引力导致其晶格结构较强，熔点较高。但多数氨基酸往往加热到熔点时，就分解为胺和二氧化碳。因此一般记录其分解温度(200~300℃)。

在水溶液中，氨基酸的偶极离子既可以与一个 H^+ 结合成为正离子，又可以失去一个 H^+ 成为负离子。

在不同 pH 值的氨基酸溶液中，氨基酸以正离子、偶极离子和负离子三种形式存在，它们之间形成一种动态平衡。

$$R-CH-COO^- \underset{OH^-}{\overset{H^+}{\rightleftharpoons}} R-CH-COO^- \underset{OH^-}{\overset{H^+}{\rightleftharpoons}} R-CH-COOH$$

负离子　　　　　　　偶极离子　　　　　　　正离子

在强碱性溶液中　　　　　　　　　　　　在强酸性溶液中

（如 pH=14)的主要存在形式　　　　　（如 pH=0)的主要存在形式

在水溶液中，平衡移动方面和溶液 pH 值有关。在强酸性溶液中，氨基酸主要以正离子形式存在，电解时移向阴极。在强碱性溶液中，氨基酸主要以负离子形式存在，电解时移向阳极。当调节溶液的酸、碱度到某一 pH 值时，氨基和羧基的离子化程度相等，此时溶液的 pH 值称为该氨基酸的等电点，用 pI 表示。等电点时，体系呈电性中和状态，此时氨基酸的溶解度最小。等电点不是中性点，不同氨基酸由于其结构不同，等电点不同(表6-1)。

中性氨基酸的酸性较碱性稍强些(即—COOH 的电离能力大于—NH₂ 接受质子的能力)。因此在纯水溶液中，中性氨基酸显微酸性，氨基酸负离子浓度比正离子浓度大些。要将溶液的 pH 值调至等电点，使氨基酸以偶极离子形式存在，需加酸使 pH 值下降。所以，中性氨基酸(pI 值为5.0~6.5)和酸性氨基酸(pI 值为2.8~3.2)的等电点都小于7。将碱性氨基酸水溶液调到等电点，需加适量碱，因此碱性氨基酸的等电点都大于7(pI 值为7.6~10.8)。

pI 意义在于：等电点时，氨基酸主要以偶极离子形式存在，溶解度最小；溶液的 pH 值大于或小于等电点时，氨基酸以正、负离子形式存在，因而具有正、负离子的性质，溶解度增大，不能结晶出来。因此，可用调节溶液的 pH 值的方法，从氨基酸的混合物中分离出某些氨基酸。

(二)显色反应

α-氨基酸与茚三酮的水合物在溶液中共热,经过一系列反应,最终生成蓝紫色的化合物,称为罗曼紫。此反应非常灵敏,是鉴定 α-氨基酸最迅速、最简便的方法。

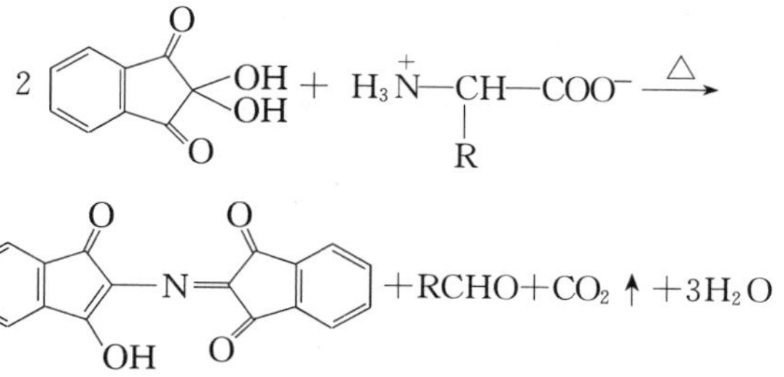

根据 α-氨基酸与茚三酮反应所生成的化合物颜色的深浅程度以及释放出的 CO_2 体积,可定量测定 α-氨基酸。

具有特殊 R 基团的 α-氨基酸,可以与某些试剂发生独特的颜色反应,如黄蛋白反应、米伦(Millon)反应和乙醛酸反应等(表 6-2)。这些颜色可作为 α-氨基酸、多肽和蛋白质定性和定量分析的基础。

表 6-2　鉴别具有特殊 R 基团 α-氨基酸的颜色反应

反应名称	试　　剂	颜　　色	鉴别的 α-氨基酸
黄蛋白反应	浓硝酸,再加碱	深橙黄色	苯丙氨酸、酪氨酸、色氨酸
米伦(Millon)反应	硝酸汞和硝酸亚汞的硝酸溶液,加热	红色	酪氨酸
乙醛酸反应	乙醛酸和浓硫酸	两液层界面处呈紫红色环	色氨酸
亚硝酰铁氰化钠	亚硝酰铁氰化钠溶液	红色	半胱氨酸

(三)受热后的反应

由于氨基和羧基的相对位置不同,α-氨基酸、β-氨基酸、γ-氨基酸等受热后所发生的反应也不同。

1. α-氨基酸　α-氨基酸受热后,能在两分子之间发生脱水反应,生成环状的交酰胺。

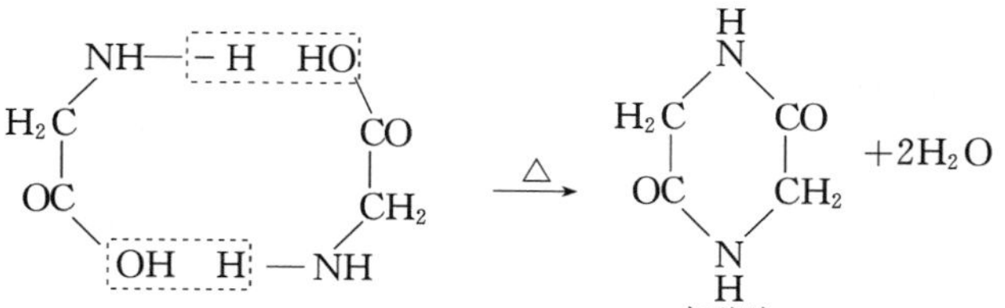

交酰胺

2. β-氨基酸　β-氨基酸受热后,分子内脱去一分子氨,生成 α,β-不饱和羧酸。

$$RCHCH_2COOH \xrightarrow{\triangle} RCH{=}CHCOOH + NH_3\uparrow$$
$$\underset{NH_2}{|}$$

171

3. γ-氨基酸或δ-氨基酸 γ-氨基酸或δ-氨基酸受热后,分子内脱去一分子水生成环状的内酰胺。

$$\begin{array}{c} H_2C-COOH \\ | \\ H_2C-CH_2NH_2 \end{array} \xrightarrow{\triangle} \begin{array}{c} H_2C-CO \\ | \qquad \quad \rangle NH + H_2O \\ H_2C-CH_2 \end{array}$$

γ-丁内酰胺

γ-丁内酰胺,经开环聚合可制得聚酰胺-4。

$$n\begin{array}{c} O \\ \| \\ C \\ H_2C \qquad NH \\ | \qquad | \\ H_2C-CH_2 \end{array} \xrightarrow{碱} \left[NHCH_2CH_2CH_2\overset{O}{\overset{\|}{C}} \right]_n$$

聚酰胺-4

由聚酰胺-4纺制成的纤维,具有良好的吸湿性、耐磨性和染色性,是一种服用性能较好的纤维,其还可用于制造汽车毡垫、非织造布等。

加热时,α-氨基酸的氨基与羧基发生分子间脱水,生成以酰胺键—CONH—相连接的缩合产物,该缩合产物称为肽。由两个氨基酸缩合而成的产物,称为二肽。

$$R-\underset{NH_2}{\underset{|}{CH}}-\overset{O}{\overset{\|}{C}} \boxed{-OH+H-} N-\underset{R}{\underset{|}{CH}}-\overset{O}{\overset{\|}{C}}-OH \xrightarrow[\triangle]{-H_2O} R-\underset{NH_2}{\underset{|}{CH}}-\overset{O}{\overset{\|}{C}}-NH-\underset{R}{\underset{|}{CH}}-\overset{O}{\overset{\|}{C}}-OH$$

肽键

肽包括二肽、三肽、多肽等。

三、氨基酸的制备

有些氨基酸可以由蛋白质水解或糖发酵得到。例如,用毛发水解可以制取胱氨酸。我国大量使用谷氨酸作为调味品,它最早是用面筋(面粉中的蛋白质)经酸性水解后分离而得的,商品是一元钠盐。日本在1950年开始用糖发酵的方法制备。但利用这些方法通常较难得到单一纯品,而合成法可得到单一物质。

1. 由α-卤代酸氨解 α-卤代酸与氨反应可得到α-氨基酸。

$$R-\underset{X}{\underset{|}{CH}}-COOH + 2NH_3 \xrightarrow{H_2O} R-\underset{NH_2}{\underset{|}{CH}}-COOH + NH_4X$$

这是卤素被氨基取代的典型的亲核取代反应。α-卤代酸可由羧酸与卤素在红磷催化下制得。

2. 由醛或酮制备

$$CH_3\overset{O}{\overset{\|}{C}}H + HCN \xrightarrow{OH^-} CH_3\underset{OH}{\underset{|}{CH}}CN \xrightarrow{NH_3} CH_3\underset{NH_2}{\underset{|}{CH}}CN \xrightarrow{H_2O} CH_3\underset{NH_2}{\underset{|}{CH}}COOH$$

3. 由丙二酸酯合成 丙二酸酯合成是制备α-氨基酸的重要方法。

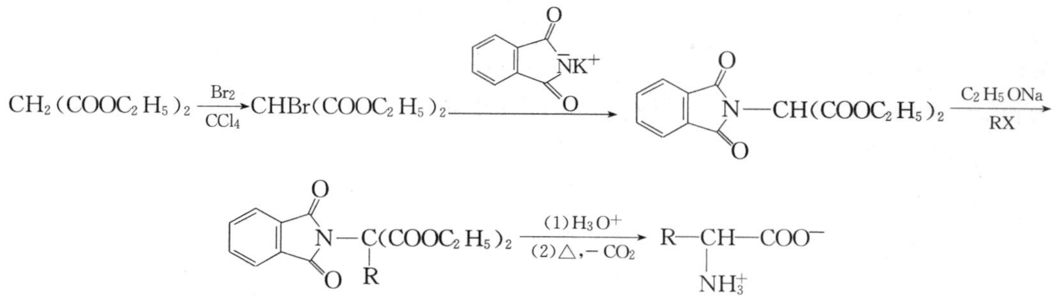

$$CH_2(COOC_2H_5)_2 \xrightarrow[CCl_4]{Br_2} CHBr(COOC_2H_5)_2 \longrightarrow$$

$$N-CH(COOC_2H_5)_2 \xrightarrow[RX]{C_2H_5ONa}$$

$$N-C(COOC_2H_5)_2 \xrightarrow[(2)\triangle,-CO_2]{(1)H_3O^+} R-\overset{}{\underset{NH_3^+}{CH}}-COO^-$$

其中,R 不同,可以合成各种不同的 α-氨基酸。

*第二节　多　肽

一、多肽的命名

天然多肽是由多种氨基酸以肽键按一定顺序结合而成的,相对分子质量一般在 10000 以下。在多肽中,有游离氨基的一端叫 N 端,有游离羧基的一端叫 C 端,R 基叫侧链。写多肽结构时,通常把 N 端写在左边,C 端写在右边。

多肽的命名是以 C 端的氨基酸为母体,把肽链中其他氨基酸中的"酸"字改为"酰"字,依次写在母体名称之前。肽链中的其他氨基酸从 N 端开始编号,N 端开始作为 1,C 端氨基酸最后编号。例如:

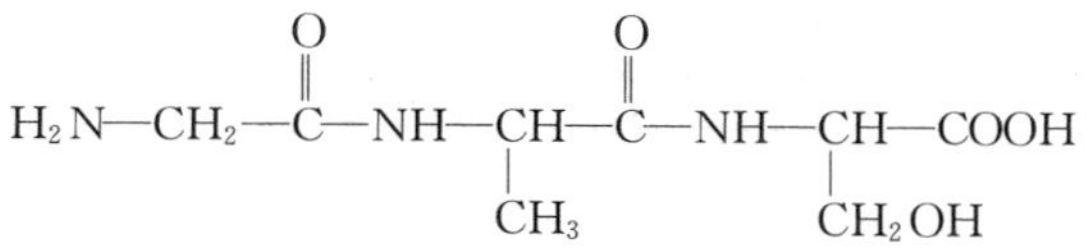

$$H_2N-CH_2-\overset{O}{\overset{\|}{C}}-NH-\underset{CH_3}{CH}-\overset{O}{\overset{\|}{C}}-NH-\underset{CH_2OH}{CH}-COOH$$

甘氨酰丙氨酰丝氨酸

上式也可称为甘丙丝肽或甘·丙·丝,亦可用 Gly—Ala—Ser 表示。

二、多肽结构的测定

一些肽以游离状态存在于自然界,在生物体内起着不同的作用,有些作为生物化学反应的催化剂,有些作为抗生素、激素等。其结构具有各自不同的特征,结构上的差异,甚至极小的差别,导致在生理功能方面起到的作用显著不同。为了确定肽的结构,通常必须测定:组成肽的氨基酸的种类、数目以及这些氨基酸在肽链中的排列顺序。

1. 氨基酸的种类和数目的测定　在酸或碱的作用下,肽链水解为各种氨基酸的混合物。然后采取适当的方法,如电泳、离子交换层析或氨基酸分析仪等,测定氨基酸的种类和数目。但氨基酸在肽链中的排列顺序还是未知的。

2. 氨基酸排列顺序的测定　两种不同的氨基酸组成二肽时,有两种连接方式。由三种不同的氨基酸会组成六种三肽。四肽有 24 种,五肽以上则更多。由此可见确定肽的结构是困难的。

桑格(Sanger F)正是由于确定了胰岛素(一种多肽)的结构而获得 1958 年的诺贝尔奖。

测定肽中氨基酸顺序通常有两种方法:一种是用某些酶将原来的肽链水解为较小的片断,再分析每一片断的氨基酸组分;另一种是测定原肽中和通过酶水解所得片断中 C 端和 N 端氨基酸,然后将碎片拼起来得到完整的顺序。

利用某些有效的化学试剂如 2,4 -二硝基氟苯,与多肽的游离氨基或游离羧基发生反应,然后将反应产物水解,其中与试剂结合的氨基酸容易与其他部分分离和鉴定。

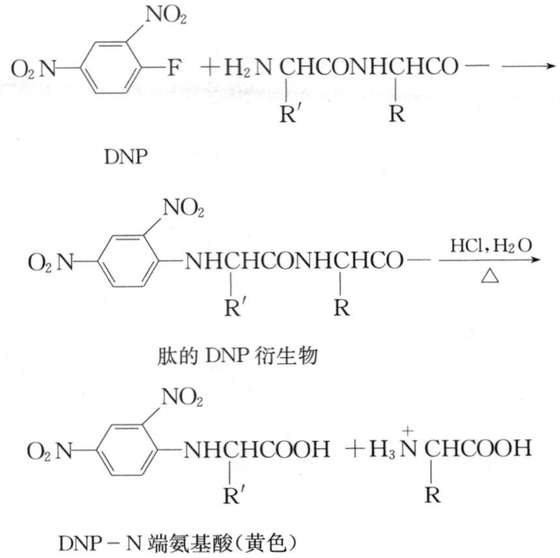

$$O_2N \longrightarrow F \ + H_2N \, CHCONHCHCO \longrightarrow$$

DNP

肽的 DNP 衍生物

$$O_2N \longrightarrow NHCHCONHCHCO \longrightarrow \xrightarrow[\triangle]{HCl,\,H_2O}$$

DNP - N 端氨基酸(黄色)

$$O_2N \longrightarrow NHCHCOOH \ + H_3^{+}N \, CHCOOH$$

第三节　蛋白质

蛋白质存在于细胞中,它是由许多氨基酸通过酰胺键形成的含氮生物高分子化合物,在有机体内承担着各种生理作用和机械功能。肌肉、毛发、指甲、角、蹄、蚕丝、蛋白激素、酶、血清、血红蛋白等都是由不同蛋白质组成的。蛋白质在生命现象中起着决定性作用。

一、蛋白质的组成和分类

从动物和植物中提取的各种蛋白质,经元素分析表明,它们都含有碳、氢、氧、氮及少量的硫,有些还含有微量的磷、铁、锌等元素,大多数蛋白质的含氮量为 15%~17%。

蛋白质是高分子化合物,相对分子质量在 10000 以上,有的高达数百万。从 N 端可被酸、碱和酶催化水解。α -氨基酸是蛋白质水解的最终产物。因此,α -氨基酸是组成蛋白质的基本单位。蛋白质分类包括以下三种方法。

(一)按蛋白质的化学组成分类

1. 单纯蛋白质　单纯蛋白质由多肽组成,其水解最终产物都是 α -氨基酸。如白蛋白、球蛋白、丝蛋白、谷蛋白等。

2. 结合蛋白质　结合蛋白质则由非蛋白质和单纯蛋白质部分结合而成。非蛋白质部分称为辅基。结合蛋白质按辅基的不同又可分为：与核酸结合的核蛋白，与脂类结合的脂蛋白，与糖类结合的糖蛋白，与血红素结合的血红蛋白等。

(二)按蛋白质的形状分类

1. 纤维蛋白　纤维蛋白不溶于水。

纤维蛋白的分子形状呈细长线状，分子中的多肽链扭在一起或平行并列，通过氢键相互联结，分子链间作用力很大，因此这类蛋白质不溶于水。纤维蛋白是动物组织的主要结构材料。如构成皮肤、头发、指甲、羊毛和羽毛的角蛋白，构成腱、骨的胶原蛋白，构成蚕丝的丝蛋白等。

2. 球蛋白　球蛋白可溶于水或酸、碱、盐水溶液。

球蛋白的分子常折叠成一团团的球状，疏水基团（如烃基等）聚集在球内部，亲水基团（如—OH，—NH$_2$，—SH，—COOH 等）分布在球的表面，氢键主要在分子内形成，分子链间作用力较弱，因此水溶性较大。球蛋白对生命过程有维护和调节作用。如酶、调节糖代谢的胰岛素、抵御外来有机体的抗体、输送氧气的血红蛋白以及使血浆凝结的血红蛋白等都是由球蛋白构成的。

(三)按蛋白质的功能分类

1. 活性蛋白　活性蛋白按生理作用不同又可分为酶、激素、抗体、收缩蛋白、运输蛋白等。

2. 非活性蛋白　非活性蛋白是担任生物的保护或支持作用的蛋白，但本身不具有生物活性。例如：储存蛋白（清蛋白、酪蛋白等）和结构蛋白（角蛋白、弹性胶原蛋白等）。

二、蛋白质的结构[1-3]

蛋白质和多肽的主要区别，不是分子中氨基酸单位的多少，而在于除了氨基酸的排列顺序之外，每一种蛋白质分子都有特定的空间结构（构象）。蛋白质结构可分为一级结构、二级结构、三级结构和四级结构。一般将二级结构、三级结构和四级结构统称为三维构象或高级结构。

(一)蛋白质的一级结构

各种氨基酸按一定的排列顺序构成的蛋白质肽链骨架是蛋白质的基本结构，又称一级结构。肽键是基本结构键。

蛋白质中氨基酸的组成和排列顺序对蛋白质分子的性能起着决定性作用，一级结构的变化往往导致蛋白质生物功能的变化。如镰刀型细胞贫血症，其病因是血红蛋白基因中的一个核苷酸突变，导致该蛋白质分子中 β-链第 6 位谷氨酸被缬氨酸取代。这个一级结构上的细微差别使患者的血红蛋白分子容易发生凝聚，导致红细胞变成镰刀状，易破裂而引起贫血，即血红蛋白的功能发生了变化。

蛋白质的一级结构是最基本、最稳定的结构，它包含着决定蛋白质高级结构的因素。

(二)蛋白质的二级结构

蛋白质肽链不是直线型的，在空间也不是任意排布的，而是折叠和盘曲的，具有一定的构象，这是蛋白质的二级结构。蛋白质的二级结构是由肽链之间的氢键形成的。一条肽链可以通过一个酰胺键中的氧与另一个酰胺键中的氢形成氢键，从而绕成螺旋形——α-螺旋结构（图 2－22）。肽链间还可通过氢键形成 β-折叠结构（图 6－1）。

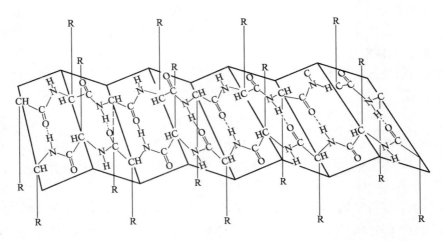

图 6-1 β-折叠结构(分子间氢键)

(三)蛋白质的三级结构

由于肽链中除含有形成氢键的酰胺键外,有的氨基酸中还含有羟基、巯基、烃基、游离氨基与羧基等,这些基团可以借助静电引力、氢键、二硫键(—S—S—)及范德瓦尔斯力等将肽链联系在一起。通过这些相互作用力,使得蛋白质在二级结构基础上进一步卷曲、盘旋、折叠而形成特定的空间排列,这就是蛋白质的三级结构。

蛋白质分子构象中的化学键主要有:盐键、氢键、疏水键、范德华力、二硫键等,如图6-2所示。

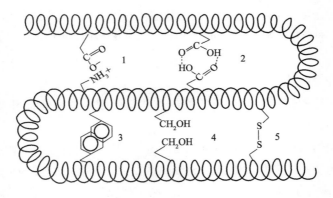

图 6-2 蛋白质分子构象中的各种化学键

1—盐键 2—氢键 3—疏水键 4—范德瓦尔斯力 5—二硫键

1. 盐键 盐键又称离子键。许多氨基酸侧链为极性基团,在生理 pH 值条件下能离解成正离子或负离子,正、负离子之间借静电引力形成盐键,盐键具有极性,而且绝大部分分布在蛋白质分子表面,其亲水性强,可增加蛋白质的水溶性。

如赖氨酸带正电的氨基和天门冬氨酸带负电的羧基之间,由于静电相互作用而形成的离子键。

$$\text{CH—CH}_2\text{—COOH} + \text{H}_2\text{N—CH}_2\text{—CH} \longrightarrow \text{CH—CH}_2\text{—COOH}_3\overset{-}{\text{N}}\text{—CH}_2\text{—CH}$$

2. 氢键 在蛋白质分子中形成的氢键一般有两种,一种是在主链之间形成;另一种是在侧链 R 基之间形成。

$$
\begin{array}{ccc}
\text{RHC} & & \text{C}=\text{O} \\
\text{C}=\text{O}\cdots\text{H—N} \\
\text{H—N} & & \text{CHR}
\end{array}
$$

3. 疏水键 疏水键是由氨基酸残基上的非极性基团为避开水相而聚集在一起的集合力。绝大多数的蛋白质含有 30%～50% 的带有非极性基团侧链的氨基酸残基,这些非极性或极性较弱的基团都具有疏水性,它们趋向分子内部而远离分子表面的水环境互相聚集在一起,从而将水分子从接触面排挤出去。这是一种能量效应,而不是非极性基团间固有的吸引力。因此,疏水作用力是维持蛋白质空间结构最主要的稳定力量。

4. 范德华力 在蛋白质分子表面,极性基团之间、非极性基团之间或极性基团与非极性基团之间的电子云相互作用而发生极化,它们相互吸引,但又保持一定距离而达到平衡,此时的结合力称为范德华力。

5. 二硫键 二硫键又称硫硫键或二硫桥,是由两个半胱氨酸残基的两个巯基之间脱氢形成的。二硫键可将不同肽链或同一条肽链的不同部位连接起来,对维持和稳定蛋白质的构象具有重要作用。二硫键是共价键,键能大,比较牢固。绝大多数蛋白质分子中都含有二硫键,二硫键越多蛋白质分子的稳定性也越高。例如,生物体内具有保护功能的毛发、鳞甲、角、爪中的主要蛋白质是角蛋白,其所含二硫键数量最多,因而抵抗外界理化因素的能力也较大。同时,二硫键也是一种保持蛋白质生物活性的重要化学键,如胰岛素分子链间二硫键断裂,将导致生物活性丧失。

$$\text{HOOC—CH—CH}_2\text{SH} + \text{HSCH}_2\text{CHCOOH} \xrightarrow{[O]} \text{HOOC—CH—CH}_2\text{S—SCH}_2\text{CHCOOH}$$
$$\quad\quad \text{NH}_2 \quad\quad\quad \text{NH}_2 \quad\quad\quad\quad\quad \text{NH}_2 \quad\quad\quad\quad\quad \text{NH}_2$$

盐键、氢键、疏水键和范德瓦尔斯力等分子间作用力比共价键弱得多,因而称为副键。虽然副键键能小,稳定性差,但副键数量众多,在维持蛋白质空间构象中起着重要作用。此外,在一些蛋白质分子中,二硫键和配位键也参与维持和稳定蛋白质的空间结构。

*(四) 蛋白质的四级结构

在一些蛋白质中,其分子作为一个整体含有几条多肽链,每条具有三级结构的多肽链作为一个亚基,整个分子中亚基的聚集状态即为蛋白质的四级结构。维系蛋白质四级结构中各亚基间的缔合力主要是疏水作用力。蛋白质中亚基可以相同,也可以不同。如血红蛋白是由四个亚基组成,其中两条 α 链、两条 β 链,α 链含有 141 个氨基酸残基,β 链含有 146 个氨基酸残基。每条肽链都卷曲呈球状,都有一个空穴容纳一个血红素,四个亚基通过侧链间副键,两两交叉、紧密相嵌形成一个具有四级结构的球状血红蛋白分子。

各种蛋白质特定的空间结构，决定了它们特殊的生理活性。一旦这种空间结构遭到破坏，其活性就完全消失。

暂时破坏蛋白质的空间结构在实际中得到广泛应用。例如毛发是一种角蛋白，而毛发的卷曲就是利用还原剂(一般 pH 值为 9.2～9.5)将毛发部分二硫键、盐键破坏，使毛发变得柔软易于卷曲，卷曲成型后，再在氧化剂作用下，使二硫键等重新复原，保持毛发成型。

三、蛋白质的性质[1-4]

蛋白质有许多与氨基酸相类似的化学性质，如两性与等电点等；同时由于蛋白质是高分子化合物，有些性质与氨基酸不同，如胶体性质、沉淀、变性和显色反应等。

(一)两性与等电点

与氨基酸相似，蛋白质也是两性的。也有两性离解和等电点的性质，在不同的 pH 值时可离解成正离子和负离子。蛋白质分子在水溶液中存在下列离解平衡：

$$P\!\!\begin{array}{c}COOH\\ \\NH_3^+\end{array} \underset{H^+}{\overset{OH^-}{\rightleftharpoons}} P\!\!\begin{array}{c}COO^-\\ \\NH_3^+\end{array} \underset{H^+}{\overset{OH^-}{\rightleftharpoons}} P\!\!\begin{array}{c}COO^-\\ \\NH_2\end{array}$$

$$pH<pI \qquad\qquad pH=pI \qquad\qquad pH>pI$$

在等电点时，因蛋白质所带净电荷为零，不存在电荷相互排斥作用，蛋白质颗粒易聚集而沉淀析出，此时蛋白质的溶解度、黏度、渗透压、膨胀性及导电能力等都最小。若蛋白质溶液的 pH 值小于等电点，蛋白质主要以正离子形式存在，在电场中向阴极移动；反之，若蛋白质溶液的 pH 值大于等电点，蛋白质主要以负离子形式存在，在电场中向阳极移动，这种现象称为电泳。不同的蛋白质其颗粒大小、形状不同，在溶液中带电荷的性质和数量也不同，因此，它们在电场中移动的速率也不同，通常利用这种性质来分离提纯蛋白质。

例如，在蚕丝脱胶过程中，要调节溶液的 pH 值使其远离丝蛋白的等电点，从而使丝胶容易溶解而达到脱胶的目的。

表 6-3 列出了几种蛋白质的等电点[5]。

表 6-3　几种蛋白质的等电点

蛋白质名称	pI	蛋白质名称	pI
血清白蛋白	4.8	明　胶	4.8
卵白蛋白	4.7	溶菌酶	11.0
酪蛋白	3.7	桑蚕丝素蛋白	2～3
胃蛋白酶	1.1	桑蚕丝胶蛋白	3.8～4.5
胰岛素	5.3	柞蚕丝胶蛋白	4.2
血红蛋白	6.8	羊毛的角蛋白	3.2～3.6

(二)蛋白质的胶体性质

蛋白质是高分子化合物,在水中可形成约 $1\sim100nm$ 的单分子颗粒,刚好在胶体的范围内,所以蛋白质具有胶体的性质,如丁达尔效应、布朗运动、吸附性以及其不能透过半透膜等。蛋白质是稳定的亲水胶体,因为蛋白质的表面有很多亲水基团(如—COOH、—NH_2、—OH、—SH、—CONH等),所以蛋白质与水相遇时,易被水吸收。同时,蛋白质表面有一层水化膜,水化膜能阻碍蛋白质颗粒间的碰撞结合。

因蛋白质不能透过半透膜,所以可将蛋白质与低分子有机化合物或无机盐分离,达到分离和纯化蛋白质的目的,此法称为渗析法。

人体的细胞膜、线粒体膜和血管壁等都是具有半透膜性质的生物膜,蛋白质分子有规律地分布在膜内,对维持细胞内外的水和电解质平衡具有重要的生理作用。

(三)蛋白质的沉淀

蛋白质溶液的稳定性是有条件的、相对的,如果破坏了蛋白质分子外的水膜或中和了蛋白质分子所带的电荷,蛋白质胶体溶液就不稳定,会析出沉淀,任何影响蛋白质所带电荷和水化作用的因素都会导致蛋白质沉淀,所谓沉淀是蛋白质因某些物理化学因素从溶液中析出的现象。

使蛋白质沉淀的因素主要有以下几种。

1.中性盐　盐析是指蛋白质溶液加入高浓度的中性盐(如硫酸铵、硫酸镁、氯化钠)溶液时,可使蛋白质从溶液中析出。盐析是一个可逆过程,盐析出来的蛋白质可再溶于水而不影响蛋白质的性质。所有蛋白质都能在浓的盐溶液中沉淀(盐析)出来,但不同的蛋白质盐析时,盐的最低浓度是不同的。利用这个性质可以分离和提纯不同的蛋白质。

盐析的原因是中性盐破坏了蛋白质分子表面的水化膜,中和了电荷,即破坏了蛋白质的稳定因素。

2.有机溶剂　用乙醇、丙酮和甲醇等极性较大的有机溶剂,处理蛋白质溶液,也可使蛋白质沉淀出来。其原因是这些有机溶剂与水的亲和力较大,能破坏蛋白质颗粒的水化膜而使蛋白质沉淀。有机溶剂沉淀法也是常用的分离蛋白质的方法之一,但使用时要注意用量,防止蛋白质丧失生物活性。一般常用浓度较低的有机溶剂在低温下操作,使蛋白质沉淀析出,并且不宜在有机溶剂中放置过久。医用酒精能够消毒,就是因为它能沉淀细菌的蛋白质。

3.重金属盐类　因蛋白质在碱性条件下带负电荷,易与重金属结合而生成沉淀,如 Ag^+、Pb^{2+}、Cu^{2+}、Hg^{2+} 等。

$$P\begin{array}{c}COO^-\\\\NH_2\end{array}\xrightarrow{M^+}P\begin{array}{c}COOM\\\\NH_2\end{array}\downarrow$$

临床上利用这一原理,采用生鸡蛋清、牛奶作为重金属中毒的解毒剂,并用催吐剂将结合的重金属盐呕出。

4.生物碱试剂或酸类沉淀蛋白质　蛋白质在 pH 值低于等电点的溶液中以正离子形式存

在,当加入某些生物碱试剂或某些酸类试剂(如三氯乙酸、磺基水杨酸等)(用 X 表示)时,较为复杂的酸根离子能与带正电荷的蛋白质氨基结合,生成沉淀析出。

$$P\begin{array}{c}COOH\\NH_3^+\end{array} \xrightarrow{X^-} P\begin{array}{c}COOH\\NH_3X\end{array} \downarrow$$

使用这类试剂往往会引起蛋白质的变性,因而它们不适用于制备具有生物活性的蛋白质。在临床检验和生化实验中,常用这类试剂去除血液中有干扰的蛋白质,也经常用于尿中蛋白质的检验。

(四)蛋白质的变性

蛋白质受物理因素(如热、高压、紫外线照射)或化学因素(如有机溶剂、尿素、酸、碱等)的影响时,分子构象发生变化,溶解度降低,生物活性丧失。这些物理、化学因素引起的变化都不涉及一级结构的改变,即肽链中共价键并未断裂、二硫键也未断裂,只是二级结构和三级结构有了改变或遭受破坏。蛋白质的这一类变化,统称为蛋白质的变性作用(Denaturation)。变性作用的实质是蛋白质分子的空间结构的改变或破坏,从有秩序且紧密的构造,变为无秩序且松散的构造,从而易被蛋白水解酶水解(熟食易消化的道理)。如果引起变性的因素比较温和,蛋白质构象仅仅是有些松散时,当除去变性因素后,蛋白质可缓慢地重新自发恢复为原来的构象,这一性质称为蛋白质的复性。

那么变性和沉淀有什么区别呢?一般来说,变性是指蛋白质的空间结构的改变或破坏,生物活性丧失,变性了的蛋白质一定会沉淀下来。但是沉淀的蛋白质不一定就变性了,如很多酶制品已制成结晶,仍保持生物活性就是因为其结构并没有改变。

蛋白质的变性具有重要的实际意义,如常用高温、紫外线和酒精等进行消毒,就是促使细菌或病毒的蛋白质变性而失去致病和繁殖的能力;如前所述的临床上急救重金属盐中毒的病人,常先服用大量牛奶和蛋清,使蛋白质在消化道中与重金属盐结合形成变性蛋白,从而阻止有毒重金属离子被人体吸收;同样,在制备或保存酶、疫苗、激素和抗血清等蛋白质制剂时,必须考虑选择合适的条件,防止其生物活性的降低或丧失。

了解蛋白质的变性原理对于工业生产和科学实验也具有重要意义。例如,印染厂中使用淀粉酶退浆时,为了防止酶变性,同时,又要保证充分发挥酶对水解的催化作用,一般控制温度在40℃左右,pH 值为 6~7,此外,避免使用某些会产生重金属离子的金属器械。

(五)显色反应

蛋白质中含有不同的氨基酸,可以与不同的试剂发生特殊的颜色反应,利用这些反应可鉴别蛋白质。

1. 茚三酮反应 蛋白质与茚三酮试剂反应生成蓝紫色化合物。α-氨基酸和多肽均有此性质。此反应在蛋白质鉴定上也极为重要,薄层分析时都用这个试剂。但要注意稀的氨溶液、铵盐及某些胺也有此反应。

2. 缩二脲反应 在蛋白质溶液中加入 NaOH 溶液硫酸铜溶液时出现紫色或粉红色,称为缩二脲反应。二肽以上的多肽都有此显色反应。在蚕蛹或废丝蛋白综合利用制取氨基酸时，可利用此反应来检查蛋白质水解反应程度。

3. 黄蛋白反应　某些蛋白质遇浓硝酸后会变成黄色，再加碱处理又变为橙色。这可能是由于蛋白质中含苯环的氨基酸发生了硝化反应的缘故。皮肤、指甲遇浓硝酸变成黄色就是这个原因。

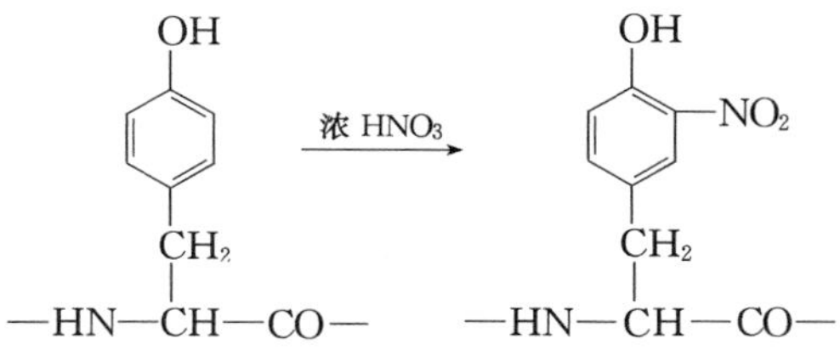

$$\text{浓 HNO}_3 \longrightarrow$$

第四节　蛋白质纤维[5-8]

蛋白质纤维是以蛋白质为基本组成物质的纤维。天然蛋白质纤维包括各种羊毛和蚕丝，其中以绵羊毛和桑蚕丝为主。

一、羊毛

羊毛主要指绵羊毛，是纺织工业的主要原料，具有弹性好、手感丰满、吸湿性强、保暖性好、不易沾污、光泽柔和等优良特性，同时还具有独特的缩绒性等。这些性能使毛织物不但适合春、秋、冬季衣着选用，也适合夏季，成为一年四季皆可穿的衣料。

羊毛是人类在纺织上利用最早的天然纤维之一。人类使用羊毛的历史可以追溯到公元前3000～4000年的新石器时代。

(一)羊毛的内部结构

羊毛的主要成分是角蛋白，又称角朊。羊毛角蛋白是由 18 种以上 α-氨基酸组成的天然聚酰胺类高分子，其中含量最多的氨基酸是胱氨酸和谷氨酸。大分子在空间呈螺旋状态，肽链间由相当数量的二硫键相连形成网状结构。此外，还有一些盐键和氢键，使肽键保持稳定的空间构型。在外力作用下，大分子可从螺旋状态变为曲折状态；外力去除后，在一定条件下又可恢复成螺旋状态。

(二)羊毛的形态结构

1. 羊毛的纵向形态　羊毛的纵面呈鳞片状覆盖的圆柱体，并带有天然卷曲，如图 6-3 所示。

2. 羊毛的截面形态结构　细羊毛的截面近似圆形，粗羊毛的截面呈椭圆形，死毛的截面呈扁圆形。羊毛的截面由外至内有表皮层、皮质层，有时还有髓质层。细羊毛的形态结构模型如图 6-4 所示。

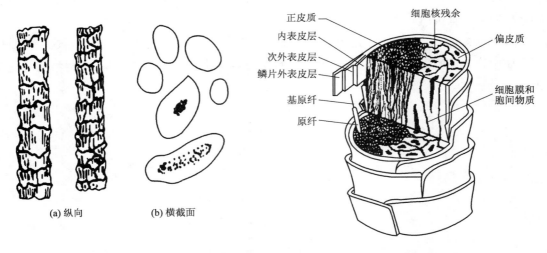

| (a) 纵向 | (b) 横截面 |

图 6－3　羊毛的纵向和横截面形态　　　　图 6－4　细羊毛的形态结构模型

表皮层由片状角朊细胞组成,它像鱼鳞或瓦片一样重叠覆盖,包覆在羊毛纤维的表面,所以又称鳞片层。表皮层对羊毛纤维起着保护作用,使羊毛不受外界条件的影响。

皮质层是羊毛的主体,由稍扁的角朊细胞所组成。它决定了羊毛的物理性质。从羊毛的横截面观察,皮质层有两种不同的皮质细胞,即结构疏松的正皮质和结构紧密的偏皮质(又称副皮质),它们的性质有所不同,在细羊毛中正皮质和偏皮质分别居于纤维的两侧,形成双侧结构,并在长度方向上不断变化。由于两种皮质层物理性质的不同引起不平衡,从而形成了羊毛的卷曲。正皮质处于卷曲弧形的外侧,偏皮质处于卷曲弧形的内侧,如果羊毛正、偏皮质的比例差异很大或呈皮芯分布,则其卷曲就不明显。羊毛的皮质层发育越完善,其所占比例越大,纤维的品质就越优良,表现为强度、卷曲、弹性等都较好。皮质层中还存在天然色素,这是有些羊毛的颜色难以去除的原因。

髓质层由结构松散和充满空气的角朊细胞组成,细胞间相互联系较差且呈暗黑色。髓质层的存在使纤维的强度、卷曲、弹性、染色性等都变差,影响羊毛的纺纱性能。一般,羊毛越粗,髓质层的比例越大。必须指出,并不是所有的羊毛都有髓质层,品质优良的羊毛纤维有时不具有或只有断续的髓质层。

(三)羊毛的性质

1. 缩绒性　将洗净的羊毛或羊毛织物给以湿热或化学试剂,鳞片就会张开,如果同时加以反复摩擦挤压,则由于定向摩擦效应,使纤维保持从根部向前运动的方向性。这样,各种纤维带着和它纠缠在一起的纤维按一定方向缓缓蠕动,就会使羊毛啮合成毡,羊毛织物收缩紧密,这一性质称为羊毛的缩绒性或毡缩性。羊毛优良的伸长能力和弹性回复性,能促使反复挤压时纤维的蠕动。羊毛的天然卷曲能使纤维交叉穿插,这些都有助于缩绒。缩绒使毛织物具有独特的风格,显示了羊毛的优良特性。另外,缩绒使毛织物在穿着过程中容易产生尺寸收缩和变形,这种收缩和变形不是一次完成的,每当织物洗涤时,收缩就会继续发生,只是收缩比例逐渐减小。在洗涤过程中,揉搓、水温及洗涤剂等都促进了羊毛的缩绒。绒线针织物在穿用过程中,汗渍和摩擦较多的部位,易产生毡合、起毛、起球等现象,影响穿着的舒适和美观。大多数精纺毛织物和针织物,在染整加工中要求纹路清晰、形状稳定,这些均要求减小羊毛的缩绒性。

羊毛防缩有两种方法:一是氧化法又称降解法,它是利用化学试剂使羊毛鳞片变形,以降低摩擦效应,减少纤维单向运动和纠缠能力。通常使用的化学试剂有次氯酸钠、氯气、氯胺、氢氧化钾、高锰酸钾等,其中含氯氧化剂用得最多,所以又称为氯化。二是树脂法也称添加法,是在羊毛上涂以树脂薄膜,减少或消除羊毛之间的摩擦效应,或使纤维的相互交叉处黏结,限制纤维的相互移动,从而导致羊毛失去缩绒性。使用的树脂有脲醛、蜜胺甲醛、硅酮、聚丙烯酸酯等。

2. 吸湿性 羊毛的吸湿性很强。在一般情况下,羊毛的含水量为 8％～14％,在非常潮湿的空气中,羊毛吸收水分高达 40％,而手感并不潮湿。海军和海上作业人员一般都穿毛制品就是因为在海上作业时经常受到海水的侵袭。羊毛吸水性高的原因在于角质蛋白分子中含有亲水性的羟基、氨基、羧基和酰胺基等。另外,羊毛是一种多孔性纤维材料,具有毛细管作用,所以水分易吸附到纤维空隙中或吸附在纤维表面。

羊毛在 100～150℃加热时,可使水分完全蒸发,此时手感变得粗硬,强力显著下降。长时间受热可使羊毛纤维分解、变黄。所以,散毛和毛制品的烘干温度不宜超过 100℃。

3. 强伸性 羊毛的拉伸强度是常用天然纤维中最低的,其断裂长度只有 9～18km。一般羊毛线密度越低,髓质层越少,其强度越高。

羊毛拉伸后的伸长能力是常用天然纤维中最大的。断裂伸长率干态达 25％～35％,湿态达 25％～50％,去除外力后,伸长的弹性回复能力也是常用天然纤维中最好的。所以用羊毛织成的织物不易产生折皱,具有良好的服用性能。

4. 酸对羊毛的作用 羊毛有很好的耐酸性,在热的有机酸较长时间作用下,羊毛的损伤很小;羊毛对无机酸的抵抗能力也很强,只有在加热条件下,浓酸对羊毛才有破坏作用。所以常用酸去除原毛或呢坯中的草屑等植物性杂质。pH 值在等电点附近时,羊毛纤维几乎不受损伤;pH 值在 4 以下,羊毛才会有明显损伤,此时,羊毛纤维开始从溶液中吸收 H^+,并和氨基结合;pH 值继续降低,破坏作用更加显著。因此,在热化学处理中常将溶液的 pH 值调节在等电点附近,以保护羊毛不受损伤,同时可用酸性染料对羊毛染色。有机酸如醋酸、蚁酸是羊毛染色的促染剂。

5. 碱对羊毛的作用 羊毛不耐碱。碱能催化氨基酸主链上的肽键水解,并使羊毛角蛋白中的胱氨酸键和盐键水解断裂,从而破坏羊毛的组织,导致羊毛强力降低。如将羊毛放在 5％ NaOH 溶液中沸煮 20min,羊毛将全部溶化,即使弱碱也会产生破坏作用。因此,在洗涤羊毛或毛织物时要用中性皂或中性洗涤剂。但若将羊毛放在浓碱低温下进行短时间处理,会使鳞片软化而紧密平滑地黏合在毛干上,从而增加了羊毛的光泽。因此毛纺生产中常利用这一特性进行丝光,以改善毛制品的质量和外观。

6. 氧化剂、还原剂对羊毛的作用 羊毛对氧化剂的作用非常敏感。如高锰酸钾、过氧化氢等氧化剂都会使胱氨酸分解,破坏二硫键,甚至使肽键断裂,导致纤维强力降低。

$$—CH_2—S—S—CH_2— \xrightarrow{氧化剂} —CH_2SO_3H + HO_3SCH_2—$$

日光对羊毛也有破坏作用。在日光照射下，二硫键断裂使胱氨酸氧化分解为半胱氨酸，然后发生水解。日光照射可使羊毛的相对分子质量降低，颜色变黄，失去光泽，使强度和弹性降低，手感粗硬。

还原剂，如 Na_2S，$NaHSO_3$ 等，对羊毛纤维也有破坏作用，主要作用也是发生在二硫键上。

$$—CH_2—S—S—CH_2— \xrightarrow{\text{还原剂}} —CH_2SH + HSCH_2—$$

7. 耐微生物性能　羊毛纤维易被虫蛀，纯羊毛服装保管时要多加小心。

二、蚕丝

蚕丝作为天然纤维，有"纤维女王"之美誉，它是人类最早利用的动物纤维之一。蚕丝的主要成分是蛋白质，是人们喜爱的服饰用品材料。蚕丝不仅手感好、外观雅丽，而且强度等物理性能较好，作为手术缝合线等生物材料也被广泛利用。另外，由于蚕丝具有很好的活体亲和性，许多实验室正着眼于新型蚕丝生物材料的研制和利用。

我国是蚕丝的发源地，是世界上最早植桑、养蚕、缫丝、织绸的国家，迄今已有 6000 多年历史。我国丝绸业在世界上享有盛誉，远在汉、唐时代，丝绸产品就畅销于中亚、西亚和欧洲各国。

蚕丝是高级纺织原料，具有较高的延伸度，纤维纤细、柔软、平滑而富有弹性，吸湿性佳。由丝绸制成的丝绸产品薄如纱，华如锦，手感滑爽，穿着舒适，高雅华丽，具有独特的"丝鸣感"。

(一)蚕丝的形态和组成

桑蚕丝和柞蚕丝的横截面形态如图 6-5 所示。

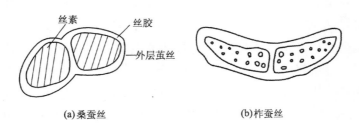

(a)桑蚕丝　　　　　　　　　(b)柞蚕丝

图 6-5　桑蚕丝和柞蚕丝的横截面形态

柞蚕丝横截面基本与桑蚕丝相同，只是更加扁平。

蚕丝的主要成分是丝素和丝胶，还有少量蜡质、碳水化合物、色素和矿物质（灰分）等。丝胶是一种球蛋白，溶于水，覆盖在丝素的外层。丝素与羊毛一样，都是纤维状蛋白质。丝素和丝胶统称为丝蛋白。为了充分展现蚕丝的光泽和柔软度，必须将丝素外层的丝胶脱去。通常把生丝放在热的肥皂水中煮练，使丝胶溶解，剩下丝素，这个过程称为丝的精练。

蚕丝属于蛋白质纤维，蚕丝的大分子是由多种 α-氨基酸剩基以酰胺键连接构成的长链大分子，又称肽链。在丝素中，甘氨酸、丙氨酸、丝氨酸和酪氨酸含量占 90% 以上，其中甘氨酸和丙氨酸含量占 70% 以上。羊毛角蛋白和丝素蛋白的氨基酸组成见表6-4。

表6-4 羊毛角蛋白和丝素蛋白的氨基酸组成(%,摩尔分数)

氨 基 酸	羊毛角蛋白	丝素蛋白	氨基酸	羊毛角蛋白	丝素蛋白
甘氨酸	10.2	44.46	天门冬氨酸	5.80	1.38
丙氨酸	5.04	30.24	谷氨酸	11.55	0.93
亮氨酸	10.04	0.49	精氨酸	6.88	0.44
异亮氨酸	10.04	0.54	赖氨酸	2.11	0.30
缬氨酸	4.76	2.09	组氨酸	0.52	0.15
苯丙氨酸	2.64	0.63	脯氨酸	6.89	0.49
丝氨酸	11.41	11.91	色氨酸	1.02	0.20
苏氨酸	6.25	0.98	蛋氨酸	0.60	—
酪氨酸	2.99	4.88	胱氨酸	11.59	—

蚕丝由于侧基小,分子结构较为简单,长链大分子规整性好,呈 β-折叠链形状,有较高的结晶度。丝素的肽链间配置情况如下:

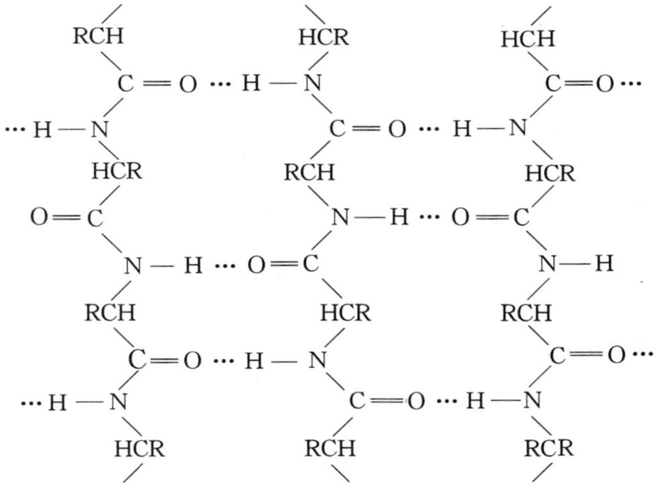

(二)蚕丝的性质

1. 蚕丝的吸湿性 无论是桑蚕丝还是柞蚕丝都具有很好的吸湿性。由于蚕丝的丝素中有很多极小的孔隙,同时丝素中氨基酸含有亲水的氨基和羧基,所以蚕丝的吸湿性较好,吸水率达30%,手感仍不觉潮湿。所以用蚕丝制作的衣服透气性好,穿着舒适。由于蚕丝吸湿性大,吸收和散发水分极为迅速,在炎热的夏天穿丝绸衣服会感到凉爽。同时,由于蚕丝是多孔性物质,是热的不良导体,保暖性能好,故又适宜制作冬季服装。

2. 蚕丝的触感和光泽 蚕丝平滑而富有弹性,因此具有优良的触感。特别是生丝精练后,用手抚摸,感觉蚕丝既光滑柔软,又有身骨。蚕丝特别是精练丝,具有其他纤维所不能比拟的优雅而美丽的光泽,这种光泽一般称为丝光。这种特殊的光泽主要是单丝的三角形截面以及茧丝的层状结构所形成的。

3. 盐类对蚕丝的作用 蚕丝对盐非常敏感,若将蚕丝在 0.5％的食盐溶液中浸渍 15 个月,其组织结构就会完全破坏。所以丝织衬衫受到汗水侵蚀后,必须及时脱下洗净,如放置时间较长,会出现一些黄褐色斑点,不易去除,同时导致织物强度降低,影响穿着寿命。

4. 蚕丝的耐光性 蚕丝长时间在光照作用下,纤维中的氢键会发生断裂而引起机械性能的变化,在有氧气和水条件下,紫外线可促使酪氨酸和色氨酸残基氧化,生成有色物质,从而使蚕丝变黄,如再加上热和中性盐的作用,泛黄会加剧。

5. 蚕丝的耐热性 蚕丝的耐热性随温度不同而不同。当温度达 120℃时,蚕丝只是渐渐失去水分,并不起明显变化;温度升至 150℃时,蚕丝会逐渐放出氨气,同时丝胶凝固变色;当加热到 235℃时,蚕丝即被烧焦,并发出与燃烧羊毛相似的臭味。故在熨烫丝绸衣服时,必须注意掌握熨烫温度。

6. 蚕丝的耐酸、耐碱性 蚕丝的酸性大于碱性,它是一种弱酸性物质。丝素等电点为2～3。所以,蚕丝对碱作用敏感,耐碱性远低于耐酸性。丝素在碱液中会发生不同程度的水解,即使稀的弱碱液也能溶解丝胶,浓强碱液对丝素破坏力更强。所以,天然丝织物不宜用碱性肥皂和洗涤剂洗涤。酸对蚕丝的作用没有碱剧烈,但随着温度、浓度的升高,也会使蚕丝膨润甚至溶解。

☞ 复习指导

一、氨基酸

1.**氨基酸的结构分类和命名** 氨基酸是组成蛋白质的基础。蛋白质水解绝大部分生成 $\alpha-$ 氨基酸。$\alpha-$氨基酸通常按其来源或性质称以俗名。

2.**氨基酸的性质**

(1)酸碱性。两性和等电点。等电点不等于中性点。

(2)显色反应。氨基酸与茚三酮的水合物在溶液中共热,生成蓝紫色的化合物。具有特殊 R 基团的氨基酸,可以与某些试剂发生独特的颜色反应,如黄蛋白反应、米伦反应和乙醛酸反应等。这些颜色反应可作为氨基酸、多肽和蛋白质定性和定量分析的基础。

(3)受热后的反应。由于氨基和羧基的相对位置不同,$\alpha-$氨基酸,$\beta-$氨基酸,$\gamma-$氨基酸等受热后所发生的反应不相同。

3.**氨基酸的制备** 氨基酸可以 $\alpha-$卤代酸、醛或酮或丙二酸酯等为原料制备。

二、多肽

1.**肽的分类、命名** 一个氨基酸分子的 $\alpha-$氨基和另一个氨基酸的羧基脱水缩合而成的化合物称为肽。多肽的命名是以 C 端的氨基酸为母体,把肽链中其他氨基酸中的"酸"字改为"酰"字,依次写在母体名称之前。

＊2.**多肽结构的测定**

(1)测定肽中氨基酸的种类和数量。在酸或碱的作用下,肽链水解为各种氨基酸的混合物。然后采取适当的方法,测定氨基酸的种类和数量。

(2)测定肽中氨基酸顺序。可利用某些有效的化学试剂(如2,4-二硝基氟苯),与多肽的游离氨基反应,然后将反应产物水解,其中与试剂结合的氨基酸容易与其他部分分离和鉴定。

三、蛋白质

蛋白质是由许多氨基酸通过酰胺键形成的含氮生物高分子化合物,在有机体内承担着各种生理功能和机械功能。

1.蛋白质的组成和分类

(1)根据蛋白质的化学组成分为单纯蛋白质和结合蛋白质。

(2)根据蛋白质的形状分为纤维蛋白和球蛋白。

(3)根据蛋白质的功能分为活性蛋白和非活性蛋白。

2.蛋白质的结构　包括一级结构、二级结构、三级结构和四级结构。一般将二级结构、三级结构和四级结构统称为三维构象或高级结构。

3.蛋白质的性质　蛋白质具有与氨基酸相似的化学性质,如两性与等电点等;同时由于蛋白质是高分子化合物,有些性质与氨基酸不同,如胶体性质、盐析和变性等。

四、蛋白质纤维

1.羊毛的性质

(1)缩绒性。将洗净的羊毛或羊毛织物给以湿热或化学试剂,鳞片就会打开,如果同时加以反复摩擦挤压,则由于定向摩擦效应,使纤维定向移动,最终导致啮合成毡,羊毛织物收缩紧密,这一性质称为羊毛的缩绒性或毡缩性。

(2)吸湿性。羊毛的吸湿性很强。一方面,由于分子中含有亲水性的羟基、氨基、羧基和酰胺基等;另一方面,羊毛是一种多孔性纤维材料,具有毛细管作用,所以水分易于吸附到纤维的空隙中去或吸附在纤维的表面。

(3)强伸性。羊毛拉伸后的伸长能力是常用天然纤维中最大的。去除外力后,伸长的弹性回复能力也是常用天然纤维中最好的。所以用羊毛织成的织物不易折皱,具有良好的服用性能。

(4)酸对羊毛的作用。羊毛具有很好的耐酸性,在热的有机酸较长时间作用下,羊毛的损伤也很小。因此蛋白质纤维可在酸性条件下染色。

(5)碱对羊毛的作用。碱能催化氨基酸主链肽键水解,并使羊毛角蛋白中的胱氨酸键和盐键水解断裂,从而破坏羊毛纤维的组织,引起强力降低。

(6)氧化剂、还原剂对羊毛的作用。羊毛对氧化剂的作用非常敏感。如高锰酸钾、过氧化氢等氧化剂都会使胱氨酸分解,破坏二硫键,甚至使肽键断裂,导致纤维强度降低。

(7)耐微生物性能。羊毛纤维易被虫蛀,纯羊毛服装保管时要多加小心。

2.蚕丝的性质

(1)蚕丝的吸湿性。蚕丝的吸湿性很好。

(2)蚕丝的触感和光泽。蚕丝纤维平滑而富有弹性,因此具有优良的触感。

(3)盐类对蚕丝的作用。蚕丝对盐非常敏感。若将蚕丝在0.5%的食盐溶液中浸渍15个月,其组织结构就会完全破坏。

（4）蚕丝的耐光性。蚕丝长时间在光照作用下,纤维中的氢键会发生断裂而引起性能下降。

（5）蚕丝的耐热性。蚕丝的耐热性随温度的不同而不同。120℃时,蚕丝只是渐渐失去水分,并不起明显变化;升至150℃时,蚕丝会逐渐放出氨气,同时丝胶凝固变色;当加热到235℃时,蚕丝即被烧焦,并发出与燃烧羊毛相似的臭味。

（6）蚕丝的耐酸、耐碱性。构成丝素分子的氨基酸是两性物质。其中酸性氨基酸含量大于碱性氨基酸含量。因此,蚕丝是一种弱酸性物质,其耐酸性远强于耐碱性。

综合练习

1. 什么是蛋白质的等电点? 蛋白质处于等电点时有什么特征?

2. 写出下列氨基酸按如下次序相结合所形成的多肽的构造式。

  （1）甘·赖 （2）谷·酪·甘 （3）丙·苯丙·甘·亮

3. 写出下列氨基酸在指定 pH 值溶液中的构造式。

  （1）丙氨酸(等电点 6.00)在 pH＝12 时;

  （2）苯丙氨酸(等电点 5.48)在 pH＝2 时。

4. 试述蛋白质的一级结构、二级结构。在蛋白质的三级结构中,主要存在哪些相互作用力?

5. 试述蚕丝纤维的主要特性。

6. 羊毛和蚕丝对酸、碱作用的稳定性如何? 说明原因。

参考文献

[1] 邢其毅. 基础有机化学[M]. 北京:高等教育出版社,2001.

[2] 高鸿宾. 有机化学[M]. 北京:高等教育出版社,2002.

[3] 徐寿昌. 有机化学[M]. 北京:高等教育出版社,2000.

[4] 赵玉娥. 基础化学[M]. 北京:化学工业出版社,2004.

[5] 眭伟民,金惠平. 纺织有机化学基础[M]. 上海:上海交通大学出版社,1992.

[6] 蔡再生. 纤维化学与物理[M]. 北京:中国纺织出版社,2004.

[7] 伍天荣. 纺织应用化学与实验[M]. 北京:中国纺织出版社,2003.

[8] 邢声远,等. 纺织新材料及其识别[M]. 北京:中国纺织出版社,2002.

第七章　高分子化合物和合成纤维

第七章　PPT

> **本章知识点**
>
> 1.掌握高分子化合物的概念、分类以及特征
> 2.了解缩聚反应和加聚反应的历程
> 3.了解纺织纤维的分类
> 4.掌握常用合成纤维原料的基本合成方法

第一节　高分子化合物的基本概念

一、高分子化合物的概念、分类和命名

(一)高分子化合物的概念

高分子化合物又称高聚物,关于高分子化合物的定义至今还不确切。比较客观的说法是:由两个或两个以上官能度的低分子化合物(单体),通过共价键结合形成相对分子质量在 1000 以上的化合物,称为高分子化合物。高分子化合物的特点和性能与低分子化合物存在明显的差异[1]。

要准确地理解高分子化合物的含义,还需要对单体、官能度的概念予以说明。

1. 单体　在一定条件下,能形成高分子化合物的低分子化合物称为单体。

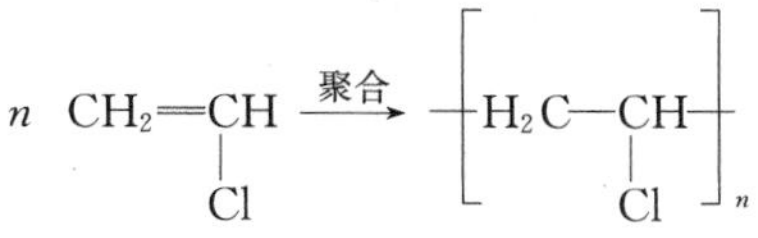

$$n\ CH_2=CH \xrightarrow{\text{聚合}} \left[H_2C-CH \right]_n$$
$$\qquad\quad | \qquad\qquad\qquad\quad |$$
$$\qquad\quad Cl \qquad\qquad\qquad\ Cl$$
$$\text{单体} \qquad\qquad \text{高分子化合物}$$

氯乙烯通过聚合可以形成相对分子质量很大的聚氯乙烯,所以称氯乙烯为聚氯乙烯的单体。参加聚合的单体可以是一种,也可以是多种。由一种单体聚合形成的高分子化合物称为均聚高分子化合物,由两种或两种以上单体聚合形成的高分子化合物称为共聚高分子化合物。

2. 官能度　单体分子中能形成新键的活性点的数目称为官能度,用 f 表示。官能度和官能团的概念有明显的区别,官能团是指化合物中能参与反应的基团。从高分子化合物的定义可以看出,单体的官能度 f 必须大于等于 2。若参加聚合的单体为两种或两种以上,则单体的官能度为各单体官能度的总和。

例如:乙烯单体有一个双键官能团,双键中的 π 键在能量和引发剂的作用下可形成两个自由基,这两个自由基均可以参加反应形成新的共价键,因此,乙烯的官能团数量为 1,官能度 f 为 2,同理,1,3-丁二烯的官能团数量是 2,官能度为 4。

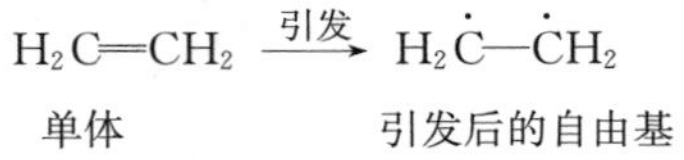

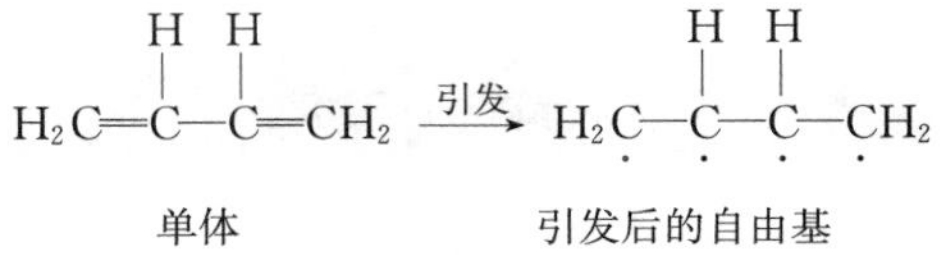

$$H_2C = CH_2 \xrightarrow{引发} H_2\dot{C} - \dot{C}H_2$$

单体　　　　　　　引发后的自由基

$$H_2C = C - C = CH_2 \xrightarrow{引发} H_2\dot{C} - C - \dot{C} - CH_2$$

单体　　　　　　　引发后的自由基

常见单体的官能团数量和官能度见表 7-1。

表 7-1　常见单体的官能团数量和官能度

单　　体	官能团数量	f(官能度)	能否形成高分子化合物
乙烯	1	2	能
苯乙烯	1	2	能
1,3-丁二烯	2	4	能
苯酚+甲醛	2	3(苯酚 1+甲醛 2)	能
乙二醇+对苯二甲酸	4	4	能
乙醇	1	1	不能
苯胺	1	1	不能

(二)描述高分子化合物的几个基本概念

犹如水是由水分子组成一样,高聚物也是由高分子化合物聚集而成的,聚乙烯则是由单个聚乙烯分子聚集而成。高分子化合物的特点和性能与低分子化合物存在明显的差异,这是由高分子化合物独特的性质决定的。高分子化合物与低分子化合物最根本的区别在于高分子化合物的相对分子质量大且不均一。这种量变引起高聚物性能上的质变,特别是在物理性能上有独特的表现。如一般高聚物有优良的强度、耐磨性、弹性等,是塑料、橡胶、化学纤维工业的重要原料。

就单个高分子化合物而言,我们要引入几个基本概念对其进行描述。

1. 链节　高分子化合物就像链条一样是由很多基本链环连接起来的。我们把组成高分子链的最小重复结构单元称为高分子化合物的基本链节,简称链节。链节不是具体的化合物,只是构成高分子结构的最小结构单元,其结构组成来源于单体,如果是均聚物,链节组成与单体相同,如果是共聚物则与单体结构不同。链节的结构决定了高分子化合物的基本化学性能。

聚氯乙烯的链节:

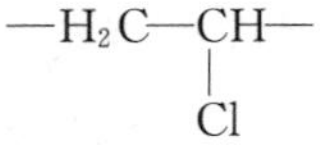

$$-H_2C - CH-$$
$$\qquad\qquad | $$
$$\qquad\quad Cl$$

聚对苯二甲酸乙二醇酯的链节:

$$-O-H_2C-H_2C-O-\overset{O}{\underset{||}{C}}-\langle\bigcirc\rangle-\overset{O}{\underset{||}{C}}-$$

2. 链节数　对于单个高分子化合物,链节数即是链节的数目,用 n 表示。链节数也是单个高分子化合物的聚合度,用 DP 表示。所以,对于单个高分子化合物,其相对分子质量用下式表示:

单个高分子化合物的相对分子质量(M)＝(链节相对原子质量之和)×DP＋端基相对原子质量之和

例如,已知聚酯中某个聚对苯二甲酸乙二醇酯分子的聚合度为250,其化学结构式为:

$$H-\left[O-H_2C-H_2C-O-\overset{O}{\underset{||}{C}}-\langle\bigcirc\rangle-\overset{O}{\underset{||}{C}}\right]_n OCH_2CH_2OH$$

则其相对分子质量为:　　　　$M＝192×250＋62＝48062$

3. 相对分子质量的多分散性　前已提及,高聚物除相对分子质量大外,其相对分子质量分布也不均一。也就是说聚合物由若干链节相同、聚合度不同的高分子化合物组成,高分子化合物之间链节数的差值为整数。高聚物相对分子质量不均一的特性称为高聚物相对分子质量的多分散性。

引起高聚物相对分子质量多分散性的原因主要为高分子化合物在形成过程中存在统计特性,即单体参加聚合形成高分子化合物,理论上说,所有单体都可以完全聚合,最后形成一个高分子化合物,但从宏观上看,随着聚合反应的进行和聚合体系的变化,聚合速率将越来越慢,达到平衡时,相对分子质量将不再增加,这时我们认为聚合反应终止。所以,每一个高分子化合物到底由多少个单体聚合而成,由于多种因素的影响是随机的。

其次,如果能将相对分子质量完全一致的分子分离提纯,则可以得到分子均一的高聚物。但目前,分离提纯同一结构、不同相对分子质量的高分子化合物存在技术上的困难也是引起高聚物相对分子质量多分散性的客观原因。

4. 平均聚合度和平均分子量　由于高聚物相对分子质量存在多分散性,这样用某一个高分子化合物的聚合度和相对分子质量来衡量整个聚合物的聚合度和相对分子质量显然不行。必须将聚合物中所有分子的聚合度和相对分子质量进行统计,得到所谓的平均聚合度和平均分子量。高聚物相对分子质量的统计方法是多样的,统计方法不同则所谓的相对分子质量的数据也不同。目前,主要有数均分子量(M_n)、重均分子量(M_w)、黏均分子量(M_η)和 Z 均分子量。由于统计方法比较复杂,这里就不详细阐述,可以阅读《高分子化学》等有关文献。

(三)高分子化合物的分类

高分子化合物主要按来源、结构、空间形态等来进行分类。

1. 按来源分类　高分子化合物按来源分为天然高分子化合物和合成高分子化合物。如天然橡胶、各种天然纤维(棉、麻、蚕丝、羊毛等)属于天然高分子化合物,各种合成橡胶(氯丁橡胶、硅橡胶等)、合成塑料(聚乙烯、聚苯乙烯、聚四氟乙烯等)、合成纤维(涤纶、锦纶 66、腈纶等)、特种工程材料等属于合成高分子化合物。

2. 按结构分类[1]　该分类方法有利于了解高分子化合物的化学结构,从而了解高分子化合物的基本化学性能。

(1)碳链高分子化合物。高分子化合物的分子主链全部由碳链组成,如:聚乙烯、聚丙烯、聚丁烯及其衍生物和聚 1,3-丁二烯及其衍生物都属于碳链高分子化合物。

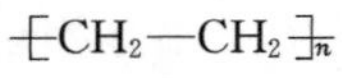

$$\begin{array}{cccc}
\left[CH_2-CH_2\right]_n & \left[CH_2-CH\right]_n\!\!\underset{CH_3}{} & \left[CH_2-\underset{CH_3}{\overset{CH_3}{C}}\right]_n & \left[CH_2-CH\right]_n \\
\text{聚乙烯} & \text{聚丙烯} & \text{聚丁烯} & \text{聚苯乙烯}
\end{array}$$

聚乙烯　　　聚丙烯　　　聚丁烯　　　聚苯乙烯

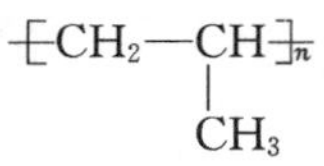

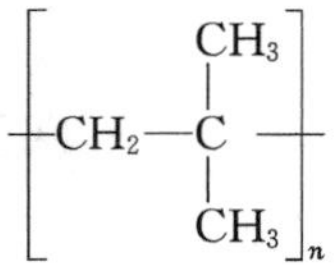

$$\begin{array}{cccc}
\left[CH_2-\underset{OH}{CH}\right]_n & \left[CH_2-\underset{CN}{CH}\right]_n & \left[CH_2-\underset{COOH}{CH}\right]_n & \left[CH_2-CH=CH-CH_2\right]_n
\end{array}$$

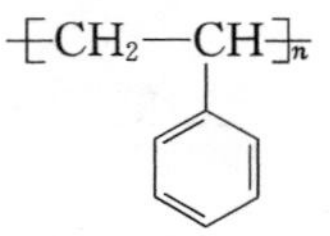

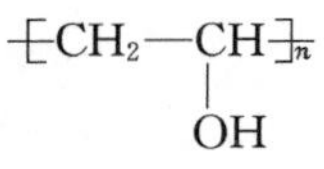

聚乙烯醇 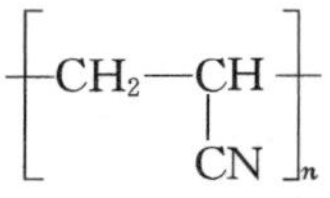　　　聚丙烯腈 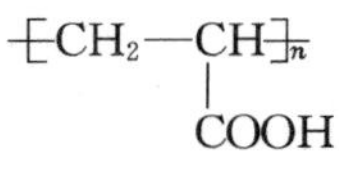　　　聚丙烯酸 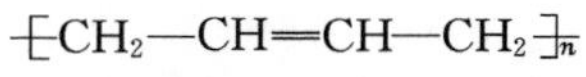　　　聚-1,3-丁二烯

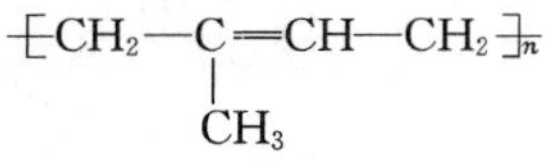

$$\begin{array}{cc}
\left[CH_2-\underset{CH_3}{C}=CH-CH_2\right]_n & \left[CH_2-\underset{Cl}{C}=CH-CH_2\right]_n
\end{array}$$

聚-1,4-异戊二烯 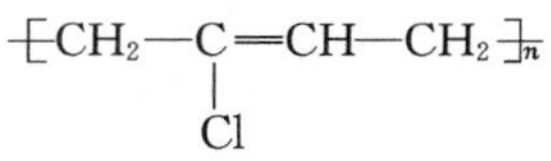　　　　　聚-1,3-氯丁二烯

(2)杂链高分子化合物。高分子化合物分子主链中除含碳原子外,还含有氧、硫、氮、磷等其他杂原子,如纤维素纤维、蛋白质纤维、聚酯、聚酰胺等。

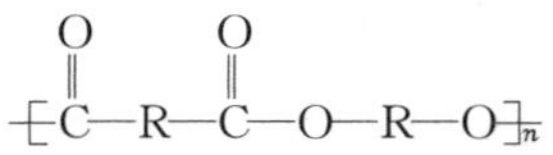

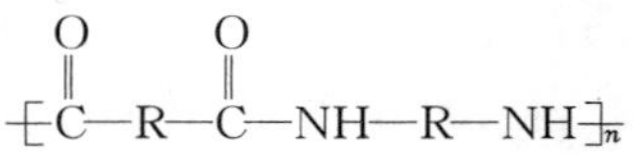

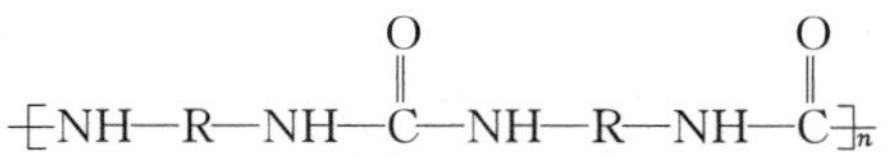

$$\begin{array}{cc}
\left[\overset{O}{\overset{\|}{C}}-R-\overset{O}{\overset{\|}{C}}-O-R-O\right]_n & \left[\overset{O}{\overset{\|}{C}}-R-\overset{O}{\overset{\|}{C}}-NH-R-NH\right]_n \\
\text{聚酯} & \text{聚酰胺}
\end{array}$$

$$\begin{array}{cc}
\left[NH-R-NH-\overset{O}{\overset{\|}{C}}-NH-R-NH-\overset{O}{\overset{\|}{C}}\right]_n & \left[R\left(S\right)_2R\left(S\right)\right]_n \\
\text{聚脲} & \text{聚硫化物}
\end{array}$$

(3)元素有机高分子化合物。高分子化合物分子主链中不一定含有碳原子,而是含有铝、钛、硼、硅等在天然有机化合物中不常见元素的原子,并与有机基团连接。

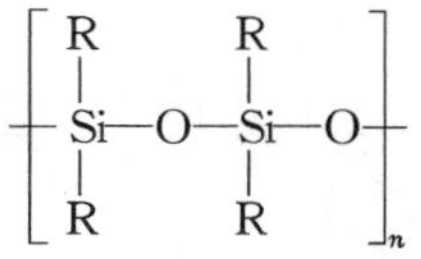

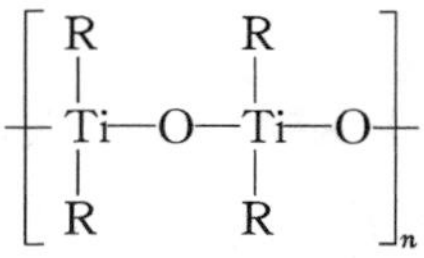

$$\begin{array}{cc}
\left[\underset{R}{\overset{R}{Si}}-O-\underset{R}{\overset{R}{Si}}-O\right]_n & \left[\underset{R}{\overset{R}{Ti}}-O-\underset{R}{\overset{R}{Ti}}-O\right]_n \\
\text{聚硅氧烷} & \text{聚钛氧烷}
\end{array}$$

3. 按空间形状分类

(1)线型高分子化合物。这类高分子化合物的空间形状是线形,如图 7-1 所示,其不含支链或支化程度很小。有些塑料和绝大部分合成纤维属于线型高分子化合物。线型高分子化合物在适当的溶剂中会溶解,加热到熔点后将软化至熔融。

(2)支链型高分子化合物。这类高分子化合物除有主链外,还有与主链相连的支链,其空间形状如图 7 - 2 所示。该分子支化程度小时,其性能与线型高分子化合物接近;支化程度大时,其性能与体型高分子化合物接近。天然橡胶的硫化处理就是利用该原理改变其性能的。非硫化或硫化程度低的天然橡胶抗溶剂性、耐热性和耐老化性都较差;适度硫化后性能得到明显改善,硫化橡胶用作汽车和飞机的轮胎材料。

(3)体型高分子化合物(网状高分子化合物)。体型高分子化合物(图 7 - 3)性质十分稳定,在溶剂中不溶解,加热也不会软化和熔融,当温度超过其分解温度时,最终会分解,如酚醛树脂、脲醛树脂等。这些体型高分子化合物常用作电器绝缘材料和特种工程材料。

图 7 - 1 线型高分子化合物的 　　图 7 - 2 支链型高分子化合物的 　　图 7 - 3 体型高分子化合物的
　　　　　空间形状 　　　　　　　　　　　　空间形状 　　　　　　　　　　　　空间形状

4.其他分类方法 按受热性能高分子化合物又可分为热塑性、热固性高分子化合物;按应用又可分为纤维、塑料、橡胶材料高分子化合物。高分子化合物还有其他分类方法,这里就不一一介绍。

(四)高分子化合物的命名

高分子化合物的命名比较混乱,至今还没有统一的命名标准[1]。

一般,对于天然高分子化合物的名称多沿用俗名或专有名称,例如纤维素、淀粉、蛋白质等;对于合成高分子则往往在单体名称前面加上"聚"字,称为聚××,例如聚乙烯、聚苯乙烯、聚-1,3-丁二烯等;对于结构比较复杂的合成高分子化合物则在原料名称后面加上"树脂"二字,称为××树脂,如酚醛树脂,脲醛树脂等;对于合成纤维则采用商品命名法命名,如涤纶、锦纶、腈纶、维纶等。我国曾经参照1951年国际纯粹与应用化学会高分子小组所提出的方案,提出了制定我国高分子化合物命名法参考原则,但这种系统命名法目前使用不多[1],故不做详细介绍。

二、高分子化合物的特征

与低分子化合物相比,相对分子质量大和相对分子质量存在多分散性是高分子化合物最根本的特征,此特征决定了高分子化合物具有独特的性能,如高分子材料具有一定的强度、弹性、韧性、耐冲击性和可塑性,表现出良好的机械性能,可以用于合成塑料、橡胶和纤维材料;高分子化合物的水溶液和熔体具有一定的黏度;由于高分子化合物分子间作用力巨大,因此高分子化合物没有气态。高分子的这些特征都可以从相对分子质量大和分子结构特征获得解释。

第二节　合成高分子化合物的反应

高分子化合物都是通过单体的相互聚合而形成的,聚合反应分为两大类:一类是缩合聚合反应,简称缩聚反应;另一类是加成聚合反应,简称加聚反应。

一、缩聚反应

缩聚反应是通过单体间官能团的相互缩合而形成高分子化合物,在缩合过程中有新的小分子化合物产生,这也是区别缩聚反应和加聚反应的标志。

(一)缩聚反应举例

1. 聚酯　合成聚酯可用含羟基和含羧基的单体缩合,但单体必须是官能度在 2 以上的单体。通常采用羟基酸或二元醇与二元酸合成聚酯。

$$n\ HO-R-COOH \Longrightarrow H \left[O-R-\overset{\overset{O}{\|}}{C} \right]_n OH + (n-1)H_2O$$

$$n\ HOOC-R'-COOH + n\ HO-R-OH \Longrightarrow$$

$$H \left[O-R-O-\overset{\overset{O}{\|}}{C}-R'-\overset{\overset{O}{\|}}{C} \right]_n OH + (2n-1)H_2O$$

前者使用的单体只有一种,这种类型的反应又称为同缩聚反应;后者使用的单体不止一种,又称为异缩聚反应。上述反应都是由羧基和羟基直接作用而形成聚酯的,属于直接酯化法。聚酯的形成也可采用酯交换法,如涤纶的生产首先采用对苯二甲酸和甲醇酯化形成对苯二甲酸二甲酯(DMT),再与乙二醇进行酯交换形成对苯二甲酸乙二醇酯(BHET),以对苯二甲酸乙二醇酯为单体进行缩合形成聚对苯二甲酸乙二醇酯高聚物。

$$n\ R'OOC-R-COOR' + n\ HO-R''-OH \Longrightarrow$$

$$R'O \left[\overset{\overset{O}{\|}}{C}-R-\overset{\overset{O}{\|}}{C}-O-R''-O \right]_n H + (2n-1)R''OH$$

2. 聚酰胺　聚酰胺的形成主要通过下列方式实现。

(1)酸的铵盐加热。这是工业上制取聚酰胺的主要方法之一。例如合成锦纶 66 就是用这个方法。

$$HOOC(CH_2)_4COOH + H_2N(CH_2)_6NH_2 \longrightarrow HOOC(CH_2)_4COO^-NH_3^+(CH_2)_6NH_2$$

己二酸　　　　　　己二胺　　　　　　　　己二酸己二胺盐

$$n\ HOOC(CH_2)_4COO^-NH_3^+(CH_2)_6NH_2 \Longrightarrow HO \left[OC(CH_2)_4CONH(CH_2)_6NH \right]_n H + (2n-1)H_2O$$

聚己二酰己二胺

(2)酰氯或酸酐与胺反应。

$$n\ Cl-\overset{\overset{O}{\|}}{C}-R-\overset{\overset{O}{\|}}{C}-Cl + n\ NH_2R'NH_2 \longrightarrow Cl \left[\overset{\overset{O}{\|}}{C}-R-\overset{\overset{O}{\|}}{C}-NHR'NH \right]_n H + (2n-1)HCl$$

(3)酯与胺的缩合。

$$n\ H_3CO-\overset{\overset{O}{\|}}{C}-R-\overset{\overset{O}{\|}}{C}-OCH_3 + n\ NH_2R'NH_2 \longrightarrow$$

$$H_3CO \overbrace{-\overset{\overset{O}{\|}}{C} - R - \overset{\overset{O}{\|}}{C} - ZHR'NH}^{n} H + (2n-1)CH_3OH$$

(二)缩聚反应历程

从上述两例的反应情况可以将缩聚反应的反应历程归纳为如下三步。

1. 链的开始 部分低分子单体相互作用,开始了链的形成。

$$aAa + bBb \Longleftrightarrow aABb + ab$$

其中 aAa、bBb 为单体,a 和 b 为单体的官能团,ab 为生成的新的小分子化合物。

2. 链的增长 随着反应的进行,分子链逐步增长。增长的方式有可能是链与单体相互作用,也可能是链与链间相互作用使分子链增长。

$$aABb + aAa \Longleftrightarrow a(AB)Aa + ab$$
$$a(AB)Aa + bBb \Longleftrightarrow a(AB)_2 b + ab$$
$$\vdots$$
$$a(AB)_{n-1} b + aAa \Longleftrightarrow a(AB)_{n-1} Aa + ab$$
$$a(AB)_{n-1} Aa + bBb \Longleftrightarrow a(\mathring{A}B)_n b + ab$$
$$a(AB)_n b + a(AB)_m b \Longleftrightarrow a(AB)_{n+m} b + ab(链与链间相互作用)$$

3. 链的终止 从理论上讲,缩聚反应可将所有反应单体耗尽,但随着反应时间的延长,反应体系的条件发生变化,最终导致反应终止或反应速率急剧下降。主要因素有以下五个方面。

(1)随着单体浓度的下降及反应体系黏度的增加,官能团间相互作用的概率下降,反应速率随之下降。

(2)因反应体系黏度的增加,增加了排除生成的小分子化合物的困难,使缩聚反应达到平衡。

(3)由于计量技术的原因,加上单体在一定温度下挥发程度不同,很难做到原料用量的等当量比,总是有一种单体过量,使长链分子两端带有与过量组分相同的官能团,因而丧失继续反应的能力。

(4)介质或者其他因素的作用使长链分子两端的基团发生变性,导致其丧失反应能力。

(5)增长的链在一定条件下也可能发生降解。

以上五方面原因综合作用的结果使缩聚反应最终达到平衡,我们认为此时缩聚反应终止。需要强调的是,不能认为缩聚反应是分步完成的,实际上链的开始、增长和终止始终贯穿着整个反应过程,只是不同的时间段三者反应的概率不同而已。

二、加聚反应

不饱和单体(烯烃、二烯烃、炔烃)在引发剂作用下,可以快速地聚合形成高分子化合物,这类聚合反应称为加聚反应,反应过程中无小分子物质产生。实际上,不饱和单体在热或光照作用下也可发生加聚反应,只是速率较慢而已。

引发剂是一类在热或光照作用下可快速分解产生活性自由基的物质,如偶氮二异丁腈、过氧化苯甲酰、过硫酸钾等物质是加聚反应常用的引发剂。过硫酸钾的分解如下：

$$K_2S_2O_8 \rightleftharpoons 2K^+ + S_2O_8^{2-}$$

$$S_2O_8^{2-} \longrightarrow 2SO_4^- \cdot$$

分解活化能 125.52kJ/mol(30kcal/mol)，适用温度 60～120℃。

过氧化苯甲酰的分解如下：

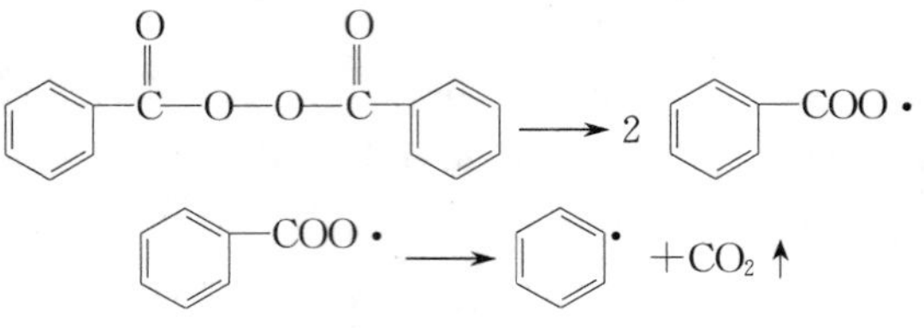

分解活化能 125.52kJ/mol (30kcal/mol)，适用温度 60～80℃。

上述引发剂在一些重金属离子或还原剂作用下，活化能更低，过硫酸钾甚至在 0℃ 以下即可分解。引发剂分解出的自由基可以引发单体，使单体活化，产生单体自由基，加聚反应开始进行。下面以过氧化苯甲酰为引发剂引发苯乙烯加聚反应为例来说明加聚反应的历程。

(一)链的引发

引发剂在热或光照作用下分解出引发剂自由基，引发剂自由基使单体活化产生单体自由基。

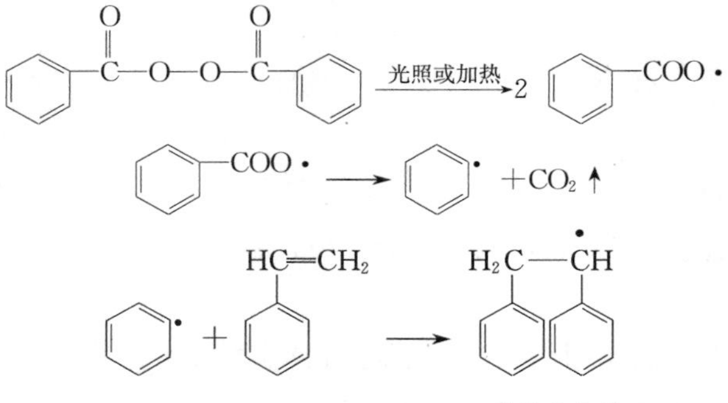

单体自由基

(二)链的增长

单体自由基继续活化其他单体，使分子链逐渐增长，形成长链自由基。链的增长为放热反应，而且所需要的活化能较引发时小，因此链的引发是聚合过程中最为缓慢的一个阶段，而链增长的速率极快，较引发速率高 10^6 倍。如聚合度为 1000 的聚乙酸乙烯酯、氯乙烯及苯乙烯所需链增长的时间仅为 $10^{-3}\sim10^{-2}$s。

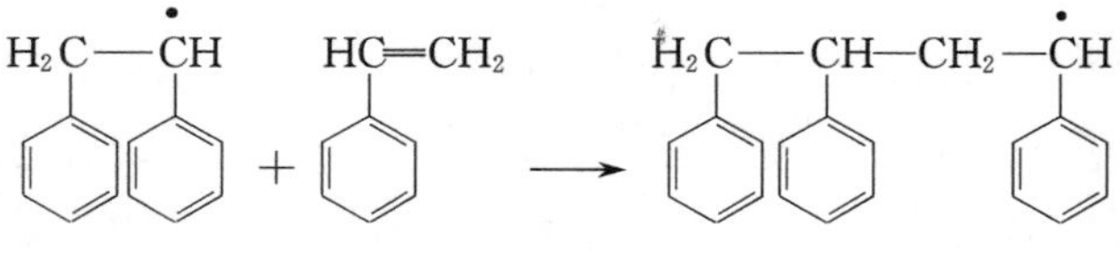

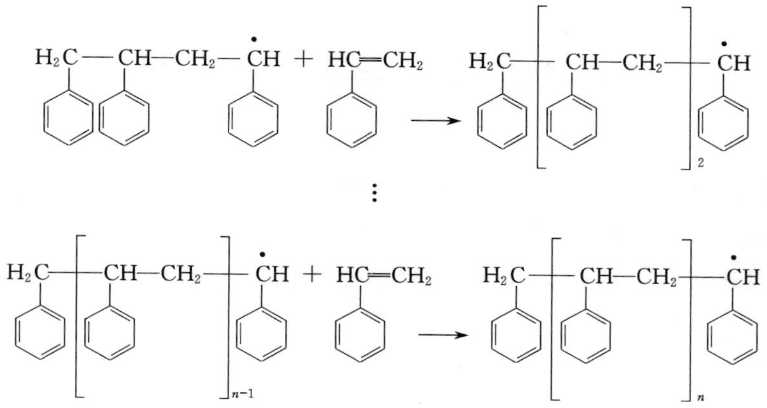

(三)链的终止

加聚反应的终止方式有双基结合终止和双基歧化终止两种。

1. 双基结合终止

双基结合终止是由两个长链自由基相互结合终止。

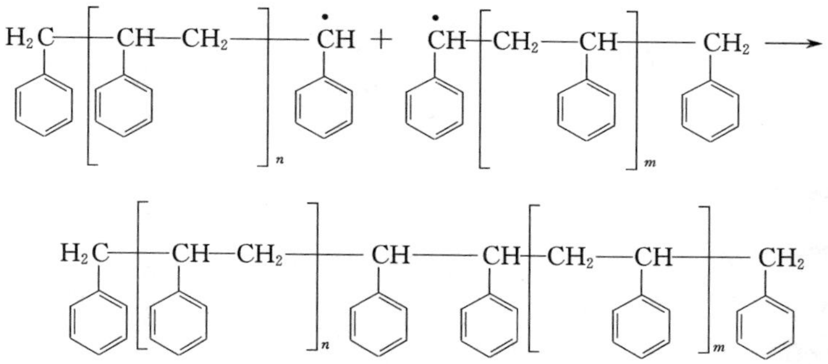

2. 双基歧化终止

双基歧化终止即一个大分子自由基抽取另一个大分子自由基上的氢原子发生歧化反应而终止(也就是一个被还原,另一个被氧化)。在此阶段不再产生新的自由基。

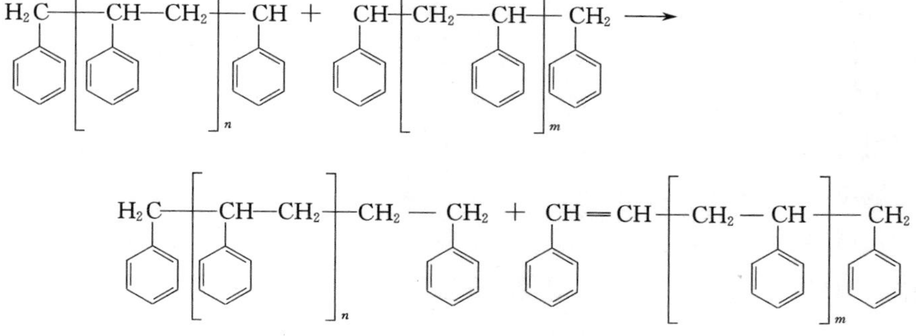

第三节 合成纤维

纤维,就外形而论,长度远大于宽度。长度可用米、厘米和毫米度量,宽度则用微米和其他专业度量方式(纺织工业中常用旦、特对纺织纤维的细度进行度量)度量。纤维材料是高分子材料的重要产业,大量用于纺纱、织布和服装面料等,也有部分其他用途。本节主要介绍纺织用合成纤维。

一、纺织纤维的分类

纺织纤维的品种很多,化学组成也各不相同,为了便于掌握,一般可做如下分类:

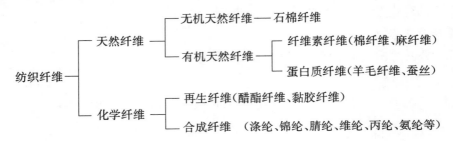

二、合成纤维的概况与合成

(一)合成纤维的概况

大约在110年前,仅有天然纤维可供人们使用,从1891年建立第一所生产硝酸纤维的工厂以后,化学纤维相继问世。这些以天然纤维素为原料而制成的化学纤维称为再生纤维素纤维,至今还有很大的产量。合成纤维与再生纤维不同,它不是直接以天然高分子材料为原料,而是以简单的化合物,如石油、煤、天然气等为原料合成的高分子化合物,然后再通过纺丝等后处理加工成为纺织纤维。

在合成纤维中,第一个于1938年进行工业化生产的是聚酰胺纤维,国外称为尼龙或耐纶。在我国,由于首先在辽宁锦州生产,所以又称锦纶。其后,合成纤维的品种和产量都得到了很大程度的发展。第一代合成纤维主要品种为涤纶、锦纶、腈纶和维纶等。合成纤维虽然至今才近70年的历史,而且与天然纤维相比,在舒适性、染色性能等方面还存在一定的缺陷,但其具有强度高、光泽好、耐用、化学性能稳定等优点。自问世以来,便受到人们的广泛重视,在纺织纤维中占有极为重要的地位,尤其是在土地缺乏的今天,为解决人类的穿衣问题起着不可替代的作用。随着科学技术的发展,各种具有优良性能的合成纤维得到很大发展,极大地改善和克服了合成纤维的上述缺陷,如高舒适性纤维、高弹性纤维、超细旦纤维、抗静电纤维、多组分纤维、保暖性纤维、太空纤维、异形截面纤维等。对促进科学技术的发展和改善人类的生活质量起到了重要作用。

(二)合成纤维原料的合成

上已述及,合成纤维原料是以煤、天然气和石油等为原料合成的高分子化合物。合成后的高分子化合物是塑料的范畴,把这些高分子化合物制成粒料和切片作为合成纤维的原料,通过化纤厂加工后成为合成纤维。对于用作合成纤维原料的高分子化合物,对其相对分子质量、相对分子质量分布和分子空间形状都有严格的要求。

1. 涤纶原料的合成　涤纶的分子结构基本组成为聚对苯二甲酸乙二醇酯,其分子结构如下:

$$\text{H}\!\!-\!\!(\text{OCH}_2\text{CH}_2\!\!-\!\!\text{O}\!\!-\!\!\overset{\text{O}}{\text{C}}\!\!-\!\!\langle\rangle\!\!-\!\!\overset{\text{O}}{\text{C}}\!\!)_\pi\!\!-\!\!\text{O}\!\!-\!\!\text{CH}_2\text{CH}_2\text{OH}$$

涤纶的相对分子质量一般控制在 18000～25000。从分子结构来看,聚对苯二甲酸乙二醇酯的原料是对苯二甲酸和乙二醇。合成方法主要采用酯交换法和直接酯化法。

(1)酯交换法。酯交换法首先将对苯二甲酸与甲醇在硫酸催化下进行酯化,其反应如下:

$$\text{HOOC}\!\!-\!\!\langle\rangle\!\!-\!\!\text{COOH} + 2\text{ CH}_3\text{OH} \underset{}{\overset{\text{H}_2\text{SO}_4}{\rightleftharpoons}} \text{H}_3\text{C}\!\!-\!\!\text{O}\!\!-\!\!\overset{\text{O}}{\text{C}}\!\!-\!\!\langle\rangle\!\!-\!\!\overset{\text{O}}{\text{C}}\!\!-\!\!\text{O}\!\!-\!\!\text{CH}_3 + 2\text{ H}_2\text{O}$$

然后用乙二醇进行酯交换:

$$\text{H}_3\text{C}\!\!-\!\!\text{O}\!\!-\!\!\overset{\text{O}}{\text{C}}\!\!-\!\!\langle\rangle\!\!-\!\!\overset{\text{O}}{\text{C}}\!\!-\!\!\text{O}\!\!-\!\!\text{CH}_3 + 2\text{ HOCH}_2\text{CH}_2\text{OH} \rightleftharpoons$$

$$\text{HOCH}_2\text{CH}_2\!\!-\!\!\text{O}\!\!-\!\!\overset{\text{O}}{\text{C}}\!\!-\!\!\langle\rangle\!\!-\!\!\overset{\text{O}}{\text{C}}\!\!-\!\!\text{O}\!\!-\!\!\text{CH}_2\text{CH}_2\text{OH} + 2\text{ CH}_3\text{OH}$$

对苯二甲酸双羟乙酯(BHET)

对苯二甲酸双羟乙酯经缩聚,释放出乙二醇,并转变为具有一定聚合度的聚对苯二甲酸乙二醇酯(PET),成为纺制涤纶的原料。

$$n\text{ HOCH}_2\text{CH}_2\!\!-\!\!\text{O}\!\!-\!\!\overset{\text{O}}{\text{C}}\!\!-\!\!\langle\rangle\!\!-\!\!\overset{\text{O}}{\text{C}}\!\!-\!\!\text{O}\!\!-\!\!\text{CH}_2\text{CH}_2\text{OH} \underset{\text{解聚}}{\overset{\text{缩聚}}{\longrightarrow}}$$

$$\text{H}\!\!-\!\!(\text{OCH}_2\text{CH}_2\!\!-\!\!\text{O}\!\!-\!\!\overset{\text{O}}{\text{C}}\!\!-\!\!\langle\rangle\!\!-\!\!\overset{\text{O}}{\text{C}})_\pi\!\!-\!\!\text{O}\!\!-\!\!\text{CH}_2\text{CH}_2\text{OH} + (n-1)\text{HOCH}_2\text{CH}_2\text{OH}$$

聚对苯二甲酸乙二醇酯(PET)

(2)直接酯化法。直接酯化法是先将对苯二甲酸和乙二醇直接进行酯化生成 BHET,再进一步缩聚成为 PET。

$$\text{HOOC}\!\!-\!\!\langle\rangle\!\!-\!\!\text{COOH} + 2\text{ HOCH}_2\text{CH}_2\text{OH} \rightleftharpoons$$

$$\text{HOH}_2\text{CH}_2\text{C}\!\!-\!\!\text{O}\!\!-\!\!\overset{\text{O}}{\text{C}}\!\!-\!\!\langle\rangle\!\!-\!\!\overset{\text{O}}{\text{C}}\!\!-\!\!\text{O}\!\!-\!\!\text{CH}_2\text{CH}_2\text{OH} + 2\text{ H}_2\text{O}$$

从 BHET 进一步合成 PET 的原理与酯交换法相同。

2. 锦纶 6 和锦纶 66 原料的合成 锦纶 6 和锦纶 66 的分子基本组成分别为聚己内酰胺和聚己二酰己二胺,分子结构如下:

$$H-[NH(CH_2)_5CO]_n OH \qquad H-[NH(CH_2)_6 NH-\overset{O}{\underset{\|}{C}}-(CH_2)_4-\overset{O}{\underset{\|}{C}}]_n OH$$

聚己内酰胺(锦纶 6)   聚己二酰己二胺(锦纶 66)

锦纶 6 的相对分子质量为 16000～22000,就分子结构来看,可用 ε -氨基己酸或 ε -己内酰胺为原料制得。锦纶 66 的相对分子质量为 14000～18000,可用己二酸和己二胺为原料聚合而成。

(1)聚己内酰胺(锦纶 6 的原料)的合成。己内酰胺的聚合,除了温度必须适当外,还要在活化剂(或称开环催化剂)的存在下反应才能进行,常用的活化剂是水。

首先,部分己内酰胺在水的存在下发生水解开环,生成氨基己酸:

$$NH(CH_2)_5CO + H_2O \rightleftharpoons NH_2(CH_2)_5COOH$$

己内酰胺   氨基己酸

然后,氨基己酸与己内酰胺进行加聚反应形成聚合体:

$$NH_2(CH_2)_5COOH + NH(CH_2)_5CO \longrightarrow NH_2(CH_2)_5CONH(CH_2)_5COOH$$

$$\vdots$$

$$H-[NH(CH_2)_5CO]_{n-1} OH + NH(CH_2)_5CO \longrightarrow H-[NH(CH_2)_5CO]_n OH$$

聚己内酰胺

此外,聚己内酰胺也可能是氨基己酸之间通过缩聚形成:

$$n\, NH_2(CH_2)_5COOH \rightleftharpoons H-[NH(CH_2)_5CO]_n OH + (n-1)H_2O$$

聚己内酰胺

(2)聚己二酰己二胺(锦纶 66 原料)的合成。聚己二酰己二胺的合成,一般不采用己二酸和己二胺直接进行缩聚形成,而是以等摩尔比首先生成盐后,再进行缩聚:

$$NH_2(CH_2)_6NH_2 + HOOC(CH_2)_4COOH \longrightarrow \overset{+}{N}H_3(CH_2)_6\overset{+}{N}H_3^- OOC(CH_2)_4COO^-$$

66 盐

$$n\, \overset{+}{N}H_3(CH_2)_6\overset{+}{N}H_3^- OOC(CH_2)_4COO^- \rightleftharpoons H-[NH(CH_2)_6NHCO(CH_2)_4CO]_n OH + (2n-1)H_2O$$

聚己二酰己二胺(锦纶 66)

缩聚反应一般是分两步进行的,首先是在 50%～60%的"66 盐"水溶液中加入稳定剂(己二酸或醋酸),在 260～280℃,147.3～196.4Pa (15～20kgf/cm²)压力下进行缩聚,获得相对分子质量较低的聚合物;然后再在常压、有惰性气体保护或抽真空的情况下,进行二次缩聚,以便获得相对分子质量符合要求的聚合物。

3. 腈纶原料的合成 腈纶原料的分子主要组成是丙烯腈、丙烯酸酯和丙烯酸的三元共聚物。分子组成如下:

$$\sim\!\!\sim\!\!-H_2C-\underset{\underset{CN}{|}}{CH}-CH_2-\underset{\underset{COOCH_3}{|}}{CH}-CH_2-\underset{\underset{COONa}{\overset{COOH}{|}}}{C}\!\!\sim\!\!\sim$$

或

$$\sim\!\!\sim\!\!-H_2C-\underset{\underset{CN}{|}}{CH}-CH_2-\underset{\underset{COOCH_3}{|}}{CH}-CH_2-\underset{\underset{CH_2SO_3Na}{\overset{COOH}{|}}}{C}\!\!\sim\!\!\sim$$

第一单体　　　　第二单体　　　　　　第三单体
（丙烯腈）　　　（丙烯酸甲酯）　　（衣康酸单钠盐或丙烯磺酸钠）

丙烯腈称为第一单体，也是主要单体，含量在 85％以上，决定腈纶的主要性能；丙烯酸甲酯称为第二单体，含量在 5％～10％；衣康酸单钠盐或丙烯磺酸钠等称为第三单体，含量在 1％～3％，随着单体的结构和组成不同，腈纶的性能有一定的差异，各国生产的腈纶其商品名称和性能也是有一定差异的。一般相对分子质量为 50000～80000。

三元共聚物的合成常以偶氮二异丁腈为引发剂，反应历程可简单表示如下：

$$H_3C-\underset{\underset{CN}{|}}{\overset{\overset{CH_3}{|}}{C}}-N=N-\underset{\underset{CN}{|}}{\overset{\overset{CH_3}{|}}{C}}-CH_3 \xrightarrow{\text{加热}} 2\ H_3C-\underset{\underset{CN}{|}}{\overset{\overset{CH_3}{|}}{C}}\cdot\ +N_2\uparrow$$

偶氮二异丁腈　　　　　　　　　游离基

$$H_3C-\underset{\underset{CN}{|}}{\overset{\overset{CH_3}{|}}{C}}\cdot\ +m\,CH_2\!=\!\underset{\underset{CN}{|}}{CH}\ +n\,CH_2\!=\!\underset{\underset{COOCH_3}{|}}{CH}\ +x\,CH_2\!=\!\underset{\underset{CH_2SO_3Na}{|}}{CH}\longrightarrow$$

游离基　　　　丙烯腈　　　　丙烯酸甲酯　　　　丙烯磺酸钠

$$H_3C-\underset{\underset{CN}{|}}{\overset{\overset{CH_3}{|}}{C}}\!\!\sim\!\!-CH_2-\underset{\underset{CN}{|}}{CH}-CH_2-\underset{\underset{COOCH_3}{|}}{CH}-CH_2-\underset{\underset{CN}{|}}{\overset{\overset{CH_2SO_3Na}{|}}{CH}}-CH_2-\underset{\underset{COOCH_3}{|}}{CH}-CH_2-\underset{\underset{CN}{|}}{CH}\!\!\sim\!\!$$

合成纤维的品种还有很多，在这里就不再一一列举。

☞ 复习指导

一、高分子化合物的基本概念、分类和命名

1. 高分子化合物的概念，单体和官能度的定义　官能度和官能团的概念有明显地区别，单体的官能度 f 必须大于等于 2，否则不能形成高分子化合物。

2. 描述高分子的几个基本概念　链节、链节数、相对分子质量的多分散性、平均聚合度、平均分子量。

3. 高分子化合物的分类　按来源分类、按高分子结构分类、按高分子的空间形状分类。

4. 高分子化合物的特征　与低分子化合物相比，相对分子质量大和相对分子质量存在多分散性是高分子化合物最根本的特征，这个特征决定了高分子化合物具有独特性能。

二、合成高分子化合物的反应

1. 缩聚反应、典型的缩聚反应、缩聚反应历程 缩聚反应是通过单体间官能团的相互缩合而形成高分子化合物,在缩合过程中,有新的小分子化合物产生,这也是区别缩聚反应和加聚反应的标志。

2. 加聚反应、典型的加聚反应、加聚反应历程 不饱和单体(烯烃、二烯烃、炔烃)在引发剂作用下,可以快速地聚合形成高分子化合物,这类聚合反应称为加聚反应,反应过程中无小分子物质产生。

三、合成纤维

1. 纺织纤维的分类

2. 合成纤维原料的合成 合成纤维原料是以简单的化合物,如:煤、天然气和石油等为原料合成的高分子化合物。合成后的高分子化合物是塑料的范畴。

涤纶原料的合成、锦纶 6 和锦纶 66 原料的合成、腈纶原料的合成。

☞ 综合练习

1. 命名下列高分子化合物(不限命名方法)

$$\begin{array}{lll} \text{—}{\Large(}CH\text{—}CH_2{\Large)}_n & \text{—}{\Large(}CH\text{—}CH_2{\Large)}_n & \text{—}{\Large(}CH\text{—}CH_2{\Large)}_n \\ \quad\ \ CN & \quad\ \ O{=}C\text{—}OCH_3 & \quad\ \ O \\ & & \quad\ \ O{=}C\text{—}CH_3 \end{array}$$

$$\begin{array}{lll} \text{—}{\Large(}CH\text{—}CH_2{\Large)}_n & \text{—}{\Large(}CH_2\text{—}CH{=}CH\text{—}CH_2{\Large)}_n & \text{—}{\Large(}CH\text{—}CH_2{\Large)}_n \\ \quad\ \ \bigcirc & & \quad\ \ OH \end{array}$$

$$H\text{—}{\Large(}NH(CH_2)_8NH\text{—}\overset{O}{\overset{\|}{C}}(CH_2)_6\overset{O}{\overset{\|}{C}}{\Large)}_n OH$$

2. 指出下列单体的官能团和官能度的数量,并判断哪些单体能形成高聚物。

$$H\text{—}\overset{O}{\overset{\|}{C}}\text{—}H \qquad CH_2{=}CH\text{—}CH{=}CH_2 \qquad CH_3OH \qquad CH_2{=}CH\text{—}\overset{O}{\overset{\|}{C}}\text{—}OCH_3$$

3. 用何种原料合成下列高聚物,写出聚合反应式。并指出哪些是缩聚反应,哪些是加聚反应。

聚丙烯   丁腈橡胶   丁苯橡胶   锦纶 66   涤纶

4. 写出以偶氮二异丁腈为引发剂,引发丙烯腈单体聚合反应的历程。

参考文献

王菊生. 染整工艺原理[M]. 北京:纺织工业出版社,1990.

第八章 表面活性剂

> **本章知识点**
>
> 1.掌握表面活性剂的定义、结构特征和分类
> 2.了解表面活性剂的基本性质
> 3.了解表面活性剂在纺织工业中的应用

表面活性剂是纺织印染工业中必不可少的化学助剂,在纺纱、上浆、针织、印染过程中都需要使用各种助剂,如渗透剂、乳化剂、柔软剂、匀染剂、抗静电剂和洗涤剂等。例如,合成纤维的大分子链上缺少亲水性基团,吸湿性差,绝缘性好,摩擦系数大;因此在纺织、拉伸、纺纱、编织和整装过程中会因积聚电荷而产生静电,干扰生产的正常运行,严重的会导致纤维相互排斥而影响整个工序的顺利进行,静电还会产生火花引燃、引爆。所以在实际生产过程中,为了消除或减少纤维因摩擦而引起的静电,常在纤维上使用抗静电剂。

第一节 表面活性剂的结构特征及其溶液性质

一、表面活性剂的结构特征和性质

表面活性剂是一类能显著降低液体表面张力或两种液体(如水和油)之间界面张力的物质。从分子结构来看,表面活性剂都是由相反性质的两部分组成的,一部分是易溶于水的亲水基,另一部分是易溶于油的憎水基(亲油基)。亲水基是指与水有较大亲和力的原子团如羧基、磺酸基、羟基等;憎水基也称亲油基,是指与油有较大亲和力的原子团,一般是 $C_8 \sim C_{18}$ 的长链烷基或烷基苯基。例如,肥皂就是最常见的表面活性剂,其构造式一般写作 $CH_3(CH_2)_{14}COO^- Na^+$,其分子结构如图 8-1 所示。

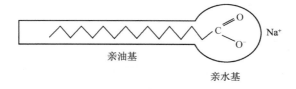

图 8-1 肥皂分子的结构示意图

水中只要含有 1×10^{-3} mol/L 的肥皂,就可以把水的表面张力从 73mN/m 降低到32mN/m[1]。

众所周知,一杯水中处于中间的水分子,受到周围水分子的吸引力是平衡的;而在水与空气界面上的水分子,受到空气的吸引力要比水的吸引力小得多,所以液体表面总是受到向内的拉力而呈自动收缩之势。这种作用于气液界面之间,使表面收缩的力称为表面张力。

当把表面活性剂加入水中时,由于极性的水分子对表面活性剂分子中的亲水基产生吸引力,因而使表面活性剂分子中的亲水基一端溶入水中,憎水基一端指向空气,形成定向排列,如图8-2所示[1]。

随着表面活性剂量的增加,在水面上形成单分子膜,将水和空气隔离开来,结果使水的表面张力接近于油的表面张力,即表面张力大大降低。若继续增加水中表面活性剂的浓度,虽然不能进一步降低表面张力,但却有利于水中的表面活性剂逐渐聚集,形成憎水基向内,亲水基向外的球状胶束如图8-3和图8-4所示[1]。

图8-2　表面活性剂分子在水溶液中的分布示意图

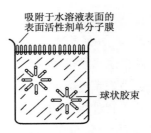

图8-3　表面活性剂在水溶液表面形成单分子膜以及胶束的示意图

表面活性剂形成胶束所需的最低浓度称为临界胶束浓度(CMC)。以CMC为界限,溶液的表面张力及一些物理性质(如电阻率、渗透压、蒸气压、黏度、增溶性、洗涤性、去污作用等)都将发生显著变化。使用表面活性剂时,浓度要稍高于CMC才能充分发挥作用[2]。

表面活性剂一般有润湿、乳化、起泡、消泡、分散、洗涤和增溶等作用,此外还有润滑、减少摩擦、匀染、消除静电、杀菌等功能。

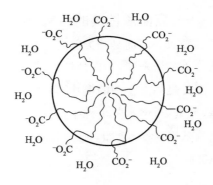

图8-4　胶束的横切面示意图

二、表面活性剂的分类

表面活性剂的分类有多种方式,如可根据使用目的或化学结构来分类。根据使用目的,表面活性剂可分为:洗涤剂、乳化剂、润湿剂、柔软剂、抗静电剂、分散剂、发泡剂、匀染剂等。最常用且最方便的分类是按化学结构分类,一般分为离子型和非离子型表面活性剂两大类。在溶液中能电离形成离子的称为离子型表面活性剂；在溶液中不能电离的称为非离子型表面活性剂。离子型表面活性剂按其在溶液中具有表面活性作用的离子的带电情况，又可分为阴离子型、阳离子型和两性型表面活性剂。非离子型表面活性剂还可进一步分类。具体分类情况如下[3]。

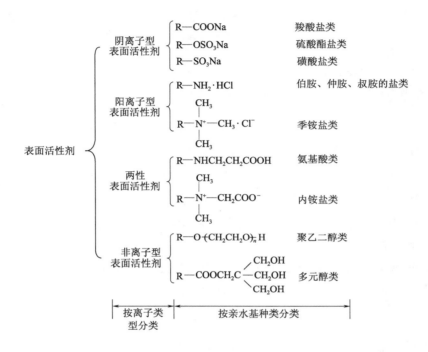

这种分类方法便于我们正确选用表面活性剂。若某表面活性剂是阴离子型，它就不能和阳离子型物质混合使用，否则就会产生沉淀等不良后果。若表面活性剂与其相同离子型的物质混合使用，则不会产生不良后果，如阴离子表面活性剂可用作染色过程的匀染剂，与酸性染料或直接染料一起使用时不会产生不良后果，因酸性染料或直接染料在水溶液中也是阴离子型的。

第二节　各类表面活性剂的概况

一、阴离子型表面活性剂

　　阴离子型表面活性剂，是最早使用的一类表面活性剂，由于价格低廉，应用广泛，至今仍是产量最高一种表面活性剂[1]，其用量约占全部表面活性剂的一半。这类表面活性剂溶于水时，附着在亲油基上的部分变成阴离子，即起表面活性作用的基团是阴离子，按其亲水基的种类可分为以下几类。

$$
\text{阴离子型表面活性剂}
\begin{cases}
RCOO^- Na^+ & \text{羧酸盐类} \\
ROSO_3^- Na^+ & \text{硫酸酯盐类} \\
RSO_3^- Na^+ & \text{磺酸盐类} \\
ROPO_3^{2-} \cdot 2Na^+ & \text{磷酸酯盐类（单酯）} \\
(RO)_2 PO_2^- Na^+ & \text{磷酸酯盐类（双酯）}
\end{cases}
$$

（一）羧酸盐类

羧酸盐类阴离子型表面活性剂,最早是将天然油脂如菜籽油、米糠油、棕榈油、硬化油等与氢氧化钠水溶液一起加热搅拌,进行皂化反应而制得的。

$$
\begin{array}{l}
R'COOCH_2 \\
R''COOCH_2 \\
R'''COOCH_2
\end{array}
+ 3\,NaOH \xrightarrow{\triangle}
\begin{array}{l}
R'COONa \\
R''COONa \\
R'''COONa
\end{array}
+
\begin{array}{l}
CH_2OH \\
CHOH \\
CH_2OH
\end{array}
$$

钠皂

脂肪酸分子中的烃基可以是饱和的,也可以是不饱和的,一般为 $C_{16} \sim C_{18}$。采用不同的碱制得的肥皂稠度不同[1]。

肥皂的水溶液呈碱性,变成中性时将失去功效,因为在中性或酸性条件下,羧酸将游离出来而失去表面活性物质。另外,在硬水中因生成钙皂沉淀,同样会失去功效。

$$
2RCOONa + Ca^{2+} \longrightarrow (RCOO)_2Ca \downarrow + 2Na^+
$$

洗温泉浴时不能使用肥皂,就是这个道理。由以上可知,肥皂不宜在中性、酸性溶液和硬水中使用。

肥皂除具有洗涤作用外,还具有润湿、乳化和发泡等作用。

（二）硫酸酯盐类

硫酸酯盐类阴离子型表面活性剂可分为伯烷基硫酸酯盐类和仲烷基硫酸酯盐类。

伯烷基酯盐类表面活性剂一般由含长链烷基的高级伯醇先经硫酸酯化,再经中和而制得。

$$
\underset{\text{月桂醇}}{C_{12}H_{25}OH} \xrightarrow{H_2SO_4} \underset{\text{月桂醇硫酸酯}}{C_{12}H_{25}OSO_3H} \xrightarrow{NaOH} \underset{\text{月桂醇硫酸酯钠}}{C_{12}H_{25}OSO_3Na}
$$

对于高级醇其烃基以 $C_{12} \sim C_{18}$ 为宜[2]。烷基碳原子数与硫酸酯盐类阴离子型表面活性剂的水溶性和洗涤性之间的关系与肥皂相似。

高级硫酸酯盐类阴离子型表面活性剂的水溶性、洗涤性均优于肥皂,其水溶液呈中性,对羊毛等无损害,在硬水中也能使用,但遇强酸则水解为原来的醇,遇高温将分解。

$$
ROSO_3Na \xrightarrow{H_2O, H^+} ROH + NaHSO_4
$$

仲烷基硫酸酯盐类阴离子型表面活性剂在纺织工业中占有一定的地位。最早合成的可用于硬水的仲烷基硫酸酯盐类阴离子型表面活性剂土耳其红油就是蓖麻油硫酸化的产物,主要是

蓖麻油中的羟基(—OH)硫酸化,双键也被部分硫酸化[2]。其化学结构一般写为:

$$CH_3(CH_2)_5CHCH_2CH\!=\!\!CH(CH_2)_7COOH$$
$$\underset{OSO_3Na}{|}$$

油脂类的硫酸化反应率一般比较低,所以也叫低硫酸化油。一般用作润湿剂、纺纱油剂、织布油剂和纤维整理剂[2]。

(三)磺酸盐类

磺酸盐类阴离子型表面活性剂的通式为 $R\!-\!SO_3Na$,它与硫酸酯盐类虽然只相差一个氧原子,但由于C—S键与C—O键不同,因而性质上有不同之处,如磺酸盐类遇强酸或加热均不易分解[3]。纺织工业中常用的磺酸盐类表面活性剂有十二烷基苯磺酸钠、拉开粉 BX、胰加漂 T和渗透剂 OT 等。

1. 十二烷基苯磺酸钠　磺酸盐类阴离子型表面活性剂以烷基苯磺酸钠应用最广,其中最具代表性的是十二烷基苯磺酸钠,它是通过下列反应制得的:

$$\bigcirc +C_{12}H_{25}Cl \xrightarrow[55℃]{AlCl_3} \bigcirc\!-\!C_{12}H_{25} \xrightarrow[40\sim45℃]{发烟硫酸}$$

$$C_{12}H_{25}\!-\!\bigcirc\!-\!SO_3H \xrightarrow{NaOH} C_{12}H_{25}\!-\!\bigcirc\!-\!SO_3Na$$

十二烷基苯磺酸钠是市售合成洗涤剂的主要成分之一,也是消费量最大的民用洗涤剂。它比肥皂易溶于水,洗涤能力强,在硬水中也具有良好的去污力,洗涤效果不随温度变化。其缺点是被洗过的织物手感不好,且长时间与皮肤接触有刺激性。毛纺工业中常用来洗涤原毛,回收羊毛脂。另外,十二烷基苯磺酸钠被广泛用作干洗洗涤剂的原料以及切削油等矿物油乳化剂成分,其钙盐或钡盐可用作防锈剂等。

烷基苯磺酸钠中的烷基,要求是直链烷基。虽然直链和支链烷基苯磺酸钠的性能大体相同,但支链烷基苯磺酸钠难被微生物降解,因而被禁止使用和生产[3]。

2. 拉开粉 BX　拉开粉 BX(二丁基萘磺酸钠)是淡黄色粉末,在空气中会吸湿结块,在印染工业中广泛用作渗透剂和湿润剂。

3. 胰加漂 T　胰加漂 T(N-油酰-N-甲基牛胆酸钠)是由油酸酰氯与 N-甲基牛胆酸钠作用而制得。

$$\underset{油酸酰氯}{C_{17}H_{33}\overset{O}{\overset{\|}{C}}\!-\!Cl} +\underset{N-甲基牛胆酸钠}{HN\!-\!CH_2CH_2SO_3Na} \longrightarrow \underset{胰加漂\ T}{C_{17}H_{33}\overset{O}{\overset{\|}{C}}\!-\!\overset{CH_3}{\underset{}{N}}\!-\!CH_2CH_2SO_3Na}$$

胰加漂 T 结构的主要特点是在亲水基和亲油基之间,引入了一个具有极性的 N-甲基酰胺键,该键在酸性和碱性溶液中都比较稳定。胰加漂 T 有优良的去污、渗透、乳化和分散性能,大量用作羊毛和棉的煮练、洗绒、染色等助剂,洗涤后的毛织物、化纤织物手感柔软,光泽鲜艳[1]。

4. 渗透剂 OT　渗透剂 OT[磺化丁二酸二-(2-乙基)己酯钠盐],是一种亲水基在憎水基中间的磺酸盐类阴离子型表面活性剂,这种结构的表面活性剂,去污能力较低,但渗透性很强。此外,由于含有酯键,其在强酸、强碱介质中容易发生水解,因此使用时要控制溶液的 pH 值[1]。

磺酸盐类阴离子型表面活性剂的水溶液呈中性,对酸、碱、硬水都很稳定,在酸性介质中不水解,可在酸性溶液中使用。

$$R—SO_3Na + HCl \longrightarrow R—SO_3H + NaCl$$

(四)磷酸酯盐类

磷酸酯盐类阴离子型表面活性剂,具有代表性的是以下两种结构[2]:

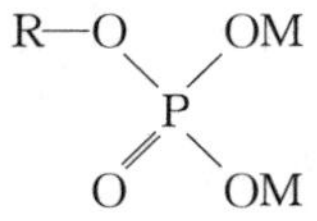

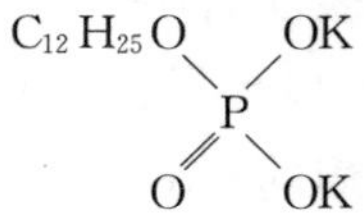

高级醇磷酸单酯盐 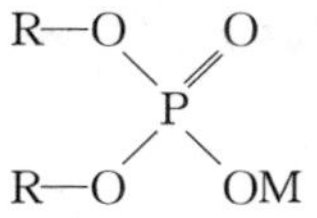   如:

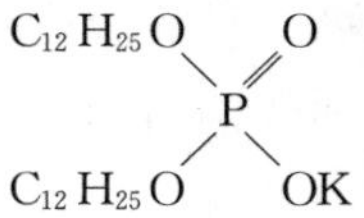

高级醇磷酸双酯盐   如:

单酯盐类分子结构中有两个亲水基,易溶于水;双酯盐类分子结构中只有一个亲水基,难溶于水,只能达到乳化程度。实际使用的多是两者的混合物。

磷酸酯的烷基为 $C_{10} \sim C_{14}$ 时,防静电效果好。磷酸酯盐类表面活性剂具有良好的抗静电性和平滑性,对设备无腐蚀,化学稳定性和热稳定性都较好,广泛用作合成纤维的抗静电剂,有些品种还是较好的乳化剂。

值得注意的是,阴离子型表面活性剂不能与阳离子型表面活性剂或阳离子染料混合使用,否则会产生沉淀,但与酸性染料、直接染料以及非离子型表面活性剂一起使用就不会发生这种情况。

二、阳离子型表面活性剂

阳离子型表面活性剂同阴离子型表面活性剂的结构相反,与憎水基相连的亲水基不是阴离子而是阳离子,即阳离子型表面活性剂在水溶液中发生电离产生表面活性作用的基团是阳离子。按亲水基的种类可分为以下几类。

$$
\text{阳离子型表面活性剂}
\begin{cases}
\overset{+}{R}NH_3 X^- & \text{伯胺的盐类} \\
\overset{+}{R_2}NH_2 X^- & \text{仲胺的盐类} \\
\overset{+}{R_3}NHX^- & \text{叔胺的盐类} \\
\overset{+}{R_4}NX^- & \text{季铵盐类}
\end{cases}
$$

(一)胺的盐类

胺的盐类表面活性剂包括伯胺的盐类、仲胺的盐类和叔胺的盐类。胺的盐类阳离子型表面活性剂一般是通过盐酸与伯胺、仲胺和叔胺发生中和反应而制得的,也可通过甲酸、醋酸之类酸性较弱的低级脂肪酸制备。

$$C_{12}H_{25}NH_2 + CH_3COOH \longrightarrow C_{12}H_{25}NH_2 \cdot CH_3COOH$$

索罗明 A〔$C_{17}H_{35}$ COOCH$_2$CH$_2$N（CH$_2$CH$_2$OH）$_2$ · HCOOH〕和萨帕明 CH〔$C_{17}H_{33}$CONHCH$_2$CH$_2$N(C$_2$H$_5$)$_2$·HCl〕是纺织工业中常用的纤维柔软剂。索罗明 A 分子中有酯键易水解断裂,萨帕明 CH 分子中的憎水基与酰胺键连接,不易水解[2]。

胺的盐类阳离子型表面活性剂,水溶性较小,水溶液呈弱酸性,在酸性介质中稳定,在中性和碱性溶液中会发生水解而析出胺。

$$R_3N \cdot HCl + NaOH \longrightarrow R_3N + NaCl + H_2O$$

胺的盐类阳离子型表面活性剂都是常用的纤维柔软剂。

(二)季铵盐类

季铵盐类阳离子型表面活性剂通式为:

$$\left[\begin{array}{c} R_1 \\ | \\ R-N-R_3 \\ | \\ R_2 \end{array}\right]^+ X^-$$

式中,R 为 C$_{10}$～C$_{18}$ 的长链烷基,R$_1$、R$_2$、R$_3$ 一般是甲基或乙基,其中一个是苄基;X 是氯、溴、碘或其他阴离子基团,多数情况下是氯或溴。

季铵盐类阳离子型表面活性剂产量较高、应用较广,广泛应用于纺织工业。一般由叔胺与烃基化试剂如醇、卤代烃、硫酸二甲酯反应制得。

溴代十六烷与吡啶反应得到溴化十六烷基吡啶[1]。

$$C_{16}H_{33}Br + N\bigcirc \longrightarrow \left[C_{16}H_{33}-N\bigcirc\right]^+ Br^-$$

溴化十六烷基吡啶用作染色助剂和杀菌剂。

十八烷基二甲基羟乙基铵硝酸盐〔$C_{18}H_{37}\overset{+}{N}(CH_3)_2CH_2CH_2OHNO_3^-$,抗静电剂 SN〕、十八烷基三甲基氯化铵〔$C_{18}H_{37}\overset{+}{N}(CH_3)_3Cl^-$〕等对合成纤维具有良好的消除静电的作用,是常用的抗静电剂。

十八烷基三甲基氯化铵和十二烷基二甲基苄基氯化铵〔$C_{12}H_{25}\overset{+}{N}(CH_3)_2CH_2(C_6H_5)Cl^-$〕均可作为腈纶染色的匀染剂,前者称为匀染剂 PAN,后者称为匀染剂 TAN[2]。由于腈纶在水溶液中带有负电荷,用阳离子染料染色时,纤维会很快吸附染浴中的阳离子染料,导致纤维"染花"。如果先用阳离子型表面活性剂占据染座,然后再用阳离子染料逐渐取代,就会起到缓染和匀染的作用。

另外,十六烷基溴化吡啶〔$C_{16}H_{33}-N\bigcirc$〕$^+$ Br$^-$可用作直接染料固色剂,提高水洗牢度[2]。

阳离子表面活性剂,在纺织工业中主要用作纤维的抗静电剂和柔软剂。但阳离子型表面活性剂容易使纺织机械生锈,同时价格也较贵,因此其消费量要比阴离子型表面活性剂少得多。

三、两性表面活性剂

两性表面活性剂是指分子内同时含有阳离子和阴离子的一类表面活性剂。通常阳离子部分是胺的盐类及季铵盐;阴离子部分是羧酸盐、硫酸盐或磺酸盐。其中,由铵盐构成阳离子部分,羧酸盐构成阴离子部分的称为氨基酸类两性表面活性剂;而由季铵盐阳离子和羧酸盐阴离子构成的称为甜菜碱类两性表面活性剂。其结构可表示为:

$$RNHCH_2CH_2COOH \quad \text{氨基酸类}$$

$$R-\overset{\overset{\displaystyle CH_3}{|}}{\underset{\underset{\displaystyle CH_3}{|}}{N^+}}-CH_2COO^- \quad \text{甜菜碱类}$$

(一)氨基酸类

N-十二烷基-β-氨基丙酸是最普通的氨基酸类两性表面活性剂,可由十二胺与丙烯酸甲酯加成生成 N-十二烷基-β-氨基丙酸甲酯,再经皂化、酸析制得[1]。

$$C_{12}H_{25}NH_2 + CH_2{=}CHCOOCH_3 \longrightarrow C_{12}H_{25}NHCH_2CH_2COOCH_3$$

$$C_{12}H_{25}NHCH_2CH_2COOCH_3 + H_2O \longrightarrow C_{12}H_{25}NHCH_2CH_2COOH + CH_3OH$$

N-十二烷基-β-氨基丙酸在酸性介质中,生成铵盐并以阳离子形式存在;在碱性介质中,生成羧酸盐而以阴离子形式存在。N-十二烷基-β-氨基丙酸钠易溶于水,由于分子中含有仲氨基而呈弱碱性,洗涤效果好,常用作特殊洗涤剂[1]。

(二)甜菜碱类

二甲基十二胺与氯乙酸钠进行羧甲基化反应,可制得二甲基十二烷基甜菜碱[1]。

$$C_{12}H_{25}N(CH_3)_2 + ClCH_2COONa \xrightarrow{60\sim80℃} C_{12}H_{25}\overset{+}{N}(CH_3)_2CH_2COO^- + NaCl$$

二甲基十二烷基甜菜碱溶于水呈透明液体,易起泡,洗涤力很强,可用作洗涤剂、缩绒剂、匀染剂、纤维柔软剂和抗静电剂,其特点是在低湿情况下仍具有抗静电作用[1]。

两性表面活性剂在酸性溶液中呈阳离子型表面活性,在碱性溶液中呈阴离子型表面活性,能与常用的其他各类表面活性剂混合使用,并有增效作用。但因价格昂贵,目前应用还不普遍,但由于其性能优异,近年来在工业上的应用不断扩大。

四、非离子型表面活性剂

非离子型表面活性剂的用量仅次于阴离子型表面活性剂,占表面活性剂总消耗量的 18%[2]。这类表面活性剂在水溶液中不能电离,是以羟基(—OH)或醚键(—O—)等作为亲水基的表面活性剂。由于羟基和醚键的亲水性较弱,为了使分子具有足够的亲水性,分子中一般含有多个羟基或醚键。

非离子型表面活性剂,按亲水基的种类可分为以下两类。

$$非离子型表面活性剂\begin{cases} RO(CH_2CH_2O)_nH & \text{聚乙二醇类} \\ RCOOCH_2\overset{\displaystyle CH_2OH}{\underset{\displaystyle CH_2OH}{C}}-CH_2OH & \text{多元醇类} \end{cases}$$

(一)聚乙二醇类

聚乙二醇类非离子型表面活性剂的亲水基是由羟基和醚键构成的。但由于只在分子的一端上有一个羟基,亲水性很小,要使分子具有足够的亲水性,就必须增加环氧乙烷的分子数(n),醚键数越多,亲水性就越大。这样可通过结合环氧乙烷分子数的多少来调节亲水性的大小,这与只有一个亲水基就能发挥亲水性作用的离子型表面活性剂不同[1]。这类表面活性剂是由含有活泼氢原子的憎水性原料如高级脂肪醇、烷基酚、高级脂肪酸、高级脂肪酰胺等,与环氧乙烷进行加成反应而制得的。

十八醇与20个环氧乙烷分子加成可制得聚氧乙烯-20-十八醇醚(俗称平平加O)[1]。

$$C_{18}H_{37}OH + 20\,CH_2\!\!-\!\!CH_2 \longrightarrow \underset{\text{平平加O}}{C_{18}H_{37}O(CH_2CH_2O)_{20}H}$$

平平加O的水溶液呈中性,具有良好的分散、乳化作用,印染工业中用作分散剂和乳化剂。它能与憎水性染料(如分散染料)微粒在水溶液中形成胶束,成为均一的分散体系而提高染料的溶解性[1]。

十二烷基酚与7个环氧乙烷分子加成制得聚氧乙烯-7-烷基苯基醚[1](匀染剂OP—7)。

$$C_{12}H_{25}\!\!-\!\!\!\bigcirc\!\!\!-\!\!OH + 7\,CH_2\!\!-\!\!CH_2 \longrightarrow \underset{\text{匀染剂OP—7}}{C_{12}H_{25}\!\!-\!\!\!\bigcirc\!\!\!-\!\!O(CH_2CH_2O)_7H}$$

匀染剂OP—7具有良好的湿润、匀染性能,是一种常用的匀染剂。

硬脂酸与6个环氧乙烷分子加成制得聚氧乙烯-6-硬脂酸酯(柔软剂SG)。

$$C_{17}H_{35}COOH + 6\,CH_2\!\!-\!\!CH_2 \longrightarrow \underset{\text{柔软剂SG}}{C_{17}H_{35}COO(CH_2CH_2O)_6H}$$

柔软剂SG常用作合成纤维、黏胶织物的柔软剂、润滑剂和皮革增艳剂。此外,柔软剂SG分子中含有酯键($-\overset{\displaystyle O}{\overset{\displaystyle \|}{C}}-O-$),与涤纶结构相似,用作涤纶纺丝卷绕油时,具有良好的亲和性,能附着在纤维表面,减少后加工时油剂的剥落,因此它是涤纶纺丝油剂的常用组分之一[1]。

聚乙二醇类非离子型表面活性剂在溶液中不呈离子状态,故稳定性高,不易受酸、碱、盐的影响,可以与阴、阳离子型表面活性剂同时使用,广泛用作洗涤剂、湿润剂、乳化剂等。

(二)多元醇类

多元醇类非离子型表面活性剂通常是由丙三醇或季戊四醇等多元醇与高级脂肪酸反应而制得。

$$RCOOH + \begin{matrix} HOCH_2 \\ HOCH \\ HOCH_2 \end{matrix} \xrightarrow{\text{酯化}} \begin{matrix} RCOOCH_2 \\ CHOH \\ CH_2OH \end{matrix}$$

$$RCOOH + HOCH_2-\underset{\underset{CH_2OH}{|}}{\overset{\overset{CH_2OH}{|}}{C}}-CH_2OH \xrightarrow{\text{酯化}} RCOOCH_2-\underset{\underset{CH_2OH}{|}}{\overset{\overset{CH_2OH}{|}}{C}}-CH_2OH$$

分子中的 R 是亲油基,而多个—OH 是亲水基。

多元醇类非离子型表面活性剂大部分的亲水性不能达到水中乳化、分散的程度,故很少用作洗涤剂和渗透剂[2],主要用作纺织油剂、纤维柔软剂,食品、化妆品的乳化剂等。

除上述表面活性剂外,由于需要不同,又制备出了一些具有特殊用途的表面活性剂。例如,氟表面活性剂,其是指表面活性剂碳氢链中的氢原子被氟原子取代的一类表面活性剂,$CF_3CF_2CF_2OCF(CF_3)CF_2OCF(CF_3)COONa$ 就是其中之一。由于氟表面活性剂具有高度稳定性(如耐高温、耐强酸强碱、耐强氧化剂)和高表面活性,可用于镀铬电解槽中防止铬酸雾逸出,以保障工人健康。其他还有硅表面活性剂、高分子表面活性剂等[3]。

第三节 表面活性剂的主要作用

表面活性剂的种类很多,不同的表面活性剂具有不同的作用。概括地说,表面活性剂具有润湿、渗透、乳化、分散、起泡、消泡、增溶、洗涤、匀染、防锈、杀菌、消除静电等作用[4]。因此广泛应用于日用化工、纺织品加工、石油工业、食品工业等领域,素有"工业味精"之称[5]。本节对表面活性剂的一些主要作用加以介绍。

一、润湿和渗透作用

润湿是最常见的现象,如喷洒农药时,要求药液在植物叶面充分润湿,药剂才能被叶面充分吸收;洗涤时,需要水充分润湿衣物,污垢才可能被去除;印染时,要求染液润湿布匹,染料才能均匀上染。

对纺织品而言,由于纤维是一种多孔性物质,有着巨大的表面积,使溶液沿着纤维迅速展开,渗入到纤维的孔隙,把空气排出去,将空气—纤维(气—固)表面的接触代之以液体—纤维(液—固)表面的接触,该过程称作润湿。用来增进润湿现象的表面活性剂称作润湿剂[2]。

纯纺织纤维,如经煮练和漂白的脱去油脂、蜡质的棉纤维,是很容易被水润湿的。水难以润湿纺织品的原因除了纤维中存在空气外,主要是纤维表面被疏水的油脂沾污的缘故。

织物由无数纤维组成,无数纤维又构成了无数的毛细管,液体首先润湿毛细管壁,然后逐渐渗入到纤维内部,此过程称为渗透过程。织物在染整加工过程中不但要润湿织物表面,还需要使溶液渗透到纤维孔隙中。一般能促进表面润湿的物质,也将有助于渗透。

用作润湿剂和渗透剂的表面活性剂主要是阴离子型和非离子型表面活性剂。

润湿、渗透在印染、经纱上浆及后整理过程中,尤其是在疏水性纤维和表面光滑的长丝的上浆过程中,起着重要作用。

二、乳化和分散作用

两种互不相溶的液体,其中一相以微滴状分散到另一相中,形成乳状液,这种作用称为乳化作用。乳状液分两类:油滴分散在水中简称为水包油型(O/W),水滴分散在油中简称为油包水型(W/O)。若一相以微粒状固体均匀分散于另一液相中形成悬浮液,这种作用称分散作用。起乳化、分散作用的表面活性剂分别称为乳化剂和分散剂。

实际上,往往是使半固态的油脂类在水中乳化和分散,此时就很难区分是乳化还是分散。并且通常作为乳化剂或分散剂作用的表面活性剂是同一种物质,所以实际中把这两者统称为乳化分散剂[2]。

乳化分散剂的主要作用,一方面是降低两种液体的界面张力。乳化剂分子的疏水基一端吸附在不溶于水的分散相液体(如油)微粒的表面,亲水基一端伸向水中。在液体微粒表面定向排列形成一层亲水性分子膜,使油水界面的张力降低,减少液滴间的相互引力,防止油水恢复原状。另一方面,在分散相液体微粒周围形成一层坚固的保护膜,防止液体微粒频繁碰撞而聚集,使乳状液稳定。从这两个方面考虑,用作乳化剂的表面活性剂其分子结构应是链状的,亲水基在一端,这样便于形成胶束,同时,由于碳链间的引力较大而使保护膜的机械强度增高[2]。

乳化分散剂大多是直链化合物,分子中碳原子数为12～18,且大多是复杂的混合物,但以阴离子型和非离子型表面活性剂为主。

乳状液和悬浮液广泛应用于工业生产和日常生活,在纺织工业中也很广泛。如棉布精练时,皂化的脂肪蜡质,均需乳化去除;纺织品净洗时,油污等不溶性污垢也需经乳化才能去除;羊脂、羊汗同样需经乳化才能去除。后整理中,如亲水、拒水防水、防油、易去污、抗静电、柔软等整理剂大都采用乳状液。而分散染料染色时,染液则是分散体系。

三、起泡和消泡作用

泡沫是常见的现象,例如,搅拌肥皂水可以产生泡沫,打开啤酒瓶就有大量的泡沫产生。泡沫是气体分散在液体中的分散体系,气体是分散相,液体是分散介质。泡沫产生后,使体系的表面积增加,这样的体系不稳定,因此泡沫易破裂消失。加入表面活性剂后,表面活性分子被吸附在气体与液体表面,形成单分子膜,不但降低了气—液两相间的表面张力,而且由于形成了一层具有一定机械强度的薄膜,从而使泡沫不易破灭。另外,液膜中液体的流动是破坏泡沫的重要原因,而表面活性剂的界面吸附又可抑制这一过程。具有这种作用的表面活性剂或其他物质称为起泡剂,如肥皂、洗涤剂及天然蛋白质、植物胶等。

泡沫在洗涤、灭火等方面起很重要的作用。但有时却是有害的,需要防止或加以消除[6]。例如,在印染工业中,喷射染色机产生泡沫会造成织物上浮、缠结;印花色浆中产生泡沫会产生印花疵点等。因此,有时要想方设法消除泡沫,能使泡沫破灭或抑制泡沫生成的物质称为消泡剂。

消除泡沫大致有两种方法:物理法和化学法。工业上经常使用化学法中的消泡剂消泡。消泡剂分子取代了泡沫表面上的起泡剂分子,形成的新的液膜强度很低,泡沫的稳定性下降,易于被破坏。一般情况下,消泡剂在液体表面铺展越快,液膜越薄,消泡作用就越强。消泡剂可分为天然和合成两种。一般天然消泡剂消泡能力不高,如果用量过多,反而会助长泡沫的产生。大多使用合成消泡剂,在溶液中加入少许合成消泡剂,就可以很好地防止起泡,即使长期留置在溶液中,其效果也不减弱。

起泡剂和消泡剂应用很广,在印染过程中使用发泡剂使少量染液转变为体积很大的微泡体系,这种微泡体系能够在短时间内均匀地分布在织物表面,进行染色或整理,达到节水、节能的目的。而另一方面,如纺织油剂、助染剂或柔软剂等需要防止发泡,纱线上浆时要求浆液不能起泡[2],这时,消泡剂的使用将有效抑制泡沫的产生。

四、增溶作用

有些有机化合物本身往往不溶于水或者只是微溶于水;但如果加入表面活性剂,这些有机物在水中的溶解度就会显著增加。表面活性剂能够使难溶或微溶于水的有机物在水中的溶解度显著增加的作用叫作表面活性剂的增溶作用。能产生增溶作用的表面活性剂叫作增溶剂。被增溶的有机物称为被增溶物。

那么,为什么水中有表面活性剂存在时,有机物在水中的溶解度就会显著增加呢? 增溶作用与溶液中表面活性剂胶束的存在有着密切联系。实验证明,当溶液中表面活性剂的浓度很小,低于该表面活性剂的 CMC 时,有机物在水中的溶解度不会有明显的变化;当表面活性剂的浓度大于 CMC 时,有机物在水中的溶解度就会显著增大。由于表面活性剂的浓度大于 CMC 时,胶束就开始形成。这表明增溶作用的产生与胶束的形成有关。而且当表面活性剂的浓度超过 CMC 后,浓度继续增大,有机物增溶的能力逐渐增大。

表面活性剂的增溶作用广泛应用于工业生产的各个领域。例如,洗涤过程中表面活性剂对污垢的增溶,石油生产中通过增溶原油提高采收率等。在印染工业中,增溶作用最明显的是染涤纶用的分散染料[7]。在涤纶染色过程中,由于分散染料分子中没有水溶性基团,只带有少量的极性基团,在水中的溶解度很低,属难溶性染料。它在水中的溶解度、高温分散稳定性将直接影响其染色性能。为此,在染色时常需添加专用的染色助剂,如高温分散剂、高温分散匀染剂等,以改善染色的均匀性。而这些染色助剂主要是通过对染料的增溶作用来改善染料的溶解度。

五、洗涤作用

洗涤作用是表面活性剂应用最广泛、最具有实用意义的基本特性。它涉及千家万户的日常生活,并且广泛地应用于各种工业生产。洗涤是把浸在某种介质(一般为水)中的固体表面除去异物或污垢的过程。洗涤过程可以表示为:

$$织物·污垢 + 洗涤剂 \Longleftrightarrow 织物 + 污垢·洗涤剂$$

被洗物浸在介质中,由于洗涤剂的存在,洗涤剂在污垢及纤维的界面上产生定向吸附,使界面张力降低,从而促使污垢与纤维先润湿,再进一步渗透到污垢和纤维之间,减弱了污垢在纤维上的附着力。同时,再加以适当的机械作用,促使污垢从纤维上脱落。最后,污垢被乳化分散在洗液中,形成分散体系。已经乳化分散的污垢不再附着在纤维上。此时也有部分污垢进入到洗涤剂的胶束中,从而发生增溶。洗涤基本过程如图 8-5 所示[2]。

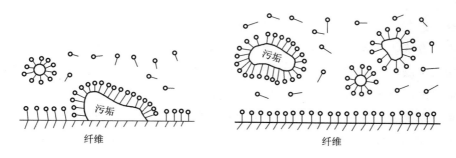

图 8-5　洗涤基本过程示意图

第四节　表面活性剂在纺织工业中的应用

纺织工业是表面活性剂的最大用户。在纺织工业中的纺纱、纺丝、上浆、织造以及纺织品印染加工的各个工序都大量地使用表面活性剂。

在纺织工业中应用较早的是非离子型表面活性剂,其广泛用作增溶剂、润湿剂、分散剂、乳化剂、匀染剂、净洗剂、柔软剂、抗静电剂等。近年来,阴离子型表面活性剂在纺织工业中的应用也越来越多,主要用作净洗剂、渗透剂、润湿剂、分散剂、乳化剂等。阳离子型表面活性剂可以牢固地吸附在带阴离子的纤维上,常被用作织物柔软剂、匀染剂、防水剂、抗静电剂、固色剂等。两性表面活性剂一般用作金属络合染料匀染剂、织物柔软剂、抗静电剂等。

一、在棉纺织工业中的应用

表面活性剂在棉纺织工业中的应用十分广泛,在上浆、退浆、煮练、漂白、染色、印花、后整理等工序中都要使用,主要用作平滑剂、抗静电剂、乳化剂、消泡剂、柔软剂、净洗剂、分散剂、渗透剂、匀染剂、缓染剂、促染剂等[8]。

1. 上浆　组成织物的纱线,是由许多纤维捻合而成。在捻合过程中,由于纤维长度参差不齐,使表面毛羽突出,摩擦阻力较大,而且纤维之间抱合力不够强。如果用这种没有上浆的经纱织布,必然承受不了织造过程中数千次的冲击、弯曲、摩擦等机械作用,纱线很有可能出现断裂。经纱上浆后,由于部分浆液渗透至纤维之间,经烘干、黏结使纤维强度提高[9]。同时部分浆液覆盖在纱条表面,烘干后形成薄膜使毛羽伏贴,表面光滑,减少摩擦,增加弹性。

在纱线上浆工艺中,表面活性剂常用作渗透剂、柔软剂、润滑剂、乳化剂、分散剂、消泡剂、抗静电剂等[2]。

2. 退浆　经纱上浆解决了织布的问题,但坯布上残留的浆料会给织物的印染加工带来困难,影响印染质量,因此必须除去浆料,这个过程叫作退浆[8]。在退浆剂中加入表面活性剂,能促进退浆顺利进行,并改善退浆效果。这些表面活性剂主要起渗透作用,同时也起分散、净洗作用。

3. 煮练　退浆后的织物虽去除了大部分浆料,但纤维素的共生物,如蜡质、果胶、棉籽壳等尚未去除[2]。煮练就是将已退浆的棉织物在煮练液中煮沸,以除去上述杂质的过程。煮练剂一般使用烧碱或纯碱,为提高煮练效果,可加入助练剂,如表面活性剂、硅酸钠、磷酸三钠等。表面活性剂能促进碱液对纤维的渗透,使杂质乳化、分散。

4. 漂白　织物经煮练后还含有天然色素,所以其外观还不洁白,用于染色或印花会影响色泽鲜艳度[2]。漂白的目的就是去除色素,赋予织物必要的白度。漂白时加入表面活性剂作为双氧水的稳定剂。

5. 染色　织物或纤维的染色过程,是染料分子直接或间接地和纤维分子发生物理或化学反应而上染的加工过程(印花可视为局部染色)。为了把织物染匀、染透,获得牢固的色泽,除合理控制染色工艺外,染色助剂起着十分重要的作用[8]。染色助剂中,表面活性剂品种最多、使用最广。其在染色中主要用作渗透剂、分散剂、匀染剂、固色剂、皂洗剂等。

二、在毛纺织工业中的应用

表面活性剂在毛纺织工业中的应用非常广泛,在洗毛、加油、上浆、定形、退浆、复洗、染色等工序都要用到表面活性剂[8]。

1. 洗毛　原毛中含有 25%～50%的羊毛脂、矿物质、砂土等杂质,因此原毛不能直接用于纺织。只有通过洗毛去除这些杂质,获得洁白、松散、柔软的毛纤维,才能进行纺织。洗毛过程中必须使用表面活性剂作为洗毛剂,常用的有阴离子型表面活性剂和非离子型表面活性剂。

2. 加油　洗净羊毛的残留油脂一般为 0.4%～1.2%,由于纤维表面残存的油脂分布不均匀,因此在精梳毛纺和粗梳毛纺中用的羊毛均需加油。加油工序中使用的和毛油都是由多种表面活性剂混合而成的乳状液。加油主要是为了减少纤维的摩擦系数,提高纤维的抱合力,减少纤维损伤,保证工艺正常进行。另外,加油还能防止静电的产生,使纤维柔软,保持弹性。

3. 上浆、定形、退浆、复洗和染色　上浆、定形、退浆、复洗和染色均要用到表面活性剂,其作用与棉纺织工业中的应用大致相同,这里不再重述。

三、在化纤工业中的应用

1. 黏胶纤维　黏胶纤维是用天然纤维素(如木材、棉短绒等制成的浆粕)作原料,经过一系列化学加工而制得的一种再生纤维素纤维。为了获得高质量的黏胶,改善黏胶纤维的可纺性,使纺丝顺利进行,常需加入各种类型的表面活性剂[8]。

2. 合成纤维　合成纤维是以石油、天然气、煤等为原料,经过一系列化学合成及机械加工而制成的纤维。合成纤维无蜡质和油脂,因此加工时摩擦力大,易产生静电,此外,合成纤维染色比较困难,且缺乏抱合力,集束性差,所以在纺丝和后加工中需加入各种类型的表面活性剂作为抗静电剂、润滑剂、乳化剂、净洗剂,以改善其加工性能,提高适用性。

☞ 复习指导

一、表面活性剂
表面活性剂是一类能显著降低液体表面张力或两种液体(如水和油)之间界面张力的物质。

二、表面活性剂的结构特征
表面活性剂都具有"双亲"(亲水、亲油)分子的组成特征。亲水基主要由羧基、磺酸基、羟基等构成,亲油基一般是由长链烃基构成。

三、表面活性剂的分类
通常按化学结构来分类,一般分为四类。

1. 阴离子型表面活性剂　阴离子型表面活性剂起表面活性作用的亲水基团是阴离子。

2. 阳离子型表面活性剂　阳离子型表面活性剂起表面活性作用的亲水基团是阳离子。

3. 两性表面活性剂　两性表面活性剂起表面活性作用的亲水基由阳离子和阴离子共同组成。

4. 非离子型表面活性剂　非离子型表面活性剂起表面活性作用的亲水基由羟基或醚键组成。

四、临界胶束浓度
表面活性剂形成胶束时的最低浓度称为临界胶束浓度(CMC)。一般为$0.001\sim0.02$mol/L,或$0.02\%\sim0.4\%$。

五、表面活性剂的主要作用
(1)润湿和渗透作用。

(2)乳化和分散作用。

(3)起泡和消泡作用。

(4)增溶作用。

(5)洗涤作用。

☞ 综合练习

1. 什么是表面活性剂?表面活性剂的结构特点是什么?

2. 表面活性剂按化学结构可分为哪几类?举例说明。

3. 指出下列表面活性剂的亲水基和疏水基,并指出各属哪一类表面活性剂。

(1)$C_{17}H_{35}COOH \cdot N(CH_2CH_2OH)_3$

(2)$CH_3(CH_2)_5\underset{\underset{OSO_3Na}{|}}{CH}CH_2CH{=\!=}CH(CH_2)_7COONa$

$$(3)\left[C_{17}H_{35}CONHCH_2CH_2-\overset{\overset{\displaystyle C_2H_5}{|}}{\underset{\underset{\displaystyle C_2H_5}{|}}{N^+}}-CH_3\right]CH_3SO_4^-$$

$$(4)\ C_{12}H_{25}-\overset{\overset{\displaystyle CH_2CH_2OH}{|}}{\underset{\underset{\displaystyle CH_2CH_2OH}{|}}{N^+}}-CH_2COO^-$$

$$(5)\ C_{17}H_{33}COO\!\!-\!\!(CH_2CH_2O)_6\!\!-\!\!H$$

4. 阴离子型表面活性剂和阳离子型表面活性剂能否混用? 为什么?

5. 什么是润湿作用? 什么是渗透作用? 二者之间有何区别与联系?

6. 纺织工业中使用洗涤剂的目的是什么? 洗涤作用的基本过程如何表示? 常用的洗涤剂有哪几种?

参考文献

[1] 眭伟民,金惠平.纺织有机化学基础[M].上海:上海交通大学出版社,1992.

[2] 汪叔度,李群.纺织化学[M].山东:青岛海洋大学出版社,1994.

[3] 高鸿宾.有机化学简明教程[M].天津:天津大学出版社,2001.

[4] 宋欣荣,谢伟,郭世豪.基础化学(下册)[M].湖南:湖南科学技术出版社,1999.

[5] 王祥荣.纺织印染助剂生产与应用[M].江苏:江苏科学技术出版社,2004.

[6] 赵世民.表面活性剂—原理、合成、测定及应用[M].北京:中国石化出版社,2005.

[7] 罗巨涛.染整助剂及其应用[M].北京:中国纺织出版社,2000.

[8] 周波.表面活性剂[M].北京:化学工业出版社,2006.

[9] 伍天荣.纺织应用化学与实验.北京:中国纺织出版社,2003.

第九章　定量分析简介

第九章　PPT

本章知识点

1. 了解定量分析的基本常识
2. 掌握分析测定中的误差来源、误差的表征以及实验数据的统计处理方法与表达
3. 了解滴定反应的条件与滴定方式，掌握标准溶液的配制和滴定分析中的有关计算
4. 了解物质产生颜色的原因，掌握吸光光度法的基本原理及应用

第一节　定量分析中的误差[1-5]

定量分析的任务是准确测定试样中各有关组分的含量。不准确的分析结果会导致产品报废，资源浪费，甚至在科学上得出错误的结论。但是，在定量分析过程中，即使采用最可靠的分析方法，使用最精密的仪器，由技术很熟练的人员进行操作，用同一方法对同一试样进行多次分析，也不可能得到绝对准确的分析结果。即便是科学不断地进步，分析结果也只能逼近真值而永远达不到真值。这说明分析过程中的误差是客观存在的。因此，在定量分析过程中，我们应了解误差产生的原因和出现的规律，以便采取有效措施减小误差，使测定结果尽量接近真值。另外，需要对测试数据进行正确的数理统计处理，以获得可靠的数据信息，使分析质量得以保证。

一、误差及其产生的原因

误差是测量值或测量平均值与真实值之间的差值，它是评价测量结果或分析结果准确性的一种方法。

真值 μ 就是某一物理量本身具有的客观存在的真实数值。真值实际上无法知道，但有一些情况的真值可认为是已知的，理论真值如某化合物的理论组成等；计量学约定真值，如国际计量大会上确定的长度、质量、物质的量的单位等；相对真值，其认定精度高一个数量级的测定值作为低一级的测量值的真值，这种真值是相对而言的，如科学实验中使用的标准试样及管理试样

中组分的含量等。

平均值是 n 次测量数据的算术平均值 $\bar{x}$：

$$\bar{x} = \frac{x_1 + x_2 + \cdots + x_n}{n} = \frac{1}{n}\sum_{i=1}^{n} x_i \tag{9-1}$$

平均值虽然不是真值,但比单次测量结果更接近真值。因而在日常工作中,总是重复测定数次求得平均值。在没有系统误差时,一组测量数据的算术平均值是最佳值。误差产生的原因可分为三类:系统误差、随机误差和过失误差。

(一)系统误差

系统误差是由某些固定的原因造成的,具有重复性、单向性。系统误差的大小、正负,在理论上说是可以测定的,所以又称为可测误差。根据系统误差的性质和产生的原因,可将其分为以下几类。

1. 方法误差 方法误差是由分析方法本身不够完善所造成的。例如,在重量分析中沉淀的溶解、共沉淀;灼烧时沉淀的分解或挥发;在滴定分析中反应进行不完全、发生副反应等都会系统地影响测定结果,使之偏高或偏低。

2. 仪器误差 仪器误差来源于仪器本身不够精确,如砝码质量、容量器皿刻度和仪表刻度不准确,仪器未校正等。

3. 试剂误差 试剂误差来源于试剂或蒸馏水纯度不够,含有微量的待测组分或干扰物质。

4. 操作误差 操作误差是由分析人员的分析操作与正确的分析操作有差别所引起的。例如,分析人员在称取试样时未注意防止试样吸湿,洗涤沉淀时洗涤过分或不充分,灼烧沉淀时温度过高或过低,称量沉淀时坩埚及沉淀未完全冷却等。

5. 主观误差 主观误差又称个人误差,这种误差是由分析人员的主观因素造成的。如对滴定终点的颜色辨别不同,有人偏深,有人偏浅;在读取刻度值时,有时偏高,有时偏低等。在实际工作中,有的人还有一种"先入为主"的习惯,即在得到第一测量值后,再读取第二个测量值时,主观上尽量使其与第一个测量值相接近,这样也很容易引起主观误差。主观误差有时被列入操作误差中。

(二)随机误差

随机误差又称偶然误差,它是由于在测定过程中一些随机的、偶然的因素造成的,具有相互补偿性的误差。例如,测量时环境温度、湿度和气压的微小波动,仪器的微小变化,分析人员对各份试样处理时的微小差别等。这些不可避免的偶然原因,都将使分析结果在一定范围内波动,引起随机误差。由于随机误差是由一些不确定的偶然因素造成的,因而是可变的,所以随机误差又称不定误差。随机误差在分析操作中是无法避免的。即使一个很有经验的人,进行很仔细的操作,对同一试样进行多次分析,得到的分析结果也不可能完全一致。随机误差的产生难以找出确定的原因,似乎没有规律性,但如果进行多次测定,便会发现随机误差符合正态分布。

(三)过失误差

过失误差是指工作中产生的差错,它是由于分析测试人员工作粗枝大叶,不按操作规程办事等原因造成的,也叫粗差,例如器皿未洗净、加错试剂、溶液溅失、沉淀穿滤、读数记错和计算错误等等。这些都属于不应该出现的过失,它会对分析结果造成严重影响,必须尽量避免。避免过失误差的途径是对分析测试人员进行爱岗敬业教育,培养严格遵守操作规程、耐心细致地进行实验的良好习惯。在分析工作中,当出现很大误差时,应分析其原因,如确定是由过失引起,则在计算平均值时应舍去。但需注意在一般情况下,数据的取舍应当由数理统计的结果来决定。

二、误差和偏差的表示方法

(一)误差和准确度

1. 绝对误差和相对误差　误差是测定结果与真实值之间的差值。误差越小,表示测定结果与真实值越接近,准确度越高;反之,误差越大,准确度越低。当测定结果大于真实值时,误差为正值,表示测定结果偏高;反之,误差为负值,表示测定结果偏低。

准确度的高低用误差来衡量,误差的大小可用绝对误差 E_a 和相对误差 E_r 来表示,即:

$$E_a = x_i - \mu \qquad\qquad (9-2)$$

$$E_r = \frac{x_i - \mu}{\mu} \times 100\% \qquad\qquad (9-3)$$

绝对误差表示测定值与真实值之差,相对误差表示绝对误差占真值的百分率。

例如,用分析天平称量两物体的质量分别为 1.0001g 和 0.1001g,假定两者的真实质量分别是 1.0000g 和 0.1000g,则两者称量的绝对误差分别为:

$$1.0001 - 1.0000 = 0.0001(g)$$

$$0.1001 - 0.1000 = 0.0001(g)$$

两者的相对误差分别为:

$$\frac{0.0001}{1.0000} \times 100\% = 0.01\%$$

$$\frac{0.0001}{0.1000} \times 100\% = 0.1\%$$

由此可知,绝对误差相等,而相对误差却不一定相同。第一个称量结果的相对误差是第二个的 1/10。也就是说,同样的绝对误差,当被测物的量较大时,相对误差较小,测定的准确度较高。因此,用相对误差来表示各种情况下测定结果的准确度更为确切。

2. 公差　公差是生产部门对分析结果允许误差的一种表示方法。如果分析结果超出允许的公差范围,称为"超差",则该项分析工作必须重做。

公差的确定与很多因素有关。首先是根据实际情况确定对分析结果准确度的要求。例如,一般工业分析,允许相对误差在百分之几到千分之几,而相对原子质量的测定,要求相对误差很小。其次,公差范围常依试样组成及待测组分含量的不同而不同,组成越复杂,引起误差的可能性就越大,允许的公差范围就宽一些。工业分析中,待测组分含量与公差(相对误差)的关系见表 9-1。

表 9-1　待测组分含量与公差（相对误差）的关系

待测组分含量/%	90	80	40	20	10	5	1.0	0.1	0.01	0.001
公差（相对误差）/%	0.3	0.4	0.6	1.0	1.2	1.6	5.0	20	50	100

此外，各主管部门还对每一项具体的分析项目规定了具体的公差范围，往往以绝对误差来表示。例如，对钢中硫含量分析的允许公差（绝对误差）规定见表 9-2。

表 9-2　钢中硫含量分析的允许公差（绝对误差）规定

钢中硫含量/%	≤0.020	0.020~0.050	0.050~0.100	0.100~0.200	≥0.200
公差（绝对误差）/%	±0.002	±0.004	±0.006	±0.010	±0.015

(二)偏差和精密度

在实际工作中，分析人员在同一条件下平行测定多次，以求得分析结果的算术平均值 $\overline{x}$。如果多次测定的数值比较接近，说明分析结果的精密度高。分析结果的精密度是指多次平行测定结果相互接近的程度。在分析化学中，有时用重复性（Repeatability）和重现性（Reproducibility）表示不同情况下分析结果的精密度。前者表示同一分析人员在同一条件下所得分析结果的精密度，后者表示不同分析人员或不同实验室之间在各自条件下所得分析结果的精密度。

1. 绝对偏差和相对偏差　精密度的高低用偏差 d_i 来衡量，偏差可由绝对偏差 d_i 和相对偏差 d_r 来表示。绝对偏差表示个别测定结果 x_i 与算术平均值 $\overline{x}$ 之间的差值，相对偏差表示绝对偏差占算术平均值 $\overline{x}$ 的百分率：

$$d_i = x_i - \overline{x} \tag{9-4}$$

$$d_r = \frac{x_i - \overline{x}}{\overline{x}} \times 100\% \tag{9-5}$$

绝对偏差和相对偏差代表单次测量对算术平均值的偏离程度。它们都有正负之分。偏差小，表示测定结果的重现性好，精密度高。

各偏差的绝对值的平均值，称为多次测定的平均偏差 $\overline{d}$，又称算术平均偏差，即：

$$\overline{d} = \frac{1}{n}\sum_{i=1}^{n}|d_i| = \frac{1}{n}\sum_{i=1}^{n}|x_i - \overline{x}| \tag{9-6}$$

2. 标准偏差　在分析测试和数理统计中，用标准偏差来表示测定结果的精密度更为合理。因为将单次测定的偏差平方后，能将较大的偏差显著地表示出来。标准偏差又称均方根偏差。当测定次数趋于无穷大时，总体标准偏差 σ 表达式为：

$$\sigma = \sqrt{\frac{\sum_{i=1}^{n}(x_i - \mu)^2}{n}} \tag{9-7}$$

式中：μ——总体平均值，在校正系统误差的情况下 μ 为真值。

在一般的分析工作中，有限测定次数 n 时的标准偏差 s 表达式为：

$$s = \sqrt{\frac{\sum_{i=1}^{n}(x_i - \overline{x})^2}{n-1}} \qquad (9-8)$$

标准偏差常用来表示测试数据的分散程度。

3. 平均值的标准偏差　统计学已证明,对有限测定次数,其平均值的标准偏差为:

$$s_x = \frac{s}{\sqrt{n}} \qquad (9-9)$$

式(9-9)表明,平均值的标准偏差 s_x 与测定次数的平方根成反比。增加测定次数可以提高测定的精密度,但当 $n > 10$ 时,变化已很小。因此在实际工作中,测定次数无需过多,4~6 次即可。

(三)准确度与精密度的关系

前已叙及,准确度是表示测定结果与真实值相接近的程度,用误差表示。而精密度是表示测定结果的重现性,用偏差表示。只有精密度高、准确度也高的测定数据才是可信的,因此,应从精密度、准确度两个方面来衡量测定结果的好坏。例如甲、乙、丙三人同时测定一铁矿石中 Fe_2O_3 的含量(真实含量以质量分数表示为 50.36%),各分析四次,测定结果如下。

$$
甲\begin{cases} a.\ 50.30\% \\ b.\ 50.30\% \\ c.\ 50.28\% \\ d.\ 50.27\% \end{cases}
\qquad
乙\begin{cases} a.\ 50.40\% \\ b.\ 50.30\% \\ c.\ 50.25\% \\ d.\ 50.23\% \end{cases}
\qquad
丙\begin{cases} a.\ 50.36\% \\ b.\ 50.35\% \\ c.\ 50.34\% \\ d.\ 50.35\% \end{cases}
$$

算术平均值:　　　　　50.29%　　　　　　50.30%　　　　　　50.35%

所得分析结果如图 9-1 所示。

由图 9-1 可知,甲分析结果的精密度很高,但算术平均值与真实值相差较大,说明准确度低,存在系统误差;乙分析结果的精密度不高,准确度也不高;丙分析结果的精密度和准确度都比较高,结果可靠。所以,精密度是保证准确度的先决条件,准确度高一定需要精密度高,但精密度高准确度不一定高。因此,如果一组测量数据的精密度很差,自然就失去了衡量准确度的前提。

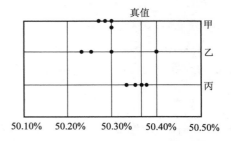

图 9-1　不同分析人员的分析结果

三、提高分析结果准确度的方法

从前面的误差讨论中可知,在分析测试过程中,误差不可避免。如何尽可能地减小误差,提高分析结果的准确度?下面结合实际情况介绍减少误差的方法。

1. 选择合适的分析方法　各种分析方法的准确度和灵敏度是不同的,在实际工作中要根据具体情况和要求来选择合适的分析方法。化学分析法中的重量分析和滴定分析,相对于仪器分析而言,其准确度高,但灵敏度低,适合于高组分含量的测定。仪器分析法相对于化学分析而言,其灵敏度高,但准确度低,适合于低组分含量的测定。例如,有一试样铁含量为40.10%,若用重铬酸钾法滴定铁,其相对误差为0.2%,则铁的含量范围是40.02%~40.18%;若采用分光光度法测定,其相对误差约为2%,则铁的含量范围是39.3%~40.9%,很明显,后者的误差大得多。如果试样中铁含量为0.50%,用重铬酸钾法滴定无法进行,也就是说方法的灵敏度达不到;而用分光光度法,尽管其相对误差为2%,但含量低,其分析结果绝对误差低,为0.02×0.5%=0.01%,所以可能测得的范围为0.49%~0.51%,这样的结果符合要求。

2. 减小测量误差　为了保证分析测试结果的准确度,必须尽量减小测量误差。

例如,在滴定分析中,用碳酸钠作基准物标定0.2mol/L的盐酸标准溶液,测量步骤首先是用分析天平称取碳酸钠的质量,其次从滴定管读出滴定盐酸所消耗的碳酸钠的体积。此时应设法减小称量和滴定的相对误差。

一般分析天平的一次称量误差为±0.0001g,采用递减法称量两次,为使称量时相对误差小于0.1%,称量质量至少应为:

$$称量质量=\frac{绝对误差}{相对误差}=\frac{2×0.0001g}{0.1\%}=0.2g$$

可见试样称量质量应在0.2g以上。

滴定管的一次读数误差为±0.01mL,在一次滴定中,需要读两次。为使滴定时相对误差小于0.1%,滴定体积至少应为:

$$滴定体积=\frac{2×0.01mL}{0.1\%}=20mL$$

所以,在实际工作中,称取碳酸钠基准物质量为0.2g以上,最好使滴定时消耗的体积在25mL左右,以减小测量误差。

应该指出,不同的分析方法准确度要求不同,应根据具体情况来控制各测量步骤的误差,使测量的准确度与分析方法的准确度相适应。例如,分光光度法测定微量组分时,其相对误差为2%,若称取0.5g试样时,试样的称量误差小于$0.5×\frac{2}{100}=0.01g$就可以,没有必要像滴定法和重量法那样强调称准至±0.0001g。但是,为了使称量误差尽可能减小到忽略不计,最好将称量的准确度提高一个数量级,如上例中,宜称至±0.001g。

3. 增加平行测定次数,减小随机误差　由前面讨论已知,在消除系统误差的前提下,平行测定次数越多,平均值越接近真实值。因此,增加平行测定次数,可减小随机误差,但测定次数过多,工作量大大增加,而随机误差减小不大。故一般分析测试,对同一试样,平行做3~4次即可。

4. 消除系统误差　系统误差产生的原因是多方面的,可根据具体情况采用不同的方法来检验和消除系统误差。一般可采用以下几种方法。

(1)对照试验。对照试验是检验分析方法可靠性的有效方法。实验中所采用的分析方法可以与标准试样进行对照,也可以与其他成熟的分析方法进行对照,或者由不同人员、不同实验室之间进行对照。

标准试验的结果比较可靠，可供对照试验参考。通常选择组成与试样组成相近的标准试样进行分析，将测定结果与标准试样比较，用统计方法进行检验，以确定分析结果有无系统误差。

因为标准试样的数量和品种有限，有时还会使用一些代用品，来代替标准试样进行对照分析。这些代用品称为"管理样"，其组分含量较为可靠。

若对试样的组成不十分清楚，则可采用"加入回收法"进行试验。即取两份等量的试样，向其中一份加入已知量的被测组分，进行平行试验，看看加入的被测组分能否定量回收，以此来判断分析过程中有无系统误差。

（2）空白试验。由蒸馏水、试剂等带进杂质所造成的系统误差，一般可通过做空白试验来扣除。也就是说，在不加待测组分的情况下，按照试样操作步骤和条件进行试验，试验所得结果称为空白值，从试样测试结果中扣除此空白值。

（3）校准仪器。仪器不准确引起的系统误差，可通过校准仪器来减少，如对砝码、移液管、滴定管、容量瓶等进行校准。

（4）分析结果的校正。分析过程的系统误差，有时也可采用其他方法进行校正。如用 Fe^{2+} 标准溶液滴定钢铁中的铬时，钒和铈将一起被滴定，从而产生正的系统误差。因此，必须分别选用其他适当的方法来测定钒和铈的含量，然后以每 1% 钒相当于 0.34% 铬和每 1% 铈相当于 0.123% 铬进行校正，即可得到较为准确的铬含量。

第二节　分析数据的统计处理

在分析处理测量数据时应先校正系统误差，然后对数据进行统计处理，剔除可疑值、计算数据的平均值、标准偏差，最后按照要求的置信度求出平均值的置信区间。

一、有效数字及其运算规则

在定量分析中，为了得到准确的分析结果，不仅要准确测量，还要正确记录和计算。因为记录的数字不仅表示试样中待测组分的含量，而且还反映了测量的精确程度。因此，在实验数据的记录和结果的计算中，保留几位数字不是任意的，要根据测量仪器、分析方法的准确度来决定。这就涉及有效数字的概念。

（一）有效数字

在科学试验中，对于任一物理量的测定，其准确度都是有一定限度的。例如读取滴定管上的刻度，甲得到 23.43mL，乙得到 23.42mL，丙得到 23.44mL，这些 4 位数字中，前 3 位数字都是很准确的，第 4 位数字是估读出来的不确定值。第 4 位数字称为可疑数字，但它并不是臆造的，所以记录时应该保留，这 4 位数字都是有效数字。具体来说，有效数字就是实际上能测到的数字。例如下面几组数据的有效数字：

试样质量：　　　　　1.3504g　　　　　5 位有效数字（分析天平称取）

	0.35g	2 位有效数字(台秤称取)
溶液体积：	25.00mL	4 位有效数字(滴定管或移液管量取)
	25mL	2 位有效数字(量筒量取)
标准溶液浓度：	0.1000mol/L	4 位有效数字
解离常数：	$K_a=1.8\times10^{-5}$	2 位有效数字
	3600, 1000	有效数字位数较含糊

在以上数据中,"0"起的作用是不同的。例如,在 1.3504 中,"0"是有效数字;在 0.35 中,"0"只起定位作用,不是有效数字;在 0.0040 中,前面 3 个"0"不是有效数字,后面一个"0"是有效数字。像 3600 这样的数字,一般看成是 4 位有效数字,但它也可能是 2 位或 3 位有效数字。对于这样的情况,应根据实际的有效数字位数,分别写成 3.6×10^3、3.60×10^3、3.600×10^3 较好。也就是说当需要在某数的末尾加"0"作有效数字时,为了避免混淆,最好采用指数形式表示。例如 15.0g,若以 mg 为单位,则可写为 1.50×10^4 mg;若表示为 15000mg,就易误解为 5 位有效数字。

分析化学计算中,常遇到倍数、分数关系。这些数据不是测量所得到的,可视为无限多位有效数字。而对 pH、pM、lgK 等对数值,其有效数字的位数与其对数的尾数位数相同,因整数部分只代表该数的方次。如 pH=11.20,换算为 H^+ 浓度时,应为 $c(H^+)=6.3\times10^{-12}$ mol/L,有效数字位数为 2 位,不是 4 位。一般有效数字的最后一位数字有 ±1 个单位的误差。

有效数字的位数与测量仪器的精度有关,实验数据中任何一个数字都是有意义的,数据的位数不能随意增加或减少,如上面的例子中,分析天平称量某物质是 1.3504g,不能记录为 1.350g 或 1.35040g,用滴定管读数时应保留小数后两位,如 25.30,不能记为 25.3。

(二)数字修约规则

分析测试结果一般由测量值进行计算得到,结果的有效数字位数必须能正确表达实验的准确度。在处理数据过程中,涉及的各测量值的有效数字位数可能不同,因此需要按下面所述的计算规则,确定各测量值的有效数字位数。即舍去多余的数字,以避免不必要的烦琐计算。舍弃多余数字的过程称为"数字修约",目前一般采用"四舍六入五成双"的规则。即当测量值中被修约的那个数字小于等于 4 时舍去尾数;大于等于 6 时进位;等于 5 时,如进位后末位数为偶数则进位,进位后末位数为奇数则舍去。具体的数据修约规则可参阅 GB 8170—1987。

根据修约规则,将下列测量值修约为四位有效数字,修约如下:

$$14.2443 \longrightarrow 14.24$$
$$25.4863 \longrightarrow 25.49$$
$$15.0250 \longrightarrow 15.02$$
$$12.0150 \longrightarrow 12.02$$

修约数字时要一次修约到所需要的位数,不能连续多次修约。例如将 2.3457 修约为 2 位有效数字,应为 2.3,如连续多次修约则为:$2.3457 \longrightarrow 2.346 \longrightarrow 2.35 \longrightarrow 2.4$,这样修约误差积累就扩大了。

(三)运算规则

1. 加减法　在加减法运算中,运算结果的有效数字位数取决于这些数据中绝对误差最大者,即几个数据相加或相减时,有效数字位数的保留,应以小数点后位数最少的数字为根据。例如:

$$0.0121 + 25.64 + 1.05782 = ?$$

由于 25.64 的绝对误差为 ± 0.01,是 3 个数据中绝对误差最大者,在加和结果中总的绝对误差值取决于该数,故有效数字位数应根据它来进行修约,运算过程如下:

$$0.01 + 25.64 + 1.06 = 26.71$$

2. 乘除法　在乘除法运算中,有效数字的位数取决于这些数据中相对误差最大者。通常是根据有效数字位数最少的数来进行修约。例如:

$$\frac{0.0325 \times 5.103 \times 60.064}{139.82}$$

这几个数中 0.0325 的有效数字位数最少,为 3 位,故结果也应保留 3 位有效数字。

运算时,先修约再运算,或先运算再修约,但两种情况下得到的结果,数值有时会不一样。为了避免出现这种情况,应采取既能提高运算速度,又不使修约误差积累的安全数字法。该法就是在运算过程中,将参与运算的各数的有效数字位数修约到比该数应有的有效数字位数多一位(这多取的一位数字称为安全数字),然后再进行计算。

如上例,先修约再运算,即为:

$$\frac{0.0325 \times 5.10 \times 60.1}{140} = 0.0712$$

先运算再修约,结果为:$0.0712551 \longrightarrow 0.0713$。

可见两者不完全相同,采用安全数字,上例中各数取 4 位有效数字,运算后修约到 3 位,即:

$$\frac{0.0325 \times 5.103 \times 60.06}{139.8} = 0.0713$$

这就是目前常用的安全数字法。

在乘除法运算中,经常会遇到 9 以上的大数,如 9.00,9.83 等。它们的相对误差约 0.1%,与 10.08 和 12.10 这些 4 位有效数字的数值的相对误差接近,所以通常将它们当作 4 位有效数字的数值处理。

若使用计算器作连续运算时,过程中不必对每一步的计算结果进行修约,但应注意根据其准确度的要求,正确保留最后结果的有效数字位数。

一般地,在表示分析结果时,当组分含量 $\geqslant 10\%$ 时,用 4 位有效数字;当组分含量为 $1\% \sim 10\%$ 时用 3 位有效数字。在表示误差大小时,有效数字常取一位,最多取两位。

二、置信度与平均值的置信区间

统计学证明,随机误差服从正态分布,在总体平均值 μ、标准偏差 σ 已知的情况下,可以求出测定值在以 μ 为中心的某一区间的概率。然而实际工作中的分析测试都是小样本试验,由小样本试验不能求出总体平均值 μ 和标准偏差 σ,而只能以 n 个测量数据的平均值 $\bar{x}$ 和标

准偏差 s 来估计。

为了处理小样本试验数据,需要应用类似于正态分布的 t 分布。t 分布是由英国统计学家、化学家 Gosset 于 1908 年以"Student"为笔名发表的。t 值被定义为:

$$\pm t = (\overline{x} - \mu)\frac{\sqrt{n}}{s} \tag{9-10}$$

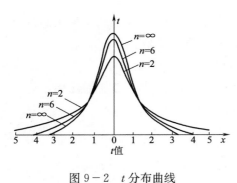

图 9-2　t 分布曲线

t 分布曲线如图 9-2 所示。

t 分布曲线与正态分布曲线相似,只是 t 分布曲线随测定次数 n 的减少呈重尾分布,当 $n \to \infty$ 时,t 分布曲线趋近正态分布曲线。t 分布曲线下面一定范围内的面积就是某测定值出现的概率。但 t 值一定时,概率随测定次数 n 不同而不同。因此 t 分布的概率与 t 值及测定次数 n 有关。不同测定次数、不同概率(置信度)下的 t 值见表 9-3。

表 9-3　不同测定次数、不同概率(置信度)下的 t 值表

n	t — 置信度 P			n	t — 置信度 P		
	0.90	0.95	0.99		0.90	0.95	0.99
2	6.31	12.71	63.66	8	1.90	2.36	3.50
3	2.92	4.30	9.92	9	1.86	2.31	3.36
4	2.35	3.18	5.84	10	1.83	2.26	3.25
5	2.13	2.78	4.60	11	1.81	2.23	3.17
6	2.02	2.57	4.03	21	1.72	2.09	2.84
7	1.94	2.45	3.71	∞	1.64	1.96	2.58

在实际分析工作中,最核心的问题就是如何通过测量来求得真值。由于随机误差不可避免,测定平均值与真值往往不一致 ($\overline{x} \neq \mu$)。因此,在有限次测量中,合理得到真值的方法是估计出测定平均值与真值的接近程度。即在平均值附近估计出真值可能存在的范围。统计学上用置信度和平均值的置信区间来表示。

置信度就是人们对所作判断的可靠把握程度,也称为置信概率,用 P 表示。根据 t 值的定义式可以得到:

$$\mu = \overline{x} \pm \frac{ts}{\sqrt{n}} \tag{9-11}$$

式(9-11)具有明确的概率意义,可以估算出在选定的置信度 P 下,总体平均值 μ 在以测定平均值 $\overline{x}$ 为中心的多大范围 $\left(\frac{ts}{\sqrt{n}}\right)$ 内出现。这个范围就是平均值的置信区间。落在此范围之外的概率 $(1-P)$ 称为显著性水平,用 α 表示。

在统计学上,通常都不把置信度定为100%。例如推断某铁矿石的含铁量在0～100%之间,该判断本身完全正确,但这样的判断因置信区间过宽,毫无实用价值。较好的判断应将置信度的高低定合适,使得置信区间的宽度足够小而置信度又很高。

例1 分析某合金试样中某一组分含量,重复测定6次,其结果分别为:49.69,50.90,48.49,51.75,51.47,48.80(%),求置信度分别在90%、95%和99%的置信区间。

解: $\bar{x}=50.18$

$s=1.39$

$$\mu=\bar{x}\pm\frac{ts}{\sqrt{n}}$$

置信度 P	显著性水平 α	t 值	置信区间
90%	0.1	2.02	$50.18\pm2.02\dfrac{1.39}{\sqrt{6}}=50.18\pm1.15\%$
95%	0.05	2.57	$50.18\pm2.57\dfrac{1.39}{\sqrt{6}}=50.18\pm1.46\%$
99%	0.01	4.03	$50.18\pm4.03\dfrac{1.39}{\sqrt{6}}=50.18\pm2.29\%$

由本例可以看出,置信度 P 越大,置信区间就越宽,即所估计区间包括其值的可能性也就越大。在分析化学中通常取95%和90%的置信度即可。

三、可疑数据的取舍

在实验中,当对同一试样进行多次平行测定时,常常会发现个别测定值比其他测定值明显偏大或偏小,这个测定值称为异常值,又称可疑值或离群值。在进行数据处理时,这个异常值是保留还是舍弃? 这时要仔细检查产生该异常值的实验过程,看是否有过失存在,若溶解试样时有溶液溅出,滴定剂加入过量等,则这一数据应当舍弃。若并非此种情况,则对异常值不能随意取舍,而应进行统计处理。常用的统计检验方法有 Q 检验法和格鲁布斯(Qrubbs)法。

(一)Q 检验法

1. Q 检验法的步骤

(1)将测定值从小到大排列为 $x_1,x_2,\cdots,x_{n-1},x_n$。

(2)选择统计量 Q 进行计算。

x_n 为异常值时,　　　　　　　　$$Q=\frac{x_n-x_{n-1}}{x_n-x_1}$$　　　　　　　(9－12)

x_1 为异常值时,　　　　　　　　$$Q=\frac{x_2-x_1}{x_n-x_1}$$　　　　　　　(9－13)

式中分子为异常值与其相邻数值的差值,分母为整组数据的极差。Q 值越大,说明 x_n 离群越远。Q 值称为"舍弃商"。统计学家已经计算出在不同置信度下,舍弃离群值的 $Q_{(p,n)}$ 值,见表9－4。

表 9－4　在不同置信度下,舍弃离群值的 $Q_{(p,n)}$ 值表

n	$Q_{0.90}$	$Q_{0.95}$	$Q_{0.99}$	n	$Q_{0.90}$	$Q_{0.95}$	$Q_{0.99}$
3	0.94	0.98	0.99	7	0.51	0.59	0.68
4	0.76	0.85	0.93	8	0.47	0.54	0.63
5	0.64	0.73	0.82	9	0.44	0.51	0.60
6	0.56	0.64	0.74	10	0.41	0.48	0.57

(3)选定置信度,查表 9－4 中的 $Q_{(p,n)}$ 值进行判别:若 $Q < Q_{(p,n)}$,异常值应保留;若 $Q > Q_{(p,n)}$,异常值应舍弃。

Q 值法由于不必计算 $\bar{x}$ 及 s,置信度常选 90%,使用起来比较方便。但 Q 值法有可能保留离群较远的值。

例 2　某一标准溶液的 4 次标定值(mol/L)分别为 0.2014,0.2012,0.2025,0.2016。异常值 0.2025mol/L 可否舍去?

解:x_n 为异常值,故统计量 Q 为:

$$Q = \frac{0.2025 - 0.2016}{0.2025 - 0.2012} = 0.69$$

选定置信度为 90%,查表 9－4,$Q_{(0.90,4)} = 0.76$

因 $Q < Q_{(0.90,4)}$,故 0.2025mol/L 应保留。

＊(二)格鲁布斯(Grubbs)法(T 检验法)

设一组测定值从小到大排列为 $x_1, x_2, \cdots, x_{n-1}, x_n$。其中 x_1 或 x_n 可能是异常值。

用格鲁布斯法判断时,需要先算出该组 n 个数据的平均值 $\bar{x}$ 及标准偏差 s,再根据统计量 $G_{计算}$ 进行判断。

当 x_n 为异常值时,　　　　　　$G_{计算} = \dfrac{x_n - \bar{x}}{s}$　　　　　　　　　(9－14)

当 x_1 为异常值时,　　　　　　$G_{计算} = \dfrac{\bar{x} - x_1}{s}$　　　　　　　　　(9－15)

统计学家已经计算出在不同置信度下,舍弃离群值的 $G_{(p,n)}$ 值,见表 9－5。选定置信度,将计算所得 $G_{计算}$ 与表 9－5 中 $G_{(p,n)}$ 值进行判别:若 $G_{计算} < G_{(p,n)}$,异常值应保留;若 $G_{计算} > G_{(p,n)}$,异常值应舍去。

因要计算平均值及标准偏差,故该方法的准确性较高。

表 9－5　在不同置信度下,舍弃离群值的 $G_{(p,n)}$ 值表

n	置信度 P			n	置信度 P		
	0.95	0.975	0.99		0.95	0.975	0.99
3	1.15	1.15	1.15	6	1.82	1.89	1.94
4	1.46	1.48	1.49	7	1.94	2.02	2.10
5	1.67	1.71	1.75	8	2.03	2.13	2.22

n	置信度 P			n	置信度 P		
	0.95	0.975	0.99		0.95	0.975	0.99
9	2.11	2.21	2.32	13	2.33	2.46	2.61
10	2.18	2.29	2.41	14	2.37	2.51	2.66
11	2.23	2.36	2.48	15	2.41	2.55	2.71
12	2.29	2.41	2.55	20	2.56	2.71	2.88

例3　例2中的实验数据,用格鲁布斯法判断时,0.2025mol/L 可否舍去?

解:x_n 为异常值,用 $G_{计算} = \dfrac{x_n - \bar{x}}{s}$ 计算。

$$\bar{x} = 0.2017, \quad s = 5.74 \times 10^{-4}, \quad G_{计算} = \frac{0.2025 - 0.2017}{5.74 \times 10^{-4}} = 1.39$$

选定置信度 $P = 0.95$,$G_{(0.95, 4)} = 1.46$

$G_{计算} < G_{(0.95, 4)}$,故 0.2025mol/L 应保留。

缺乏经验的人往往喜欢从 3 次测定数据中挑选两个"好"的数据,这种做法是不对的,表面上看似乎提高了测定的精密度,但实际上反而增大了平均值的置信区间,真值存在的范围更大了。

第三节　滴定分析法

一、滴定反应的条件与滴定方式

滴定分析法是定量化学分析中很重要的一种分析方法,它以简单、快速、准确的特点广泛用于常量分析中。滴定分析法以化学反应为基础,根据所利用的化学反应的不同,滴定分析法一般分为酸碱滴定法、配位滴定法、氧化还原滴定法和沉淀滴定法等,这里主要讨论滴定分析法的一般问题。

滴定分析法是将一种已知准确浓度的试剂溶液(标准溶液,也称滴定剂),滴加到被测物质的溶液中(或者是将被测物质的溶液滴加到标准溶液中),直到所滴加的试剂与被测物质按化学计量关系定量反应为止,然后根据试剂溶液的浓度和用量,计算被测物质的含量。滴加的标准溶液与被测物质恰好反应完全的这一点,称为化学计量点(简称计量点,以 sp 表示)。化学计量点一般依据指示剂的变色来确定。在滴定中指示剂颜色突变的那一点称为滴定终点(End Point,简称终点,以 ep 表示)。滴定终点与化学计量点不一定恰好吻合,由此造成的分析误差称为终点误差。

(一)滴定反应的条件

适合滴定分析法的化学反应,应该具备以下几个条件。

(1)反应必须具有确定的化学计量关系,即反应按一定的反应方程式进行,无副反应发生且进行完全(>99%),这是定量计算的基础。

(2)必须具有较快的反应速度。对于速度较慢的反应,有时可加热或加入催化剂来加速反应的进行。

（3）必须有合适的指示终点的方法。

凡能满足上述要求的反应，都可采用直接滴定法。

(二)滴定方式

在进行滴定分析时，滴定的方式主要有以下几种。

1. 直接滴定法　凡能满足上述滴定反应条件的化学反应都可采用标准溶液直接滴定待测物质。如用 NaOH 标准溶液直接滴定 HCl 溶液，用 EDTA 标准溶液直接滴定 Ca^{2+}、Mg^{2+}、Zn^{2+} 等，直接滴定法是滴定分析中最常用、最基本的滴定方法。

2. 返滴定法(又称回滴法)　当试液中待测物质与滴定剂反应很慢(如 Al^{3+} 与 EDTA 的配合反应)，或者用滴定剂直接滴定固体试样(如用 HCl 溶液滴定固体 $CaCO_3$)时，反应不能立即完成，故不能用直接滴定法进行滴定。此时可先准确地加入过量的标准溶液，使其与试液中的待测物质或固体试样进行反应，待反应完成后，再用另一种标准溶液滴定剩余的标准溶液，这种滴定方法称为返滴定法。对于上述 Al^{3+} 的滴定，当加入过量的 EDTA 标准溶液后，剩余的 EDTA 可用标准 Zn^{2+} 或 Cu^{2+} 溶液进行返滴定；对于固体 $CaCO_3$ 的滴定，加入过量 HCl 标准溶液后，剩余的 HCl 溶液可用标准 NaOH 溶液进行返滴定。

有时采用返滴定法是由于某些反应没有合适的指示剂。如在酸性溶液中，用 $AgNO_3$ 标准溶液滴定 Cl^-，缺乏合适的指示剂，此时可先加入过量的 $AgNO_3$ 标准溶液，使 Cl^- 沉淀完全，再以 NH_4SCN 标准溶液滴定过量的 Ag^+，以铁盐作指示剂，溶液颜色突变为淡红色即达到滴定终点，淡红色物质为 $[Fe(SCN)]^{2+}$。

3. 置换滴定法　当滴定剂与待测组分的反应不能直接发生或不按一定反应式进行或伴有副反应时，不能采用直接滴定法。此时，可先用适当试剂与待测组分反应，使其定量地置换为另一种可与滴定剂反应的物质，再用标准溶液滴定这种物质，这种滴定方法称为置换滴定法。例如，$Na_2S_2O_3$ 不能用直接滴定法滴定 $K_2Cr_2O_7$ 及其他强氧化剂，因为在酸性溶液中这些强氧化剂将 $S_2O_3^{2-}$ 氧化为 $S_4O_6^{2-}$ 和 SO_4^{2-} 等的混合物，反应没有定量关系。但是，$Na_2S_2O_3$ 却是一种滴定 I_2 的很好的滴定剂，如果在 $K_2Cr_2O_7$ 酸性溶液中先加入过量的 KI，析出一定量的 I_2，再以淀粉为指示剂，用 $Na_2S_2O_3$ 滴定析出的 I_2，进而求得 $Na_2S_2O_3$ 溶液的浓度。这种滴定法常用于以 $Na_2S_2O_3$ 标准溶液来标定 $K_2Cr_2O_7$ 溶液的浓度。

4. 间接滴定法　不能与滴定剂直接起反应的物质，有时可以通过另外的化学反应，间接测定其含量。例如将 Ca^{2+} 沉淀为 CaC_2O_4 后，用 H_2SO_4 溶解，再用 $KMnO_4$ 标准溶液滴定与 Ca^{2+} 结合的 $C_2O_4^{2-}$，从而间接测定 Ca^{2+} 的含量。

返滴定法、置换滴定法、间接滴定法的应用，大大扩展了滴定分析的应用范围。

二、基准物质和标准溶液

(一)基准物质

基准物质就是能用于直接配制或标定标准溶液的物质。

基准物质应符合下列要求：

（1）组成（包括结晶水）与化学式完全相符；

（2）纯度高（质量分数在 99.9% 以上）；

（3）性质稳定（不与空气中的 O_2 及 CO_2 反应，也不吸收空气中的水分）；

（4）最好有较大的摩尔质量，以减小称量误差。

常用的基准物质有纯金属和纯化合物，其干燥条件和应用见表 9-6。

表 9-6　常用基准物的干燥条件和应用

基准物质	化学式	干 燥 条 件	标定对象
无水碳酸钠	Na_2CO_3	270～300℃	酸
硼砂	$Na_2B_4O_7 \cdot 10H_2O$	置于盛有 NaCl、蔗糖饱和溶液的密闭容器中	酸
二水合草酸	$H_2C_2O_4 \cdot 2H_2O$	室温,空气干燥	碱、$KMnO_4$
邻苯二甲酸氢钾	$KHC_8H_4O_4$	110～120℃	碱
草酸钠	$Na_2C_2O_4$	130℃	$KMnO_4$
锌	Zn	室温,干燥器中保存	EDTA
碳酸钙	$CaCO_3$	110℃	EDTA
重铬酸钾	$K_2Cr_2O_7$	140～150℃	$Na_2S_2O_3$
氯化钠	$NaCl$	500～600℃	$AgNO_3$
硝酸银	$AgNO_3$	280～290℃	NaCl

这些基准物的质量分数一般在 99.9% 以上，有的甚至可达 99.99% 以上。有些超纯试剂和光谱纯试剂的纯度很高，但这只能说明其中金属杂质的含量很低，并不表明其主要成分的质量分数在 99.9% 以上。有时因为其中含有不定组成的水分和气体杂质，以及试剂本身的组成不固定等原因，使主要成分的质量分数达不到 99.9%，这时就不能用作基准物质了。因此不可随意认定基准物质。

（二）标准溶液的配制方法

标准溶液就是已知其准确浓度的溶液。滴定分析过程中需要通过标准溶液的浓度和用量来计算待测组分的含量。因此，正确配制和使用标准溶液，准确测定标准溶液的浓度以及对标准溶液进行妥善保存，对于提高滴定分析的准确度有着重大意义。标准溶液的配制方法有直接法和标定法。

1. 直接法　准确称取一定量的基准物质，溶解后置于一定体积容量瓶中稀释至刻度，根据溶质的质量和容量瓶的体积，计算出该标准溶液的准确浓度。例如，称取 4.903g 基准物质 $K_2Cr_2O_7$，用水溶解后，置于 1L 容量瓶中，用水稀释至刻度，即得 0.01667mol/L 的 $K_2Cr_2O_7$ 标准溶液。

2. 间接法　很多物质不能直接用来配制标准溶液，如 NaOH 易吸收空气中的水分和 CO_2；市售 HCl 溶液含量不准确，易挥发；$KMnO_4$、$Na_2S_2O_3$ 含量不纯，在空气中不稳定。这些试剂的标准溶液只能采用间接法配制。即先将其配制成一种近似于所需浓度的溶液,然后再用基准物质(或已经用基准物质标定过的标准溶液)来标定其准确浓度。例如,欲配制 0.1mol/L 的 HCl 标准溶液,先用浓 HCl 稀释配制成浓度接近 0.1mol/L 的稀溶液,然后再称取一定量的基准物质如硼砂进行标定,或者用已知准确浓度的 NaOH 标准溶液进行标定,这样便可求得 HCl 标准溶液的准确浓度。

在实际工作中,有时选用与被分析试样组成相似的"标准试样"来标定标准溶液,以消除共存元素的影响。

(三)标准溶液浓度的表示法

标准溶液浓度的表示法,通常有物质的量浓度和滴定度两种。

1. 物质的量浓度　物质的量浓度(简称浓度),是指溶液中所含溶质 B 的物质的量 n_B 除以溶液的体积 V,用符号 c_B 表示:

$$c_B = \frac{n_B}{V} \qquad (9-16)$$

式中:V——溶液的体积,L 或 mL;

　　　c_B——溶液的浓度,mol/L。

物质 B 的量 n_B 与物质 B 的质量 m_B 的关系为:

$$n_B = \frac{m_B}{M_B} \qquad (9-17)$$

*2. 滴定度　滴定度是指每毫升标准滴定剂相当于被测物质的质量(g 或 mg)或质量分数。用 $T_{被测物/滴定剂}$ 表示。例如用来测定铁含量的 $KMnO_4$ 标准溶液,若每毫升 $KMnO_4$ 标准溶液恰好能与 0.005682g 的 Fe^{2+} 反应,则可表示为 $T_{Fe/KMnO_4} = 0.005682$ g/mL,也就是说,1mL 的 $KMnO_4$ 标准溶液能把 0.005682g Fe^{2+} 氧化成 Fe^{3+}。已知滴定中消耗 $KMnO_4$ 标准溶液的体积为 V,则被测定铁的质量 $m_{Fe} = T_{Fe/KMnO_4} V$。在生产单位的例行分析中,常常需要对大批物质测定其中同一组分的含量,这时用滴定度来表示标准溶液的浓度,则计算就得以简化。

三、滴定分析中的有关计算

滴定分析法是用标准溶液滴定被测组分的溶液,由于反应物选取的基本单元不同,计算方法也不相同。

假如选取分子、离子或原子作为反应物的基本单元,此时滴定分析结果计算的依据是:当滴定到化学计量点时,它们的物质的量之间的关系恰好符合其化学反应所表示的化学计量关系,这种方法称为换算因数法。

(一)被测物质的量 n_A 与滴定剂物质的量 n_B 之间的计量关系

在直接滴定法中,设被测组分 A 与滴定剂 B 间的反应为:

$$aA + bB \rightleftharpoons cC + dD$$

当滴定到达化学计量点时,$n_A : n_B = a : b$,则:

$$n_A = \frac{a}{b} n_B \quad 或 \quad n_B = \frac{b}{a} n_A \qquad (9-18)$$

式(9-18)中$\frac{a}{b}$或$\frac{b}{a}$称为化学计量数比。

例如,在酸性溶液中,用$H_2C_2O_4$作为基准物质标定$KMnO_4$溶液浓度时,滴定反应为:

$$2MnO_4^- + 5C_2O_4^{2-} + 16H^+ \Longrightarrow 2Mn^{2+} + 10CO_2\uparrow + 8H_2O$$

即可得出:

$$n_{KMnO_4} = \frac{2}{5}n_{H_2C_2O_4}$$

若被测物是溶液,其体积为V_A,浓度为c_A,到达化学计量点时用去浓度为c_B的滴定剂的体积为V_B,即:

$$c_A V_A = \frac{a}{b}c_B V_B \tag{9-19}$$

式(9-19)也适用于有关溶液稀释的计算。因为溶液稀释后,所含溶质的物质的量没有变,故有:

$$c_1 V_1 = c_2 V_2 \tag{9-20}$$

对于固体物质,其质量为m_A,经溶解后用浓度为c_B的滴定剂滴定,到达计量点时用去体积为V_B,即:

$$\frac{m_A}{M_A} = \frac{a}{b}c_B V_B$$

或

$$m_A = \frac{a}{b}c_B V_B M_A \tag{9-21}$$

在置换滴定法和间接滴定法中,涉及两个以上的反应,此时应从总的反应中找出实际参加反应的物质的量之间的关系。例如,在酸性溶液中以$K_2Cr_2O_7$为基准物质,标定$Na_2S_2O_3$溶液浓度时,其中包括了两个反应,首先是在酸性溶液中$K_2Cr_2O_7$与过量的KI反应析出I_2:

$$Cr_2O_7^{2-} + 6I^- + 14H^+ \Longrightarrow 2Cr^{3+} + 3I_2 + 7H_2O \tag{Ⅰ}$$

然后用$Na_2S_2O_3$溶液滴定析出的I_2:

$$I_2 + S_2O_3^{2-} \Longrightarrow 2I^- + S_4O_6^{2-} \tag{Ⅱ}$$

I^-在前一反应中被$K_2Cr_2O_7$氧化为I_2,而在后一反应中,I_2又被$Na_2S_2O_3$还原为I^-。因此,实际上总反应相当于$K_2Cr_2O_7$氧化了$Na_2S_2O_3$。将反应(Ⅱ)的系数乘以3,再与反应(Ⅰ)合并,得到$K_2Cr_2O_7$与$Na_2S_2O_3$在反应中的计量数为$\frac{1}{6}$,即:

$$n_{Na_2S_2O_3} = 6n_{K_2Cr_2O_7}$$

(二)待测组分含量的计算

设试样的质量为m_s,测得其中待测组分A的质量为m_A,则待测组分A在试样中的质量分数w_A为:

$$w_A = \frac{m_A}{m_s} \times 100\% \tag{9-22}$$

将(9-21)式代入式(9-22),得到:

$$w_A = \frac{\frac{a}{b}c_B V_B M_A}{m_s} \times 100\% \qquad (9-23)$$

*(三)溶液的滴定度与浓度的换算

式(9-21)中 V_B 的单位为 L,而在实际滴定时,滴定剂的体积常以 mL 计量,当 V_B 的单位为 mL 时,式(9-21)应改写为:

$$m_A = \frac{a}{b}c_B V_B M_A \times 10^{-3} \qquad (9-24)$$

根据滴定度的定义,可得:

$$T_{A/B} = \frac{m_A}{V_B} = \frac{a}{b}c_B M_A \times 10^{-3}$$

或

$$c_B = \frac{b}{a} \cdot \frac{T_{A/B} \times 10^3}{M_A} \qquad (9-25)$$

为方便起见,将滴定分析中常用的计算公式进行了归纳,具体见表9-7。

表9-7 滴定分析中常用的计算公式

计 算 项 目	换算因数法(基本单元按物质的化学式)
溶液测定,溶液稀释	$c_A V_A = \frac{a}{b} c_B V_B$
溶液标定	$c_A V_A = \frac{a}{b} \cdot \frac{m_B}{M_B}$
被测物质的质量	$m_A = \frac{a}{b} c_B V_B M_A$
被测物质的含量	$w_A = \frac{\frac{a}{b} c_B V_B M_A}{m_s} \times 100\%$
滴定度与浓度换算	$T_{A/B} = \frac{m_A}{V_B} = \frac{a}{b} c_B M_A \times 10^{-3}$

(四)滴定分析计算实例

例4 准确称取基准物质 $K_2Cr_2O_7$ 1.471g,溶解后定量转移至 250.0mL 的容量瓶中。问此 $K_2Cr_2O_7$ 溶液的浓度是多少?

解:按式(9-16)计算:

$$M_{K_2Cr_2O_7} = 294.2\text{g/mol}$$

$$c_{K_2Cr_2O_7} = \frac{n}{V} = \frac{\frac{1.471\text{g}}{294.2\text{g/mol}}}{0.2500\text{L}} = 0.02000\text{mol/L}$$

例5 为标定 HCl 溶液,称取硼砂($Na_2B_4O_7 \cdot 10H_2O$)0.4710g,用 HCl 溶液滴定至化学计量点,消耗 25.20mL,求 HCl 溶液的浓度。

解:反应式为:

$$Na_2B_4O_7 + 2HCl + 5H_2O =\!=\!= 4H_3BO_3 + 2NaCl$$

$$n_{HCl} = 2n_{Na_2B_4O_7 \cdot 10H_2O}$$

$$c_{HCl} \cdot V_{HCl} = \frac{2m_{Na_2B_4O_7 \cdot 10H_2O}}{M_{Na_2B_4O_7 \cdot 10H_2O}}$$

$$c_{HCl} = \frac{2 \times 0.4710g}{381.36(g/mol) \times 25.20 \times 10^{-3}L} = 0.09802mol/L$$

例 6 称取铁矿石试样 0.3162g，将其溶解，使全部铁还原成亚铁离子，用 0.02028mol/L 的 $K_2Cr_2O_7$ 标准溶液滴定至化学计量点时，用去 $K_2Cr_2O_7$ 标准溶液 21.46mL。求试样中 Fe 和 Fe_2O_3 的质量分数各为多少？

解： Fe^{2+} 与 $K_2Cr_2O_7$ 的反应为：

$$6Fe^{2+} + Cr_2O_7^{2-} + 14H^+ \Longrightarrow 6Fe^{3+} + 2Cr^{3+} + 7H_2O$$

$$n_{Fe} = 6n_{Cr_2O_7^{2-}} \qquad n_{Fe_2O_3} = 3n_{Cr_2O_7^{2-}}$$

$$w_{Fe} = \frac{6c_{Cr_2O_7^{2-}} V_{Cr_2O_7^{2-}} M_{Fe} \times 10^{-3}}{m_s} \times 100\%$$

$$= \frac{6 \times 0.02028 \times 21.46 \times 55.85 \times 10^{-3}}{0.3162} \times 100\% = 46.12\%$$

$$w_{Fe_2O_3} = \frac{3c_{Cr_2O_7^{2-}} V_{Cr_2O_7^{2-}} M_{Fe_2O_3} \times 10^{-3}}{m_s} \times 100\%$$

$$= \frac{3 \times 0.02028 \times 21.46 \times 159.7 \times 10^{-3}}{0.3162} \times 100\% = 65.94\%$$

例 7 选用邻苯二甲酸氢钾作基准物，标定 0.1mol/L 的 NaOH 溶液的标准浓度。今欲把用去的 NaOH 溶液体积控制在 25mL 左右。应称取基准物多少克？如改用草酸（$H_2C_2O_4 \cdot 2H_2O$）作基准物，应称取多少克？

解： 以邻苯二甲酸氢钾（$KHC_8H_4O_4$）作基准物时，其滴定反应式为：

$$KHC_8H_4O_4 + OH^- \Longrightarrow KC_8H_4O_4^- + H_2O$$

故

$$n_{NaOH} = n_{KHC_8H_4O_4}$$

$$m_{KHC_8H_4O_4} = n_{KHC_8H_4O_4} \cdot M_{KHC_8H_4O_4} = n_{NaOH} \cdot M_{KHC_8H_4O_4}$$

$$= c_{NaOH} \cdot V_{NaOH} \cdot M_{KHC_8H_4O_4}$$

$$= 0.1(mol/L) \times 25 \times 10^{-3}L \times 204.2(g/mol) = 0.5g$$

若以草酸（$H_2C_2O_4 \cdot 2H_2O$）作基准物，由上式可知：

$$n_{NaOH} = 2n_{H_2C_2O_4 \cdot 2H_2O}$$

$$m_{H_2C_2O_4 \cdot 2H_2O} = n_{H_2C_2O_4 \cdot 2H_2O} \cdot M_{H_2C_2O_4 \cdot 2H_2O} = \frac{1}{2}n_{NaOH} \cdot M_{H_2C_2O_4 \cdot 2H_2O}$$

$$= \frac{1}{2}c_{NaOH} \cdot V_{NaOH} \cdot M_{H_2C_2O_4 \cdot 2H_2O}$$

$$= \frac{1}{2} \times 0.1(mol/L) \times 25 \times 10^{-3}L \times 121.6(g/mol) = 0.16g$$

由此可见，采用邻苯二甲酸氢钾作基准物可减少称量过程的相对误差。

第四节 吸光光度法[1-6]

吸光光度法是基于物质对光的选择性吸收的特征而建立起来的分析方法，包括比色法、可见和紫外吸光光度法及红外光谱法等。本节主要讨论可见光吸光光度法。

一、光吸收定律

(一)物质对光的选择性吸收

物质的颜色是因物质对不同波长的光具有选择性吸收作用而产生的。不同波长的光呈现不同的颜色,当一束白光(由各种波长的色光按一定比例组成)如日光或白炽灯光等通过某一有色溶液时,一些波长的色光被溶液吸收,另一些波长的色光不被吸收而透过溶液。透射光(或反射光)刺激人眼而使人感觉到颜色的存在。溶液的颜色由透射光的波长所决定。如果两种色光按适当的强度比例混合后能够组成白光,则把这两种色光称为补色光,两种色光的颜色互为补色。理论上将具有同一波长的色光称为单色光,由不同波长组成的光称为复合光。人眼能感觉到的光,称为可见光,其波长范围为400~760nm,它是由红、橙、黄、绿、青、蓝、紫七种颜色按一定比例混合而成的白光。物质颜色与吸收光颜色的互补关系见表9-8。

表9-8 物质颜色与吸收光颜色的互补关系

物质颜色	吸 收 光		物质颜色	吸 收 光	
	颜色	波长/nm		颜色	波长/nm
黄绿	紫	400~450	紫	黄绿	560~580
黄	蓝	450~480	蓝	黄	580~600
橙	绿蓝	480~490	绿蓝	橙	600~650
红	蓝绿	490~500	蓝绿	红	650~760
紫红	绿	500~560	—	—	—

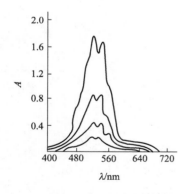

图9-3 $KMnO_4$ 溶液的光吸收曲线

以上粗略地用物质对各种色光的选择吸收来说明物质呈现的颜色。如果测量某种物质对不同波长单色光的吸收程度(简称吸光度),以波长为横坐标,吸光度为纵坐标作图,可得到一条吸收光谱曲线(又称光吸收曲线),它能更清楚地描述物质对色光的吸收情况。$KMnO_4$ 溶液的光吸收曲线如图9-3所示。从图中可以看出,在可见光范围内,$KMnO_4$ 溶液对波长在525nm附近的绿光的吸收最强而呈紫红色。色光吸收程度最大处的波长叫作最大吸收波长,用 λ_{max} 表示。$KMnO_4$ 溶液的 λ_{max} 为525nm。浓度不同时,光吸收曲线的形状相同,且最大吸收波长也不变,只是相应的吸光度大小不同。因此,光吸收曲线是吸光光度法定量分析时选择测定波长的重要依据。

(二)朗伯—比尔定律

实践证明,溶液对光的吸收程度与溶液浓度、液层厚度及入射光波长等因素有关。如果保持入射光波长不变,则溶液对光的吸收程度只与溶液浓度和液层厚度有关。描述它们之间的定量关系的定律称为朗伯—比尔定律。如图9-4所示,当一束强度为I_0的平行单色光垂直照射液层厚度为b、浓度为c的溶液时,由于溶液中吸光质点(分子或离子)的吸收,通过溶液后光的强度减弱为I,则该溶液的吸光度为:

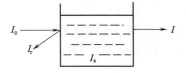

图9-4 光通过溶液的情况

$$A = -\lg T = \lg \frac{I_0}{I} = Kcb \qquad (9-26)$$

式中:A——吸光度;

K——比例常数,也叫吸光系数;

T——透射率。

式(9-26)是朗伯—比尔定律的数学表达式。其表明当一束平行的单色光通过含吸光物质的溶液时,溶液的吸光度与溶液浓度、液层厚度成正比。这是进行定量分析的理论基础。式(9-26)中的K值随c、b所取单位的不同而不同。通常液层厚度b以cm为单位,如果浓度c以g/L为单位,则K的单位为L/(g·cm);如浓度c以mol/L为单位,则K用另一符号ε来表示。ε称为摩尔吸收系数,单位为L/(mol·cm),其表示物质的量浓度为1mol/L、液层厚度为1cm时溶液的吸光度。这时式(9-26)变为:

$$A = \varepsilon cb \qquad (9-27)$$

在分析实验中,不能直接取浓度为1mol/L的有色溶液来测定ε值,而是在适当的低浓度时测定该有色溶液的吸光度,通过计算来求得ε值。ε值反映吸光物质对光的吸收能力,也反映用吸光光度法测定该吸光物质的灵敏度,一定条件下是常数。同一物质与不同显色剂反应生成不同的有色化合物时,具有不同的ε值。因此ε值是选择显色反应的重要依据,ε值越大,方法的灵敏度越高。

在含有多种吸光物质的溶液中,由于各吸光物质对某一波长的单色光均有吸收作用,如果各吸光物质的吸光质点之间相互不发生化学反应,则当某一波长的单色光通过这样一种含有多种吸光物质的溶液时,溶液的总吸光度应等于各吸光物质的吸光度之和。即:

$$A_{总} = A_1 + A_2 + \cdots + A_n \qquad (9-28)$$

式(9-28)中下角标指吸收组分$1,2,\cdots,n$。这一规律称为吸光度的加和性。根据这一规律,可以进行多组分的测定及某些化学反应平衡常数的测定。

例8 Fe^{2+}的浓度为2.5×10^{-4}g/L的溶液,与邻菲罗啉反应,生成橙红色配合物。该配合物在波长508nm、比色皿厚度为2cm时,测得A为0.15。计算邻菲罗啉铁的K及ε值。

解:已知铁的相对原子质量为55.85,根据朗伯—比尔定律可得:

$$K = \frac{A}{bc} = \frac{0.15}{2 \times 2.5 \times 10^{-4}} = 300 [L/(g \cdot cm)]$$

$$\varepsilon = 55.85 \times 300 = 1.676 \times 10^4 [L/(mol \cdot cm)]$$

吸光光度法的特点是:因入射光是纯度较高的单色光,故使偏离朗伯—比尔定律的情况大为减少,标准曲线(根据$A = Kbc$这一关系式,以A对c作图,应为一通过原点的直线,该直线称为标准曲线或工作曲线。当待测溶液大于某一浓度时,工作曲线发生偏离)。直线部分的范围更大,分析结果的准确度较高。因可任意选取某种波长的单色光,故利用吸光度的加和性,可同时测定溶液中两种或两种以上的组分。吸光光度法主要用于测定试样中的微量组分。

二、显色反应

如果待测物质本身有较深的颜色,则可以直接测定。但大多数待测物质是无色或只有很浅的颜色,这就需要选择一种适当的试剂与其发生化学反应,从而转化为有色化合物再进行光度测定。这种将待测组分转变为有色化合物的反应称为显色反应,所用的试剂称为显色剂。在光度分析中,选择合适的显色反应并严格控制反应条件,是非常重要的。

(一)显色反应的选择

按显色反应的类型来分,主要有氧化还原反应和配合反应两大类,而配合反应是最主要的显色反应。同一组分常可与多种显色剂反应,生成不同的有色物质。在分析时,究竟选用何种显色反应较适宜,应考虑以下几方面因素。

1. 显色反应的灵敏度较高 可见光分光光度法一般用于微量组分的测定,因此,显色反应的灵敏度是考虑的主要因素。摩尔吸收系数 ε 的大小是显色反应灵敏度高低的重要标志,因此应当选择生成的有色物质的 ε 值较大的显色反应。一般来说,当 ε 值为 $10^4 \sim 10^5 \mathrm{L/(mol \cdot cm)}$ 时,可认为该反应灵敏度较高。如用氨水与 Cu^{2+} 生成铜氨配合物来测定 Cu^{2+},ε 值只有 $1.2 \times 10^2 \mathrm{L/(mol \cdot cm)}$,灵敏度很低,而用双硫腙在 $0.1\mathrm{mol/L}$ 浓度下,以 CCl_4 萃取测定 Cu^{2+},ε 值为 $5.0 \times 10^4 \mathrm{L/(mol \cdot cm)}$,灵敏度较高。

2. 选择性好 选择性好是指显色剂仅与待测物质中的一个组分或少数几个组分发生显色反应。仅与某一种离子发生反应的称为特效显色剂,这种理想的显色剂很难找到,但是干扰较少或干扰易消除的显色反应是可以找到的。

3. 有色化合物的组成恒定、化学性质足够稳定 为保证在测量过程中溶液的吸光度基本恒定,这就要求有色化合物不容易受外界环境条件的影响,如日光照射、空气中的氧气和二氧化碳的作用等,否则将影响吸光度测定的准确性和再现性。

4. 显色剂在测定波长处无明显吸收 有色化合物与显色剂之间的颜色差别要大,即显色剂对光的吸收与有色化合物的吸收有明显区别,一般要求两者的吸收峰波长之差 $\Delta\lambda$(称为对比度)在 60nm 以上。

(二)显色剂

1. 无机显色剂 无机显色剂在光度分析中应用不多,这主要是因为生成的有色化合物不够稳定,灵敏度和选择性不高。尚有实用价值的仅有用 KSCN 作显色剂测铁、钼、钨和铌,用钼酸铵作显色剂测硅、磷和钨,用过氧化氢作显色剂测钛、钒等。

2. 有机显色剂 有机显色剂与金属离子生成的螯合物极其稳定,显色反应的选择性和灵敏度都比无机显色剂高,因而广泛应用于吸光光度分析。有机显色剂及其产物的颜色与有机显色剂的分子结构有着密切联系。有机显色剂分子中一般都含有生色团和助色团。生色团是一些含不饱和键的基团,如偶氮基、对醌基和羰基等。这些基团中的 π 电子被激发时所需的能量较小,波长在 200nm 以上的光就可以做到,故往往可以吸收可见光而表现出颜色。助色团是一些含孤对电子的基团,如氨基、羟基和卤代基等,这些基团与生色团上的不饱和键相互作用,可以影响生色团对光的吸收,使颜色加深。常用的有机显色剂见表 9-9。

表 9-9　常用的有机显色剂

显　色　剂	测定离子	显　色　条　件	颜　色	λ_{max}/nm	ε
双硫腙	Zn^{2+}	pH=5.0,CCl_4 萃取	红紫	535	1.12×10^5
双硫腙	Cd^{2+}	碱性,CCl_4 萃取	红	520	8.8×10^4
双硫腙	Ag^+	pH=4.5,CCl_4 萃取	黄	462	3.05×10^4
双硫腙	Hg^{2+}	微酸性,CCl_4 萃取	橙	490	7.00×10^4
双硫腙	Pb^{2+}	pH=8~11,KCN 掩蔽,CCl_4 萃取	红	520	6.86×10^4
双硫腙	Cu^{2+}	0.1mol/L HCl 溶液,CCl_4 萃取	紫	545	4.55×10^4
铝试剂	Al^{3+}	pH=5.0~5.5,HAc 溶液	深红	525	5.25×10^4
偶氮胂Ⅲ	Ba^{2+}	pH=5.3	绿	640	6.40×10^3
邻菲罗啉	Fe^{2+}	pH=3.0~6.0	橙红	510	5.10×10^4

(三)吸光度测量条件的选择

1. 入射光波长的选择　为了使测定结果有较高的灵敏度和准确度,入射光波长应选择最大吸收峰处对应的波长 λ_{max}。若在此波长处干扰物质有强烈吸收(如显色剂、共存组分吸收峰),那么可选择有较强吸收而其他试剂吸收程度很小的波长(吸收较大,干扰最小原则)进行定量分析。

2. 参比溶液的选择　在进行吸光光度测定时,利用参比溶液来调节仪器的零点,可以消除由于吸收池及溶液对光的吸收、反射等带来的影响。参比溶液可根据下列情况来选择。

(1)当试液、显色剂均无色时,可用蒸馏水作参比溶液。

(2)显色剂或其他试剂有吸收时,应用空白溶液(不加待测溶液)作参比溶液。

(3)显色剂无色,而待测溶液中存在其他有色离子时,可用不加显色剂的待测溶液作参比溶液。

(4)待测溶液、显色剂均有颜色时,选用适当掩蔽剂掩蔽待测离子后再加显色剂,用此溶液作参比溶液。

总之,选择参比溶液的原则是使待测溶液的吸光度真正反映待测溶液的浓度。

3. 吸光度读数范围的控制　在光度计中,透射率的标尺刻度是均匀的。由于吸光度与透射率为负对数关系,故吸光度的标尺刻度是不均匀的,吸光度越大,读数波动所引起的测量误差越大,光度计标尺上吸光度与透射率的刻度分布情况,如图 9-5 所示。为了使测量结果有较高的准确度,根据朗伯—比尔定律推导可得,一般应控制标准溶液和待测溶液的吸光度 A 在 0.2~0.7 或 T 在 65%~20% 范围内,才能保证测量的相对误差较小;当吸光度 A=0.434(或透射率 T=36.8%)时,测量的相对误差最小。此外,也可通过控制溶液浓度或选择不同厚度的比色皿来达到目的。

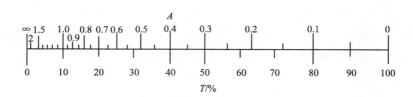

图 9－5　光度计标尺上吸光度与透射率的刻度分布情况

三、吸光光度法的应用

吸光光度法主要用于微量组分的测定，也能用于高组分含量的测定、多组分含量的测定以及配合物组成的测定等，现将这方面的应用介绍如下。

1. 高含量组分的测定——示差法　当待测组分含量较高时，测得的吸光度值往往偏离比尔定律。即使不发生偏离，也会使测得的吸光度过高，超出适宜的读数范围而引起较大的误差。采用示差吸光光度法就能克服这一缺点。

示差吸光光度法与普通吸光光度法的主要区别在于它们所采用的参比溶液不同。示差吸光光度法不是以空白溶液（不加待测溶液）作为参比溶液，而是采用比待测溶液浓度稍低的标准溶液作为参比溶液，测量待测溶液的吸光度，从测得的吸光度值求出它的浓度。这样便可大大提高测定结果的准确度。

设用作参比的标准溶液浓度为 c_s，待测溶液浓度为 c_x，且 c_x 大于 c_s。根据朗伯—比尔定律得到：

$$A_x = \varepsilon c_x b \qquad A_s = \varepsilon c_s b$$

两式相减，得到相对吸光度为：

$$A_{相对} = \Delta A = A_x - A_s = \varepsilon b(c_x - c_s) = \varepsilon b \Delta c \tag{9-29}$$

从式（9－29）可知，所测得的吸光度差与这两种溶液的浓度差成正比。这样便可以把空白溶液作为参比稀溶液的标准曲线作为 ΔA 和 Δc 的标准曲线，根据测得的 ΔA 查出相应的 Δc 值，从 $c_x = c_s + \Delta c$ 可求出待测溶液的浓度，这就是示差吸光光度法定量测定的基本原理。

示差吸光光度法能提高测定结果的准确度，是由于示差吸光光度法提高了测量吸光度的准确性。示差吸光光度法标尺放大原理示意图如图 9－6 所示。

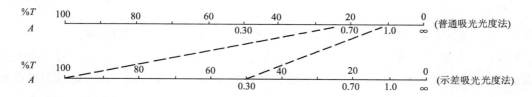

图 9－6　示差吸光光度法标尺放大原理示意图

从图 9－6 看出，用普通吸光光度法测定时，以空白液为参比测得浓度为 c_s 的标准溶液的透光度为 20％（$A = 0.70$），浓度为 c_x 的试液的透光度为 10％（$A = 1.0$）。在示差吸光光度法中，以 c_s 作为参比，调节其透光度为 100％，接着测得 c_x 的透光度 50％（$A = 0.30$），这相当于将仪器的读数标尺扩展了 5 倍 $\left(\dfrac{T_{s2}}{T_{s_1}}=\dfrac{100}{20}=5\right)$。这两种溶液的吸光度差值在上下标尺上均差 0.3 个单位,然而,上下相比,0.3 个单位在下部刻度中占了很大一部分,就仪器恒定的读数误差而言,产生的浓度误差可以降至 0.1% 左右,完全可以和通常的容量分析相媲美。

示差吸光光度法要求仪器的单色器性能好、电子元器件性能稳定,以便能使发射的光源有足够的强度满足参比溶液调节透光度 100% 的要求。

2. 多组分的同时测定　上面讨论的单组分物质的测定,对干扰物质一般采用掩蔽或分离等方法来消除。但对多组分物质,吸光光度法也可不经分离同时测定。最简单的是双组分的测定,分为以下两情况。

(1)吸收光谱互不重叠。当待测溶液中 X 和 Y 组分的吸收光谱互不重叠时,如图 9-7 所示。在这种情况下,分别在波长 λ_1 和 λ_2 处,按前述测定单组分的方法分别测定 X 和 Y 即可。

(2)吸收光谱重叠。当待测溶液中 X 和 Y 组分的吸收光谱重叠时,如图 9-8 所示。

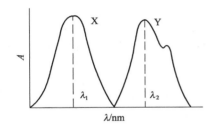

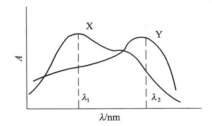

图 9-7　X 和 Y 组分的吸收光谱互不重叠　　　图 9-8　X 和 Y 组分的吸收光谱重叠

在这种情况下,一般是找出两波长 λ_1 和 λ_2,在这两个波长下,两组分的吸光度差值 ΔA_1 和 ΔA_2 较大。然后用 X 和 Y 的纯组分分别在 λ_1 和 λ_2 测出吸光度,并求出 ε_{X1}、ε_{X2} 和 ε_{Y1}、ε_{Y2} 值,再用混合物在 λ_1 和 λ_2 处测定吸光度 A_1 和 A_2,由吸光度值的加合性,列出联立方程组:

$$\begin{cases} A_1=\varepsilon_{X1}bc_X+\varepsilon_{Y1}bc_Y \\ A_2=\varepsilon_{X2}bc_X+\varepsilon_{Y2}bc_Y \end{cases}$$

式中:c_X——组分 X 的浓度;

c_Y——组分 Y 的浓度。

解联立方程,即可求出 c_X 和 c_Y 值。

实际工作中,求解上述方程组,特别是由多组分所得的多元方程组是比较麻烦的。若用微机求解,则非常方便。

3. 配合物组成的测定　用分光光度法研究配合物的组成和测定配合物的稳定常数是十分有用的。吸光光度法用于确定配合物的组成,具有独特的优点,常用的方法有摩尔比法和连续变化法。

(1)摩尔比法。设配合反应为 $M+nR \Longrightarrow MR_n$。固定金属离子 M 的浓度而逐渐增加配体 R 的浓度时,得到一系列 $\dfrac{[R]}{[M]}$ 比值不同的溶液。在改变 R 浓度的过程中,M 被逐渐络合为 MR_n,溶液的吸光度不断增加。M被完全转化为配合物以后,虽然 R 浓度还在增加,但溶液的吸光度已渐趋稳定。这种情况如图 9－9 所示,图中曲线的转折点(由外推法所得)对应的横坐标即为该络合物的络合比。这种方法简便、快速,对于解离度小的络合物,也可以得到满意的测量结果。

应用摩尔比法求络合物组成时应注意以下几点:

①配位体 R 应是无色的或在所选波长范围内无明显吸收;

②此法适于离解度较小的络合物,特别是对络合比高的络合物组成的测定更为适用;

③若所得络合物离解度较大,则曲线转折点不明显,甚至难以确定。

(2)连续变化法。应用此法时保持溶液中 c_M 和 c_R 的总浓度不变,即 $c_M+c_R=$ 常数,连续改变溶液中 c_M 和 c_R 的相对量,配制一系列溶液,在选定条件和波长下测定溶液的吸光度。显然,只有当溶液中金属离子与配体的物质的量之比恰为配合物应有的组成比例时,生成的配合物浓度最大,其吸光度也最大。以 A 对 $\dfrac{c_M}{c_M+c_R}$ 作图绘制曲线如图 9－10 所示。曲线转折点所对应的横坐标值即为配合物的配合比值。

由图 9－10 还能测定配合物的不稳定常数 $K_{不稳}$。例如上例中,若 M 与 R 全部生成 MR_n 络合物,其吸光度应是 B 点所对应的吸光度 A 值。实际上测得的是 B' 点所对应的吸光度 A' 值。

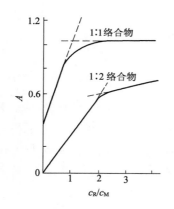

图 9－9　摩尔比法示意图

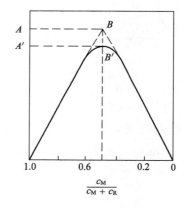

图 9－10　连续变化法示意图

其差值 $(A-A')$ 反映了该配合物由于部分离解使吸光度减少的量。据此可求得配合物的离解度,即:

$$\alpha = \frac{A-A'}{A}$$

$$MR \Longrightarrow M + R$$

总浓度　　　　c

平衡浓度　　　$c(1-\alpha)c\alpha$　　$c\alpha$

则

$$K_{不稳} = \frac{c\alpha^2}{1-\alpha}$$

应用连续变化法求配合物组成的注意事项和摩尔比法类似,此处不再赘述。

复习指导

一、定量分析中的误差

1. 误差及其产生的原因　分析测定中的误差有系统误差、随机误差和过失误差。

2. 误差和偏差的表示方法

(1)准确度是测量值 x 与真实值 μ 之间相符的程度,用误差表示:

绝对误差:
$$E_a = x_i - \mu$$

相对误差:
$$E_r = \frac{x_i - \mu}{\mu} \times 100\%$$

(2)精密度是指多次平行测定结果相互接近的程度,用偏差表示:

绝对偏差:
$$d_i = x_i - \overline{x}$$

相对偏差:
$$d_r = \frac{|x_i - \overline{x}|}{\overline{x}} \times 100\%$$

精密度是保证准确度的先决条件,但精密度高准确度不一定高,两者的差别主要是由于系统误差的存在。

(3)标准偏差。

有限测定次数 n 时的标准偏差 s 表达式为:

$$s = \sqrt{\frac{\sum_{i=1}^{n}(x_i - \overline{x})^2}{n-1}}$$

(4)平均值的标准偏差。

$$s_x = \frac{s}{\sqrt{n}}$$

3. 提高分析结果准确度的方法

(1)选择合适的分析方法。

(2)减小测量误差。

(3)增加平行测定次数,减小随机误差。

(4)消除系统误差。

①方法误差——对照实验。

②试剂误差——空白实验。

③仪器误差——校正仪器。

二、分析数据的处理

1. 有效数字及其运算规则　分析数据记录时,要根据测量仪器和分析方法的准确度来决定数据的有效数字的位数。记录测量的数据中只有最后一位数字是可疑的,在运算时要按"四舍六入五成双"的原则合理保留分析结果的有效数字的位数。

2. 置信度与平均值的置信区间　置信度就是人们对所作判断的可靠把握程度,也称为置信概率,用 P 表示。

对于有限次测定,平均值 $\bar{x}$ 与总体平均值 μ 之间的关系为：

$$\mu = \bar{x} \pm \frac{ts}{\sqrt{n}}$$

置信区间是以总体平均值 μ 为中心,真值出现的范围。由 s 可求得 μ 的置信区间。

3. 可疑数据的取舍

(1)Q 检验法。

*(2)格鲁布斯(Grubbs)法。

三、滴定分析

1. 滴定反应的条件与滴定方式　滴定反应的条件有:反应必须有确定的化学计量关系,必须有较快的反应速度,必须有合适的指示终点的方法。

滴定方式有直接滴定法、返滴定法、置换滴定法、间接滴定法。

2. 基准物质和标准溶液　基准物质就是能用于直接配制或标定标准溶液的物质。标准溶液就是已知其准确浓度的溶液。正确配制和使用标准溶液,准确测定标准溶液的浓度以及对标准溶液进行妥善保存,对于提高滴定分析的准确度有着重大意义。

3. 滴定分析中的有关计算　滴定分析中涉及一系列的计算问题,将一些常用的计算类型及公式汇总见表 9 - 10。

表 9 - 10　滴定分析中常用的计算公式

计 算 项 目	换算因数法(基本单元按物质的化学式)
溶液测定,溶液稀释	$c_A V_A = \frac{a}{b} c_B V_B$
溶液标定	$c_A V_A = \frac{a}{b} \frac{m_B}{M_B}$
被测物质的质量	$m_A = \frac{a}{b} c_B V_B M_A$
被测物质的含量	$w_A = \dfrac{\frac{a}{b} c_B V_B M_A}{m_s} \times 100\%$
滴定度与浓度换算	$T_{A/B} = \frac{m_A}{V_B} = \frac{a}{b} c_B M_A \times 10^{-3}$

四、吸光光度法

1. 光吸收定律——朗伯—比尔定律

$$A = -\lg T = \lg \frac{I_0}{I} = Kcb$$

吸光度的加和性: $A_{总} = A_1 + A_2 + \cdots + A_n$

2. 显色反应　显色反应的选择、显色剂的选择、吸光度测量条件的选择等。

3. 吸光光度法的应用　吸光光度法主要应用于微量组分的测定,也能用于高组分含量的测定、多组分含量的测定以及配合物组成的测定等。

☞ 综合练习

1. 下列情况各引起什么误差？如果是系统误差,应如何消除？

(1)砝码被腐蚀；

(2)称量时,试样吸收了空气中的水；

(3)天平零点稍有变动；

(4)读取滴定管时,最后一位数字估读不准；

(5)试样中含有被测组分；

(6)用失去部分结晶水的硼砂为基准物,标定 HCl 溶液的浓度。

2. 某分析天平称量绝对误差为±0.1mg,用递减法称取试样质量0.05g ,相对误差是多少? 如果称取试样1g,相对误差又是多少? 这说明什么问题?

3. 按有效数字运算法则,计算下列各式：

(1)$2.187 \times 0.854 + 9.6 \times 10^{-5} - 0.0326 \times 0.00814$

(2) $\dfrac{51.38}{8.7.9 \times 0.09460}$

4. 某矿石中钨的质量分数(％)分别为：20.39,20.41,20.43,计算标准偏差 s 及置信度为95％时的置信区间。

5. 用 Q 检验法,判断下列数据中,有无弃舍? 置信度选为90％。

(1)24.26,24.50,24.73,24.63

(2)6.400,6.416,6.222,6.408

6. 取钢试样1.00g,溶解于酸中,将其中的锰氧化成高锰酸盐,准确配制成250mL,测得其吸光度为 1.00×10^{-3} mol/L 的 $KMnO_4$ 溶液吸光度的1.5倍。计算钢中锰的质量分数。

7. 假如有一邻苯二甲酸氢钾试样,其中邻苯二甲酸氢钾含量约为90％,余下的为不与碱作用的杂质,今用酸碱滴定法测定其含量。若采用浓度为 1.000mol/L 的 NaOH 标准溶液进行滴定,欲控制滴定时碱溶液体积在25mL 左右,则：

(1)需称取上述试样多少克?

(2)以浓度为 0.0100mol/L 的碱溶液代替 1.000mol/L 的 NaOH 溶液滴定,需称取上述试样多少克?

8. 某人以示差法测定药物中主要成分的含量时,称取此药物 0.0253g,最后计算其主要成分的含量为98.25％ ,此结果是否合理? 为什么?

参考文献

[1]华东师大与四川大学合编.分析化学[M].5 版．北京:高等教育出版社,2003.

[2]武汉大学.分析化学[M].4 版．北京:高等教育出版社,2000.

[3]张正奇.分析化学[M].北京:科学出版社,2002.

[4]肖新亮等.实用分析化学(修订版)[M].天津:天津大学出版社,2003.

[5]吴阿富.化学定量分析[M].上海:华东理工大学出版社,2004.

[6]邱德仁.工业分析化学[M].上海:复旦大学出版社,2003.

第二篇

纺织化学实验

第十章　纺织化学实验的一般知识

第十章　PPT

第一节　实验目的

纺织化学实验是纺织化学教学中不可缺少的重要组成部分,通过实验,我们要达到以下目的。

(1)加深对理论教学内容的理解和掌握,了解化学在纺织工业中的重要作用。

(2)掌握纺织化学实验的基本操作方法和基本技能,做到理论联系实际。

(3)培养科学、严谨的工作作风以及观察问题、分析问题和解决问题的能力。

(4)了解实验室的有关知识,培养敬业、一丝不苟和团队协作的工作精神。

第二节　实验室规则

实验室是理论联系实际、训练基本操作、进行科学实验、培养良好工作习惯的场所,为了掌握纺织化学实验的基本操作方法和基本技能,保证纺织化学实验正常、有效、安全地进行,培养严谨、认真、实事求是的科学态度和良好的实验习惯,提高分析和解决实际问题的能力,学生应遵守下列规则。

(1)实验前必须认真预习,明确实验目的,了解实验的基本原理,熟悉实验内容和实验步骤,写好实验预习报告,对将要进行的实验做到心中有数,不要实验时边看边做,影响实验效果。

(2)进入实验室时,应熟悉实验室及其周围的环境。实验时应严格遵守操作规则,保证实验安全地进行。

(3)使用有腐蚀性或有毒试剂时要注意,禁止用手直接取药品,严禁用嘴品尝一切化学试剂以及用鼻子嗅一切有毒气体。在进行有刺激性、有毒气体实验或使用其他危险试剂时应在通风橱内进行。

(4)实验时应保持安静,遵守纪律,不得擅自离开实验岗位。认真、忠实地做好原始数据记录、实验现象记录,不要在实验结束后补记或随意更改实验数据。

(5)节约使用药品、水和电,爱护仪器设备,对不熟悉的仪器设备,应仔细阅读使用说明或听从教师的指导,不可随意动手,以防仪器损坏或事故发生。

(6)随时注意保持实验室的整洁。严禁在实验室内吸烟、进食,实验结束后须洗手后再离开;不得穿背心、拖鞋进入实验室。

(7)实验结束后,应将玻璃器皿洗刷干净,仪器复原,实验台清洁干净;检查门、窗、水、电等是否关闭,方能离开实验室。

(8)对实验内容和安排不合理的地方可提出改进意见。对实验现象应进行讨论,提出自己的看法,做到生动、活泼、主动地学习。

第三节　实验室安全守则

化学药品有很多是易燃、易爆、有腐蚀性或有毒的。所以,在实验前应充分了解安全注意事项,在实验过程中,要集中精力,遵守操作规程,避免事故发生。

(1)实验开始前应检查仪器是否完好无损,装置是否稳妥,经指导老师同意后,方可进行实验。

(2)使用浓酸、浓碱等具有强腐蚀性的液体时,切勿溅在衣服、皮肤,尤其是眼睛上。稀释浓硫酸时,应将浓硫酸缓慢倒入水中;而不能将水倒入浓硫酸中,以免迸溅。

(3)嗅气体时,应用手轻拂气体,扇向自己再嗅;产生有刺激性或有毒气体的实验,应在通风橱内(或通风处)进行。

(4)使用酒精灯时,应随用随点,不用时盖上灯罩。不能用已点燃的酒精灯去点燃别的酒精灯,以免酒精流出而失火。

(5)操作或处理易燃液体时应远离火源,切勿将易燃溶剂放在广口容器内直接加热。加热试管时不要将试管口指向自己或别人,不要俯视正在加热的液体,以免液体溅出。

(6)不能乱抛、乱掷燃着或带火星的火柴梗或纸条,也不得将其丢入水槽中。废酸、废碱应倒入废液缸中,废纸等应投入废纸篓中。

(7)有毒药品(如重铬酸钾、钡盐、铅盐、砷的化合物、汞的化合物、特别是氰化物)不得进入口内或接触伤口。严禁将有毒、有害药品倒入下水道,任何固体物质都不得倒入水槽中,应倒入指定的收集容器内。

(8)注意水、电、气的安全使用,不能用湿手开启电闸,以防触电。

(9)熟悉实验室内一般安全用具如灭火器、消防沙以及急救箱的放置地点和使用方法。意外事故一旦发生,应立即报告老师,并采取有效措施,迅速排除故障。

(10)实验结束后,值日生和最后离开实验室的人员应负责检查水、电、气、门窗等是否关好。

第四节　实验室常见事故的预防和处理

一、火灾事故的预防和处理

在纺织化学实验中,经常使用乙醇、乙醚、丙酮等易挥发、易燃烧的有机溶剂,如操作不慎,极易引起火灾事故。为了防止事故发生，必须注意以下事项。

（1）操作和处理易燃、易爆溶剂时，应远离火源。对于易爆炸固体的残渣，必须小心销毁（例如用硝酸分解金属炔化物）。不要随意丢弃未熄灭的火柴梗。对于易发生自燃的物质（例如加氢反应用的催化剂雷尼镍）以及沾有它们的滤纸，都不能随意丢弃，以防止产生新的火源，引起火灾事故。

（2）实验前应仔细检查仪器装置是否正确、稳妥、严密。实验操作要正确、严格。有机合成反应在常压操作时，切勿造成系统密闭，否则可能会发生爆炸事故。对沸点低于 80℃ 的液体，一般蒸馏时应采用水浴加热，不能直接用火加热。实验操作中，应防止有机物蒸气泄漏，更不要用敞口装置加热。若要进行除去溶剂的操作，必须在通风橱内进行。

（3）实验室不能储放大量易燃物。一旦发生火灾，应首先切断电源并关闭煤气开关，然后迅速将周围易着火的东西移开，向火源撒沙子或用石棉布覆盖火源。有机溶剂燃烧时，在大多数情况下，严禁用水灭火。当装有可燃性物质的器皿着火时，可用石棉布、表面皿、大烧杯等将其盖住，使之与空气隔绝而灭火。当衣服着火时，千万不要奔跑，可用灭火毯裹住身体，或者迅速脱下衣服，或者人在地上打滚以扑灭火焰。

（4）发现烘箱有异味或冒烟时，应迅速切断电源，使其降温，并准备好灭火器备用。千万不要急于打开烘箱门，以免突然供入空气助燃（爆），引起火灾。

二、爆炸事故的预防和处理

化学实验中，引发爆炸事故的原因很多，必须注意以下几点。

（1）容易爆炸的化合物：如有机化合物中的过氧化物、芳香族多硝基化合物和硝酸酯、干燥的重氮盐、叠氮化物、重金属的炔化物等，均属易爆物品，在使用和操作时应特别注意。含过氧化物的乙醚蒸馏时，有爆炸的危险，事先可加入硫酸亚铁的酸性溶液以除去过氧化物。芳香族多硝基化合物不宜在烘箱内干燥。乙醇和浓硝酸混合在一起，会引起极强烈的爆炸。

（2）仪器装置安装不正确或操作错误，有时会引起爆炸。如果在常压下进行蒸馏或加热回流，仪器必须与大气相通。在蒸馏时要注意，不要将物料蒸干。在减压操作时，不能使用不耐外压的玻璃仪器（例如平底烧瓶和锥形瓶等）。

（3）氢气、乙炔、环氧乙烷等气体与空气混合达到一定比例时，会生成爆炸性混合物，遇明火即会爆炸。因此，使用上述物质时必须严禁明火。

（4）对于放热量很大的合成反应，要小心缓慢地滴加物料，并注意冷却，同时要防止因滴液漏斗的活塞漏液而造成的事故。

三、中毒事故的预防和处理

许多化学试剂都是有毒的。有毒物质往往通过呼吸吸入、皮肤渗入、误食等方式导致中毒。使用或反应过程中有氯、溴、氮氧化物、卤化物等有毒气体或液体产生的实验，都应该在通风橱内进行,有时也可用气体吸收装置吸收产生的有毒气体。

实验中应避免用手直接接触化学药品,尤其严禁用手直接接触剧毒品。沾在皮肤上的有机物应当立即用大量清水和肥皂水洗去,切莫用有机溶剂清洗,否则只会增加化学药品渗入皮肤的速度。

溅落在桌面或地面的有机物应及时清扫除去。如不慎损坏水银温度计,撒落的水银应尽量收集起来,并用硫黄粉盖在撒落的地方。

实验中所用剧毒物质应有专人负责收发,实验后的有毒残渣必须作妥善而有效的处理。

四、触电事故的预防和处理

化学实验中常使用电炉、电热套、电动搅拌机等电器,所以应防止人体与电器导电部分直接接触并防止石棉网金属丝与电炉电阻丝接触;不能用湿手或湿物体接触电插头;电热套内严禁滴入水等溶剂,以防电器短路。为了防止触电,装置和设备的金属外壳等应连接地线,实验后应先关闭仪器开关,再拔下电源插头。

五、急救常识

(1)玻璃割伤。如果是一般轻伤,应及时挤出污血,并用消过毒的镊子取出玻璃碎片,用蒸馏水洗净伤口,涂上碘酒等,再用创可贴或绷带包扎;如果是大伤口,应立即用绷带扎紧伤口上部,使伤口停止流血,立即送医务室就诊。

(2)烧伤。如为轻伤,在伤处涂以苦味酸溶液、玉树油、兰油烃或硼酸油膏;如为重伤,立即送医务室或医院就诊。

(3)酸液或碱液溅入眼中。立即用洗眼杯或将橡皮管套上水龙头用水对准眼睛慢慢冲洗。若为酸液溅入眼中,再用1%碳酸氢钠溶液冲洗;若为碱液,则再用1%硼酸溶液冲洗,最后再用清水洗。重伤者经初步处理后,立即送医务室。

(4)皮肤被酸、碱或溴液灼伤。被酸或碱液灼伤时,伤处首先用大量水冲洗;若为酸液灼伤,再用饱和碳酸氢钠溶液洗;若碱液灼伤,则再用1%醋酸洗;最后都用清水冲洗,再涂上药品凡士林。被溴液灼伤时,伤处立刻用石油醚冲洗,再用2%硫代硫酸钠溶液洗,然后用蘸有油的棉花擦,再涂上油膏。

(5)中毒。有毒物质溅入口中而尚未咽下时,应立即吐出来并用大量水冲洗口腔;如吞下时,应根据毒物的性质给以解毒剂,并立即送医院急救。

对于强酸性腐蚀毒物,应当先饮用大量水,再服用氢氧化铝膏、鸡蛋白;对于强碱性毒物,最好先饮用大量水,然后服用醋、酸果汁、鸡蛋白。不论酸中毒还是碱中毒都可灌注牛奶,不要吃呕吐剂。

如果吸入有毒气体而感到不适或头晕时,应立即到室外呼吸新鲜空气。若实验者中毒昏倒,应迅速将中毒者抬到室外空气新鲜处平卧休息,并解开其衣领纽扣。实验时若吸入少量氯气或溴气者,可用碳酸氢钠溶液漱口。

第五节　纺织化学实验中的常用仪器

一、常用普通仪器(图 10 - 1)

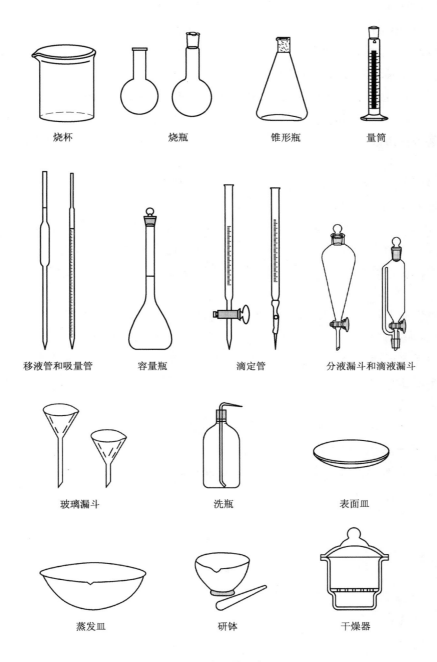

图 10 - 1　常用普通仪器

(1)烧杯。一般用作容器,以容积表示,有多种规格。可以加热至高温,但使用时应注意勿使温度变化过于剧烈,加热时底部应垫上石棉网,使其受热均匀。

(2)烧瓶。用作反应容器,反应物较多,且需要长时间加热时使用。有平底和圆底之分,可以加热至高温。

(3)锥形瓶(三角烧瓶)。以容积表示,有多种规格。摇晃比较方便,适用于滴定操作,也可作为蒸馏时的接受器,但不能用作减压蒸馏时的接受器。

(4)量筒。用于液体体积计量,以其所能量度的最大容积表示,有多种规格,不能加热。

(5)移液管和吸量管。用于精确量取一定体积的液体,以其所能量度的最大容积表示,有多种规格。吸量管是带有分刻度的玻璃管。

(6)容量瓶。用于配制准确浓度的溶液,不能加热,不能在其中溶解固体。

(7)滴定管。分酸式和碱式,无色和棕色。用于滴定操作或精确量取一定体积的液体。酸式滴定管盛酸性溶液,碱式滴定管盛碱性溶液,二者不能混用。见光易分解的溶液应用棕色滴定管。

(8)分液漏斗和滴液漏斗。分液漏斗用于互不相溶的液—液分离;滴液漏斗常用于往反应体系中滴加液体。使用时应将活塞用细绳系于漏斗颈上,以防滑出跌碎。

(9)玻璃漏斗。以口径和漏斗颈长短表示,用于过滤或倾注液体。不能用火直接加热。

(10)洗瓶。塑料制品,规格多为500mL。内装蒸馏水或去离子水,用于洗涤沉淀和仪器。

(11)表面皿。玻璃制品,常用于盖在烧杯或蒸发皿上,以防止灰尘或液体溅出,不能用火直接加热。

(12)蒸发皿。材料为瓷质,分有柄和无柄两种规格。用于蒸发浓缩,可耐高温,能直接用火加热,高温时不能骤冷。

(13)研钵。材质有铁、瓷、玻璃、玛瑙等。用于研磨固体物质时用,不能用作反应容器。

(14)干燥器。用于存放样品,以免样品吸收水汽。使用过程中应注意经常检查干燥器内的干燥剂是否失效。

二、常用标准磨口玻璃仪器(图10-2)

标准磨口仪器是带有标准内磨口或标准外磨口的玻璃仪器。相同型号的标准磨口仪器可以相互连接,使用非常方便。

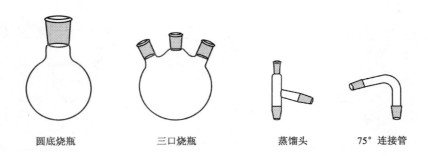

圆底烧瓶　　　　三口烧瓶　　　　蒸馏头　　　75°连接管

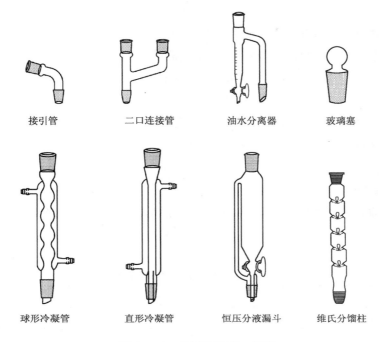

接引管　　　　二口连接管　　　油水分离器　　　玻璃塞

球形冷凝管　　　直形冷凝管　　　恒压分液漏斗　　维氏分馏柱

图 10 - 2　常用标准磨口仪器

第六节　纺织化学实验的基本操作

一、玻璃仪器的洗涤和干燥

(一)仪器的洗涤

化学实验中经常使用各种玻璃仪器和瓷器,如用不干净的仪器进行实验,往往由于污物和杂质的存在,而得不到准确的结果。因此,仪器必须保持洁净。仪器使用完毕后随即洗涤不但容易洗净,而且了解残渣的成因和性质便于找出处理残渣的方法。

仪器洗涤最简易的方法是用毛刷和去污粉洗涤,有碱性残渣或酸性残渣时分别先用酸液和碱液处理,然后再用清水冲洗干净。

当有焦油状物质和炭化残渣时,用上述办法不能洗掉,这时需用铬酸洗液洗涤(铬酸洗液配制:5g 重铬酸钾溶于 5mL 水中,然后在搅拌下缓慢加入 100mL 浓硫酸)。铬酸洗液是强酸和强氧化剂混合物,在使用铬酸洗液前应把仪器上的污物,特别是还原性物质尽量洗净。

(二)仪器的干燥

洗净的玻璃仪器不能用布或纸擦,可根据不同的情况,采用下列方法干燥洗净的仪器。

1. 晾干　在实验中,应尽量采用晾干法干燥仪器,应有计划地利用实验中的零星时间,把下次实验需用的干燥仪器洗净并晾干。

2. 烘箱烘干　保持烘箱温度在100~120℃,仪器放入前要尽量倒净仪器中的水,仪器口向上进行烘干。厚壁仪器不宜在烘箱中烘干。

3. 热空气烘干　用吹风机吹干、玻璃气流干燥器烘干或将仪器放在两层隔开的石棉网的上层,用酒精灯加热下层石棉网进行烘干。加热石棉网烘干时注意控制火焰,勿让上层石棉网的温度超过120℃。

4. 有机溶剂干燥　体积小、急需干燥的仪器可采用此法。洗净仪器先用少量酒精洗一次,再用少量丙酮洗涤,最后吹干。用过的溶剂应回收。

二、试剂的取用

化学试剂是纯度较高的化学制品。按杂质含量的多少,通常分成四个等级。我国化学试剂的等级分类见表10-1。

表 10-1　我国化学试剂的等级分类

试剂等级	一　级	二　级	三　级	四　级
纯度分类	优级纯	分析纯	化学纯	实验试剂
表示符号	GR	AR	CP	LR
标签颜色	绿色	红色	蓝色	黄色或棕色

实验时应根据节约原则,按照实验的具体要求来选用试剂,级别不同的试剂价格相差很大。

固体试剂应装在广口瓶内,液体试剂盛放在细口瓶或滴瓶内,见光易分解的试剂装在棕色瓶内。每个试剂瓶上都要贴上标签,标明试剂的名称、浓度和纯度。

(一)液体试剂的取用

(1)从滴瓶中取用液体试剂时,必须注意保持滴管垂直,避免倾斜,尤忌倒立,以防试剂流入橡皮头而弄脏试剂。滴加试剂时,滴管的尖端不可接触容器内壁,应在容器口上方将试剂滴入,也不得把滴管放在远离滴瓶以外的地方,以免被杂质沾污。

(2)用倾注法取液体试剂时,取出瓶盖倒放在桌上,右手握住瓶子,使试剂标签面向手心,将瓶口靠住容器壁,缓缓倾倒出所需液体,让液体沿着杯壁往下流。若所用容器为烧杯,则倾倒液体时可用玻璃棒引流。倾出所需试剂后,逐渐竖起瓶子,让遗留在瓶口的试剂全部流入瓶内后盖上瓶盖。

(二)固体试剂的取用

(1)块状固体用镊子取用,粉末状固体用干净的角匙取用。角匙两端分别为大小两匙,取较多量试剂时用大匙,取少量时用小匙。取试剂前应用吸水纸将角匙擦拭干净,取出试剂后,一定要把瓶塞盖严并将试剂瓶放回原处,再次将角匙洗净并擦干。

(2)要求取一定质量的固体时,可用台秤称取。具有腐蚀性或易潮解的固体不能放在纸上,而应放在玻璃容器内进行称量。要求准确称取一定质量的固体时,可在分析天平上称取。

三、加热和冷却

(一)加热

在纺织化学实验中,常使用电炉、恒温水浴、电热套等进行加热。

1. 电炉加热 物料盛在金属容器或坩埚中时,可用电炉直接加热。玻璃仪器要垫上石棉网加热,如果直接加热,仪器容易受热不均而破裂,其中部分物料也可能由于局部过热而分解。

2. 水浴加热 被加热的物质如果要求受热均匀且温度不超过100℃,最好用电热水浴锅加热。加热温度在90℃以下时,可将盛物料的容器部分浸在水中(注意勿使容器接触水浴底部),调节水浴锅的温度把水温控制在所需范围内。如果需要加热到100℃时,可用沸水浴。

3. 电热套加热 电热套使用安全方便、温度可控(室温~300℃)、加热均匀,是实验中最常用的加热设备。电热套一般有两种:一种是通过调节电阻控温(适用于温度要求不太严格的加热);另一种是与控温仪联用,通过触点温度计控温(适用于温度要求精密控制的加热)。

(二)冷却

有些化学反应需要在低温下进行,就必须冷却。最简单的冷却方法是将盛有反应物的容器浸入冷水中。

如反应需在低于室温的条件下进行,则可用水和碎冰的混合物作冷却剂,其冷却效果要比单用冰块好,因为冰水混合物能更好地和容器接触。如果水的存在不妨碍反应的进行,则可以直接把碎冰投入反应物中,这样更能有效地保持低温。

如果反应温度必须保持在0℃以下,则常用碎冰和无机盐的混合物作冷却剂。用冰盐冷却时,应把冰盐研细,然后和碎冰按一定比例均匀混合。

四、蒸馏和分馏[1]

(一)蒸馏

蒸馏(又称简单蒸馏)是分离和提纯液态有机化合物最常用的一种重要方法。应用这一方法,不仅可以把挥发性物质与不挥发性物质分离开来,还可以把沸点不同的物质以及有色杂质等分离开来。

在通常情况下,纯粹的液态物质在大气压力下有确定的沸点。如果在蒸馏过程中,沸点发生变动,就说明物质不纯。因此,可借蒸馏来测定物质的沸点且定性地检验物质的纯度。某些有机化合物往往能和其他组分形成二元或三元恒沸混合物,它们也有一定的沸点。因此,不能认为沸点一定的物质都是纯物质。

1. 蒸馏装置 普通蒸馏装置如图10-3所示,主要包括蒸馏烧瓶、冷凝管和接受器三部分。

蒸馏烧瓶是蒸馏时最常用的容器,液体在瓶内受热汽化,蒸气经支管进入冷凝管,并在冷凝管中冷凝为液体后流入接受器。蒸馏烧瓶容积的大小由所蒸馏液体

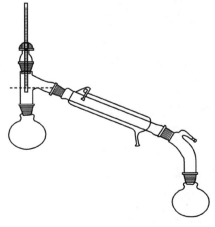

图10-3 普通蒸馏装置

的体积来决定,通常蒸馏液体的体积应占蒸馏烧瓶容积的 $1/3 \sim 2/3$。如果装入的液体量过多,当加热到沸腾时,液体可能冲出或者液体飞沫被蒸气带出,混入馏出液中;如果装入的液体量少,在蒸馏结束时,相对会有较多液体残留在瓶内蒸不出来。

在蒸馏过程中应注意:常压蒸馏装置必须与大气相通;在同一实验桌上放置几套蒸馏装置且相互间距离较近时,每两套装置的相对位置必须或是蒸馏烧瓶对蒸馏烧瓶或者接受器对接受器,否则有着火的危险。

如果蒸馏出的物质易受潮分解,可在接受器上连接一个氯化钙干燥管,以防止湿气侵入;如果蒸馏的同时还放出有毒气体,则需装配气体吸收装置。

如果蒸馏出的物质易挥发、易燃或有毒,则在接受器上连接一长橡皮管,通入水槽的下水管内或引出室外。

当蒸馏沸点高于 $140℃$ 的物质时,应该换用空气冷凝管。

2. 蒸馏装置的安装　简单蒸馏装置包括蒸馏烧瓶、蒸馏头、冷凝管、接引管、接受器和温度计等。安装时,首先确定热源(热浴或电热套)的位置和高度,以此为基准,由下而上、由左到右,依次安装蒸馏烧瓶、蒸馏头、冷凝管、接引管、接受器和温度计。安装冷凝管时,需用另一铁架台上的铁夹夹住冷凝管中部,并调整铁夹的位置,使冷凝管的中心线与蒸馏头支管的中心线成一直线,方可将冷凝管与蒸馏头支管紧密连接。冷凝管上端出水口朝上,下端入水口朝下,以保证套管内充满水。接着再安装接引管和接受器,接引管尾管应伸进接受器中,但不能密封,以保证蒸馏系统与大气相通。

蒸馏头上温度计的安装位置,对于正确测定蒸气的温度、收集指定沸程的馏出液至关重要。温度计应位于蒸馏头直管的中央,不能接触管壁,温度计水银球上端必须与蒸馏头支管下线在同一水平线上。当整个水银球完全被蒸气所包围并带有冷凝液滴时,表示蒸气与冷凝液达到平衡,此时温度计的读数就是馏出液的沸点。

安装完毕后,必须检查装置是否完善,如磨口处连接是否严密,是否漏气,整套装置是否端正(无论从正面或侧面观察,整套装置中各仪器的轴线都要在同一平面内,否则易产生内应力,损坏仪器)。

3. 蒸馏操作　蒸馏装置装好后,把要蒸馏的液体经长颈漏斗倒入蒸馏烧瓶中。漏斗的下端须伸到蒸馏头支管的下面。若液体中有干燥剂或其他固体物质,应在漏斗上放滤纸,或一小撮松软的棉花或玻璃纤维等,以滤去固体。也可把蒸馏烧瓶取下来,把液体小心地沿器壁倒入蒸馏烧瓶中。然后往蒸馏烧瓶中投入 $2 \sim 3$ 粒沸石(沸石是用未上釉的瓷片敲碎成半粒米大小的小粒),沸石可以成为沸腾中心,持续沸腾时沸石有效,一旦停止沸腾或中途停止蒸馏,则原有沸石失效,应在再次蒸馏前补加沸石。

加热前,应检查仪器是否装配严密。开始加热时,可以让温度上升稍快些。开始沸腾时,应密切注意蒸馏烧瓶中发生的现象;当冷凝的蒸气环由瓶颈逐渐上升到温度计水银球的周围时,温度计的水银柱快速上升。调节火焰或浴温,使从冷凝管流出液滴的速度约为 $(1 \sim 2)$ 滴/s。并记录下第一滴馏出液滴入接受器时的温度。当温度计的读数稳定时,另换接受器收集。如果温度变化较大,须多换几个接受器收集。所用接受器必须洁净,且事先都须称量好。

蒸馏的速度不应太慢,否则易使水银球周围的蒸气短时间中断,致使温度计上的读数有不规则的变动;蒸馏速度也不能太快,否则易使温度计读数不正确。在蒸馏过程中,温度计的水银球上应始终附有冷凝液滴,以保持气液两相平衡。

当烧瓶中仅残留少量(1mL 左右)液体时,即应停止蒸馏。

(二)分馏

液体混合物中的各组分,若其沸点相差较大,可用普通蒸馏法分离;若其沸点相差不太大,用普通蒸馏方法就难以精确分离,而应当用分馏的方法进行分离。

如果将两种挥发性液体的混合物进行蒸馏,在沸腾温度下,气相与液相达到平衡,蒸气中则含有较多量的易挥发组分。将此蒸气冷凝成液体,其组成与气相组成相同,即含有较多量的易挥发组分,而残留物中却含有较多量的高沸点组分。这就是进行了一次简单的蒸馏。如此反复蒸馏,最后可得到接近纯组分的两种液体,但这种蒸馏既浪费时间,又浪费能源,所以通常利用分馏来进行分离,分馏装置如图 10 - 4 所示。

利用分馏柱进行分馏,实际上就是在分馏柱内使混合物进行多次汽化和冷凝。当上升蒸气与下降冷凝液互相接触时,上升蒸气部分冷凝放出的热量使下降冷凝液部分汽化,相互间发生了热量交换。其结果是上升蒸气中易挥发组分增加,而下降冷凝液中高沸点组分增加。如果继续多次,就等于进行了多次的气液平衡,即达到了多次蒸馏的效果。这样,靠近分馏柱顶部易挥发物质组分的比率高,而在烧瓶中高沸点组分的比率高。

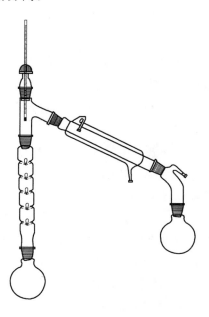

图 10 - 4　分馏装置

为提高分馏效率,在操作上可采取两项措施:一是在柱身装保温套,保证柱身温度与待分馏的物质的沸点相近,以利于建立平衡;二是控制一定的回流比(上升蒸气经冷凝后回流入柱中的量和出料的量之比)。

五、萃取

萃取和洗涤是利用物质在不同溶剂中溶解度不同的原理来进行分离的操作。萃取和洗涤在原理上是一样的,只是目的不同。从混合物中抽取的物质,如果是我们所需要的,这种操作叫作萃取或提取;如果是我们不需要的,这种操作叫作洗涤。

(一)从液体中萃取

通常用分液漏斗来进行液体的萃取。萃取前必须先检查分液漏斗的盖子和旋塞是否严密,以防分液漏斗在使用过程中发生泄漏造成损失。

在萃取时,先将液体与萃取用的溶剂由分液漏斗的上口倒入,盖好盖子,振荡漏斗,使两液层充分接触。振荡的操作方法一般是先把分液漏斗倾斜,使漏斗的上口略朝下,右手捏住

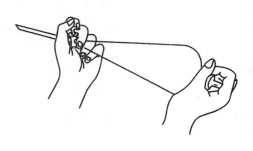

图 10 - 5　分液漏斗的使用

漏斗上口颈部,并用食指根部压紧盖子,以免盖子松开,左手握住旋塞(图 10 - 5)。握持旋塞的方式既要能防止振荡时旋塞转动或脱落,又要便于灵活地旋开旋塞。振荡后,让漏斗仍保持倾斜状态,旋开旋塞,放出蒸气或产生的气体,使内外压力平衡。若在漏斗内有易挥发的溶剂,如乙醚、苯等或用碳酸钠溶液中和漏斗中的酸液时,振荡后,应注意及时旋开旋塞,放出生成的气体。振荡数次后,将分液漏斗放在铁环上静置,使其分层。有时有机溶剂和某些物质的溶液一起振荡,会形成较稳定的乳浊液,在这种情况下,应避免急剧振荡。如果已形成乳浊液,且一时又不易分层,则可加入食盐使溶液饱和,以降低乳浊液的稳定性;轻轻地旋转漏斗也可使其加速分层。在一般情况下,长时间静置分液漏斗,可达到使乳浊液分层的目的。

分液漏斗中的液体分成清晰的两层以后,就可进行分离。分离液层时,下层液体应经旋塞放出,上层液体应从上口倒出。如果上层液体也经旋塞放出,则漏斗旋塞以下颈部所附着的残液就会把上层液体弄脏。

在萃取过程中,将一定量的溶剂分多次萃取,其效果比一次萃取要好。在萃取或洗涤时,上下两层液体都应该保留到实验完毕。否则,如果中间的操作发生错误,便无法补救和检查。

(二)从固体混合物中萃取

从固体混合物中萃取所需要的物质,最简单的方法是把固体混合物先进行研细,放在容器中,加入适当溶剂,用力振荡,然后用过滤或倾析的方法把萃取液和残留的固体分开。若被提取的物质特别易溶解,也可以把固体混合物放在放有滤纸的锥形玻璃漏斗中,用溶剂洗涤。这样,所要萃取的物质就可以溶解在溶剂里而被滤取出来。如果被提取的物质的溶解度很小,而用洗涤的方法要消耗大量的溶剂和很长时间,在这种情况下,一般用索氏提取器(图 10 - 6)来萃取(如茶叶中咖啡因的提取、羊毛油脂含量的测定等)。索氏提取器是将滤纸做成与提取器大小相适应的套袋,然后把固体混合物放在纸袋内,装入提取器内。溶剂的蒸气从烧瓶

图 10 - 6　索氏提取器

进到冷凝管中,冷凝后回流到固体混合物中,溶剂在提取器内到达一定的高度时,就和所提取的物质一同从侧面的虹吸管流入烧瓶中。溶剂就这样在仪器内循环流动,把所要提取的物质集中到下面的烧瓶里。

六、常用液体量器的使用[2]

(一)量筒

量筒用于液体体积的计量,有多种不同的规格,实验中应根据所取溶液量的不同来选用。

读数时应使眼睛的视线和量筒内凹液面的最低点保持水平,如图 10 - 7 所示。

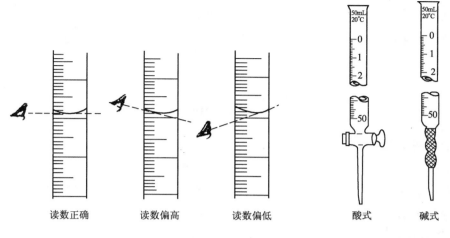

读数正确　　读数偏高　　读数偏低　　　　　酸式　　碱式

图 10 - 7　量筒的读数方法　　　　　图 10 - 8　普通滴定管

(二)滴定管

滴定管是在滴定过程中,用于准确测量滴定溶液体积的一类玻璃量器。滴定管一般分成酸式和碱式两种(图 10 - 8)。酸式滴定管的刻度管和下端的尖嘴玻璃管通过玻璃活塞相连,适于盛装酸性或氧化性的溶液;碱式滴定管的刻度管与尖嘴玻璃管通过橡皮管相连,橡皮管中装有一颗玻璃珠,用以控制溶液的流出速度,碱式滴定管用于盛装碱性溶液,不能用来盛装高锰酸钾、碘和硝酸银等能与橡皮起作用的溶液。

1. 洗涤　滴定管可用自来水冲洗或先用滴定管刷蘸肥皂水或其他洗涤剂洗刷(但不能用去污粉)再用自来水冲洗。如有油污,酸式滴定管可直接在管中加入洗液浸泡;而碱式滴定管则先要去掉橡皮管,再接上一小段塞有短玻璃棒的橡皮管,然后再用洗液浸泡。总之,为了尽快而方便地洗净滴定管,可根据污渍的性质和沾污程度选择合适的洗涤剂和洗涤方法;污渍去除后,需用自来水多次冲洗;经多次冲洗后,如管壁还挂有水珠,则说明未洗净,必须重洗,直至滴管内壁均匀地润上一薄层水。

2. 涂凡士林　使用酸式滴定管时,如果活塞转动不灵活或漏液,必须将滴定管平放于实验台上,取下活塞,用吸水纸将活塞和旋塞槽擦干。然后用右手指取少许凡士林,在活塞孔的两边沿圆周涂上一薄层凡士林,注意不要把凡士林涂到活塞孔上,以免堵塞活塞孔。把涂好凡士林的活塞插进旋塞槽,单方向旋转活塞,直到活塞与旋塞槽接触处全部透明为止(图 10 - 9)。把装好活塞的滴定管平放在实验台上,在活塞小头上套一小橡皮圈,以防活塞脱落。

碱式滴定管要检查玻璃珠的大小和橡皮管粗细是否匹配,即是否漏水、能否灵活控制液滴。

3. 检漏　检查滴定管是否漏水时,可将滴定管内装水至"0"刻度,并将其夹在滴定管管夹上,直立约 2min,观察活塞边缘和管端有无水渗出。将活塞旋转 180°后,再观察一次,如无漏水现象,即可使用。

4. 加入操作溶液　加入操作溶液前,先用蒸馏水荡洗滴定管 3 次,每次约 10mL。荡洗

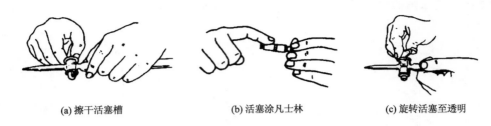

(a) 擦干活塞槽　　　　　　(b) 活塞涂凡士林　　　　　　(c) 旋转活塞至透明

图 10 - 9　酸式滴定管活塞涂凡士林

时,两手平端滴定管,缓慢旋转,使水遍及全管内壁,然后从两端放出。再用操作液荡洗 3 次,用量依次为 10mL、5mL、5mL,荡洗方法与用蒸馏水荡洗时相同。荡洗完毕,装入操作液至"0"刻度以上。检查活塞附近(或橡皮管内)有无气泡,如有气泡,应将其排出。排出气泡时,酸式滴定管用右手握住并倾斜约 30°,左手迅速打开活塞,使溶液冲下将气泡赶出;碱式滴定管可将橡皮管向上弯曲,捏住玻璃珠的右上方,气泡即随溶液排出(图 10 - 10)。

5. 读数　对于常量滴定管,读数应读至小数点后第 2 位。为了减少误差,操作时滴定管应垂直,注入或放出溶液后需静置 1min 左右再读数。每次滴定前应将液面调节在"0"刻度或稍下的位置。

读数时视线应与滴管内液面处于同一水平面,对无色(或浅色)溶液应读取溶液凹液面最低点对应的刻度;而对凹液面看不清的有色溶液,可读液面两侧的最高点对应的刻度(图 10 - 11),初读数与终读数必须按同一方法读取。

对于乳白板蓝线衬背的滴定管,无色溶液面的读数以两液面相交的最尖部分为准(图 10 - 12),深色溶液也是读取液面两侧的最高点。

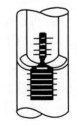

图 10 - 10　碱式滴定管　　　图 10 - 11　深色溶液的　　　图 10 - 12　乳白板蓝线衬背
　　　　　赶出气泡　　　　　　　　　读数　　　　　　　　　滴定管读数

6. 滴定　滴定前必须去掉滴定管尖端悬挂的残留液滴,读取初读数,立即将滴定管尖端插入烧杯(或锥形瓶口)内约 1cm 处,管口放在烧杯的左侧,但不要靠杯壁(或锥形瓶颈壁),左手操纵旋塞(或捏玻璃珠的右上方的橡皮管)使滴定液逐渐加入;同时,右手用玻璃棒顺着一个方向充分搅拌溶液[图 10 - 13(a)]。在锥形瓶内滴定时,用右手拿住锥形瓶颈,使溶液单方向不断旋转[图 10 - 13(b)];使用碘量瓶滴定时,则还要把玻璃塞夹在右手的中指和无名指之间[图 10－13(c)]。

(a)　　　　　　　　(b)　　　　　　　　(c)

图 10－13　滴定的操作

无论用哪种滴定管都必须掌握不同的加液速度,即开始时连续滴加(不超过 10mL/min),接近终点时改为每加一滴搅匀(或摇匀),最后每加半滴搅匀(或摇匀)。在锥形瓶内滴加半滴溶液时,应使悬挂的半滴溶液沿器壁流入瓶内,并用蒸馏水冲洗瓶颈内壁;在烧杯中滴定时,必须用玻璃棒接住悬挂的半滴溶液,然后将玻璃棒插入溶液中搅拌。到达终点前,需用蒸馏水冲洗杯壁或瓶壁,再继续滴至终点。

实验结束,将滴定管中的剩余溶液倒出,随即洗净滴定管,并用蒸馏水充满滴定管,备用。

(三)移液管和吸量管的使用

移液管和吸量管也是用来准确量取一定体积液体的仪器,其中吸量管带有分刻度,用以吸取不同体积的液体。

用移液管或吸量管吸取溶液之前,首先洗净内壁,经自来水冲洗和蒸馏水荡洗 3 次后,还必须用少量待吸溶液荡洗 3 次,以保证吸出溶液的浓度不变。

用移液管吸取溶液时,左手拿洗耳球,右手拇指和中指拿住管颈标线以上的部位,管尖插入液面以下,防止吸空[图 10－14(a)]。当溶液上升到标线以上时,迅速用右手食指按紧管口,将移液管提至液面以上使管尖紧靠器壁,微微松开食指,直至液面缓慢下降到与标线相切时,再次按紧管口,使液体不再流出。把移液管慢慢地移入准备接受溶液的容器(如烧杯)上方,倾斜容器使其内壁与移液管管尖相接触[图 10－14(b)],松开食指让溶液自由流下。待溶液流尽后,再停留 15s 取出移液管。不要把残留在管尖的液体吹出,因为在校准移液管时,没有把这部分体积算在内(如移液管上注有"吹"字样,则要将管尖的液体吹出)。

吸量管的使用与移液管相似,但在移取溶液时,应尽量避免使用尖端处的刻度。

(四)容量瓶

容量瓶主要用来配制标准溶液或稀释溶液到一定的浓度。

容量瓶使用前,必须检查是否漏水。检漏时,在瓶中加水至标线,盖好瓶塞,用一手食指按住瓶塞,将瓶倒立 2min[图 10－15(a)],观察瓶塞周围是否渗水;然后将瓶直立[图 10－15(b)],将瓶塞旋转 180°后再盖紧,再倒立,若仍不渗水,即可使用。

　　欲将固体物质准确配成一定浓度的溶液,首先需把准确称量的固体物质置于烧杯中溶解,然后定量转移到预先洗净的容量瓶中。转移时一手拿玻璃棒,一手拿烧杯,在瓶口上方慢慢地从烧杯中取出玻璃棒,并将其插入瓶口(但不要与瓶口接触),再让烧杯嘴贴紧玻璃棒,缓慢倾斜烧杯,使溶液沿着玻璃棒流下(图10－16)。当溶液流完后,在烧杯仍紧靠玻璃棒的情况下慢慢将烧杯直立,使烧杯和玻璃棒之间附着的液滴回流至烧杯中,再将玻璃棒末端残留的液滴靠入瓶内。在瓶口上方将玻璃棒放回烧杯内,但不得靠在烧杯嘴一边。用少量蒸馏水冲洗烧杯3～4次,洗出液按上述方法全部转移至容量瓶中,然后用蒸馏水稀释。稀释到容量瓶容积2/3时,直立旋摇容量瓶,使溶液初步混合(此时切勿加塞倒立容量瓶),最后继续稀释至接近标线时,改用滴管逐渐加水至凹液面恰好与标线相切(热溶液应冷却至室温后,才能稀释至标线)。盖上瓶塞,按图10－15(a)所示的拿法,将瓶倒立,待气泡上升至顶部后,再倒转过来,如此反复多次,使溶液充分摇匀。按照同样的操作,可将一定浓度的溶液准确稀释到一定的体积。

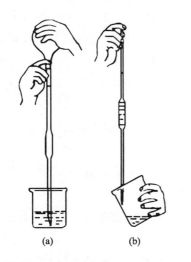

(a)　　　(b)

图10－14　移液管的使用

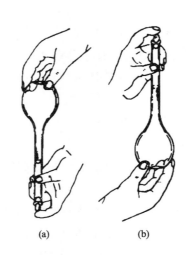

(a)　　　(b)

图10－15　容量瓶检漏的操作

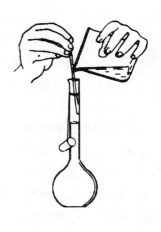

图10－16　定量转移操作

第七节　常用称量和分析仪器的使用

一、称量仪器

　　纺织化学实验常用的称量仪器主要有台秤(托盘天平)、电子天平、分析天平等,在这里主要介绍分析天平和电子天平。

(一)分析天平

　　分析天平是定量分析中最重要的仪器之一,称量又是定量分析中的一个重要基本操作,因此必须了解分析天平的结构及其正确的使用方法。常用的分析天平有半机械加码电光天平、全机械加码电光天平和单盘电光天平等。

1. 分析天平的构造　　上述这些天平在构造和使用方法上虽有不同,但它们的设计都依据杠杆原理(图 10－17)。杠杆 ABC 代表等臂天平梁,B 为支点,P 与 Q 分别代表被称量物体(质量 m_1)和砝码(质量 m_2)施加于 ABC 的向下作用力。当杠杆达到平衡时,根据杠杆原理,支点两边的力矩相等,即:

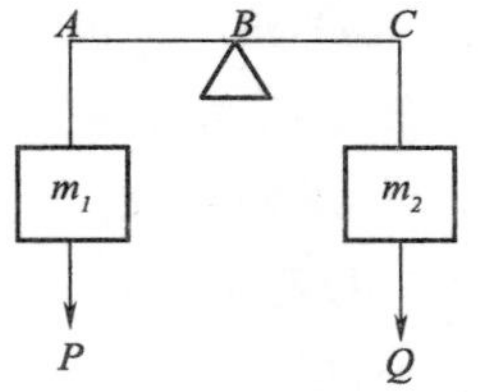

$$P \cdot AB = Q \cdot BC$$

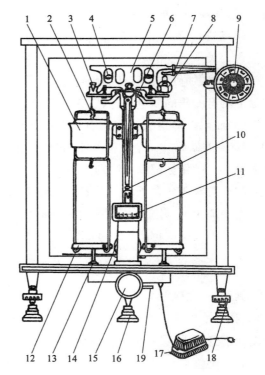

图 10－17　杠杆原理示意图

对于等臂天平 $AB=BC$,所以 $P=Q$,即被称量物体和砝码施加于 ABC 的向下作用力相等。设重力加速度为 g,则:

$$m_1 g = m_2 g$$

所以 $m_1=m_2$,即被称量物质的质量与砝码的质量相等。此时,被称量物质的质量,便可由砝码的质量表示。

现以等臂双盘半机械加码电光天平为例介绍分析天平的一般结构。如图 10－18 所示为 TG—328B 型电光分析天平的正面图。

(1)天平横梁。天平的主要部件是由铝合金制成的三角形横梁,横梁上装有三把三棱形的小玛瑙刀。其中一把装在横梁中央,刀口向下,称为支点刀。支点刀放在一个玛瑙平板的刀承上,支点刀所在的位置相当于杠杆的 B 点。另外两把分别等距离地安装在横梁两端,刀口向上,称为承重刀,其所在的位置相当于杠杆的 A、C 两点。三把刀口的棱边完全相等且处于同一平面,刀口的锋利程度直接影响天平的灵敏度,故应注意保护,使之不受撞击或振动。在梁的两边装有两个平衡螺丝,用以调节横梁的平衡位置(即粗调零点);横梁的中央装有垂直的指针,用以指示平衡位置;支点刀的后上方装有重心螺丝,用以调整天平的灵敏度。

(2)立柱(天平柱)。天平正中的立柱安装在天平底板上。柱的上方嵌有一块玛瑙平板,与支点刀口相接触;柱的上部装有能升降的托梁架,关闭天平时托起天平梁,使刀口脱离接触,以减少磨损;柱的中部两边装有空气阻尼器的外筒。

图 10－18　TG—328B 型电光分析天平

1—空气阻尼器　2—挂钩　3—吊耳　4—零点调节螺丝
5—横梁　6—立柱　7—圈码钩　8—圈码　9—圈码指数盘
10—指针　11—投影屏　12—秤盘　13—盘托　14—光源
15—升降旋钮　16—垫脚　17—变压器
18—水平调节螺丝　19—调零杆

(3)悬挂系统。主要包括吊耳、空气阻尼器和秤盘。在吊耳的平板下面嵌有光面的玛瑙,与力点刀口接触,使挂钩、秤盘、阻尼器内筒能自由摆动。空气阻尼器是由两个特制的铝合金圆筒组成,外筒固定在立柱上,内筒挂在吊耳上,两筒间隙均匀,没有摩擦,开启天平后,内筒能上下自由运动,由于筒内空气阻力的作用使天平横梁很快停摆而达到平衡。天平的两个秤盘分别挂在吊耳上,左盘放被称量物,右盘放砝码。

(4)读数系统。指针下端装有缩微标尺,光源通过光学系统将缩微标尺上的分度线放大,再反射到投影屏上,从屏上(光幕)可看到标尺的投影。屏中央有一条垂直刻线,标尺投影与该线重合处即为天平的平衡位置。天平箱下的投影屏调节杆可将光屏在小范围内左右移动,用于细调天平零点。

(5)天平升降旋钮。位于天平底板正中,它连接托梁架、盘托和光源。开启天平时,顺时针旋转升降旋钮,托梁架即下降,梁上的三个刀口与相应的玛瑙平板接触,挂钩及秤盘自由摆动,同时接通了光源,屏幕上显出标尺的投影,天平进入工作状态。停止称量时,关闭升降旋钮,则横梁、吊耳及秤盘被托住,刀口与玛瑙平板离开,光源切断,屏幕黑暗,天平进入休止状态。

(6)垫脚。天平箱下装有 3 个脚,前面的两个带有旋钮,可使底板升降,用以调节天平的水平位置。天平立柱的后上方装有气泡水平仪,用以指示天平的水平位置。

(7)机械加码器。转动圈码指数盘,可在天平梁的右端吊耳上加 10～990mg 圈形砝码,指数盘上刻有圈码的质量值,内层为 10～90mg 组,外层为 100～900mg 组。

(8)砝码。每台天平都附有一盒配套使用的砝码,盒内装有 1g、2g、2g、5g、10g、20g、20g、50g、100g 的砝码共 9 个。标称值相同的砝码,其质量可能有微小的差异,所以分别用单星"＊"或双星"＊＊"作标记以示区别。

2. 分析天平的灵敏度　天平的灵敏度是天平的基本性能之一。天平的灵敏度是指在一个秤盘上增加 1mg 质量所引起指针偏转的程度,一般以分度/mg 表示。因此指针偏转角度越大,表示天平的灵敏度越高,在实际使用中也常用灵敏度的倒数(分度值)来表示,即:

$$分度值(感量) = \frac{1}{灵敏度}$$

例如,一般电光分析天平分度值为 0.1mg/分度,即加 10mg 质量可引起指针偏移 100 分度,这类天平也称为万分之一天平。分析天平必须具有足够的灵敏度,灵敏度太低,则称量的准确度达不到要求;灵敏度太高,则天平稳定性太差,也影响称量的准确度。对于一台天平而言,可以通过调整重心螺丝的高度,适当改善并得到合适的灵敏度。

3. 分析天平的使用方法

(1)检查工作。先拿下天平防尘罩,叠平后放在天平箱上方,检查天平是否正常,如天平是否水平,秤盘是否洁净,圈码指数盘是否在"000"位,圈码有无脱位,吊耳是否错位等。

(2)调节零点。接通电源,打开升降旋钮,此时在光屏上可看到标尺的投影在移动,当标尺稳定后,如果屏幕中央的刻线与标尺上的"0"线不重合,可拨动投影屏调节杆,移动屏的位置,直到屏中刻线恰好与标尺中的"0"线重合,即为零点。如果屏的位置已移到尽头仍调不到零点,则需关闭天平,调节横梁上的平衡螺丝,再开启天平继续拨动投影屏调节杆,直至调定零点,然后关闭天平,准备称量。

(3)称量。将欲称量物体先在托盘天平上粗称,然后放到天平左盘中心,根据粗称的数据在天平右盘上加砝码至克位,半开天平,观察标尺投影的移动方向或指针倾斜方向(若砝码加多了,则标尺投影向右移,指针向左倾斜)以判断所加砝码是否合适及其调整方法。克码调定后,再依次调整100～900mg组和10～90mg组圈码,每次从中间量(500mg或50mg)开始调节,调定圈码至10mg位后,关闭天平侧门,再完全开启天平,准备读数。

加碱砝码的顺序是:由大到小,依次调定。砝码未完全调定时,不可完全开启天平,以免横梁过度倾斜,造成错位或吊耳脱落。

(4)读数。砝码调定,待标尺停稳后即可读数。被称量物的质量等于砝码总量加标尺读数(均以克计)。

(5)复原。称量、记录完毕,随即关闭天平,取出被称量物,将砝码夹回盒内,圈码指数盘退回到"000"位,关闭两侧门,盖上防尘罩。

4.分析天平的使用规则　分析天平是精密仪器,使用时要认真、仔细并预先熟悉使用方法,否则容易出错,导致称量不准确或损坏天平部件。分析天平的使用规则具体如下。

(1)称量前应进行天平的外观检查。

(2)热的物体不能放在天平盘上称量,因为天平盘附近因受热而上升的气流,将使称量结果不准确。天平梁也会因热膨胀影响臂长而产生误差。因此应将热的物体冷却至室温后再进行称量。

(3)对于具有腐蚀性的蒸气或吸湿性的物体,必须放在密闭容器内称量。

(4)开、关天平升降旋钮,开关天平侧门,加、减砝码,放、取被称量物等操作,动作要轻、缓,切不可用力过猛,否则会造成天平部件脱位。

(5)调定零点及记录称量读数后,应随手关闭天平。加、减砝码和被称量物必须在天平处于关闭状态下进行,砝码未调定时不可完全开启天平。

(6)称量读数时必须关闭两个侧门,并完全开启天平。双盘天平的前门仅供安装或检修天平使用。

(7)砝码必须用镊子夹取,不得用手拿,并要防止掉在台上或地上,不得任意使用他处的砝码。称量结果可先根据砝码盒中空位求出,再和盘上的砝码重新校对一遍。

(8)被称量物质量不得超过天平最大承载量。称量读数必须立即记在记录本中,不得记在其他地方。

(9)称量完毕后,应将砝码放回砝码盒,用毛刷将天平内掉落的称量物清除,检查天平梁是否被托住,圈码是否复原,然后用罩布将天平罩好。

(二)电子天平

电子天平(图10－19)是应用现代电子控制技术进行称量的天平。各种电子天平的控制方式和电路结构不相同,但其称量原理都是依据电磁力平衡理论。目前应用的主要是底部承重式(上皿式)的电子天平,其称量范围较广。根据不同的型号,称量精度从0.1g到0.0001g不等,有的甚至可达0.001mg,即一克的百万分之一。

电子天平具有自动化校准、去皮称重装置,可累计称量,并且称

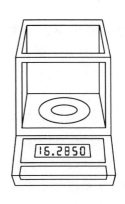

图10－19　电子天平

量反应快、准确度高,有的电子天平还具有灵敏度可调、可连接打印机或计算机进行数据处理、量制(克、米制克拉、金盎司)可供选择、超载显示、故障报警等功能。

电子天平称量精确,称量全程不用砝码,放上被称物后,在几秒钟内即达平衡并显示读数,称量速度快,使用方便,故应用广泛。

电子天平的使用方法如下。

(1)使用前检查天平是否水平,如水平仪水泡偏移,则调整天平底座脚,使水泡位于水平仪中心。

(2)称量前通电预热30min左右。

(3)首次使用天平必须先校准,将天平从一地移到另一地使用时或在使用一段时间后,应对天平重新进行校准,使天平更为精确。校准程序按说明书进行。

(4)仪器开机后,待显示稳定的零点后,将被称量物放在称量盘上,关闭防风门,显示稳定后即可读取称量值。操纵相应的按键可实现"去皮""增重""减重"等称量功能。例如用小烧杯称取样品时,可先将洁净干燥的小烧杯放在秤盘中央,显示数字稳定后,按"去皮"键,显示恢复为零,再缓缓加样品至显示所需样品的质量时,停止加样,直接记录称取样品的质量。

(5)短时间(如2h)内暂不使用天平,可不关闭天平电源,以免再使用时重新通电预热。

二、分光光度计[5]

分光光度计是一种进行定量比色分析用的仪器,其广泛应用于医药卫生、生物化学、石油化工、环境保护、质量控制等部门。分光光度计有721型、722型、723型、751型等,目前使用较广泛的是722型分光光度计。

(一)工作原理

分光光度计的基本原理是,溶液中的物质在光照射激发下对光的吸收效应。物质对光的吸收是具有选择性的,各种不同物质都具有各自的吸收光谱,因此当某单色光通过溶液时,其能量就会被吸收,光能量减弱的程度和物质的浓度有一定的比例关系,也即符合朗伯—比尔定律。

$$\lg \frac{I_0}{I} = KcL \tag{10-1}$$

$$A = KcL \tag{10-2}$$

式中:K——吸光系数;

I_0——入射光强度;

I　——透射过溶液的光强度;

c　——溶液浓度;

L　——溶液的光径长度(即液层厚度);

A　——吸光度。

从式(10-1)和式(10-2)可以看出,当入射光、吸光系数和溶液的光径长度不变时,透过光随溶液浓度的变化而变化,722型光栅分光光度计就是根据该原理设计的。

由于吸光系数K与入射光波长、物质的性质及溶液温度等因素有关,因此,测定时必须使入射光波长和溶液温度保持一定。为了提高分析的灵敏度,应该选用最大吸收波长的单色光。

(二)722型光栅分光光度计的主要结构

分光光度计种类很多,722型光栅分光光度计是使用较普遍的可见光分光光度计,它的工作波长范围为330～800nm,它由光源室、单色器、试样室、光电管暗盒、电子系统及数字显示器等部件组成。722型光栅分光光度计的外形结构和组成结构方框图分别如图10-20和图10-21所示。

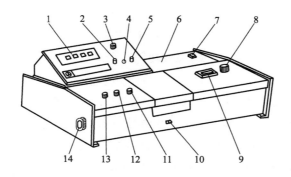

图10-20　722型光栅分光光度计的外形结构示意图

1—数字显示窗　2—吸光度调零旋钮　3—功能选择开关　4—吸光度调斜率电位器　5—调浓度旋钮
6—光源室　7—电源开关　8—波长手轮　9—波长刻度窗　10—试样架拉杆　11—100%T旋钮
12—0T旋钮　13—灵敏度调节旋钮　14—干燥器

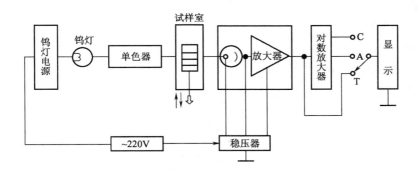

图10-21　722型光栅分光光度计仪器组成结构方框图

(三)722型光栅分光光度计的操作

(1)检查电源线、接线是否正确,各个调节旋钮的起始位置是否正确。

(2)将灵敏度旋钮调至"1"挡(放大倍率最小)。

(3)开启电源,指示灯亮,选择开关置于"T",波长调至测试用波长,仪器预热20min。

(4)打开试样室盖(此时光门自动关闭),调节"0"旋钮,使数字显示为"00.0"。放入蒸馏水(或参比液),盖上试样室盖,将比色皿处于蒸馏水校正位置,使光电管受光,调节透过率"100%"旋钮,使数字显示为"100.0"。

(5)如果显示不到"100.0",则可适当增加微电流放大器的倍率挡数(即灵敏度),但尽可能置于低倍率挡使用,这样仪器稳定性更高。改变倍率后必须重新校正"0"和"100.0"。

(6)按上述步骤连续几次调整"0"旋钮和"100.0"旋钮,仪器即可进行正常测定。

(7)吸光度 A 的测量。将选择开关置于"A",调整吸光度旋钮,使得数字显示为"00.0",然后将被测样品推入光路,显示值即为被测样品的吸光度值。

(8)浓度 c 的测量。选择开关由"A"旋至"c",将已标定浓度的溶液推入光路,调节浓度旋钮,使数字显示为标定值,然后再将被测样品推入光路,即可读出被测样品的浓度值。

(四)使用注意事项

(1)如果大幅度改变测试波长时,在调整"0"和"100.0"后应稍等片刻。因光能量变化急剧,而光电管受光后响应缓慢,需一段光响应平衡时间,待稳定后,重新调整"0"和"100.0"后即可工作。

(2)为了保证仪器稳定工作,在电压波动较大的地方,最好配一稳压电源。

(3)每台仪器所配的比色皿应专用,不能与其他仪器的比色皿混用。

(4)仪器左下角有一只干燥筒,应保持其干燥,发现变色应立即更新或烘干后再用。

(5)仪器工作数月或搬动后,要检查波长精度和吸光度 A 的精度等,以确保仪器的使用和测量精度。

三、酸度计

酸度计是测定水溶液酸碱度的仪器。在纺织品检验中,常用酸度计来测定各种纺织品水萃取液的 pH 值。酸度计的种类很多,目前使用较多的 PHS—3C 型精密 pH 计,采用三位半十进制 LED 数字显示,测量精密。PHS—3C 型精密 pH 计适用于化验室取样测定水溶液的 pH 值和电位(mV)值。

(一)PHS—3C 型精密 pH 计的结构

PHS—3C 型精密 pH 计的外形结构如图 10 - 22 所示。

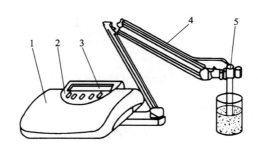

图 10 - 22　PHS—3C 型精密 pH 计的外形结构

1—机箱　2—键盘　3—显示屏　4—多功能电极架　5—电极

(二)PHS—3C 型精密 pH 计的操作

1. 准备　将电极的多功能电极架插入插座中,并将 pH 复合电极安装在电极架上,然后将 pH 复合电极下端的电极保护套拔下,同时取下电极上端的橡皮套,使其露出上端小孔,最后用蒸馏水清洗电极。

2. 标定

(1)在 pH 计后面板上的测量电极插座处插入复合电极。如不用复合电极,则在该处插入玻璃电极插头,并在参比电极接口处插入参比电极。

(2)打开电源开关,按"pH/mV"按钮,使仪器进入 pH 值测量状态。

(3)按"温度"按钮,使其显示溶液温度值(此时温度指示灯亮),然后按"确认"键,仪器确定溶液温度后回到 pH 值测量状态。

(4)把用蒸馏水清洗过的电极插入 pH＝6.86 的标准缓冲溶液中,待读数稳定后按"定位"键(此时 pH 指示灯慢闪烁,表明仪器处于定位标定状态),使读数为当时温度下的 pH 值。然后按"确认"键,仪器进入 pH 值测量状态,pH 指示灯停止闪烁。标准缓冲溶液的 pH 值与温度关系对照可参见酸度计说明书。

(5)把用蒸馏水清洗过的电极插入 pH＝4.00 或 pH＝9.18 的缓冲溶液中(如被测溶液为酸性时,应选 pH＝4.00 的缓冲溶液;如被测溶液为碱性时,则选 pH＝9.18 的缓冲溶液),待读数稳定后按"斜率"键(此时 pH 指示灯快闪烁,表明仪器处于斜率标定状态),使读数为该溶液当时温度下的 pH 值。然后按"确认"键,仪器进入 pH 值测量状态,pH 指示灯停止闪烁,标定完成。

(6)用蒸馏水清洗电极后即可对被测溶液的 pH 值进行测量。

3. 测量 pH 值

(1)用蒸馏水清洗电极头部后,再用被测溶液清洗一次。

(2)若被测溶液和定位溶液温度不同,则用温度计测出被测溶液的温度值,按"温度"键,使仪器显示为被测溶液的温度值,然后按"确认"键。

(3)把电极插入被测溶液,用玻璃棒搅拌(或用磁力搅拌器进行搅拌),待溶液均匀后读出 pH 值。

(4)测量结束,关闭电源,用蒸馏水小心地冲洗电极。

第十一章 纺织化学实验项目

实验一 简单蒸馏和分馏

实验一　PPT

一、实验目的
1. 了解简单蒸馏和分馏的基本原理及应用。
2. 掌握实验室常用的简单蒸馏和分馏的基本操作。

二、实验原理
参见实验第十章第六节纺织化学实验的基本操作:蒸馏和分馏。

三、实验用仪器和药品
(一)仪器
圆底烧瓶,蒸馏头,冷凝管,温度计套管,接引管,锥形瓶,玻璃漏斗,刺形(维氏)分馏柱,量筒,水浴锅,胶管等。
(二)药品
工业酒精,95%乙醇。

四、实验内容
(一)工业酒精的蒸馏[1]
在 100mL 圆底烧瓶中,加入 1~2 粒沸石,按图 10-3 装配仪器。用量筒取 40mL 工业酒精经长颈漏斗从蒸馏头上口倒入烧瓶,插入温度计,通入冷凝水,用水浴加热,注意观察蒸馏瓶中的现象和温度计读数的变化。当液体开始沸腾时,注意控制水浴温度,使馏出液滴的速度为(1~2)滴/s。记下第一滴液体滴入锥形瓶时的温度,分别收集 77℃以下、77~79℃和 79℃以上的馏分。

蒸馏时不能将圆底烧瓶中的液体蒸干(一般须留 0.5~1mL),以防烧瓶干烧。量出所收集的各馏分体积,并计算回收率。
(二)乙醇—水混合物的分馏
在 100mL 的圆底烧瓶中加入 95%乙醇和水各 20mL,并加入 1~2 粒沸石,按图 10-4 分别装上刺形分馏柱,在分馏柱上口插入温度计,使温度计水银球上端与分馏柱侧管底边在同一水平线上,依次装上直形冷凝管、接引管。取 3 只洁净的 50mL 锥形瓶作接收器,并分别贴上 1

号、2号、3号标签。

打开冷凝水,用水浴加热,当液体开始沸腾时,可以看到一圈圈气液沿分馏柱缓慢上升,待其停止上升后,调节热源,提高温度。当蒸气上升到分馏柱顶部,开始有分馏液流出时,记下第一滴分馏液落到接受瓶中时的温度。调节并控制好温度,使蒸气缓慢上升以保持分馏柱内有一个均匀的温度梯度,同时还须控制馏出液的速度为1～2滴/s。

开始蒸出的馏分中含低沸点组分(乙醇)较多,而高沸点组分(水)较少,随着低沸点组分的蒸出,混合液中高沸点组分含量逐渐增加,馏出液的沸点随之升高。将低于80℃的馏分收集在1号瓶中,80～95℃的馏分收集在2号瓶中。当蒸气达到95℃时,停止蒸馏,冷却几分钟,使分馏柱内的液体回流至烧瓶中。卸下烧瓶,将残液倒入3号瓶内,测量并记录各馏分的体积。

以柱顶温度为纵坐标,馏出液体积(mL)为横坐标,将实验结果绘制成分馏曲线,讨论分离效率。

五、注意事项

1.仪器安装好后,注意检查各仪器之间的连接是否紧密。

2.本实验蒸出的酒精并非纯物质,而是酒精和水的共沸物,若要得到无水乙醇,须采用其他方法除去共沸物中的水。

六、思考题

1.在进行蒸馏操作时应注意什么问题(从安全和效果两方面考虑)?

2.蒸馏时,馏出速度太快或太慢有什么不好?

3.将待蒸馏的液体倾入蒸馏烧瓶中时,不使用漏斗行吗? 如果不用漏斗应该怎样操作?

4.在蒸馏装置中,把温度计水银球插至液面或蒸馏头侧口以上是否正确? 为什么?

5.如果蒸馏前忘记加沸石,能否立即将沸石加入接近沸腾或已沸腾的液体中? 为什么? 应该怎样处理才安全? 重新蒸馏时,用过的沸石能否继续使用? 为什么?

6.加热后有分馏液馏出时,发现冷凝管未通水,能否立即通水? 为什么? 应如何正确处理?

7.简述蒸馏和分馏原理,并说明它们在装置、操作上有何不同。

8.如果把分馏柱顶上温度计的水银柱的位置插下些行吗? 为什么?

9.若加热太快,馏出液速度超过一般要求,用分馏方法分离两种液体的能力会显著下降,为什么?

实验二　乙酸乙酯的制备[1]

实验二　PPT

一、实验目的

1.熟悉酯化反应原理及反应条件,掌握乙酸乙酯的制备方法。

2.掌握液体有机物的精制方法。

3.熟悉常用的液体干燥剂,掌握其使用方法。

二、实验原理

乙酸乙酯是一种工业上用途很广的化合物,具有快干、低毒的特点。它常用作清漆、人造革、硝化纤维、氯化橡胶和某些乙烯树脂的溶剂,也用作染料、药物和香料的原料。

有机酸酯可由醇和羧酸在少量无机酸催化下直接酯化制得。没有催化剂存在时,酯化反应很慢;当采用酸作催化剂时,酯化反应的速度大大加快。酯化反应是可逆反应,为使平衡向生成酯的方向移动,常常使反应物之一过量,或将生成物从反应体系中及时除去,或者两者兼用。

本实验利用共沸混合物、反应物之一过量的方法制备乙酸乙酯,其反应如下。

主反应:$CH_3COOH + CH_3CH_2OH \xrightarrow[120\sim125℃]{H_2SO_4} CH_3COOCH_2CH_3 + H_2O$

副反应:$CH_3CH_2OH \xrightarrow[170℃]{H_2SO_4} CH_2=CH_2 + H_2O$

$2CH_3CH_2OH \xrightarrow[140℃]{H_2SO_4} CH_3CH_2-O-CH_2CH_3 + H_2O$

三、实验用仪器和药品

(一)仪器

圆底烧瓶,冷凝管,温度计,蒸馏头,温度计套管,分液漏斗,接液管,锥形瓶,电热套。

(二)药品

冰醋酸,无水乙醇,浓硫酸,饱和碳酸钠溶液,饱和氯化钙溶液,饱和食盐水,无水硫酸镁。

四、实验步骤

(一)回流

在 100mL 圆底烧瓶中,加入 12mL 冰醋酸和 19mL 无水乙醇,混合均匀后,将烧瓶置于冰

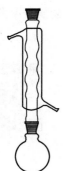

水浴中,分批缓慢加入 5mL 浓 H_2SO_4,同时振荡烧瓶。混合均匀后加入 2～3 粒沸石,按图 11-1 安装好回流装置,打开冷凝水,用电热套加热,保持反应液在微沸状态下回流 30～40min。

(二)蒸馏

反应完成后冷却至室温,将装置改成蒸馏装置,用电热套或水浴加热,收集 70～79℃的馏分。

(三)乙酸乙酯的精制

1.中和　在粗乙酸乙酯中缓慢加入约 10mL 饱和 Na_2CO_3 溶液,直到无 CO_2 逸出后,再多加 1～3 滴。然后将混合液倒入分液漏斗中,静置

图 11-1　回流装置

分层后,放出下面的水层。

2. 水洗 用约 10mL 饱和食盐水洗涤酯层,充分振荡,静置分层后,分出水层。

3. 二氯化钙饱和溶液洗 用约 20mL 饱和 $CaCl_2$ 溶液分两次洗涤酯层,静置后放出下面的水层。

4. 干燥 酯层由分液漏斗上口倒入一个 50mL 干燥的锥形瓶中,并放入 2g 无水 $MgSO_4$,配上塞子,然后充分振荡至液体澄清。

5. 精馏 收集 74～79℃的馏分,产量为 10～12g。

纯乙酸乙酯为无色透明有香味的液体,$b_p = 77.2℃$,$d_4^{20} = 0.901$,$n_D^{20} = 1.3723$。

五、注意事项

1. 实验进行前,圆底烧瓶、冷凝管应是干燥的。

2. 回流时注意控制温度,温度不宜太高,否则会增加副产物的量。

3. 在馏出液中除了酯和水外,还含有少量未反应的乙醇、乙酸和副产物乙醚。故加饱和碳酸钠溶液主要除去其中的酸,多余的碳酸钠在后续的洗涤过程中可被除去。

4. 饱和食盐水主要洗涤粗产品中少量的碳酸钠,还可洗除一部分水。此外,由于饱和食盐水的盐析作用,可大大降低乙酸乙酯在洗涤时的损失。

5. 用饱和氯化钙溶液洗涤时,氯化钙与乙醇形成配合物而溶于饱和氯化钙溶液中,由此除去粗产品中的乙醇。

6. 乙酸乙酯与水或醇可分别生成共沸混合物,若三者共存则生成三元共沸混合物。因此,酯层中的乙醇不除净或干燥不够时,将形成低沸点共沸混合物,从而影响酯的产率。

六、思考题

1. 在本实验中硫酸起什么作用?

2. 为什么乙酸乙酯的制备中要使用过量的乙醇? 若醋酸过量是否合适? 为什么?

3. 蒸出的粗乙酸乙酯中主要有哪些杂质? 如何去除?

4. 能否用浓的氢氧化钠溶液代替饱和碳酸钠溶液来洗涤蒸馏液?

5. 用饱和氯化钙溶液洗涤,能除去什么? 为什么用饱和食盐水洗涤? 用水代替饱和食盐水行吗?

实验三 丙烯腈共聚物的制备

实验三 PPT

一、实验目的

1. 通过本实验,掌握丙烯腈共聚反应的基本原理。

2. 了解影响反应的主要因素,熟悉配料计算和转化率的测定。

3.掌握丙烯腈共聚物的制备方法。

二、实验原理

聚丙烯腈纤维是指由聚丙烯腈或丙烯腈占85％以上的共聚物制得的纤维,在我国其商品名称为腈纶。丙烯腈的聚合,根据所用溶剂的不同,可分为均相溶液聚合和非均相溶液聚合。

聚丙烯腈除了丙烯腈为第一单体外,常用的第二单体有丙烯酸甲酯(MA)、甲基丙烯酸甲酯(MMA)、醋酸乙烯(VAc)等,常用的第三单体有丙烯磺酸钠(SAS)、甲基丙烯磺酸钠(SMAS)、衣康酸(ITA)、甲基丙烯苯磺酸钠等。

丙烯腈共聚合以硫氰酸钠溶液为溶剂,偶氮二异丁腈为引发剂,以丙烯腈、丙烯酸甲酯和衣康酸为原料进行三元共聚总的反应可表示如下:

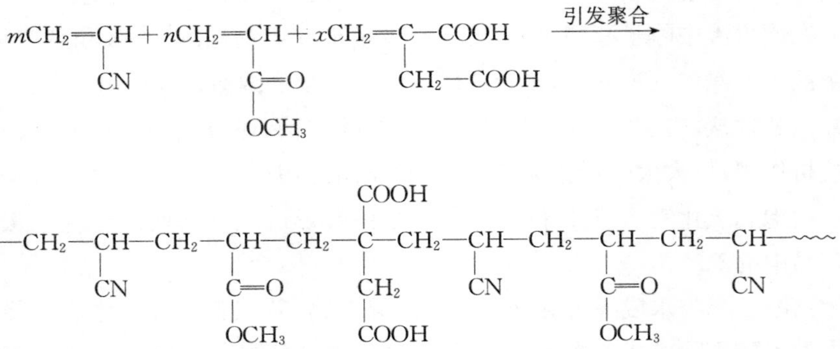

$$m\mathrm{CH_2}{=}\mathrm{CH} + n\mathrm{CH_2}{=}\mathrm{CH} + x\mathrm{CH_2}{=}\mathrm{C}{-}\mathrm{COOH} \xrightarrow{\text{引发聚合}}$$

三元共聚物(三种单体在大分子链中的排列是随机的)

丙烯腈的聚合反应属于自由基(游离基)型链式聚合反应,反应体系中活化中心一旦形成,就有成千上万个分子经历着链的引发、增长和终止三个阶段,逐步生成聚丙烯腈。

本实验采用以硫氰酸钠水溶液为溶剂的溶液聚合,其在反应前后体系的总质量不变[4],则:

$$转化率(\%)=\frac{M_0-M}{M_0}\times100\%=\frac{聚合液中高聚物的质量分数}{M_0}\times100\%$$

$$=\frac{高聚物薄膜的质量}{M_0\times与薄膜相应的聚合物的质量}\times100\%$$

式中:M_0——体系中总单体的初始浓度,％;

M——反应结束时体系中残余总单体的浓度,％。

三、实验用仪器和药品

(一)仪器

恒温水浴,试管(ϕ30mm),温度计,方玻璃块。

(二)药品

丙烯腈,丙烯酸甲酯,衣康酸,异丙醇,偶氮二异丁腈,硫氰酸钠(51%),铁钒指示剂。

四、实验内容

(一)物料用量计算

配制单体浓度为17%的丙烯腈三元共聚物混合液25g。三元共聚物中三种单体的配比为:丙烯腈∶丙烯酸甲酯∶衣康酸=91∶7∶2。偶氮二异丁腈为单体质量的0.5%,异丙醇为单体质量的3%。所需各种物料的质量(W)按以下公式计算:

$$W = \frac{25 \times 0.17 \times A}{C}$$

式中:W——物料重量,g;

A——物料重量占总单体质量的百分比,%;

C——物料的纯度,%。

如果所用物料是液体,将计算所得物料质量除以该物料的比重,即得所需物料的毫升数。51%硫氰化钠水溶液是用硫氰化钠和去离子水配成,25℃时溶液密度为1.294。所需51%硫氰酸钠水溶液毫升数为:

$$所需51\%硫氰酸钠水溶液毫升数 = \frac{25 - 各反应物的总质量}{51\%硫氰酸钠水溶液的密度}$$

(二)共聚物的制备

把计算出的三元共聚物物料,分别倒入大试管中摇匀,然后轻轻盖上装有温度计的塞子。将试管放入水浴中升温聚合,升温过程中要注意将试管中溶液摇匀,观察温度计的变化,使混合液在76~78℃下保温30min。混合液逐渐变成淡黄色的黏稠浆液即可停止反应。

(三)抽丝

反应结束后,迅速倒出聚合物4~5g于高型称量瓶中,加盖,留作测定转化率用。再将少量聚合液呈细流状倒入水中,使其呈纤维状细丝凝固析出。在剩有聚合液的试管中加水,使聚合液凝固后,从试管中取出。

(四)测定转化率

从称量瓶中称取聚合液1~2g(精确到0.0002g),置于一块方玻璃中央,再盖上另一块方玻璃,用力挤压,使聚合液呈薄层状。然后将带聚合液薄膜的玻璃片浸入盛有蒸馏水的搪瓷盘中,移开玻璃片,使其凝固、析出。以上聚合液做两块。

用镊子将薄膜小心揭下来,操作时要防止薄膜失落。将薄膜放入小烧杯中,用蒸馏水洗涤,直至洗涤液用铁矾指示剂检验不显红色为止。把洗净的薄膜放在表面皿上铺平,放入烘箱,在105℃烘至恒重。称重(精确到0.0002g),计算转化率。

五、结果处理

将实验结果记录到表11-1和表11-2中。

表 11－1 丙烯腈共聚物的制备

用量\试剂		丙烯腈	丙烯酸甲酯	衣康酸	偶氮二异丁腈	异丙醇	51%硫氰化钠溶液
加入量	质量/g						
	体积/mL						

表 11－2 转化率的测定

类别\测试项目		聚合液质量 W_P	薄膜质量 W_F	转化率/%	平均转化率/%
三元共聚物	1				
	2				

六、注意事项

1.取用药品应在通风橱中进行。

2.试管的塞子不可塞紧,因为温度升高时,管内压力增大,易出事故。

3.称量应准确,实验中注意控制反应温度。

4.测转化率时,可先用少量水将玻璃块润湿后,再将聚合液倒在上面。

5.实验所用共聚物溶液总量较多时,应在装有搅拌器、温度计和回流冷凝管的三口瓶中进行。

七、思考题

1.写出反应混合液的物料配比及各种物料用量的计算公式。

2.在共聚反应过程中,影响聚合反应的因素主要有哪些?

3.实验中各种试剂的作用是什么?

实验四 纺织纤维的鉴别[2]

实验四 PPT

一、实验目的

学会用燃烧法、溶剂溶解法鉴别常用的纺织纤维。

二、实验原理

纤维鉴别就是利用各种纤维在外观形态和内在性质方面存在的差异,采用各种方法将它们区别开来。纤维鉴别的方法有很多,常用的方法有:感官鉴别法、燃烧法、显微镜观察法、化学溶解法、染色法、熔点法、密度法、双折射法、红外吸收光谱法、X 射线衍射法、热分析法等。每种方法都有各自的优缺点,分析时常将多种方法综合才能准确无误地将纤维鉴别出来。

本实验根据纤维在燃烧时出现不同的燃烧现象和在化学溶剂中的不同溶解特性来鉴别纤维。燃烧法主要是根据纤维燃烧的状态,火焰的颜色,燃烧时散发的气味,燃烧后残余物的颜色、形状和硬度等特征来鉴别。燃烧法的优点是简便易行,不需特殊设备和试剂,但这种方法比较粗糙,仅能区别大类纤维,而混纺纤维和经阻燃处理的纤维则不能用此法鉴别。溶解法利用各种纤维在化学溶剂中的不同溶解特性来鉴别,这种方法操作较简单,试剂准备容易,准确性较高,且不受混纺、染色的影响,故应用范围较广。

初学者对纤维不是很熟悉,所以不能用感官鉴别法,比较简单的方法是,先根据纤维燃烧时的特性将待鉴别的纤维分为三大类,即纤维素纤维、蛋白质纤维、合成纤维,缩小范围后再根据其在化学试剂中的溶解特性,逐一排除而将纤维鉴别出来。

三、实验用仪器、药品与试样

(一)仪器

试管,水浴锅,酒精灯。

(二)试剂

浓盐酸,硫酸(75%),硫氰酸钾(65%),冰醋酸,间甲酚,二甲基甲酰胺。

(三)试样

棉,黏胶纤维,羊毛,蚕丝,涤纶,腈纶,维纶,锦纶等。

四、实验步骤

(一)用燃烧法将纤维分类

取被测纤维一小束,用镊子夹住一端,慢慢向酒精灯的火焰靠近,仔细观察纤维接近火焰、在火焰中以及离开火焰时的燃烧特征,鉴别燃烧时散发的气味,冷却后观察其残余物状态,对照表11-3的内容,将待鉴别的纤维进行分类。

表 11-3 常见纺织纤维的燃烧特征

纤维名称	燃 烧 特 征			燃烧气味	残余物状态
	接近火焰	在火焰中	离开火焰后		
棉	无明显变化	迅速燃烧	继续迅速燃烧	燃纸气味	细而轻的黑灰粉末
麻	无明显变化	迅速燃烧	继续迅速燃烧	燃纸气味	细而轻的黑灰粉末
黏胶	无明显变化	迅速燃烧	继续迅速燃烧	燃纸气味	灰烬很少,呈灰白色
羊毛	熔融并卷曲收缩	边熔融卷缩边燃烧	缓慢燃烧有时会自熄	燃毛发气味	松而脆的焦渣
蚕丝	熔融并卷曲收缩	边熔融卷缩边燃烧	缓慢燃烧有时会自熄	燃毛发气味	松而脆的黑色小焦渣
涤纶	收缩并熔融	熔融、冒黑烟、燃烧	燃烧、冒黑烟、易熄灭	无特殊气味	硬而光亮的不规则黑色小球
锦纶	收缩并熔融	边熔融边燃烧	自熄	有氨臭味	玻璃状黄褐色硬球
腈纶	收缩并熔融	边熔融边燃烧带黑烟	燃烧旺盛伴有大量黑烟	刺激性辣味	松而脆的不规则黑色空心球
氨纶	熔融并收缩	边熔融边燃烧	缓慢燃烧、自熄	特殊气味	白色胶状

续表

纤维名称	燃烧特征			燃烧气味	残余物状态
	接近火焰	在火焰中	离开火焰后		
丙纶	收缩并熔融	边熔融边燃烧	继续燃烧、冒黑烟并漂浮黑絮	有沥青味	不规则棕黑色硬物
氯纶	收缩并熔融	熔融、燃烧、冒黑烟	自熄	刺鼻氯臭味	棕黑色硬状物

(二)化学溶解法

将用燃烧法区分出的纤维素纤维、蛋白质纤维或合成纤维有针对性地选择化学试剂进行化学溶解法鉴别。

取少量未知纤维试样于试管中,加入少量化学试剂,摇动试管或用玻璃棒搅拌 5~15min,仔细观察其溶解情况(溶解、不溶解、膨胀或部分溶解)。如果需要,则可将溶液加热至一定温度或煮沸。加热溶解须在通风橱内进行,用易燃的溶剂时不能用火焰直接加热。

一种试剂试验完后,如未能准确鉴别出纤维种类,则应另用干燥的试管,重新取该纤维,参考表 11-4,使用其他试剂进行试验,观察溶解现象并记录结果。

表 11-4　常见纺织纤维的溶解性

纤维 ＼ 试剂	硫酸(75%) 24℃	盐酸(37%) 24℃	硫氰酸钾(65%) 70~75℃	冰醋酸 沸	间甲酚 24℃	二甲基甲酰胺 24℃
棉	溶	不溶	不溶	不溶	不溶	不溶
麻	溶	不溶	不溶	不溶	不溶	不溶
黏胶纤维	溶	溶	不溶	不溶	不溶	不溶
羊毛	不溶	不溶	不溶	不溶	不溶	不溶
蚕丝	溶	溶	不溶	不溶	不溶	不溶
涤纶	不溶	不溶	不溶	不溶	溶(93℃)	不溶
锦纶	溶	溶	不溶	溶	溶	不溶
腈纶	微溶	不溶	溶	不溶	不溶	溶(93℃)
维纶	溶	溶	不溶	不溶	溶	不溶
氯纶	不溶	不溶	不溶	不溶	不溶	溶(93℃)
丙纶	不溶	不溶	不溶	不溶	不溶	不溶

五、结果处理

将用燃烧法、溶解法对纤维鉴别的结果参照表 11-3 和表 11-4,以图表汇总,最后得出结论。

六、注意事项

1.该试验方法较适用于纯的纺织纤维原料,如果是混合成分纤维,则应使用综合方法进行鉴别。

2.做燃烧试验时,闻气味应注意勿使鼻子凑近试样。正确的方法应该是:一只手拿着刚离开火焰的试样,将试样轻轻吹灭,待冒出一股烟时,用另一只手将试样附近的气体扇向鼻子。

3.由于溶剂的浓度和温度不同,对纤维的可溶性表现也不相同,所以应严格控制溶剂的浓度和温度。

4.在观察纤维溶解性时,要有良好的照明,以避免观察误差。

七、思考题

1.如何从纤维的化学组成来说明燃烧时散发的气味、燃烧后残余物的形态等燃烧特征?

2.影响纤维溶解性的因素有哪些? 有一未知配比的涤棉混纺纤维,如何确定其配比?

实验五　表面活性剂离子性鉴别

实验五　PPT

一、实验目的

1.学习鉴定表面活性剂离子类型的方法。

2.了解表面活性剂的类型和在纺织工业中的应用。

二、实验原理

表面活性剂按用途可分为:净洗剂、精练剂、润湿剂、渗透剂、分散剂、乳化剂、起泡剂、柔软剂、防水剂、阻燃剂、抗静电剂等。表面活性剂按其在水溶液中是否电离分为两大类,即离子型和非离子型。离子型表面活性剂根据其在水中电离后的带电情况又分为阴离子型、阳离子型和两性表面活性剂三类。其中以阴离子型、阳离子型和非离子型表面活性剂最为常用。

不同类型的表面活性剂有着不同的用途,了解它的离子性,有助于应用者合理选用,并有效发挥其作用。表面活性剂离子性鉴别方法较多,如亚甲基蓝—氯仿鉴别法、橙色素Ⅱ号鉴别法、仪器分析如红外光谱法等,其中以亚甲基蓝—氯仿鉴别法应用最为广泛[3]。

亚甲基蓝—氯仿鉴别法是以对抗反应及其变化形式为基础的。例如阴离子型表面活性剂在适宜的条件下能与带正电荷的试剂反应,一般可用下式表示:

$$R^-M^+ + R'^+X^- =\!\!=\!\!= R^-R'^+ + M^+X^-$$

式中:R^-M^+——阴离子型表面活性剂;

　　　R^-——带负电荷的离子;

　　　M^+—— H^+、Na^+、K^+、NH_4^+ 等;

　　R'^+X^-——阳离子型表面活性剂或性质类似的无机盐,也可以是碱性染料;

　　$R^-R'^+$——产物,一般不溶于水,但能溶于有机溶剂。

三、实验用仪器和药品

(一)仪器

具塞试管(25mL),烧杯,量筒。

(二)药品

浓硫酸,无水硫酸钠,氯仿,阴离子型表面活性剂;

亚甲基蓝溶液(称取 0.03g 亚甲基蓝,用水调匀,加入 12g 浓硫酸和 50g 无水硫酸钠,用蒸馏水稀释至 1000mL),0.05％阴离子型表面活性剂溶液(渗透剂 OT),0.1％待测试样溶液。

四、实验内容

在 25mL 具塞试管中加入 8mL 亚甲基蓝溶液和 5mL 氯仿,然后逐滴加入 0.05％阴离子型表面活性剂溶液,每加一滴,盖上塞子,并剧烈振荡使之分层,观察水层和氯仿层的色泽,继续滴加至试管中溶液上下两层呈现同一色调(一般约需滴加 10～12 滴)。然后在试管中加入 0.1％待测试样溶液 2mL,再次振荡,静置使其分层,观察上下层颜色的相对强度。

若氯仿层色泽较深,而水层几乎无色,试样则为阴离子型表面活性剂;若水层色泽较深,试样则为阳离子型表面活性剂;若两层色泽大致相同,且水层呈乳液状,则表示有非离子型表面活性剂存在。

五、结果处理

根据观察的实验现象,填写表 11-5,并判别待测试样的离子性。

表 11-5　表面活性剂离子性鉴别

测试结果 ＼ 样品序号	1	2	3	4
现象				
结论				

六、注意事项

1.0.05％阴离子型表面活性剂溶液,若无渗透剂 OT,可用其他阴离子型表面活性剂代替。

2.实验时若色泽不易分辨,可用 2mL 水代替试样做对照试验。

3.由于试剂呈酸性,因此肥皂等羧酸盐类阴离子型表面活性剂较难判别。

4.无机物(如硅酸盐、磷酸盐等)对本实验无干扰。

七、思考题

1.试分析水层与氯仿层哪个在上层? 哪个在下层?

2.你知道还有哪些方法鉴别表面活性剂的离子性?

实验六　PPT

实验六　洗涤剂的配制与洗涤能力的测定

一、实验目的

1. 了解洗涤剂各组分的作用和配方原理,掌握配制液体洗涤剂的工艺。

2. 了解洗涤的基本原理,掌握洗涤剂洗涤能力的基本测试方法。

二、实验原理

液体洗涤剂是仅次于粉状洗涤剂的第二大类洗涤制品。因为液体洗涤剂具有较多显著的优点,所以洗涤剂由固态向液态发展是一种必然趋势。最早出现的液体洗涤剂是不加助剂或只加少量助剂的中性洗涤剂,基本属于轻垢型,这类洗涤剂的配制比较简单。而后出现的重垢型液体洗涤剂,大多是加洗涤助剂的。重垢型液体洗涤剂中,表面活性物和助剂含量较多,配制比较复杂[4]。

液体洗涤剂主要由表面活性剂和助剂组成。表面活性剂使用最多的是烷基苯磺酸钠。而以脂肪醇为原料的各种表面活性剂广泛应用于衣用液体洗涤剂,如脂肪醇聚氧乙烯醚、脂肪醇硫酸酯盐、脂肪醇聚氧乙烯醚硫酸酯盐等。常用的助剂主要有螯合剂、增稠剂、助溶剂、溶剂、柔软剂、消毒剂、漂白剂、酶制剂、抗污垢再沉降剂、碱剂、香精、色素等。设计配方时,根据产品的要求选取不同的表面活性剂和助剂进行复配。

洗涤性能是指表面活性剂去除织物上污垢的能力。洗涤过程比较复杂,包括织物润湿、污垢脱离、乳化、分散、增溶等过程。洗涤能力的测定方法有人工污垢法和自然污染法,本实验主要介绍人工污垢法。

人工污垢法是采用模拟实际污垢的方法配制人工污垢,然后制备标准污布进行洗涤试验。由于污垢种类、污染程度、附着状态、基质原料及洗涤条件不同,对洗涤能力的测定有较大的影响,所以此法测定去污力与实际情况有差异。自然污垢法是用实际穿着沾污后的织物进行洗涤试验,此法贴近实际,但污布制备较困难,故不常用[3]。

三、实验用仪器和药品

(一)仪器

电炉,水浴锅,电动搅拌机,烧杯,量筒,托盘天平,广口瓶,滴管,温度计,洗衣板刷。

(二)药品

十二烷基苯磺酸钠[ABS—Na(30%)],壬基酚聚氧乙烯醚[OP—10(70%)],椰子油酸二乙醇酰胺[尼诺尔、FFA(70%)],脂肪醇聚氧乙烯醚硫酸钠[AES(70%)],二甲苯磺酸钾,荧光增白剂,碳酸钠,硅酸钠,食盐,香精,色素,磷酸(10%),人工污垢,标准洗涤剂(或选择一合适的洗涤剂作为参比对象),白坯女呢(6cm×12cm)2块,灰色样卡。

四、实验内容

(一)液体洗涤剂的配制

(1)液体洗涤剂的配方见表 11-6。

表 11-6 液体洗涤剂的配方(%,质量分数)

成　　分	1	2
十二烷基苯磺酸钠[ABS—Na(30%)]	30.0	20.0
壬基酚聚氧乙烯醚[OP—10(70%)]	3.0	8.0
椰子油酸二乙醇酰胺[尼诺尔、FFA(70%)]	4.0	5.0
脂肪醇聚氧乙烯醚硫酸钠[AES(70%)]	3.0	—
二甲苯磺酸钾	2.0	—
荧光增白剂	0.1	—
碳酸钠	1.0	1.0
硅酸钠(30%)	1.5	2.0
食盐	1.0	1.5
香精	适量	适量
色素	适量	适量
蒸馏水	加至 100	加至 100

根据实验原材料和仪器情况,选做一个。

(2)操作步骤。按配方将蒸馏水加入 250mL 烧杯中,再将烧杯放入水浴锅中,加热使水温升至 60℃,此时,慢慢加入脂肪醇聚氧乙烯醚硫酸钠(AES),不断搅拌(约 20min),至全部溶解。在此过程中,水温控制在 60~65℃。

在连续搅拌下依次加入十二烷基苯磺酸钠(ABS—Na)、壬基酚聚氧乙烯醚(OP—10)椰子油酸二乙醇酰胺(尼诺尔、FFA),不断搅拌(约 20min)至全部溶解,水温控制在 60~65℃。

在不断搅拌下依次加入碳酸钠、硅酸钠、二甲苯磺酸钾、荧光增白剂,并使其溶解,水温控制在 60~65℃。

停止加热,等温度降至 40℃以下时,加入色素、香精,搅拌均匀。测溶液的 pH 值,并用磷酸溶液调节反应液的 pH≤10.5。待产品降至室温,加入食盐调节黏度。

(二)洗涤剂洗涤能力的测定

(1)标准污布制备。取适量人工污垢,倒入 200mL 的烧杯中,在水浴上加热至 40℃,搅拌均匀后投入白坯女呢一块,正反面往返通过一次(每次时间约为 30s),取出用玻璃棒夹挤多余的污液,然后平摊自然晾干。晾干后,将标准污布正反面用洗衣板刷往返刷到乌黑均匀,并剪成 5cm×5cm 正方形待用。

(2)试验溶液的配制。称取适量的自制洗涤剂,配成 0.2% 的溶液待用。

(3)洗涤试验。在两个 250mL 广口瓶中分别加入 0.2% 的标准洗涤剂溶液和自制洗涤溶液各 100mL,水浴加热至 50℃后,分别投入准备好的标准污布,盖上瓶塞,在水浴中放置 5min,取出广口瓶摇荡 1min(约 60 次)。重复上述操作 3 次,最后将布取出、洗涤、烘干,用灰色样卡评级。

五、结果处理

将自制洗涤剂的产品情况和洗涤剂洗涤能力测试结果分别记录在表 11 - 7 和表 11 - 8 中。

表 11 - 7　自制洗涤剂的产品情况

产品名称	产品质量/g	pH 值	产品颜色	备　注

表 11 - 8　洗涤剂洗涤能力测试结果

测 试 结 果	标准洗涤剂	自制的洗涤剂	测 试 结 果	标准洗涤剂	自制的洗涤剂
褪色牢度(级)			洗涤力评价		

六、注意事项

1.配制洗涤剂时,应按次序加料,必须使前一种物料溶解后再加后一种。

2.温度按规定控制好,加入香精时的温度必须小于 40℃,以防挥发。

3.人工污垢的制备。称取炭黑(高耐磨粉末)3g、蓖麻油(工业用)4g,用玻璃研钵调匀后加入已溶解的羊毛脂(医学用)2g,然后在不断研磨的情况下将四氯化碳 160mL 分多次加入并调匀。

4.洗涤能力测试时,应注意选择乌黑度基本一致的标准污布,即尽量取中间布样,以保证试验结果的可比性。

5.洗涤能力测试时,应保持洗涤液的温度不发生较大变化。当被测样品的浊点低于 50℃时,应在浊点温度以下进行试验,并在报告中注明试验温度。

6.标准污布若不及时使用,应储放在棕色瓶中密封保存。

7.若无标准洗涤剂,可选择一合适的洗涤剂作为参比对象。

七、思考题

1.液体洗涤剂有哪些优良性能?

2.洗涤剂配方中各组分的作用是什么?

3.液体洗涤剂配方设计的原则有哪些?

4.液体洗涤剂的 pH 值是怎样控制的? 为什么?

5.洗涤剂去污能力的测定有哪些方法? 各有什么优缺点?

6.液体洗涤剂洗剂能力的大小取决于哪些因素?

7.要使表面活性剂的洗涤效果具有可比性,操作上应注意哪些问题?

实验七　分析天平的称量练习[6]

一、实验目的

1. 了解电子天平和分析天平的构造,学会正确的称量方法。
2. 学会分析天平的使用方法,掌握减量称量方法。
3. 培养准确、简明地记录实验原始数据的习惯。

二、实验原理

分析天平是定量分析中最重要的仪器之一,也是一种较贵重的精密仪器。了解分析天平的结构和正确地进行称量,是做好定量分析实验的基本保证。常用的分析天平有阻尼天平、半自动电光天平、全自动电光天平、单盘电光天平、微量天平和电子天平等。目前使用较多的是电光分析天平和电子分析天平,其构造和工作原理详见本篇第十章第七节。

对电光分析天平而言,根据不同的称量对象,需采用不同的称量方法,常用的方法大致有以下几种。

(一)直接称量法

天平零点调定后,将被称量物直接放在天平秤盘上,调整天平待其平衡稳定后,所得读数即为被称量物的质量。直接法适用于称量洁净干燥的器皿、棒状或块状金属及其他整块的不易潮解或不易升华的固体样品。注意,称量时不可用手直接取放被称量物,而应采用戴汗布手套、垫纸条、用镊子或钳子等适宜的方法。

(二)指定质量称量法

在分析化学实验中,当需要用直接法配制指定浓度的标准溶液时,常常用指定质量称量法来称取基准物质。此法只能用来称取不易吸湿且不与空气发生作用的、性质稳定的粉状物质。

这种方法的操作要点:首先调节好天平的零点,用金属镊子将清洁干燥的称量瓶或小烧杯放在天平的左盘上,在右盘加入等重的砝码使其达到平衡;再向右盘增加约等于所需试样质量的砝码,然后在天平半开状态下,用小角匙向左盘上的称量瓶内逐渐加入试样,直到所加试样只差很少时,再全开启天平;接着缓慢加入试样,待微分标牌正好移到所需刻度时,立即停止抖入试样,注意此时右手不要离开天平升降枢钮,加样或取出角匙时,试样决不能失落在秤盘上。若不慎多加了试样,只能关闭升降枢钮,用角匙取出多余的试样,再重复上述操作直到合乎要求为止。

(三)减量称量法(差减称量法)

取适量待称样品置于一干燥洁净的容器中,在天平上准确称量后,取出所需样品置于实验器皿中,再次准确称量,两次称量读数之差,即为所取出样品的质量,如此重复操作,可连续称取若干份样品。这种方法适用于一般的颗粒状、粉末状和液体试样。

这种方法的操作要点:用手拿住表面皿的边沿,连同放在上面的称量瓶一起从干燥器中取出,用小纸片夹住称量瓶盖柄,打开瓶盖,用角匙将稍多于需要量的试样加入称量瓶,盖上瓶盖;用清洁的纸条叠成约1cm宽的纸带套在称量瓶上,左手拿住纸带尾部(图11-2)把称量瓶放到天平左盘的中部,选取适量的砝码放在右盘上使之平衡,称出称量瓶加试样的准确质量,记下砝码的数值;左手仍用原纸带将称量瓶从天平盘上取出,拿到接受器的上方,右手用纸片夹住盖柄,打开瓶盖,但瓶盖不能离开接受器上方;将瓶身慢慢向下倾斜,一面用瓶盖轻轻敲击瓶口边缘(图11-3),一面转动称量瓶使试样缓缓倒入接受器内;待加入的试样量接近需要量时(通常从体积上估计或试重得知),一边继续用瓶盖轻敲瓶口,一边逐渐将瓶身竖直,使粘在瓶口附近的试样落入接受器或落回称量瓶底部;然后盖好瓶盖,把称量瓶放回天平左盘,取出纸带,关好左边门,准确称量,两次称量读数之差,即为倒入接受器里的第一份试样质量。若称取三份试样,则连续称量四次即可。

图11-2　手拿取称量瓶的操作方法　　　图11-3　从称量瓶中倾出试样的操作

电子分析天平是新一代天平,目前应用的主要是底部承重式(上皿式)。其称量原理依据电磁力平衡理论,没有机械天平的玛瑙刀、升降装置,称量时不用砝码,放上被称物后,在几秒钟内即能达到平衡,数字显示读数,称量速度快,精度高,操作非常方便。

三、实验用仪器和药品

(一)仪器

台秤,分析天平(TG—328B型),电子分析天平,干燥器,称量瓶,小烧杯。

(二)药品

碳酸钙（或其他）固体粉末。

四、实验内容

(一)电光分析天平的称量

1.直接称量法[6]　从干燥器取出盛有试样粉末的称量瓶和经干燥的小烧杯,先在台秤上粗称其质量,记录在本子上。然后按粗称质量在分析天平上加好砝码,调节指数盘即可准确称出(称量瓶＋试样)的质量和空烧杯的质量(精确至0.0001g)。记录(称量瓶＋试样)的质量m_1、空烧杯质量m_0。

2.指定质量称量法　对于在空气中稳定的试样如金属、矿石,常称取某一固定质量的试样。称量时可先在天平两边托盘上放等重的两块洁净的表面皿,重新"调零"后,在右盘上增加固定质量的砝码,接着用角匙缓慢地将试样加在左盘表面皿中央,每次加样后打开天平升降枢钮观察,直至天平停点与称量"调零"时相一致(误差±0.0002g)。

3.差减称量法　将称量瓶中的试样缓慢倾入按上法已准确称量的空烧杯中。倾样时,由于初次称量,很难一次倾准,因此要试称,即第一次倾出少些,粗称此量,根据该质量估计不足的量(为倾出量的份数),继续倾出试样,然后再准确称重,设为 m_2,则(m_1-m_2)为倾出试样的质量。

称出(小烧瓶+试样)的质量,记为 m_3。检查(m_1-m_2)是否等于小烧瓶增加的质量(m_3-m_0),如不相等,求出差值。要求每份试样质量在 $0.2\sim0.4$g,称量的绝对差值小于 0.0005g。如不符合要求,分析原因并继续称量。

(二)电子天平的称量

先检查电子天平是否水平,然后接通电源,预热 30min,按键盘"ON"打开仪器显示器进行操作。

当仪器显示"0.0000g"并稳定后,将称量瓶(或小烧杯)置于天平秤盘上,关闭天平侧门,随即显示被称量物的质量,待读数稳定后,轻按"TAR"键(去皮、消零键),仪器重新显示"0.0000g",即全零状态。然后小心地加样品于称量瓶(或小烧杯)中,至所需要的样品质量时,停止加样,关闭侧门,待读数稳定后,直接记录仪器显示的读数,即为所称样品的质量。

称量完毕,轻按"OFF"键,显示器熄灭。若长时间不使用,应切断电源。

五、结果处理

将称量结果记录于表 11-9 并进行计算。

表 11-9　分析天平(TG—328B)的称量结果

项　目 　　　　　　次　数	1	2	3	项　目 　　　　　　次　数	1	2	3
(称量瓶+试样)的质量(倾出前)m_1/g				空烧杯质量 m_0/g			
(称量瓶+试样)的质量(倾出后)m_2/g				称得试样质量(m_3-m_0)/g			
倾出试样重 Δm/g				绝对差值/g			
(烧杯+倾出试样)的质量 m_s/g							

六、注意事项

1.称量物品时,取、放药品或加、减砝码都要关好天平后再操作。

2.开关天平、调节圈码指数盘动作要轻,以保护刀口及防止圈码弹出。

3.从称量瓶中倾出试样时应小心,防止试样撒落。

4.实验完毕应检查天平是否关闭,圈码指数盘是否回到零位。

5.电子分析天平需要校零时,请按说明书进行。

6.使用电子天平称量加样时,应注意防止药品撒落在秤盘上。

七、思考题

1.什么是分析天平?什么是天平的精度?

2. 半机械加码电光天平的结构主要有几大部分？

3. 电光分析天平称量前一般要调好零点，如偏离零点标线几小格，能否进行称量？

4. 如经加热的被称物体，自烘箱中取出后，可否立即称量？应怎样操作？

5. 实验过程中，可以更换不同的天平和砝码进行称量吗？

6. 称量时，可以在天平开启的情况下，从秤盘上取下物品或将物品放在秤盘上吗？

7. 使用机械装置加码时，应怎样操作？

8. 对于电光分析天平，指针和标牌投影是怎样移动的？

9. 减量法称量时，取出称量瓶，打开盖后，如何倾倒试样？

实验八 滴定分析基本操作练习[6]

实验八 PPT

一、实验目的

1. 初步掌握滴定管、移液管的使用方法。

2. 练习滴定分析的基本操作。

3. 通过甲基橙和酚酞指示剂的使用，初步熟悉判断滴定终点的方法。

二、实验原理

一定浓度的 HCl 溶液和 NaOH 溶液相互滴定，到达终点时，所消耗的两种溶液体积之比是一定的，因此，通过练习，可以熟悉滴定分析的基本操作并学会判断滴定终点的方法。

滴定终点的判断是否正确，直接影响滴定分析的准确度。滴定终点是根据指示剂变色来判断的，绝大多数指示剂变色是可逆的。本实验选用的指示剂甲基橙的变色范围 pH 值为 3.1（红色）～4.4（黄色），pH 值在 4.4 附近时为橙色。用 NaOH 溶液滴定 HCl 溶液时，终点颜色由红色转变为橙色；而用 HCl 溶液滴定 NaOH 溶液时，则由黄色转变为橙色。酚酞指示剂的变色范围是 pH 值为 8.0（无色）～10.0（红色），用 NaOH 溶液滴定 HCl 溶液时，终点颜色由无色转变为微红色，并保持 30s 不褪色。

三、实验用药品

HCl 溶液（0.1mol/L），NaOH 溶液（0.1mol/L），甲基橙指示剂（0.2%），酚酞指示剂，0.2%乙醇溶液。

四、实验步骤

（一）酸式滴定管的准备

取 50mL 酸式滴定管一支，在旋塞处涂抹凡士林，检漏、洗净后，用所配的 HCl 溶液将滴定管润洗 3 次（每次用量约 10mL）。再将 HCl 溶液直接由试剂瓶倒入管内至"0"刻度以上，排除管内气泡,调节管内液面至 0.00mL 处。

(二)碱式滴定管的准备

碱式滴定管经安装橡皮管和玻璃珠检漏、洗净后,用所配的 NaOH 溶液将滴定管润洗 3 次(每次用量约 10mL),再将 NaOH 溶液直接由试剂瓶倒入管内至"0"刻度以上,排除橡皮管内和出口气管内的气泡(图 10 - 10),调节管内液面至 0.00mL 处。

(三)移液管的准备

移液管洗净后,用待吸溶液润洗 3 次后备用。

(四)以甲基橙为指示剂,用 HCl 标准溶液滴定 NaOH 溶液

由碱式滴定管放出 20~25mL(精确至 0.01mL)NaOH 溶液于 250mL 锥形瓶中,放出速度约为 10mL/min,并在锥形瓶中加入甲基橙指示剂 2~3 滴。然后用 HCl 标准溶液滴定至溶液刚好由黄色转变为橙色,即为终点。平行滴定 3 次,要求测定的相对平均偏差在 0.2% 以内。

(五)以酚酞为指示剂,用 NaOH 标准溶液滴定 HCl 溶液

用移液管移取 25.00mL HCl 溶液于 250mL 锥形瓶中,并在锥形瓶中加入酚酞指示剂 2~3 滴,用 NaOH 标准溶液滴定至呈微红色,并保持 30s 不褪色,即为终点。平行测定 3 次,要求测定的相对平均偏差在 0.2% 以内。

五、结果处理

将实验结果分别记录于表 11 - 10 和表 11 - 11 中,计算并对结果进行讨论。

表 11 - 10　以甲基橙为指示剂,用 HCl 标准溶液滴定 NaOH 溶液

项　目 \ 次　数	1	2	3	项　目 \ 次　数	1	2	3
NaOH 终读数/mL				V_{NaOH}/V_{HCl}			
NaOH 初读数/mL				$\overline{V}_{NaOH}/\overline{V}_{HCl}$			
消耗的 V_{NaOH}/mL				个别测定的绝对偏差			
HCl 终读数/mL				平均偏差			
HCl 初读数/mL				相对平均偏差			
V_{HCl}/mL							

表 11 - 11　以酚酞为指示剂,用 NaOH 标准溶液滴定 HCl 溶液

项　目 \ 次　数	1	2	3	项　目 \ 次　数	1	2	3
HCl/mL		25.00		$\overline{V}_{NaOH}/\overline{V}_{HCl}$			
NaOH 终读数/mL				个别测定的绝对偏差			
NaOH 初读数/mL				平均偏差			
消耗的 V_{NaOH}/mL				相对平均偏差			
V_{NaOH}/V_{HCl}							

六、注意事项

1.本实验的操作方法,详见实验基本操作内容。

2.在分析工作中,标定标准浓度或者分析试样时,一般平行分析测定 3 次,取其平均值作为测定结果,并用偏差大小来说明精密度的好坏。

七、思考题

1.在滴定分析中,玻璃仪器洗涤的目的何在? 如何检查仪器是否洗净?

2.滴定管或移液管洗净后,为什么还要用待装溶液润洗几次? 用于滴定的锥形瓶是否也需用待装溶液润洗或烘干? 为什么?

3.每次滴定完成后,为什么要将滴定溶液调至零刻度,然后进行第二次滴定?

4.本实验中用两种不同的指示剂滴定,所得的结果是否相同? 为什么?

5.分析实验报告一般应包括哪些内容?

实验九 PPT

实验九　纺织工业用水总硬度的测定

一、实验目的

1.了解配位滴定的特点和水硬度常用的表示方法。

2.熟悉钙指示剂和铬黑 T 指示剂的性质和使用方法。

3.掌握 EDTA 溶液的标定方法。

4.掌握配位滴定法测定工业用水总硬度的原理和方法。

二、实验原理

(一)EDTA 溶液的标定

标定 EDTA 溶液常用的基准物有 Zn、ZnO、$CaCO_3$、Bi、Cu、Hg 等。通常选用与被测物组分相同的物质作基准物,这样滴定条件较一致,可减少误差。当用 $CaCO_3$ 作基准物时,首先可加 HCl 溶液使其溶解,然后把溶液转移到容量瓶中并稀释,制成钙标准溶液。吸取一定量的钙标准溶液,并调节溶液酸度至 pH$\geqslant$12,以钙标准溶液为指示剂、EDTA 溶液为标准溶液滴定,当溶液由酒红色变为纯蓝色,即为终点。

用此法测定钙时,若有 Mg^{2+} 离子存在[溶液酸度为 pH$\geqslant$12 时,Mg^{2+} 将形成 $Mg(OH)_2$ 沉淀],则其不仅不干扰 Ca^{2+} 离子的测定,而且使终点比 Ca^{2+} 离子单独存在时更敏锐。当 Ca^{2+}、Mg^{2+} 离子共存时,终点由酒红色变为纯蓝色,当 Ca^{2+} 离子单独存在时则由酒红色变为蓝紫色,所以测定单独存在的 Ca^{2+} 离子时,常加入少量 Mg^{2+} 离子。

(二)水的总硬度的测定

工业用水常形成锅垢,这是由水中含有的钙盐、镁盐等所致。水中钙盐、镁盐的含量用"硬度"表示。水的总硬度包括暂时硬度和永久硬度。在水中以碳酸氢盐形式存在的钙盐、镁盐，受热分解，析出沉淀而被除去，这类盐所形成的硬度称为暂时硬度。例如：

$$Ca(HCO_3)_2 \longrightarrow CaCO_3\downarrow + H_2O + CO_2\uparrow$$

而钙、镁的硫酸盐或氯化物等所形成的硬度称为永久硬度。硬度对工业用水关系很大，如锅炉用水，经常要进行硬度分析，为水的处理提供依据。测定水的总硬度就是测定水中钙、镁离子的总含量。

测定水的总硬度，一般采用配位滴定法，即在 pH＝10 的氨性缓冲溶液中，以铬黑 T（EBT）作指示剂，用 EDTA 标准溶液直接滴定水中的 Ca^{2+}、Mg^{2+} 离子，直至溶液由酒红色经蓝紫色转变为纯蓝色，即为终点。

滴定时，Fe^{3+}、Al^{3+} 等干扰离子可用三乙醇胺或酒石酸钾钠掩蔽；少量的 Cu^{2+}、Pb^{2+}、Zn^{2+} 等可用 KCN、Na_2S 或巯基乙酸等掩蔽。

水的硬度大小常将测得的钙、镁离子总量以氧化钙的量来表示。各国对水的硬度表示方法不同，我国通常以 10mg/L CaO 或 1mg/L $CaCO_3$ 表示水的硬度，称为 1°。单位硬度表示十万份水中含一份 CaO（即 1×10^6 mg 水中含 10mg CaO）。生活用水的总硬度不超过 25°。各种工业用水是根据工艺流程对硬度的要求而设定的。

三、实验用仪器和药品
（一）仪器
分析天平，称量瓶，表面皿，250mL 烧杯，50mL 酸式滴定管，250mL 锥形瓶，25mL 移液管，250mL 容量瓶。
（二）药品
EDTA 溶液[0.02mol/L（待标定）]，$NH_3 \cdot H_2O$—NH_4Cl 缓冲溶液（pH＝10，称 27g 氯化铵溶于水中，加入浓氨水 205mL，用蒸馏水稀释至 500mL），$CaCO_3$ 基准物（120℃下干燥 2h），HCl 溶液（1＋1），0.5％ $MgSO_4$ 溶液，10％ NaOH 溶液，钙指示剂（1＋50）[称取钙指示剂与经干燥处理后的 KNO_3 按（1＋50）混合，研磨均匀，放入小口瓶中，置于干燥器内保存]，铬黑 T 指示剂（1＋100）[将铬黑 T 与固体 NaCl 按（1＋100）混合，研磨混匀，放入磨口试剂瓶中，置于干燥器内保存]，三乙醇胺溶液（1＋2）。

四、实验内容
（一）$CaCO_3$ 标准溶液的配制
准确称取 $CaCO_3$ 0.5～0.6g，置于 250mL 烧杯中，加少量水润湿，盖好表面皿；再从杯嘴边逐渐滴加 10mL 左右的 HCl（1＋1）溶液，使之完全溶解；加热煮沸，冷却后，定量转入 250mL 容量瓶中，加水稀释至刻度，充分摇匀，计算钙的准确浓度 $c_{Ca^{2+}}$。
（二）EDTA 溶液的标定
用移液管准确移取 25.00mL Ca^{2+} 标准溶液，置于 250mL 锥形瓶中，加 25mL 蒸馏水、2mL

Mg^{2+} 溶液、10mL 10% NaOH 溶液和适量的钙指示剂(约 10mg),摇匀后,用 EDTA 溶液滴定,滴至溶液由酒红色恰好变为纯蓝色,即为终点。平行测定 3 次,然后计算 EDTA 溶液的准确浓度 c_{EDTA}。

(三)水样的测定

用移液管移取水样 25mL 于 250mL 锥形瓶中,加入三乙醇胺溶液 1.5mL,摇匀后再加入 $NH_3 \cdot H_2O—NH_4Cl$ 缓冲溶液 2.5mL 及少量铬黑 T 指示剂,摇匀,用 EDTA 标准溶液滴定至溶液由酒红色变为纯蓝色,即为终点。根据 EDTA 标准溶液的用量计算水样的硬度。计算结果时,把 Ca、Mg 总量折算成 CaO(以 10mg/L 计),平行测定 3 份。

五、结果处理

将实验结果分别记录于表 11－12 和表 11－13 中,并进行计算。

表 11－12　EDTA 溶液的标定结果

项目　　　次数	1	2	3	项目　　　次数	1	2	3
$CaCO_3$ 质量/g				EDTA 溶液的消耗量/mL			
$CaCO_3$ 溶液的浓度/mol·L^{-1}				EDTA 溶液的浓度/mol·L^{-1}			
$CaCO_3$ 标准溶液体积/mL				EDTA 溶液浓度平均值/mol·L^{-1}			

表 11－13　水样的总硬度测定结果

项目　　　次数	1	2	3	备　注	项目　　　次数	1	2	3	备　注
水样体积 V_{H_2O}/mL					硬度/(°)				
EDTA 标准溶液消耗量 V_{EDTA}/mL					硬度的平均值/(°)				

1.钙标准溶液的浓度按下式计算:

$$c_{CaCO_3} = \frac{W}{m} \times 4$$

式中:c_{CaCO_3}——碳酸钙标准溶液的浓度,mol/L;

　　　W——碳酸钙的质量,g;

　　　m——碳酸钙的摩尔质量,g/mol。

2.EDTA 溶液的浓度按下式计算:

$$c_{EDTA} = \frac{V_{CaCO_3} \cdot c_{CaCO_3}}{V_{EDTA}}$$

式中:c_{EDTA}——EDTA 溶液的浓度,mol/L;

　　　V_{CaCO_3}——标定 EDTA 溶液时移取的钙标准溶液体积,mL;

　　　c_{CaCO_3}——碳酸钙标准溶液的浓度,mol/L;

V_{EDTA}——标定 EDTA 溶液时消耗的 EDTA 溶液体积，mL。

3. 水样的总硬度按下式计算：

$$硬度 = \frac{c_{EDTA} \cdot V_{EDTA} \cdot M_{CaO} \times 100}{V_{H_2O}}$$

式中：c_{EDTA}——EDTA 标准溶液的浓度，mol/L；

$\quad\quad V_{EDTA}$——EDTA 标准溶液的消耗量，mL；

$\quad\quad M_{CaO}$——CaO 的摩尔质量，g/mol；

$\quad\quad V_{H_2O}$——水样体积，mL。

六、注意事项

1. 用水样前应针对水样的情况进行适当处理，若水样呈酸性或碱性，要预先中和；若水样含有机物，颜色较深，需用 2mL 浓盐酸和少量过硫酸铵加热脱色后再测定；若水样混浊，则需先过滤[6]，滤液要弃去。

2. 若水中有铜、锌、锰等离子存在，则会影响测定结果。铜离子会使滴定终点不明显；锌离子参与反应，使测定结果偏高；锰离子存在时，加入指示剂后水马上变成灰色，影响滴定。遇此情况，可在水样中加入 1mL 2%硫化钠溶液，使铜离子生成硫化铜而沉淀；锰的影响可借盐酸羟胺溶液消除。若有铁、铝存在，用三乙醇胺掩蔽。

3. 若水样中含有较多的碳酸根，也会影响滴定，则需先加酸煮沸，驱除二氧化碳后，再进行滴定。

4. 硬度较大的水样，在加缓冲液后常析出碳酸钙、$Mg_2(OH)_2CO_3$ 微粒，使滴定终点不稳定。遇此情况，可在水样中加适量稀盐酸溶液，振荡后，再调至近中性，然后加缓冲液，则终点稳定。非属必要，一般不用纯水稀释水样。

5. 当水样中镁离子含量较低时，铬黑 T 指示剂终点变色不够敏锐，可加入一定量的 Mg—EDTA 混合液，以增加溶液的镁离子含量，使终点敏锐。

6. 配合反应进行的速度较慢（不像酸碱反应能在瞬间完成），故滴定时加入 EDTA 标准溶液的速度不能太快，在室温较低时，尤其要注意。特别是接近终点时，应逐滴加入，并充分振荡。

7. 配合滴定中，加入指示剂的量是否适当对于终点的观察十分重要，需在实践中总结经验才能掌握。

七、思考题

1. 以盐酸溶液溶解碳酸钙基准物时，操作中应注意什么？

2. 以碳酸钙为基准物标定 EDTA 溶液时，加入镁溶液的目的是什么？

3. 以碳酸钙为基准物，以钙指示剂为指示剂标定 EDTA 溶液时，应控制溶液的酸度为多少？为什么？怎样控制？

4. 用 EDTA 标准溶液测水的总硬度，用什么指示剂？终点变色如何？试液的 pH 值应控制在什么范围？如何控制？

5. 水中含有的铁、铝等离子，为何会干扰水硬度的测定？应如何消除？

6. 配位滴定法与酸碱滴定法相比，有哪些不同点？操作中应注意哪些问题？

实验十　纺织品甲醛含量的测定

实验十　PPT

一、实验目的

1. 掌握纺织品甲醛含量的测定原理和方法。

2. 掌握分光光度计的使用方法。

二、实验原理

纺织品甲醛含量的测定方法主要有水萃取法和蒸汽吸收法。本实验主要介绍水萃取法，该方法的测定原理是经过精确称量的试样，在40℃水浴中萃取一定时间，从织物上萃取的甲醛被水吸收，然后萃取液用乙酰丙酮显色，显色液用分光光度计比色测定其甲醛含量。该法适用于任何状态的纺织品，所测游离甲醛含量范围为20～3500mg/kg。

乙酰丙酮法测甲醛的原理是利用甲醛与乙酰丙酮及氨根离子反应，生成黄色化合物二乙酰基二氢甲基吡啶[7]，其在412nm处有最大的吸收。

此法最大的优点是操作简便，性能稳定，误差小，不受乙醛、丙醛、正丁醛、甲醇、乙酸乙酯等干扰，有色溶液可稳定存在12h。缺点是灵敏度较低，最低检出浓度为0.25mg/L，仅适用于较高浓度甲醛的测定，同时反应较慢，SO_2 对测定存在干扰（使用 $NaHSO_3$ 作为保护剂可消除）。

分光光度计的使用和注意事项，参见本篇第十章第七节。

三、实验用仪器和药品

(一)仪器

恒温水浴锅，分析天平，722型光栅分光光度计，2号玻璃漏斗式滤器，25mL具塞比色管，250mL碘量瓶或带盖三角烧瓶，10mL、50mL量筒，1mL、5mL、10mL和25mL单标移液管，5mL刻度移液管。

(二)药品

(1)乙酰丙酮试剂。称取150g乙酸铵于500mL烧杯中，加入适量的蒸馏水使其溶解，再加3mL冰乙酸和2mL乙酰丙酮，然后转移至1000mL容量瓶中，以蒸馏水洗涤烧杯，并将洗液也转移至容量瓶中，加蒸馏水至刻度摇匀，用棕色瓶储存备用。

(2)甲醛储备液(1.5mg/mL)的配制与标定。

①约1.5mg/mL甲醛储备液的制备。将3.8mL已准备好的甲醛溶液（市售分析纯，浓度约为37%）用水稀释至1000mL，用标准方法测定该溶液的浓度。

②重铬酸钾标准溶液 $C_{(\frac{1}{6}K_2Cr_2O_7)} = 0.0500mol/L$ 的配制。精确称取在120℃下烘至恒重的

重铬酸钾（$K_2Cr_2O_7$）2.4516g，用水溶解后移入 1000mL 容量瓶中，用水稀释至刻度线，摇匀备用。

③硫代硫酸钠标准溶液 $c_{(Na_2S_2O_3 \cdot 5H_2O)} \approx 0.05mol/L$ 的配制与标定。用天平称取 12.5g 硫代硫酸钠（$Na_2S_2O_3 \cdot 5H_2O$），放入 250mL 烧杯中，加入新煮沸并已冷却的蒸馏水，至硫代硫酸钠完全溶解后，加入 0.4g 氢氧化钠，然后再用新煮沸并冷却的蒸馏水稀释成 1000mL，盛于棕色细口瓶中，静置 8~10 天后再进行标定。

在 250mL 碘量瓶中，加 1g 碘化钾及 50mL 蒸馏水，摇动使之溶解，再加入 20.0mL 重铬酸钾标准溶液和 5mL 3mol/L 硫酸溶液，立即塞上瓶塞，用蒸馏水封住瓶口，摇匀后于暗处放置 5min，用待标定的硫代硫酸钠溶液滴至淡黄色，再加入 0.5% 淀粉指示剂 1mL，继续用硫代硫酸钠溶液滴至蓝色刚好褪去，记下硫代硫酸钠的用量。

硫代硫酸钠标准溶液的浓度按下式进行计算：

$$c_1 = \frac{c_2 \times V_2}{V_1}$$

式中：c_1——待标定的硫代硫酸钠溶液的浓度，mol/L；

　c_2——重铬酸钾标准溶液的浓度，mol/L；

　V_1——滴定时消耗硫代硫酸钠的体积，mL；

　V_2——取用重铬酸钾标准溶液的体积，mL。

④碘溶液 $C_{(\frac{1}{2}I_2)} \approx 0.05mol/L$ 的配制。称取 6.35g 纯碘和 20g 碘化钾，先溶于少量水，完全溶解后转移入 1000mL 的棕色容量瓶中，然后再用水稀释至刻度线，摇匀，储存于暗处。

⑤甲醛储备液的标定。用移液管吸取 20.0mL 储备液于 250mL 碘量瓶中，加入 50.0mL 碘溶液，15mL 1mol/L 氢氧化钠溶液，混匀，放置 15min。加 20mL 0.5mol/L 硫酸溶液，混匀，再放置 15min。用硫代硫酸钠标准溶液进行滴定，滴至溶液呈淡黄色时，加 1mL 1% 淀粉指示剂，继续滴定至蓝色刚好褪去，记下用量 V。

同时，另取 20.0mL 水代替甲醛储备液，按上述同样方法进行空白试验，记下硫代硫酸钠标准溶液用量 V_0。

甲醛储备液的浓度（mg/mL），由下式计算：

$$c = \frac{(V_0 - V) \cdot c_1 \times 15}{20.0}$$

式中：V_0——空白试验消耗硫代硫酸钠标准溶液体积，mL；

　V——标定甲醛储备液消耗硫代硫酸钠标准溶液体积，mL；

　c_1——硫代硫酸钠标准溶液浓度，mol/L；

　15——甲醛（$\frac{1}{2}$HCHO）的摩尔质量，g/mol。

（3）甲醛标准中间液（75mg/L）的配制。吸取适量经标定的甲醛储备液于 250mL 容量瓶中，用蒸馏水稀释至刻线，使此溶液含甲醛 75mg/L。

（4）甲醛标准使用液（标准曲线工作液）的配制。分别吸取 75mg/L 甲醛标准使用液 1mL、2mL、5mL、10mL、15mL、20mL、30mL、40mL 稀释至 500mL，配制成 0.15μg/mL、0.30μg/mL、

0.75μg/mL、1.50μg/mL、2.25μg/mL、3.00μg/mL、4.50μg/mL、6.00μg/mL 的甲醛标准溶液（分别相当于 15mg 甲醛/kg 织物、30mg 甲醛/kg 织物、75mg 甲醛/kg 织物、150mg 甲醛/kg 织物、225mg 甲醛/kg 织物、300mg 甲醛/kg 织物、450mg 甲醛/kg 织物、600mg 甲醛/kg 织物）。

四、实验内容

(一)标准曲线的绘制

取 8 支具塞比色管，用单标移液管分别吸取 5mL 浓度为 0.15μg/mL、0.3μg/mL、0.75μg/mL、1.5μg/mL、2.25μg/mL、3.00μg/mL、4.5μg/mL、6.00μg/mL 的甲醛标准溶液，放入不同的试管中，分别在各管内加入 5mL 乙酰丙酮溶液，摇匀。把试管放在(40±2)℃水浴中显色(30±5)min，然后取出，常温下放置(30±5)min，用 10mm 比色皿，以蒸馏水为参比，在分光光度计 412nm 波长处测定吸光度 A。

(二)空白试样的测试

另取一支比色管，用 5mL 蒸馏水加等体积的乙酰丙酮做空白对照，用蒸馏水作参比，试验方法同标准工作曲线一样。

(三)试样的准备

将剪碎后的试样准确称取 1g(精确至 0.0001g)，放入 250mL 碘量瓶或带塞子的三角烧瓶中，加 100mL 水，盖上塞子，放入(40±2)℃水浴中，放置(60±5)min，每 5min 摇瓶一次。取出冷却至室温，将萃取液用玻砂漏斗过滤至另一碘量瓶中，待测。

(四)样品溶液的测试

用单标移液管吸取 5mL 过滤后的样品溶液，放入比色管中，再加入 5mL 乙酰丙酮溶液摇匀。将比色管放在(40±2)℃水浴中显色(30±5)min，然后取出，常温下放置(30±5)min，用 10mm 的比色皿，以蒸馏水作参比，在分光光度计 412nm 波长处测定吸光度。

做 3 组平行试验。

五、结果处理

(一)将试验结果填于表 11-14

试样编号：_____　　　　萃取温度：_____℃　　　　显色温度：_____℃

试样质量：_____g　　　　测试波长：_____nm　　　　比 色 皿：_____mm

表 11-14　纺织品甲醛含量测定结果

比色管编号		加入的甲醛标准溶液		蒸馏水/mL	乙酰丙酮溶液/mL	吸光度(A_s)值	校正吸光度(A)值
		浓度/μg·mL^{-1}	体积/mL				
空白	0	0	0	5.0	5.0		
标准溶液	1	0.15	5.0		5.0		
	2	0.30	5.0		5.0		
	3	0.75	5.0		5.0		

续表

比色管编号		加入的甲醛标准溶液		蒸馏水/mL	乙酰丙酮溶液/mL	吸光度(A_s)值	校正吸光度(A)值
		浓度/$\mu g \cdot mL^{-1}$	体积/mL				
标准溶液	4	1.50	5.0		5.0		
	5	2.25	5.0		5.0		
	6	3.00	5.0		5.0		
	7	4.50	5.0		5.0		
	8	6.00	5.0		5.0		
试样	1	萃取液 5.0mL			5.0		
	2	萃取液 5.0mL			5.0		
	3	萃取液 5.0mL			5.0		

各试验样品用下式来校正样品吸光度：

$$A = A_s - A_d$$

式中：A——校正吸光度；

A_s——试验样品测得的吸光度；

A_d——空白试剂测得的吸光度。

(二)标准曲线的绘制

以甲醛标准溶液质量浓度为横坐标，相应的校正吸光度值为纵坐标，绘制甲醛的标准工作曲线。

(三)试样中甲醛含量的计算

用样品校正后的吸光度值，通过标准工作曲线查出甲醛含量($\mu g/mL$)，用下式计算从每一织物样品中萃取的甲醛含量：

$$F = \frac{c \times 100}{m}$$

式中：F——从织物样品中萃取的甲醛含量，mg/kg；

c——读自工作曲线上的萃取液中的甲醛浓度，$\mu g/mL$；

m——试样的质量，g。

计算 3 次结果的平均值。

六、注意事项

1.乙酰丙酮溶液在 12h 的储存过程中颜色逐渐变深，为此，用前必须储存 12h，试剂 6 星期内有效。经长时期储存后，其灵敏度会稍起变化，故每星期应画一校正曲线与标准曲线校对为妥。

2.如预期从织物上萃取的甲醛含量超过 500mg/kg，或试验采用 5∶5 比例（即 5mL 甲醛溶液和 5mL 乙酰丙酮溶液），计算值超过 500mg/kg 时，稀释萃取液使其吸光度在工作曲线的范围中(在计算结果时,要考虑稀释因素)。

3.如果样品溶液不纯或纺织品有褪色现象,取 5mL 样品溶液放入另一试管,加 5mL 蒸馏水代替乙酰丙酮,用与测试样品溶液相同的方法处理及测量此溶液的吸光度。

4.如果怀疑吸收不是来自于甲醛而是来自使用有颜色的试剂,则可用双甲酮进行确认。双甲酮与甲醛反应,将看不到因甲醛反应产生的颜色。

5.如果织物上甲醛含量太低,可增加试样质量至 2.5g,以确保测试的准确性。

6.吸光度读数应控制在 0.1～0.7,以免产生较大误差。

七、思考题

1.纺织品上甲醛的主要来源有哪些?

2.我国对纺织品甲醛含量的限定分几类,其限量标准是多少?

3.比色时,使用比色皿应注意什么问题?

4.实验中参比溶液的作用是什么?

参考文献

[1]刘妙丽.基础化学(下册)[M].北京:中国纺织出版社,2005.

[2]陈稀,黄象安.化学纤维实验教程[M].北京:纺织工业出版社,1988.

[3]蔡苏英.染整技术实验[M].北京:中国纺织出版社,2005.

[4]强亮生,王慎敏.精细化工实验[M].哈尔滨:哈尔滨工业大学出版社,1997.

[5]南京大学《无机及分析化学实验》编写组.无机及分析化学实验[M].3 版.北京:高等教育出版社,2002.

[6]高职高专化学教材编写组.分析化学实验[M].2 版.北京:高等教育出版社,1994.

[7]邢声远,霍金花,等.生态纺织品检测技术[M].北京:清华大学出版社,2006.